高等学校专业教材

保健食品学

迟玉杰　主编

中国轻工业出版社

图书在版编目（CIP）数据

保健食品学/迟玉杰主编．—北京：中国轻工业出版社，2024.2

普通高等教育“十三五”规划教材

ISBN 978－7－5184－0828－3

Ⅰ．①保… Ⅱ．①迟… Ⅲ．①疗效食品－高等学校－教材 Ⅳ．①TS218

中国版本图书馆CIP数据核字（2016）第044537号

责任编辑：马　妍

策划编辑：马　妍　　责任终审：张乃柬　　封面设计：锋尚设计

版式设计：锋尚设计　　责任校对：燕　杰　　责任监印：张　可

出版发行：中国轻工业出版社（北京鲁谷东街5号，邮编：100040）

印　　刷：三河市万龙印装有限公司

经　　销：各地新华书店

版　　次：2024年2月第1版第7次印刷

开　　本：787×1092　1/16　印张：19.25

字　　数：440千字

书　　号：ISBN 978－7－5184－0828－3　定价：45.00元

邮购电话：010－85119873

发行电话：010－85119832　010－85119912

网　　址：http：//www.chlip.com.cn

Email：club@chlip.com.cn

240150J1C107ZBQ

本书编委会

主　编　迟玉杰（东北农业大学）

副主编　肖军霞（青岛农业大学）

张铁华（吉林大学）

夏　宁（东北农业大学）

参　编　李鸿梅（吉林农业大学）

韩　雪（河北科技大学）

刘　欣（哈尔滨学院）

张莉力（辽宁医学院）

赵力超（华中农业大学）

郑丽娜（黑龙江八一农垦大学）

前 言

Preface

我国历史悠久，自古以来就有着食疗养生的传统。我国人民经过几千年的实践，不断总结和形成了独特的传统医药学，积累了大量的养生保健经验，形成了具有中国特色的保健养生理论。保健食品的理论基础就是“药食同源”，在此基础上，形成了大量的保健养生的饮食秘方或者药方，从而形成了具有中国特色的保健食品科学。

近年来，随着我国经济的发展和人民生活水平的提高，大家的健康理念也越来越强，健康系数相对较高的保健食品深受消费者的喜爱，保健食品产业已逐渐成为食品产业的重要组成部分。同时，国家对于保健食品的监管政策已适时作了多次调整，监管体系日益完善，为保健食品产业的发展提供了政策支持和法律保障。

本书系统介绍了保健食品的概念与分类，以及保健食品发展简史与功能范围、保健食品的功效成分及主要的保健食品资源。本书整合了各类功效的保健食品，对其进行了分类和总结，其中还包括近几年国内外保健食品的研究进展。本书在内容丰富的基础上，更加注重图书整体的系统性、科学性和实用性，既可作为有关专业的教材或参考书，也可供从事保健食品的研究、生产、检验、管理人员等参考。

本书共分十三章，由迟玉杰统稿。第一章和第二章由东北农业大学夏宁编写，第三章、第七章由吉林大学张铁华编写，第四章和第八章由河北科技大学韩雪编写，第五章由青岛农业大学肖军霞编写，第六章由吉林农业大学李鸿梅编写，第九章由黑龙江八一农垦大学郑丽娜编写，第十章和第十一章由辽宁医学院张莉力编写，第十二章由华中农业大学赵力超编写，第十三章由哈尔滨学院刘欣编写。研究生程缘、沈青和王晓莹进行了校对工作，在此对他们的辛勤劳动表示感谢。

本书参考了国内外的文献和资料，在此向所有参考书目和文献的作者表达真诚的谢意！

由于编者水平有限，书中难免存在一些不足和疏漏之处，敬请广大读者批评指正，以便及时修订和完善。

主编

2016.1

目 录

Contents

CHAPTER 1

第一章 绪论

[学习指导]

熟悉和掌握保健（功能）食品的概念和定义；了解保健食品的中外发展情况及发展历史和保健食品在现代食品工业中的地位和作用；理解并掌握氨基酸、活性肽、活性蛋白及功能性油脂等功效成分的来源及其对人体的重要生理功能。

保健食品的研究与开发是近年来食品领域的发展前沿。随着社会的进步、经济的发展和人民生活水平的不断提高，人们对食品的追求已不再局限于解决温饱、享受美食、满足口腹之欲。尤其是因社会、生存环境、职业等因素造成的亚健康状态人群和一些慢性疾病患者，处于生长发育期的儿童，全身器官系统功能逐渐下降的老年人群，越来越希望通过膳食获得某些特殊功效。人们期望直接通过膳食预防疾病或促进身体健康。特别在现代慢性疾病日趋严重的今天，人们对食品的这种期望更为强烈。保健食品就是在此背景下诞生并迅速发展起来的，它除了具有一般食品皆具备的营养价值和感官功能外，还具有调节人体生理活动、促进健康的效果，如延缓衰老，改善记忆，抗疲劳，减肥，美容，调节血脂、血糖、血压等。

第一节 保健食品的概念与分类

一、保健食品的定义

（一）保健食品（功能食品）定义

保健食品是新时代对传统食品的深层次要求。在世界范围内，保健食品极受欢迎，原因包括以下几个方面：① 随着科学技术的飞速发展，人们搞清或基本搞清了许多有益健康的功效成分、各种疾病的发生与膳食之间的关系，能够通过改善膳食条件和发挥食品本身的生理调节功能，达到提高人体健康的目的；② 高龄化社会的形成，各种老年病、儿童病以及成人病发病率的上升引起人们的恐慌；③ 营养学知识的普及和新闻媒体的大力宣传，使得人们更加关注健康和膳食的关系，对食品、医药和营养的认识水平得以提高；④ 国民收入的增加和消费水平的提高，使得人们具有更强的经济实力购买相对昂贵的保健食品，从而形成了相对稳定的特殊营养消费群。

日本将相当于中国保健食品的产品称为特定保健用食品（FOSHU）。日本1991年公布的定义是“凡附有特殊标志说明属于特殊用途的食品，在饮食生活中为达到某种特定保健目的而摄取本品的人可望达到该保健目的的食品”。日本对此类食品的审批程序与中国相似，由厂家申报，经地方主管部门审核上报，由厚生省听取专业机构及专家意见后批准。审批要求很严，包括一系列权威性检测证明，产品外型必须是一般食品的形态等。日本已批准的特定保健用食品，以寡聚糖、益生菌改善胃肠功能的产品占绝大多数，此外还有降胆固醇、促进矿物质微量元素吸收、防龋、降血压、降血糖等食品。

欧盟则将我们认为的保健食品称为功能食品（functional food），定义是“一种食品如果有一个或多个与保持人体健康或减少疾病危险性相关的靶功能，能产生适当的和良性的影响，它就是有功能的食品”。这种食品主要有：有一定功能的天然食品，添加某种成分的食品，去除了某种成分的食品，提高了一种或多种成分的生物利用率的食品，或以上四种情况结合的食品。功能食品应该为一般食品形态。其主张功能食品要沿六个功能目标研究发展：有益于生长发育与分化功能；有益于基础代谢功能；与防御反应性氧化产物有关的功能；与心血管系统有关的功能；胃肠道生理学；行为和心理功能。也主张将这些功能成果在产品上用声明传递给消费者，认为功能食品科学是营养科学的一个新的分支。

中国对保健（功能）食品的定义是，声称并具有特定保健功能或者以补充维生素、矿物质为目的的食品，即适用于特定人群食用，调节机体功能，不以治疗疾病为目的，并且对人体不产生任何急性、亚急性或慢性危害的食品（GB 16740—2014《保健食品》）。

（二）保健食品必须具备的基本条件

日本功能食品专家千叶英雄认为，保健食品还必须具备6项基本条件，即：① 制作目标明确（具有明确的保健功能）；② 含有已被阐明化学结构的功能因子（或称有效成分）；③ 功能因子在食品中稳定存在，并有特定存在的形态和含量；④ 经口服摄取有效；⑤ 安全性高；⑥ 作为食品为消费者所接受。

（三）保健（功能）食品的保健效果应达到的标准

功能食品欲达到预期的保健效果还应该满足下列标准，即：

① 功能食品应该可改善人群的膳食，以及维持或促进健康；

② 功能食品或其组分的保健效果应该有一个清楚的医学以及营养基础；

③ 根据医学以及营养知识，应该可定义功能食品或其一种组分的适合日摄取量；

④ 根据经验，功能食品或其组分应该安全（服用）；

⑤ 根据功能食品的物化性质以及定性/定量分析测定方法，其组分应该非常明确；

⑥ 与那些相类似食品中的营养组分相比，功能食品的营养组分应该没有明显的损失；

⑦ 功能食品应该包含于日常膳食当中，而不是仅偶尔被摄食；

⑧ 产品应该以一种正常食品的形态出现，而不是其他形态，如丸药或胶囊等；

⑨ 功能食品及其组分不应该是那些仅用作一种医药的食品或其组分。

(四) 保健食品与一般食品和药品的区别

根据我国现行的食品和药品的管理体制，可将食品和药品分为：一般食品、保健食品及药品三类（表1－1）。这一分类方法基本与国际接轨。

表1－1 我国食品和药品的一般分类

名称	分类
药	处方药、非处方药
保健食品	第三代保健食品
	第二代保健食品
	营养素补充剂
一般食品	新资源食品
	特殊营养食品
	普通食品

资料来源：金宗濂，功能食品教程，2005。

1. 特殊营养食品（GB 13432—2013）

特殊营养食品是指为满足某些特殊人群的生理需要，或某些疾病患者的营养需要，按特殊配方而专门加工的食品，这类食品的成分或成分含量，应与可类比的普通食品有显著不同。

2. 新食品原料（旧称“新资源食品”）

新食品原料是指在我国无传统食用习惯的以下物品：动物、植物和微生物；从动物、植物和微生物中分离的成分；原有结构发生改变的食品成分；其他新研制的食品原料。自2007年12月1日起《新资源食品管理办法》实施以来，批注新增新资源食品（新食品原料）81种。

自保健食品管理办法实施以来，一部分新资源食品经过保健功能检测后，已申报批准为保健食品。

3. 营养素补充剂

营养素补充剂是指单纯以一种或数种经化学合成或从天然动植物中提取的营养素为原料加工制成的食品。

它们与特殊营养食品的差异：① 不一定要求以食品作载体；② 补充的营养素是其每日营养素供给量（RDA）的1/3～2/3，其中水溶性维生素可达一个RDA。

营养素补充剂虽然没有确定的保健功能，但至今仍被纳入保健食品管理。

为了加强对营养素补充剂的管理，目前已明确，我国的营养素补充剂仅局限在补充维生素和矿物质，它不得以提供能量为目的。以膳食纤维、蛋白质和氨基酸等营养素为原料的产品，符合普通食品要求的，按普通食品管理，不得声称其保健功能。如声称具有保健功能的，按保健食品有关规定管理。营养素补充剂所加入的营养素即每日推荐摄入量，应在“营养素补充剂中营养素名称及用量表”规定的范围内。

4. 第二、第三代保健食品

第二、第三代保健食品是真正意义上的保健食品。它们以声称具有保健功能而区别于一般食品。但保健食品不同于药品，它不以治疗疾病为目的（图1－1，表1－2）。

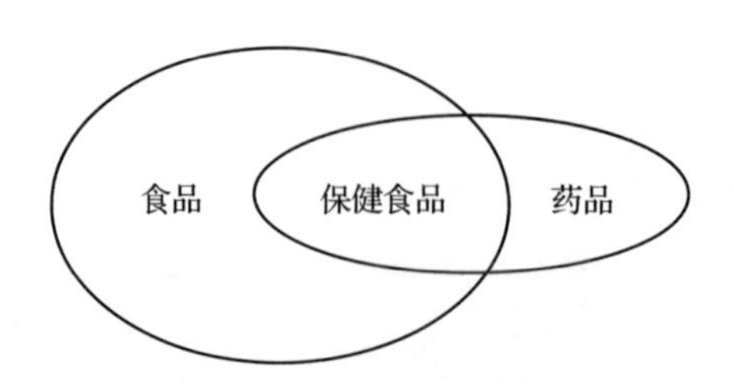

图1－1 食品、保健食品与药品的关系

资料来源：金宗濂，功能食品评价原理及方法，1995。

表1－2 保健食品与药品的比较

项目	药品	保健食品
目的	治疗疾病	调节生理功能，增进健康
有效成分	单一、已知	单一或复合＋未知物质
摄取决定	医生	消费者
摄取时间	生病时	随时（多次）
摄取量	医生决定	较随意（推荐量）
毒性	几乎都有，程度不同	一般无毒
量效关系	严密	不太严格
制品规格	严密	不太严格

资料来源：于守洋，中国保健食品的进展，2001。

总之，需要从适用人群方面来认识保健食品定位与普通食品以及药品的定位是有区别的。普通食品为一般人所服用，人体从中摄取各类营养素，并满足色、香、味、形等感官需求；药物为病人所服用，以达到治疗疾病的目的；而保健（功能）食品通过调节人体生理功能，促使机体由亚健康状态向健康状态恢复，达到提高健康水平的目的。

二、保健食品的分类

（一）保健食品的分类

保健食品因其原料和功能因子的多样性，使其产品类型多样而丰富，在人体生理机能的调节作用、产品生产工艺、产品形态等方面表现各不相同，因此，保健食品的分类有多种方法，我国多是按调节人体功能的作用来分类。

1．按所选用原料不同分类

保健食品按所选用的原料不同，在宏观上可分为植物类、动物类和微生物（益生菌）类。目前可选用原料的种类主要在我国卫生部先后公布的“既是食品又是药品”的名录和“允许在保健食品中添加的物品”以及“益生菌保健食品用菌名单”中选择。

2．按保健因子种类不同分类

保健食品按保健因子种类不同，可分为多糖类、保健甜味料类、保健油脂类、自由基清除剂类、维生素类、肽与蛋白质类、益生菌类、微量元素类以及其他（如二十八烷醇、植物固醇、皂苷）类保健食品。

3. 按保健作用不同分类

2003 年 4 月我国卫生部颁发了《保健食品检验与评价技术规范》。这一标准明确了 2003 年 5 月 1 日起，卫生部受理的保健功能分为 27 项，见图 1－2。

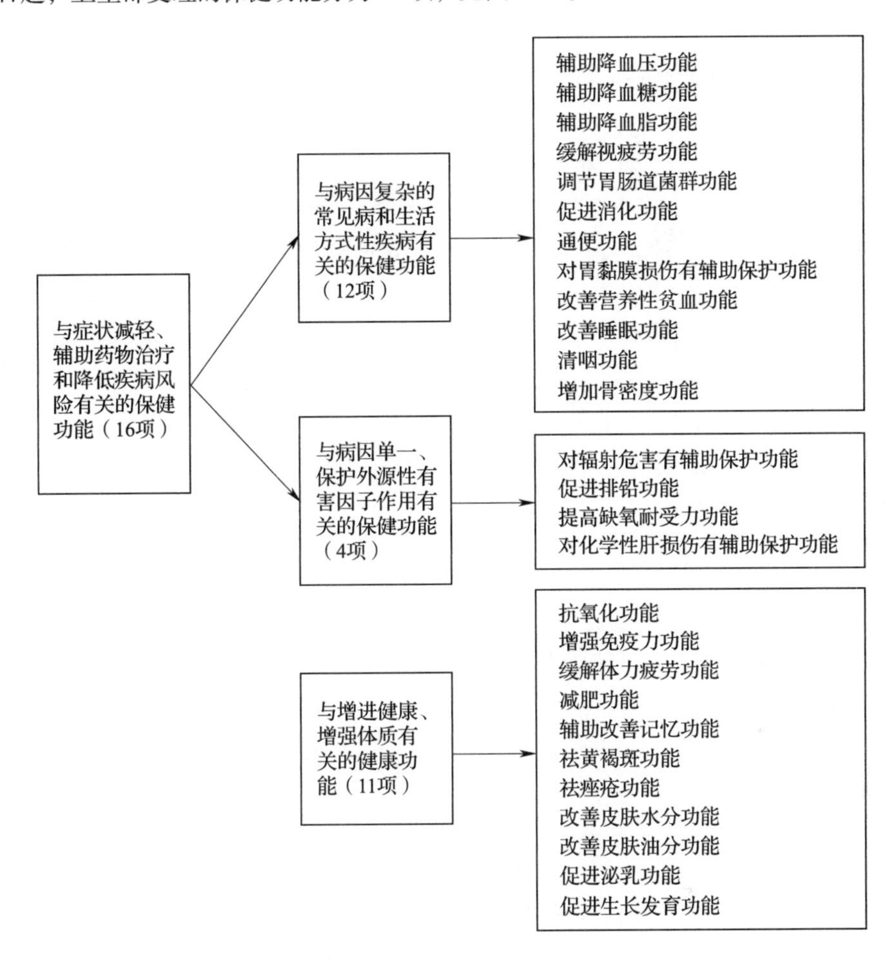

图 1－2 保健食品的分类

4. 按产品形态不同分类

保健食品按产品形态不同，可分为饮料类、口服液类、酒类、冲剂类等保健食品。目前，我国市场上的保健食品的产品属性，有的是传统的食品属性，如保健酒、保健茶等，也仍有以胶囊、片剂等以往人们认为的药品属性形式，可以说中国保健食品产业的发展赋予了食品以胶囊和片剂、冲剂等新的产品属性。

（二）功效成分的分类

保健食品中真正起生理作用的成分称为功效成分（functional composition），或称活性成分、功能因子。富含这些成分的配料称为保健食品基料，或活性配料、活性物质。显然，功效成分是保健食品的关键。美国要求在被认为是“健康食品”的标签上，列出起作用的功效成分及其具体含量。即使是已有几十年的食用历史证实有益于人体健康的食品，若无法提出科学的依据

（即确认起作用的活性成分）和取得美国食品与药物管理局（FDA）的认可，也不能在标签或使用说明书上宣称对身体健康的有益作用。

第三代保健食品与第二代保健食品的根本区别，就在于前者的功效成分清楚，结构明确，含量确定，而后者则往往未能搞清产品中起作用的成分与含量。我国目前已批准的保健食品中，绝大多数的属于第二代产品，属于第三代产品的很少，如何加快对功效成分的深层次研究和开发，缩短与国际先进水平的差距，加速现有产品的更新换代，显得十分紧迫。随着科学研究的不断深入，更新、更好的功效成分将会不断被发现。就目前而言，也已确认的功效成分主要包括以下七类。

（1）保健碳水化合物　例如，活性多糖、保健低聚糖等。

（2）脂类　例如，$\omega-3$ 多不饱和脂肪酸、$\omega-6$ 多不饱和脂肪酸、磷脂等。

（3）氨基酸、肽与蛋白质　例如，牛磺酸、酪蛋白磷肽、乳铁蛋白、免疫球蛋白、酶蛋白等。

（4）维生素和维生素类似物　包括水溶性维生素、脂溶性维生素、生物类黄酮等。

（5）矿物质元素　包括常量元素、微量元素等。

（6）植物活性成分　例如，皂苷、生物碱、萜类化合物、有机硫化合物等。

（7）益生菌　益生菌主要是乳酸菌类，尤其是双歧杆菌。

第二节　保健食品的发展简史与功能范围

一、国外保健食品发展情况

（一）德国

德国是世界上保健食品发展较早的国家之一，其历史与国家的饮食改善运动及饮食改善学院的发展是分不开的。一百多年前德国开始出现大工业，纷纷兴建工厂，人们的生活环境逐渐城市化。以后又经过第一次世界大战的重创，人们对保健食品的渴望和需要日益增加。于是在1927年，德国成立了饮食改善协会，1944年又创立了世界第一家饮食改善学校（后改为学院）。饮食改善学院是德国专门培养营养人才的学府。该学院的教育方针是让学生全面地了解改善食品的知识，研究食品与健康、食品与疾病的关系，设有物理、化学、植物与中药疗法、生物学、营养学、医学、法律等十几个学科课程，并附设一个研究所，专门从事研究工作。这所学院的建立培养了许多营养方面的人才，毕业学生分布于食品工厂、食品商店、医院、社区等有关部门，对促进德国的保健食品发展起了积极作用。

（二）美国

美国是世界上保健食品工业发展较早的国家，其发展历史可追溯到20世纪20年代初期。美国保健品市场大体上可分成三大块：① 功能食品（如大豆系列食品、酸乳类、乳酸菌类等，约占35%的市场份额）；② 膳食补充剂类（在美国，银杏、人参、紫锥菊、锯叶棕、黑升麻、金丝桃等植物制剂均属于“膳食补充剂”，而在德国、法国等欧洲国家则作为药品，这类产品约占32%）；③ 天然有机食品（种类繁多，约占15%）。此外，其他一些天然来源的保健产品（如鲨鱼软骨制剂、壳聚糖制剂、透明质酸等）约占保健品市场的8%。

（三）日本

日本的保健食品与欧美国家相比，起步较晚，其历史不过20余年，但发展速度很快，大有后来者居上之势。日本保健食品工业的发展背景并不仅限于所谓的流行和时尚，而是来自于国民对健康的深切危机感。进入20世纪70年代，高血压、脑溢血、冠心病、恶性肿瘤、糖尿病等发病率逐年增高，死亡率也高居各类疾病的前位，严重威胁着人们的健康。这些疾病的产生与日本传统膳食的改变有着密切的关系。日常饮食出现了以下特点：① 膳食欧化，偏重肉食、甜食，传统米面食品比例下降；② 精制食品、方便食品增多，化学添加剂、防腐剂用量增加，而天然食品摄入减少；③ 罐头食品增多，新鲜食品减少。这种膳食结构，虽然蛋白质、脂肪、碳水化合物十分充足，甚至摄入过量，但维生素、矿物质及微量元素、膳食纤维相对不足，营养比例失调，易引起代谢功能障碍而发病。

二、中国保健食品发展历史

（一）发展历程

中国保健品市场兴起于20世纪80年代，发展至今，经历了几次大起大落，经历了导入—成长—衰退—复兴几个阶段，呈螺旋型上升趋势，见表1－3。

表1－3 中国保健食品行业的发展阶段

时期	阶段	厂家数	年产值	产品特点
20世纪80年代	导入期	不到100家	16亿元	滋补为主
20世纪80年代—1995年初	成长期	3000多家	300多亿元	营养及祖传中草药
1995年初—1997年底	衰退期	不到1000家	100多亿元	中草药、生物制剂
1998年初—至今	复兴期	3000多家	500多亿元	营养补充剂

资料来源：葛菁，中国保健食品行业及产品发展趋势，2006。

根据功能食品的发展类型及研究深入程度，中国功能食品发展大体经历三个阶段，也称为三代产品阶段。① 第一代产品阶段：20世纪80年代初到90年代中期，第一代产品包括各类强化食品，仅根据食品中各类营养素和其他有效成分的功能来推断该类产品的保健功能，这些功能没经过任何实验予以验证。目前欧美各国都将这类食品列入一般食品，中国在《保健食品的管理办法》实施后也不允许这类保健品出现；② 第二代产品阶段：必须经过人体及动物实验，证明该产品具有某项生理调节功能，现在市场上大部分保健品为此代产品；③ 第三代产品阶段：不仅需要人体及动物实验证明该产品具有某种生理调节功能，还需查明具有该功能的功能因子结构、含量、作用机制及此功能因子在食品中应有的稳定形态。目前市场上第三代产品较少。

（二）中国保健品市场的现状

中国保健品市场已经形成了以几大板块市场为主的市场结构，主要市场有补钙市场、补血市场、补肾市场、补气市场、肠胃市场、美容市场、减肥市场等；资料显示，截至2007年年底，中国保健产品仍然主要集中于免疫调节、调节血脂、抗疲劳和延缓衰老四项功能产品上，保健食品市场呈现国产保健品后劲不足，国外品牌保健食品一路升温的迹象。目前，已有400

多种进口保健食品进入了中国市场。据美国著名的 NPD 市场调查公司统计，每 100 个购买保健食品的中国人中，大约有 15 人购买国外品牌保健品。

中国保健食品企业规模过小，竞争力不强。目前，中国保健食品生产企业超过 3000 家，其中 2/3 以上的企业属于中小企业，上市公司不超过 10 家，年销售额能够达到 1 亿元的企业不超过 30 家。

所有“药健字”的保健品自 2003 年 1 月 1 日起已停止生产。2004 年 1 月 1 日起，中国更取消“药健字”批号，“药健字”号药品一律不得在市场上销售。过去保健食品在内地的药品零售商店、超市、大卖场、百货公司、医院及专卖店中均有发售。现在中国取消“药健字”批号，保健食品将以“食健字”产品销售，获“食健字”批号的保健食品不得在医院和药店出售，超市、大卖场将逐渐成为保健食品的主要销售场所，业内人士分析大卖场将会在保健食品的流通中占据主导地位。

（三）发展前景

中国有着五千年的养生保健传统，历代本草及方剂典籍中都记载有单纯用食物或食品与药物相结合进行营养保健、调理康复的保健食品，如枸杞子、梨膏糖、龟苓膏等。中国独特的养生保健文化和产品，具有防治统一、毒副作用极小的优势，在国际上日益受到重视。

一个保健食品消费群正在逐步形成。据有关资料统计，北京、上海、天津、广州等国内 10 大城市中有 93% 的少年儿童、98% 的老人、50% 的中青年人都在使用各类保健品。城镇居民是中国保健品消费的主要群体。中国现在城镇总人口约为 5 亿人，统计表明保健品使用率为 69%，可见其市场之大、品种之多、用途之广。

在国外，发达国家上市的都是第三代保健食品，即把天然物质提纯之后作为产品组成部分。可见，在未来中国保健品市场上，第三代保健食品将成为主流。专家认为未来中国保健品市场的潜力增长点来自三个方面：首先，新兴品类的发展空间巨大；其次，农村市场潜力无穷；第三，中药保健品（含海洋资源保健品）市场巨大。

三、保健食品的功能范围

（1）增强免疫力；
（2）辅助降血脂；
（3）辅助降血糖；
（4）抗氧化；
（5）辅助改善记忆；
（6）缓解视疲劳；
（7）促进排铅；
（8）清咽；
（9）辅助降血压；
（10）改善睡眠；
（11）促进泌乳；
（12）缓解体力疲劳；
（13）提高缺氧耐受力；
（14）对辐射危害有辅助保护功能；
（15）减肥；
（16）改善生长发育；
（17）增加骨密度；
（18）改善营养性贫血；
（19）对化学性肝损伤的辅助保护作用；
（20）祛痤疮；
（21）祛黄褐斑；
（22）改善皮肤水分；
（23）改善皮肤油分；
（24）调节肠道菌群；
（25）促进消化；
（26）通便；
（27）对胃黏膜损伤有辅助保护功能。

第三节　保健食品的功效成分

一、氨基酸、活性肽及活性蛋白

参与蛋白质构成的20种氨基酸根据营养功能的不同，划分为必需氨基酸和非必需氨基酸。多种氨基酸分子以酰胺键（即肽键）连接构成肽和蛋白质。肽的分子质量一般较蛋白质小，常具有特殊的生理活性。人类摄食的蛋白质经消化道的酶作用后，大多是以低肽形式消化吸收的，以游离氨基酸形式吸收的比例很小。活性肽和活性蛋白质是指除具有一般蛋白的营养价值外，还具有提高机体的应激能力、清除自由基、降低血脂、提高肌体免疫力等特殊生理功能的功能性食品基料，其中，活性肽已成为当前国际保健食品界最热门的研究课题和极具发展前景的功能因子。

（一）氨基酸

成年人需要的8种必需氨基酸分别为赖氨酸、色氨酸、苯丙氨酸、甲硫氨酸、苏氨酸、缬氨酸、异亮氨酸和亮氨酸。对婴儿来说组氨酸也是必需氨基酸，近年来的研究表明，对成年人组氨酸也属必需氨基酸。半必需氨基酸，也称条件必需氨基酸，是指某些氨基酸在人体内能够合成，但在严重的应激或疾病状态下容易缺乏，进而导致疾病或影响疾病的康复。具有特殊生理活性的氨基酸主要有以下几种。

1. 牛磺酸

牛磺酸（taurine）因1827年从牛胆汁中分离出来而得名，俗称牛胆碱、牛胆素，又称2-氨基乙磺酸。相对分子质量为125.4，为白色棒状结晶或结晶性粉末，味微酸，溶于水，熔点300℃以上，水溶液pH 4.1～5.6，不溶于乙醇、乙醚、丙酮等有机溶剂，微溶于95%的乙醇。牛磺酸是一种含硫的非蛋白质氨基酸，化学性质稳定，是动物体内含量最高的游离氨基酸，不参与体内蛋白质的生物合成。牛磺酸的结构式为：

$$
\begin{array}{ccccccc}
H & & H & & H & & OH \\
| & & | & & | & & | \\
N & - & C & - & C & - & S{=}O \\
| & & | & & | & & \| \\
H & & H & & H & & O
\end{array}
$$

牛磺酸广泛存在于人和哺乳动物几乎所有脏器中，具有特殊的生理功能和药理作用，作为药物、食品和饲料添加剂而被广泛应用。

（1）牛磺酸的生理功能

① 促进婴幼儿脑组织和智力发育：母乳中的牛磺酸含量较高，尤其初乳中含量更高。新生儿体内合成牛磺酸的酶尚未成熟，故依赖于从食物中获得牛磺酸。如果补充不足，将会影响幼儿的智力发育，长期单纯的牛乳喂养，易造成牛磺酸的缺乏。

② 牛磺酸对心血管系统有较强的保护作用：牛磺酸可以抑制血小板凝集，降低血液中胆固醇和低密度脂蛋白胆固醇的水平，同时提高高密度脂蛋白胆固醇的水平，这有益于预防动脉粥样硬化、冠心病等疾病。

③ 提高神经传导和视觉功能：实验发现猫及夜行猛禽捕食老鼠的重要原因是老鼠体内含有丰富的牛磺酸，多食可以保持其敏锐的视觉。幼儿如果缺乏牛磺酸，也会发生视网膜功能紊乱。

④ 调节内分泌，提高机体免疫力：牛磺酸能够促进垂体激素分泌，活化胰腺功能，从而改变体内内分泌系统的状态，对机体代谢给予有益的调节。牛磺酸能促进T细胞和淋巴细胞的增殖从而提高机体免疫力。

⑤ 抗氧化、延缓衰老：对用脑过度、运动及工作过劳者有快速消除疲劳的作用。

⑥ 其他作用：牛磺酸还具有利胆、护肝和解毒作用，调节机体渗透压和防治缺铁性贫血的作用。

（2）牛磺酸在天然物质中的存在　牛磺酸几乎存在于所有的生物之中，哺乳动物的主要脏器，如心脏、脑、肝脏中含量较高；含量最丰富的是海鱼、贝类，如墨鱼、章鱼、虾，贝类的牡蛎、海螺、蛤蜊等。鱼类中的青花鱼、竹荚鱼、沙丁鱼等牛磺酸含量很丰富。

（3）牛磺酸的制备　工业上制取牛磺酸有两种途径。

① 化工合成：由于牛磺酸在天然生物中较分散、量少，从天然生物品中提取的量也很有限，所以人们工业获取牛磺酸主要还是靠化工合成。但化工合成存在试剂残留、环境污染等问题。

② 从天然物中提取：将牛的胆汁水解，或将乌贼和章鱼等鱼贝类和哺乳动物的肉或内脏用水提取后，再浓缩精制而成。也可用水产品加工中的废弃物用热水萃取后经脱色、脱臭、去脂、精制后再经阳离子交换树脂分离，所得洗提液中的萃出物可达66%～67%，再经酒精处理后结晶而得。

（4）应用　牛磺酸具有多种功效，常用于婴儿配方食品中，可用作医药原料和保健品、食品、饮料、饲料添加剂，也可用来防治感冒、发热、神经痛、胆囊炎、扁桃体炎、风湿性关节炎、心衰、高血压、药物中毒以及因缺乏牛磺酸所引起的视网膜炎、高血脂等症。

2. 精氨酸

精氨酸化学名为$L-\alpha-$氨基$-\sigma-$胍基戊酸，分子式为$C_6H_{14}N_4O_2$，熔点244℃，有苦味，为白色结晶或结晶性粉末，微有特异臭味。易溶于水，不溶于乙醚，微溶于乙醇。

精氨酸不是人体必需氨基酸，但它对人体却有重要的生理功能。当人体处于饥饿状态、蛋白质摄入过量、创伤、青春生长期等体内蛋白质分解代谢增加时，尿素生成和排出量也随之增加，由于精氨酸是尿素循环的中间物质，因而精氨酸的需要量大大增加。

精氨酸的制备包括水解法和发酵法两种方法。① 水解法：以动物毛发水解提取胱氨酸后的一次母液为原料，利用反胶束萃取法从蛋白水解液中提取精氨酸是一种先进的制备精氨酸的方法。② 发酵法：精氨酸发酵生产技术包括筛选高产菌种、发酵和精氨酸的提取分离。中国科学院微生物研究所龚建华等开展了精氨酸的发酵法研究，2000L发酵罐的平均产酸量为29mg/mL，最高可达32mg/mL。发酵液中精氨酸的提取总收率为55.9%，最高达66.04%。如能实现产业化，有望彻底改变精氨酸依赖进口的局面。

精氨酸可作为营养补充剂、调味剂。对成人为非必需氨基酸，但体内生成速率较慢，对婴幼儿为必需氨基酸，是氨基酸输液及氨基酸制剂的重要成分。

3. 谷氨酰胺

谷氨酰胺是人体中含量最多的一种氨基酸，在肌肉蛋白中约占细胞内氨基酸总含量的61%，在血浆中约占总游离氨基酸的20%。在剧烈运动、感染等应激条件下，谷氨酰胺的需要量大大超过了机体的合成能力，使体内谷氨酰胺含量降低，导致身体肌蛋白的合成减少和抗感染能力减弱，出现小肠黏膜萎缩与免疫功能低下等现象，因此谷氨酰胺常被视作身体健康的必需氨基酸。

谷氨酰胺的制备包括发酵法和化学合成法两种方法。*L*-谷氨酰胺主要是通过微生物发酵法来生产，生产国主要是日本，韩国也有少量生产。化学合成法生产*L*-谷氨酰胺的优点是成本低，但生产过程中要使用大量有机溶剂，易造成污染。

4. 半胱氨酸

半胱氨酸为无色结晶，略有气味和酸味，熔点240℃，易溶于水、乙醇和氨水，不溶于丙酮、乙醚和二硫化碳。在中性和微碱性溶液中能被空气中的氧气氧化成胱氨酸。半胱氨酸的结构式为：

$$\begin{array}{c} H_2NCHCOOH \\ | \\ CH_2SH \end{array}$$

半胱氨酸的生理功能包括抗辐射作用、保护肝脏、解毒等作用。在医药上，半胱氨酸及其衍生物可用作肝脏药和解毒药、解热镇痛药、溃疡治疗药、疲劳恢复剂、输液及综合氨基酸制剂，特别是祛痰药。

半胱氨酸的制备包括水解法和化学合成法。水解法是将动物毛、羽、发等用盐酸加热进行水解，再经脱色、过滤、中和、结晶和精制而成。合成法是以环氧氯丙烷为原料合成*L*-半胱氨酸，具有原料易得、工艺流程短、投资小、效益高等特点。

（二）活性肽

生物活性肽是指对生物机体的生命活动有益或具有生理作用的肽类化合物，又称功能肽。活性肽的分类可按原料来源和生理功能两种方法来进行划分。按活性肽的生理功能可分为易消化吸收肽、抑制胆固醇肽、免疫调节肽、降血压肽、促进矿质元素吸收肽、促进生长发育肽、类鸦片活性肽、抗菌肽和改善肠胃功能肽等。功能性食品中常用的活性肽主要如下。

1. 酪蛋白磷酸肽

（1）定义与组成　酪蛋白磷酸肽（casein phosphopeptides，CPP）是从牛乳酪蛋白中经蛋白酶水解后分离提纯而得到的富含磷酸丝氨酸的多肽制品。它有α和β两种结构。β-酪蛋白磷酸肽含有37个氨基酸，相对分子质量为4600；β-酪蛋白磷酸肽含有25个氨基酸，相对分子质量为3100。

（2）生理功能

① 促进小肠对Ca^{2+}和Fe^{2+}的吸收：由食物中摄入的钙，在胃和小肠上部的酸性环境下，可处于良好的溶解状态，但小肠下部的pH为中性甚至弱碱性，且小肠内主要的酸根离子是磷酸根，溶解的Ca^{2+}和Fe^{2+}到达小肠后会被那里的PO_4^{3-}所沉淀，故不易被吸收。酪蛋白磷酸肽与钙、铁等金属离子可形成可溶性络合物，促进钙、铁的吸收利用。

② 预防龋齿：酪蛋白磷酸肽中的部分片断能通过络合作用稳定非结晶磷酸钙并使之集中在牙斑部位，而非结晶磷酸钙则充当游离钙离子和磷酸根离子的缓冲剂，从而防止细菌产生的酸对牙质的脱矿质作用。

③ 增强机体免疫力：酪蛋白磷酸肽还具有增强机体免疫的能力。研究表明，在大鼠饲料中添加酪蛋白磷酸肽能提高血清中IgG、IgA等抗体的水平，使肠道内的抗原特异性IgA和总IgA

得到显著提高，这些说明酪蛋白磷酸肽对免疫力的提高也有很大的促进作用。

（3）酪蛋白磷酸肽的制备　酪蛋白磷酸肽的制备过程可大致分为水解和分离两步。即首先选用合适的酶在一定条件下，将酪蛋白分子内特定的肽键打断，然后采用适当的方法将酪蛋白磷酸肽从水解液中分离出来，并根据需要制成不同规格的产品。

（4）应用　酪蛋白磷酸肽促进婴幼儿的骨骼形成，预防和改善骨质疏松，促进骨折患者的康复等，可作为钙的营养强化剂用于糖果、饮料、饼干、乳酪制品、甜点、畜肉制品、各种乳制品等多种食品中，也可制成抗蛀牙牙膏、漱口液或含片等。

2. 谷胱甘肽

谷胱甘肽（glutathione，GSH）是由谷氨酸、半胱氨酸、甘氨酸组成的活性三肽，半胱氨酸上的巯基为其活性基团，故谷胱甘肽常简写为G—SH。谷胱甘肽有还原型（G—SH）和氧化型（G—S—S—G）两种形式，在生理条件下以还原型谷胱甘肽为主。谷胱甘肽广泛存在于动植物细胞内，在肝脏、血液、酵母和小麦胚芽中含量较多。

（1）生理功能

① 解毒作用：谷胱甘肽可直接与某些毒物结合而排出体外，或者先经肝脏细胞色素P代谢酶系氧化和氢化，然后在谷胱甘肽-硫-转移酶的作用下，与谷胱甘肽结合成大分子络合物，而使毒物灭活并增加水溶性，最后以降解等方式经胆汁或肾脏排出体外。

② 抗衰老作用：谷胱甘肽具有很强的自由基清除能力。机体代谢产生的过多自由基会损伤生物膜，侵袭生命大分子，促进机体衰老，并诱发肿瘤或动脉硬化的产生。谷胱甘肽可消除自由基，能起到强有力的保护作用。

③ 抗辐射：谷胱甘肽对于放射线、放射性药物所引起的白细胞减少等症状，有强有力的保护作用。

④ 抗过敏：谷胱甘肽能够纠正乙酰胆碱、胆碱酯酶的不平衡，调节乙酰胆碱代谢，从而消除由此引起的过敏症状。

⑤ 养颜美容护肤：由于谷胱甘肽能够螯合体内的自由基、重金属等毒素，防止皮肤色素沉淀，防止新的黑色素形成并减少其氧化，并使皮肤产生光泽，所以它无论内用还是外用都具有良好的养颜、美容的功效。

⑥ 参与体内代谢调节，对多种疾病具有辅助治疗作用：国内外多方面的研究结果显示了谷胱甘肽作为抗氧化剂和细胞代谢调节剂，在肝病、急性肾功能衰竭、心血管疾病、老年性眼病、糖尿病神经损伤和肠道疾病中不失为一种重要的治疗或辅助治疗药物。

（2）来源和制备　谷胱甘肽在面包酵母、小麦胚芽和动物肝脏中含量较高，动物血液中含量也较为丰富。目前谷胱甘肽的生产方法主要有溶剂萃取法、化学合成法、酶转化法和发酵法。萃取法主要是通过萃取和沉淀的方法从含有谷胱甘肽的动植物组织中进行分离提取，由于原料不易获得且谷胱甘肽的含量极低，因此该法的实际应用价值不大。

20世纪60年代起，采用生物法（包括酶转化法和发酵法）进行谷胱甘肽的合成就引起研究者们的广泛关注。谷胱甘肽的酶法合成就是利用微生物细胞中的γ-谷氨酰半胱氨酸合成酶和谷胱甘肽合成酶催化三种组成氨基酸形成谷胱甘肽的方法，该过程中需要消耗大量ATP。这两种酶的活性偏低和ATP的供应问题是影响酶法合成谷胱甘肽应用的主要因素。发酵法就是采用廉价的糖类原料，利用微生物体内物质代谢途径来进行谷胱甘肽生物合成的方法。

（3）应用　谷胱甘肽在生物体内有着多种重要的生理功能，特别是对于维持生物体内适宜的氧化还原环境起着至关重要的作用。谷胱甘肽还有改善性功能和消除疲劳的作用，近年来还发现谷胱甘肽具有抑制艾滋病病毒的功效。随着对谷胱甘肽研究的不断深入，谷胱甘肽在临床医药领域内还会有更多的用途。

谷胱甘肽与运动训练也有着密切的关系，它在防止损伤、提高运动能力、消除运动疲劳及运动营养的补充方面都备受人们的关注。随着谷胱甘肽的生理生化功能和性质被不断研究发现，人们对其在医药工业、食品工业、体育运动领域及有关生物研究领域上的兴趣将日益增长，对其需求量也将不断增加。

3. 大豆低聚肽

大豆低聚肽是大豆蛋白经酶水解或微生物技术处理而得到的水解产物，是主要由3~6个氨基酸分子组成的低肽混合物，相对分子质量以低于1000为主，主要出峰位置在相对分子质量300~700的范围内。其氨基酸组成与大豆球蛋白十分相似，必需氨基酸平衡良好。

（1）理化特性　大豆低聚肽的水溶性很高，即使在50%的高浓度下仍具流动性。大约10%浓度的大豆蛋白质水溶液一经加热就会凝固，但对于大豆低聚肽的水溶液来说，不产生凝固现象。从pH与溶解性看，大豆蛋白质在等电点pH 4.3附近会形成沉淀，但对于大豆低聚肽来说，在pH 3.0~7.0都能保持很好的溶解性。

（2）生理功能

① 易于消化吸收：大部分蛋白质并非完全水解成氨基酸才被吸收，而是在多肽形式时就能直接被人体吸收，而且二肽和三肽的吸收速率比相同组成的氨基酸还要快。大豆低聚肽与大豆蛋白相比更易被消化吸收，并且其吸收速率和吸收率也比其他蛋白质和氨基酸混合物高。

② 促进脂肪代谢：过度肥胖会引起许多疾病，但低能膳食方式的减肥又会导致减肥者体质下降，因此在减肥过程中保持氮的平衡非常重要。肽有阻止脂肪吸收的作用，还具有更强的促进脂肪代谢的效果。实验证明，添加大豆低聚肽的食品比不加大豆低聚肽的低热食品使小儿肥胖患者皮下脂肪减少的速率快。

③ 增强体能和抗疲劳的作用：要使运动员的肌肉有所增加，必须要有适当的运动刺激和充分的蛋白质补充。通常，刺激蛋白质合成的成长激素的分泌是在运动后15~30min以及睡眠后60min时达到顶峰，若能在这段时间内适时提供消化吸收性良好的肽作为肌肉蛋白质的原料将是非常有效的。

④ 低过敏性：大豆蛋白的7S和11S亚基有很强的抗原性。同时由于一些蛋白酶抑制剂的存在，使大豆蛋白消化率和生物学效价大大降低。酶免疫测定法研究发现大豆低聚肽的抗原性比大豆蛋白质低，因此大豆低聚肽可满足对大豆蛋白易发生过敏反应的人群对氨基酸的需要，尤其适用于生产低抗原性的婴儿食品。

⑤ 降胆固醇作用：大豆低聚肽具有降低血清胆固醇的作用，大豆低聚肽能抑制肠道内胆固醇类物质的再吸收，并能促使其排出体外。这可能是由于大豆低聚肽刺激甲状腺分泌量的增加，从而促进了胆固醇胆汁酸化而无法再吸收。

⑥ 降血压作用：血管中含有血管紧张素和血管紧张素转换酶，当后者使前者由Ⅰ型转换为Ⅱ型时会使末梢血管收缩，血压升高。大豆低聚肽能够抑制血管紧张素转换酶和活性，防止末梢血管收缩，因而起到降低血压的作用。但大豆低聚肽仅对高血压患者有降压作用，而对正常人无降压作用，因此其应用安全可靠。

⑦ 增强免疫力：用大豆低聚肽喂养大鼠，能够显著提高尘细胞的吞噬活性，增强尘细胞对

调理的绵羊红细胞的吞噬作用和促进有丝分裂作用。

⑧ 抗氧化性：最近，大豆多肽的抗氧化性研究也取得可喜进展。有人通过亚油酸自动氧化鉴定并分离出大豆球蛋白蛋白酶水解物中 6 种多肽具有抗氧化特性，此类多肽具有捕捉自由基及螯合金属离子作用，而且多肽中都含有组氨酸和酪氨酸。同时水解度与抗氧化性也有很强的联系，在水解初始阶段，水解物的抗氧化活性随水解程度的加深而增强，当水解到一定程度后，抗氧化值开始出现一个平衡点。因此，制备抗氧化大豆低聚肽是应努力提高水解产物中小肽的含量，同时尽可能选用作用位点是疏水性氨基酸残基的蛋白酶来水解，提高氨基酸侧链的疏水性。

（3）制备

脱脂大豆粕→浸泡→磨浆分离→胶体磨→精滤→超滤→预处理→酶水解→分离→脱苦、脱色→脱盐→杀菌→浓缩→干燥

酶的选择至关重要，通常选用胰蛋白酶、胃蛋白酶等动物蛋白酶，也可选用木瓜和菠萝等植物蛋白酶。但应用较广的主要是放线菌 166、枯草芽孢杆菌 1389、栖土曲霉 3942、黑曲霉 3350 和地衣型芽杆菌 2709 等微生物蛋白酶。

（4）应用　大豆低聚肽不仅具有良好的生理功能，与大豆蛋白相比，还具有无豆腥味、无蛋白变性、酸性不沉淀、加热不凝固、易溶于水、流动性好等良好的加工性能，是优良的保健食品配料，可广泛应用于功能性食品、特殊营养食品中。大豆低聚肽应用在功能性食品上，大致有以下几个方面。

① 在营养疗效食品中的应用：大豆低聚肽易吸收、吸收快，可制成肠道营养剂和液态食品，为康复期病人、肠道病患者、消化功能衰退的老年人以及消化功能未成熟的婴幼儿提供理想的营养疗效食品。以大豆低聚肽为基料，配以全脂乳粉、蜂蜜等辅料，制成速溶性的老年乳粉，可以降低血清胆固醇，是优质的营养保健食品。

② 在功能和保健食品中的应用：以大豆低聚肽为基料的保健食品可以降低胆固醇、降血压、预防心血管系统疾病和肥胖症患者减肥，婴幼儿乳粉及甜点心等有利于婴幼儿的健康成长。

③ 在运动员食品中的应用：极易吸收的大豆低聚肽能迅速给肌体补充能量、恢复体力，是运动员理想的蛋白质强化食品和能量补给饮品。

④ 作为高胆固醇、高血压患者的蛋白质来源。

⑤ 在普通食品中的应用：大豆低聚肽还可广泛用于糖果、糕点、冷饮、焙烤食品、肉制品和乳制品等多种食品中。

4. 高 *F* 值低聚肽

在氨基酸和低聚肽混合物中，支链氨基酸（主要指亮氨酸、异亮氨酸和缬氨酸）与芳香族氨基酸（主要指苯丙氨酸、酪氨酸）的物质的量比值称为 *F* 值。高 *F* 值低聚肽是由动、植物蛋白经酶解后制得的支链氨基酸含量高、芳香族氨基酸含量低的寡肽，以低苯丙氨酸寡肽为代表。

正常人血浆中支链氨基酸与芳香族氨基酸的浓度比为（2.6～3.6）:1，如这一比例降至 1:1，就会造成肝性脑病而致肝昏迷。肝昏迷病人在经过高 *F* 值低聚肽的输液后，90% 的病人可以苏醒。这是因为芳香族氨基酸主要是在肝脏中分解代谢，当肝功能衰竭时，其分解能力显著降低，致使血液中浓度积累增高。而支链氨基酸主要是在骨骼肌中代谢，肝脏不承担其分解作用，因此，肝病患者不会延缓支链氨基酸的代谢。

（1）理化性质　高 F 值低聚肽的颜色为无色至淡黄色，无味。相对分子质量 < 1000，黏度与浓度无直接关系。高 F 值低聚肽具有较好的溶解性，持水性高，低黏度，具有较好的稳定性，酸性条件下不易凝聚，等电点不易沉淀，有较强的乳化性和起泡性。

（2）生理功能

① 防治肝性脑病：摄入高 F 值的低聚肽可纠正血液和脑中氨基酸的病态模式，改善肝昏迷程度和精神状态，减轻或消除肝性脑病的症状。还可广泛用作保肝、护肝功能食品基料。

② 改善蛋白质营养状况：支链氨基酸是肌肉能量代谢的底物，具有促进氮储留和蛋白质合成，抑制蛋白质分解的功能。支链氨基酸对肌肉蛋白质的合成和分解起决定性调节作用和较大的临床耐受性。高 F 值低聚肽在肠道内易消化吸收，广泛用作烧伤、外科手术、脓毒血症等病人及消化酶缺乏患者的肠道营养剂和蛋白营养食品。

③ 抗疲劳作用：支链氨基酸主要氧化部位在肌肉，补充外源性支链氨基酸可节省来自蛋白质分解的内源性支链氨基酸，从而起到节氮作用，成为可提供能量的物质。高 F 值低聚肽可用作高强度劳动者及运动员的食品营养剂，能及时补充能量，消除疲劳，增强体力。

（3）制备　高 F 值低聚肽蕴含在天然的蛋白质序列中，酶法制肽时，首先要将高 F 值低聚肽片断释放出来，由于在通常的蛋白质原料中 F 值较低，还要通过除去芳香族氨基酸才可能达到高 F 值的要求。制备的基本工艺为：

蛋白质→预处理→酶解→去除芳香族氨基酸→浓缩纯化→成品

工艺中的关键步骤是水解度的控制，大分子肽与小分子肽的分离以及产物苦味的控制。

首先进行湿热处理，使蛋白质分子结构变得松散，有利于酶的作用；然后进行酶解，分两步进行，使用一种蛋白酶水解蛋白质生成可溶性肽，要求水解发生在特定的位置使得切下肽段的 N—末端或 C—末端为芳香族氨基酸，再用另一种蛋白酶切断芳香族氨基酸旁的肽键，将其从肽链中去除掉；最后去除芳香族氨基酸，浓缩得成品。

（4）应用前景　高 F 值低聚肽具有消除或减轻肝性脑病症状，改善肝功能和多种病人蛋白质营养失常状态及抗疲劳功能。可广泛用作保肝护肝功能食品，特殊患者的蛋白营养食品和肠道营养液，高强度劳动者和运动员食品营养强化剂等。

（三）活性蛋白质

活性蛋白是指除具有一般蛋白质的营养作用外，还具有某些特殊生理功能的一类蛋白质。

1. 乳铁蛋白

乳铁蛋白（lactoferrin，LF）是一种天然的具有免疫功能的糖蛋白，由转铁蛋白转变而来。因其晶体呈红色，也有人称其为红蛋白，主要存在于母乳和牛乳中。乳铁蛋白是一种铁结合性糖蛋白，它的分子主体是一个大约有 700 个氨基酸残基构成的多肽链，相对分子质量为 77000 ~ 80000。其主要生理功能如下。

（1）促进肠道对铁的吸收　乳铁蛋白具有结合并转运铁的能力，到达人体肠道的特殊接受细胞后再释放出铁，这样乳铁蛋白就能增强铁的实际吸收率和生物利用率，可以降低铁的使用量，从而减少铁的负面效应。人乳中乳铁蛋白未完全饱和，但母乳喂养的婴儿很少缺铁，主要是因为乳汁中的铁具有很高的生物效价。乳铁蛋白能稳定还原态的铁离子，并且除两个铁结合位点外，其他部位也可吸附铁离子。

（2）抑菌、抗病毒作用　临床实验表明：乳铁蛋白在体内外都可以杀死或抑制许多细菌，增强巨噬细胞吞噬作用。如果是中性粒细胞缺乏产生乳铁蛋白的颗粒，或者有颗粒但不合成乳铁蛋白的人，要比正常人受微生物感染的程度严重。存在溶菌酶和IgA时，乳铁蛋白抗微生物感染作用增强。铁是微生物生长和繁殖所必需的物质。乳铁蛋白可截取细菌中的铁原子，阻止细菌繁殖，并把铁原子供给红细胞，从而帮助调节消化系统中有益菌和有害菌之间的平衡。

（3）提高机体免疫力　乳铁蛋白能增强中性粒细胞的吞噬作用和杀灭作用，提高自然杀伤细胞（NK细胞）的活性，促进淋巴细胞的增殖。乳铁蛋白可以促进中性粒细胞对受伤部位的吸附和聚集，增加粒细胞黏性，促进细胞间相互作用，调节免疫球蛋白的分泌，参与调节机体免疫耐受能力。

（4）防癌作用　乳铁蛋白对癌细胞有明显抑制作用。大鼠服用乳铁蛋白后，消化道中大量腺癌细胞减少，并对舌癌起到抑制作用。日本国家癌症研究中心试验证明乳铁蛋白可预防大肠癌的发生和扩散。

（5）抗氧化活性　非饱和乳铁蛋白可隔离自由铁，能保护糖蛋白不被氧化剂所氧化。乳铁蛋白可降低吞噬细胞产生自由羟基的可能性，抑制单核细胞膜铁催化氧化反应。

（6）对婴儿健康成长有重要作用　给婴儿喂食含有乳铁蛋白的乳粉，发现婴儿大便中双歧杆菌的数量明显增加，粪便的pH下降，溶菌酶的活性和有机酸的含量均上升。

由于乳铁蛋白具有多种生理功能，并且是一种安全物质，服用后无任何不良作用，因此现已广泛应用于食品、医疗以及化妆品领域。在婴幼儿食品中添加乳铁蛋白可增强免疫力，促进生长发育；在口香糖、化妆品、胶囊或饮料中添加乳铁蛋白，作为补铁制剂用来治疗和预防铁缺乏症，或用于治疗腹泻消炎等；乳铁蛋白的抗氧化性可延长大豆油等油脂的保质期。

2. 免疫球蛋白

免疫球蛋白（immunoglobulin，Ig）是一类具有抗体活性，能与相应抗原发生特异性结合的球蛋白。免疫球蛋白不仅存在于血液中，还存在于体液、黏膜分泌液以及B淋巴细胞膜中。它是构成体液免疫作用的主要物质，与补体结合后可杀死细菌和病毒，可增强机体的抗病能力。免疫球蛋白呈Y字形结构，由两条重链和两条轻链构成，单体相对分子质量为150000～170000。免疫球蛋白共有5种，分别是IgG、IgA、IgD、IgE和IgM，在体内起主要作用的是IgG。其主要生理功能如下。

（1）与相应抗原特异性结合　免疫球蛋白最主要的功能是能与相应抗原特异性结合，在体外引起各种抗原－抗体的反应。抗原可以是侵入人体的菌体、病毒或毒素，它们被Ig特异性结合后便丧失破坏机体健康的能力。需指出，若Ig发生变性，空间构象发生变化便可能无法与抗原发生特异性结合，即丧失了相应的抗病能力。

（2）活化补体　IgG_1～IgG_3和IgM与相应抗原结合后，可活化补体经典途径（classical pathway，CP），即抗原－抗体复合物刺激补体固有成分C_1—C_9发生酶促连锁反应，产生一系列生物学效应，最终发生细胞溶解作用的补体活化途径。

（3）结合细胞产生多种生物学效应　免疫球蛋白（Ig）能够通过其Fc段与多种细胞（表面具有相应Fc受体）结合，从而产生多种不同的生物学效应。

（4）通过胎盘传递免疫力　不同类型的Ig在不同动物的母体和幼体间有不同的Ig转移方式，对于在多种病原菌中出生的幼体，母亲传递给幼体多种抑菌物质，Ig是其中最主要的一种。

免疫球蛋白主要应用于婴儿配方乳粉和提高免疫力的保健食品中。1990年美国Stoll International公司生产的含有活性免疫球蛋白的功能性乳粉，可抵抗常见的24种致病菌和病毒。

3. 大豆蛋白

大豆蛋白是指存在于大豆籽粒中贮藏性蛋白质的总称，其必需氨基酸组成接近标准蛋白，是一种优质蛋白。对人和动物的临床研究表明，大豆蛋白的消化率可与肉、乳、蛋相媲美；氨基酸组成符合人体需求，除婴儿外，大豆蛋白产品的必需氨基酸含量均高于各年龄段的推荐摄入量。由于大豆蛋白具有特殊生理功能，近年来备受重视。其主要生理功能如下。

（1）预防心血管疾病　引起心血管疾病的主要原因是血液中的胆固醇含量高。胆固醇有两种，一种是低密度脂蛋白（LDL）－胆固醇，一种是高密度脂蛋白（HDL）－胆固醇。LDL－胆固醇氧化后聚集引起动脉粥样硬化，是不良胆固醇，应控制其浓度。而HDL－胆固醇可防止LDL－胆固醇的氧化，清除血管壁上淤积的粥样物质，对血管起保护功能。

（2）改善骨质疏松　与优质动物蛋白相比，大豆蛋白造成的尿钙流失较少。对预防和改善骨质疏松来说，减少尿钙流失比补钙更重要。

（3）抑制高血压　在大豆蛋白中含有3个可抑制血管紧张肽原酶活性的短肽片断，因此大豆蛋白具有一定的抗高血压作用。

（4）预防慢性肾脏病　与摄入动物蛋白相比，摄入大豆蛋白可以减少肾脏负担，减少血液中有益成分从血液中流失。

大豆蛋白不仅具有良好的营养保健作用，而且还有许多优良的工艺特性，因此它被广泛应用于多种食品体系，如肉类食品、焙烤食品、乳制品和蛋白饮料中。同时大豆蛋白也是众多低热量、高营养保健食品的基本配料之一。

4. 超氧化物歧化酶

超氧化物歧化酶（SOD）又称过氧化物歧化酶，是一类含金属的酶，按金属辅基的不同已发现4种，它们是含铜与锌超氧化物歧化酶（Cu·Zn－SOD）、含锰超氧化物歧化酶（Mn－SOD）、含铁超氧化物歧化酶（Fe－SOD）和含镍超氧化物歧化酶（Ni－SOD），其中铜、锌超氧化物歧化酶是最常见的一种。其主要生理功能如下。

（1）治疗自身免疫性疾病　超氧化物歧化酶对各类自身免疫性疾病都有一定的疗效，如红斑狼疮、硬皮病、皮肌炎和出血性直肠炎等。对于类风湿性关节炎在急性病变期形成前使用，疗效较好。

（2）与放疗结合治疗癌症　放射治疗既能杀死癌细胞，又会杀死正常组织细胞。如果在放疗时提高正常组织中的超氧化物歧化酶的含量以清除放射诱发产生的大量自由基，而使癌组织中超氧化物歧化酶的增加量相对减少，就可有效地抑制放射线对正常组织的损伤，而对癌细胞的杀死作用则影响不大。

（3）延缓衰老　当机体衰老时，体内生成各式各样的自由基，自由基作为人体垃圾，是人体重要的内毒素之一。由于超氧化物歧化酶能够清除自由基，因而具有延缓衰老的作用。

（4）治疗炎症和水肿　超氧化物歧化酶主要用来治疗风湿病，如风湿及类风湿关节炎、肩周炎等，具有疗效好、毒副作用小、不易发生过敏反应、可较长时间应用等优点。

（5）消除肌肉疲劳　在军事、体育和救灾等超负荷大运动量过程中，机体中部分组织细胞（特点是肌肉部位）会交替出现暂时性缺血及重灌流现象，引起缺血后重灌流损伤，加上乳酸量的增加，就导致了肌肉的疲劳与损伤。这时，给肌肉注射超氧化物歧化酶可有效地解除疲劳与损伤。若在运动前供给超氧化物歧化酶，则可保护肌肉避免出现疲劳和损伤。

（6）预防老年性白内障　对这类疾病应在进入老年期前即开始经常服用抗氧化剂，或者说经常注射超氧化物歧化酶。如果一旦形成白内障，用超氧化物歧化酶治疗则无效。

（7）美容护肤　超氧化物歧化酶作为超氧阴离子的螯合剂，它既是目前临床上常用的治疗药物，又是目前最常用的药物化妆品，如SOD面膜、SOD蜜等。

SOD是专一清除体内致病因子——超氧阴离子自由基（$O_2^- \cdot$）的金属酶，它具有多种生理作用，可作为食品、药品及化妆品的有效成分。可开发的产品有SOD啤酒、SOD果汁、SOD冰淇淋、乳粉、酸乳、奶糖、治疗及保健用口服液，以及抗衰老保健品、胶丸、含片等。

二、功能性脂类

功能性油脂指的是对人体有一定保健功能、药用功能以及有益健康的一类油脂类物质，是指那些属于人类膳食油脂，为人类营养、健康所需要，并对人体的健康有促进作用的一大类脂溶性物质。其中既包括主要的油脂类物质甘油三酯，也包括油溶性的其他营养素，如维生素E、磷脂、固醇等类脂物，还包括低能量脂肪替代品。它们对现代社会富贵病如高血压、高脂血、高血糖、心脑血管疾病和癌症有良好的防治作用。

（一）多不饱和脂肪酸

多不饱和脂肪酸是指分子中含有两个或两个以上双键的不饱和脂肪酸。根据多不饱和脂肪酸分子中双键位置的不同又可分为$\omega-3$型多不饱和脂肪酸和$\omega-6$型多不饱和脂肪酸两大类。$\omega-3$型多不饱和脂肪酸主要包括二十碳五烯酸（eicosapentaenoic acid，EPA）、二十二碳五烯酸（docosapentenoic acid，DPA）、二十二碳六烯酸（docosahexaenoic acid，DHA）、$\alpha-$亚麻酸等（$\alpha-$linolenic acid，ALA）。$\omega-6$多不饱和脂肪酸主要包括亚油酸（linoleic acid，LA）、$\gamma-$亚麻酸（$\gamma-$linolenic acid，GLA）、花生四烯酸（arachidonic acid，AA）等。

1. $\omega-3$系列多不饱和脂肪酸

陆生植物油中几乎不含$\omega-3$系列多不饱和脂肪酸。高等动物体内的EPA和DHA可由油酸、亚油酸或亚麻酸等转化而成，但这一转化过程在人体中非常缓慢，眼、脑、睾丸和精液中含有较多的DHA。在海鱼和微生物中转化量较大，如海藻类及深海冷水鱼中含有丰富的EPA和DHA，沙丁鱼等小型青背鱼中EPA含量较多，金枪鱼和鲬鱼等大型青背鱼中DHA含量较多，其中头部尤以眼窝脂肪中含量最高。

2. $\omega-6$系列多不饱和脂肪酸

（1）花生四烯酸（AA）　主要以磷脂的形式存在于机体各种组织的细胞膜上，决定着细胞膜的一些重要生物活性。游离的花生四烯酸在正常的生理状态下水平很低，当细胞膜受到炎症等刺激时，花生四烯酸便从磷脂池中释放出来，产生大量的花生四烯酸，并转变为具有生物活性的代谢产物，如前列腺素（PG）、白细胞三烯（LT）、血栓烷等，都是炎症的有效介质，导致发热、疼痛、血管扩张、通透性升高及白细胞渗出等炎症反应。另一方面，抗炎药物如阿司匹林、消炎痛和炎固醇激素则能抑制花生四烯酸代谢、减轻炎症反应。

（2）共轭亚油酸　共轭亚油酸（conjugated linoleic acid，CLA）作为亚油酸的几何以及位置异构体，是一类分子内具有共轭二重键的化合物的总称。共轭亚油酸是在研究烧烤牛肉致癌的实验中首次被发现的，之后发现大多数反刍动物的肉及乳制品中都含有该类脂肪酸，它们是由动物反刍胃当中的微生物转化亚油酸而形成的。与亚油酸不同的是，共轭亚油酸具有较强的抗癌活性，除此以外，还对粥样动脉硬化、糖尿病具有较好的效果。

3. 主要的功能性油脂

食用植物油和微生物油脂中含有较多的 $\omega-6$ 系列不饱和脂肪酸，在降低血液胆固醇、预防动脉硬化方面，效果比较明显。这一方面是由于它们含有丰富的亚油酸或 $\gamma-$亚麻酸之类的多不饱和脂肪酸，另一方面也有其他活性物质所产生的协同增效作用。

（1）葡萄籽油　含有大量不饱和脂肪酸、棕榈酸、硬脂酸、油酸以及微量亚麻酸、月桂酸、肉豆蔻酸等，其不饱和脂肪酸含量高达 90% 以上，主要成分是亚油酸，含量为 80% 左右，比一般食用油甚至药用油——核桃油和红花油中的含量都高。葡萄籽油能降低血液中低密度脂蛋白胆固醇，同时能提高高密度脂蛋白胆固醇的水平，对防治冠心病有利。

（2）橄榄油　可供食用的高档橄榄油是用成熟或初熟的油橄榄鲜果通过物理冷压榨工艺提取的天然果油，是世界上唯一以自然状态的形式供人类食用的木本植物油，原产地中海沿岸诸国。橄榄油在加热至高温时，不会燃烧或生成有害的化学物质，故尤其适用于煎烤和油炸。橄榄油中 $\omega-3$ 型多不饱和脂肪酸和 $\omega-6$ 型脂肪酸的比率为 1:4，同人乳相似。此外，角鲨烯、黄酮类物质和多酚化合物的存在能增强人体的免疫力，延缓衰老。

（3）油茶籽油　油茶籽油中油酸、亚油酸、亚麻酸等不饱和脂肪酸的含量很高，尚含有角鲨烯等生理活性成分，其品质基本可与橄榄油相媲美，而市场价格却比橄榄油低得多，所以越来越深受广大消费者青睐。

（4）红花油　提取自红花的种子，其亚油酸含量高达 75% ~78%，是绝好的亚油酸来源。

（5）月见草油　提取自月见草的种子。这种油的最重要特征是含有丰富的 $\gamma-$亚麻酸（5% ~15%，典型值 8%，国外称其为维生素 F），为所有食用植物油之首。此外，它还含有 73% 左右的亚油酸，其不饱和脂肪酸总量高达 90% 以上。

（6）小麦胚芽油　约含 80% 的不饱和脂肪酸，其中亚油酸含量 50% 以上，油酸含量为 12% ~28%。它所含有的维生素 E 数量远比其他植物油高，堪居植物油之冠。还含有二十三、二十五、二十六和二十八烷醇，这些高级醇尤其是二十八烷醇对改善人体酶的利用、降低血液中胆固醇、减轻肌肉疲劳疼痛、增强爆发力和耐力都有一定功效。此外，麦胚油中不皂化物谷固醇的含量远远超出其他植物油。

（7）米糠油　米糠油是稻谷加工的副产物，含有 75% ~80% 的不饱和脂肪酸，其中油酸 40% ~50%、亚油酸 29% ~42% 和亚麻酸 1%。米糠油还含有一定数量的谷维素，它对周期性精神病、妇女更年期综合征、月经前紧张症、自主神经功能失调和血管性头痛等有较好的防治作用。

（8）微生物油脂　用微生物发酵法生产富含 $\gamma-$亚麻酸的油脂，其 $\gamma-$亚麻酸含量达 8% ~15%，可与月见草油相媲美。

4. 多不饱和脂肪酸的生理功能

（1）改善神经系统功能　多不饱和脂肪酸对脑、视网膜和神经组织发育具有重要影响。DHA 和花生四烯酸是脑的视网膜中两种主要的多不饱和脂肪酸。多不饱和脂肪酸对于胎儿和婴幼儿的影响十分显著。所以，母亲（包括受孕前、怀孕期间及胎儿出生后）的膳食脂肪酸的摄入及婴儿摄乳中的脂肪酸组成不仅关系到孩子智力、视力等脑发育，而且也可能影响成年后对高血压、心脏病等疾病的易感性。

（2）预防心脑血管疾病　$\omega-6$ 型多不饱和脂肪酸对动脉血栓形成和血小板功能有明显影响。亚油酸的摄入量与血浆磷脂、胆固醇酯和甘油三酯中的亚油酸含量有很高的相关性，而且血小板的总亚油酸、$\alpha-$亚麻酸、花生四烯酸、EPA，以及 DHA 与血浆甘油三酯、磷脂、脂肪组织中的脂肪酸浓度成显著相关性。我国药典仍然采用亚油酸乙酯丸剂、滴剂作为预防和治疗高血压及动脉粥样硬化症、冠心病的药物。根据国外最新的流行病学和临床实验提供的数据，$\omega-3$ 型多不饱和脂肪酸的摄取量和冠心病的发病率呈负相关。

（3）抑制肿瘤生长　多数学者报道 $\omega-3$ 系脂肪酸对肿瘤细胞具有抑制作用。DHA 和 EPA 具有较好的抗癌作用。流行病学资料显示，恶性肿瘤的发生与摄入脂肪的种类和数量关系密切，饱和脂肪酸和动物脂肪的高摄入会增加患结肠癌、乳腺癌、前列腺癌的危险性，而经常食用富含多不饱和脂肪酸的深海鱼及其他海产品的人群发生恶性肿瘤的危险性明显降低。多不饱和脂肪酸具有抑制肿瘤的生长、侵袭及转移，增强某些抗癌药物的疗效，改善癌性恶病质状况，延长荷瘤宿主的生存时间的作用。

而其他脂肪酸对肿瘤细胞的作用尚无定论。已证实在一些肿瘤动物实验中，花生四烯酸在体外能显著地杀灭肿瘤细胞。而美国的一项研究表明，采用亚油酸的人群因癌症死亡的比率是传统膳食的对照组的两倍，这可能是由于多不饱和脂肪酸的摄入会引起脂质过氧化，从而增加了肿瘤的发病率。

（4）抗炎和免疫调节作用　多不饱和脂肪酸调节炎症反应的机制目前不十分清楚，可能包括：① 影响类二十碳烷酸化合物的合成；② 使膜脂成分发生改变，影响膜流动性和某些酶活性以及激素与受体的结合信号的传递；③ 调控基因的表达；④ 影响脂质代谢等。

鱼油有较强的免疫调节作用，对一些细菌疾病、慢性炎症、自身免疫疾病有益处。不同 $\omega-3$ 多不饱和脂肪酸发挥不同的免疫调节作用，并且 EPA 比 DHA 的作用更广泛、更强，低水平的 EPA 就足以影响免疫反应，而鱼油的免疫调节作用主要归因于 EPA。$\omega-3$ 多不饱和脂肪酸与 $\omega-6$ 多不饱和脂肪酸共同作用比单独作用效果更强。但 $\omega-6$ 多不饱和脂肪酸与 $\omega-3$ 多不饱和脂肪酸在代谢上有竞争作用，故二者比值具有重要意义，各国比值规定各不相同，世界卫生组织（WHO）建议二者比值为（5～10）:1，瑞典建议为5:1，日本建议为（2～4）:1，中国建议为（4～6）:1。

5. 多不饱和脂肪酸的应用

多不饱和脂肪酸经环糊精包埋或蛋黄粉包埋后可添加于各种食品中，如婴儿配方乳粉、乳制品、肉制品、焙烤食品、蛋黄酱和饮料等。也可以与其他活性物质相配合制成片剂或胶囊等各种形式的功能食品。

值得注意的是，尽管很多事实证明多不饱和脂肪酸对人体有极其重要的生理作用，但过量摄入会产生一些副作用。

（二）磷脂

磷脂（phospholipid）是含有磷酸的类脂化合物，是甘油三酯的一个或两个脂肪酸被含磷酸的其他基团取代而得。

1. 磷脂的结构与组成

磷脂按其分子组成可分为甘油醇磷脂和神经醇磷脂两大类。甘油醇磷脂是磷脂酸的衍生物，常见的有卵磷脂（磷脂酰胆碱，phosphatidyl cholines，PC）、脑磷脂（磷脂酰乙醇胺，phosphatidyl ethanolamines，PE）、丝氨酸磷脂（磷脂酰丝氨酸，phosphatidyl serines，PS）和肌醇磷脂（磷脂酰肌醇，phosphatidyl inositols，PI）。神经醇磷脂的种类较少，主要是分布于细胞膜中的鞘磷脂。

甘油醇磷脂和神经醇磷脂的结构通式如图 1－3 和图 1－4 所示。

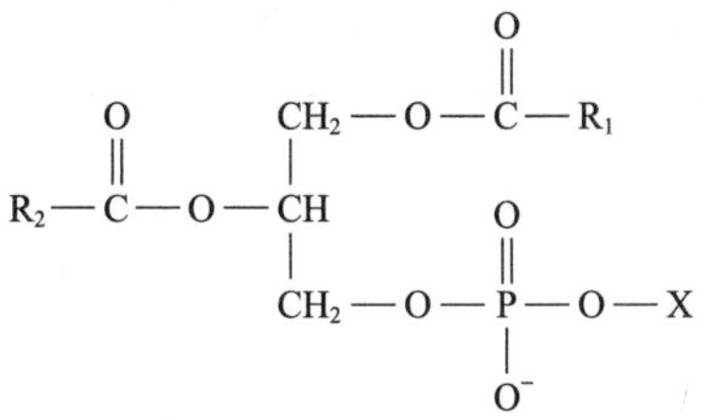

```
                          O
                          ‖
      O        CH2 — O — C — R1
      ‖        |
R2 — C — O — CH          O
               |          ‖
               CH2 — O — P — O — X
                          |
                          O⁻
```

图1－3　甘油醇磷脂通式

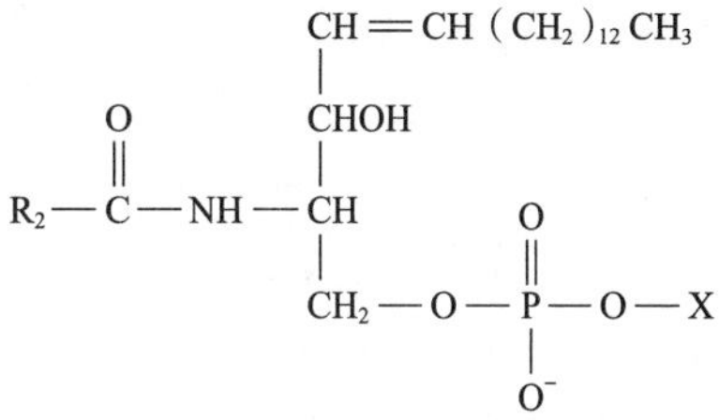

```
               CH ═ CH (CH2)12 CH3
               |
      O        CHOH
      ‖        |
R2 — C — NH — CH          O
               |           ‖
               CH2 — O — P — O — X
                           |
                           O⁻
```

图1－4　神经醇磷脂通式

式中 R_1、R_2 代表脂肪酸残基，其碳原子数一般为12～18，且以偶碳数最多。R_1、R_2 可以相同也可以不同，但磷脂2位（β 位）大多数为不饱和脂肪酸，如油酸、亚油酸、亚麻酸及花生四烯酸等。根据分子结构中X基团的不同，磷脂可分为不同的磷脂类型。

2. 磷脂的性质

纯净的磷脂为无色无味的白色蜡状固体，低温下结晶。磷脂不耐高温，温度超过150℃时气味不佳，并逐渐分解。磷脂在空气和阳光中极不稳定，易发生褐变反应，这是分子中大量不饱和脂肪酸被空气中的氧氧化所致。

磷脂不溶于水，但易吸水，吸水后形成极性的磷脂水合物，不溶于油脂。磷脂可溶于某些有机溶剂。不同磷脂在各种溶剂中的溶解性能有一定差别，这也是溶剂法浸取磷脂的理论基础。由磷脂结构可见，磷脂分子具有亲水和亲油双重性，疏水部分是脂肪酸的烃基，而亲水部分是磷酸、胆碱。磷脂的HLB值通常为9～10。

3. 生理功能

（1）可作为抗癌药物和缓释药物的载体　利用磷脂的脂质体特征及作用部位的靶向性将磷脂用作药物载体，特别是抗癌药物和缓释药物的载体，降低药物的毒副作用，提高药效。

（2）具有降胆固醇、调节血脂的功能　卵磷脂具有显著降低胆固醇、甘油三酯、低密度脂蛋白的作用。磷脂具有亲水性和亲脂性双重性质，其脂肪酸组成又含有生理活性很高的亚油酸和亚麻酸，可改善脂肪的吸收和利用，阻止胆固醇在血管壁的沉积，并清除部分沉积物，促进粥样硬化斑的消散，防止胆固醇引起的血管内膜损伤，从而起到预防心脑血管疾病的作用。

（3）具有健脑、增强记忆力的功能　磷脂被誉为“伟大的营养师”“脑的食物”“血管的清道夫”“可食用的化妆品”“细胞的保护神”“长寿因子”等。在脑神经细胞中卵磷脂的含量占其质量的17%～20%。“乙酰胆碱”是大脑内的一种信息传导物质，是传导联络大脑神经元的主要递质。磷脂可提高大脑中乙酰胆碱的浓度，因此磷脂具有增强记忆力的作用。

（4）具有延缓衰老的功能　卵磷脂是构成细胞的重要成分，是各种脂蛋白的主要成分以及各种生物膜（如细胞质膜、核膜、线粒体膜、内质网等）的基本结构。人体补充卵磷脂可以修补被损伤的细胞膜，增加细胞膜的脂肪酸不饱和度，改善膜的功能，使其软化和年轻化。

（5）能显著增强人体免疫力　以大豆磷脂脂质体做巨噬细胞功能试验，发现其明显促进吞噬细胞的应激性。喂食磷脂的大鼠，淋巴细胞转化率提高，表明磷脂具有增强机体免疫功能的作用。

三、其他活性功效成分

（一）生物类黄酮

以前黄酮类化合物（flavonoids）主要指基本母核为2－苯基色原酮类化合物，现泛指具有

2－苯基苯并芘喃的一系列化合物。主要包括黄酮类、黄烷酮类、黄酮醇类、黄烷酮醇、黄烷醇、黄烷二醇、花青素、异黄酮、二氢异黄酮及高异黄酮等。黄酮类化合物多呈黄色，是一类天然色素。

其主要功能作用如下：

生物类黄酮（bioflavonoids）能调节毛细血管透性，增强毛细血管壁的弹性，而毛细血管可供给机体所需的全部营养物质如来自血流的氧、营养素和抗体，并带走废物。这些作用可防止毛细血管和结缔组织的内出血，建立起一个抗传染病的保护屏障。生物类黄酮除影响毛细血管的健康外，还具有以下功能。

生物类黄酮是食物中有效的抗氧化剂，是优良的活性氧清除剂和脂质抗氧化剂，与超氧阴离子反应阻止自由基反应的引发，与铁离子络合阻止羟自由基的生成，与脂质过氧化基反应阻止脂质过氧化过程。可通过对金属离子的螯合作用抑制动物脂肪的氧化，保护含有类黄酮的蔬菜和水果不受氧化破坏。

黄酮类化合物具有抑制细菌和抗生素的作用。黄酮类化合物对维生素 C 有增效作用，可稳定人体组织内抗坏血酸的作用而减少紫癜。黄酮类化合物还具有止咳平喘、祛痰及抗肝脏毒的作用。水飞蓟中的黄酮对治疗急慢性肝炎、肝硬化及各种中毒性肝损伤均有较好效果，动物实验表明水飞蓟素、异水飞蓟素及次水飞蓟素等黄酮类物质有很强的保肝作用；茶叶中的儿茶素具有抗脂肪肝的作用，D－儿茶素也有抗肝脏毒作用，对脂肪肝及因半乳糖胺或 CCl_4 等引起的中毒性肝损伤均有一定的效果。

（二）左旋肉碱

左旋肉碱由俄国的 Gulewitsch 等 1905 年首先从肉汁中发现，又称肉毒碱或维生素 B_7。化学名 β－OH－γ－三甲胺丁酸，结构类似于胆碱。

1. 生理功能

（1）促进脂肪酸的运输与氧化　肉碱是转运长链脂酰 CoA 进入线粒体内的中心物质，可将脂肪酸以酯酰基形式从线粒体膜外转移到膜内，还可促进乙酰乙酸的氧化，可能在酮体利用中起作用。当机体缺乏时，脂肪酸 β－氧化受抑制，会导致脂肪浸润。

肉碱参与脂类转运和降解，有降血胆固醇和甘油三酯的作用，能改善脂肪代谢紊乱、纠正脂肪肝，有利于改善动脉粥样硬化。

（2）促进碳水化合物和氨基酸的利用　可将脂肪酸、氨基酸和葡萄糖氧化的共同产物乙酰 CoA 以乙酰肉碱的形式通过细胞膜，所以左旋肉碱（L－肉碱）在机体中有促进三大能量营养素氧化的功能。

（3）提高机体耐受力、防止乳酸积累　L－肉碱能提高疾病患者在练习中的耐受力，如练习时间、最大氧吸收和乳酸阈值等指标在机体补充 L－肉碱后，都会有不同程度的提高。在激烈运动中，常氧气供应不足而造成肌肉产生乳酸，过量乳酸可造成酸中毒，同时乳酸是一种低能量物质。口服 L－肉碱可使最大氧吸收时的肌肉耐受力提高，防止乳酸积累，缩短剧烈运动后的恢复期，减轻运动带来的紧张感和疲劳感。

（4）作为心脏保护剂　已发现缺乏肉碱会导致心功能不全，临床上已用外源性肉碱增强缺血肌肉及心肌功能。但肉碱改善心功能是刺激糖代谢而不是脂肪代谢，给正常健康人急性一次投予 2g 肉碱后，出现胰岛素分泌增加和血糖降低（均在正常范围内），即肉碱加强了糖代谢。

（5）加速精子成熟并提高活力　L－肉碱是精子成熟的一种能量物质，具有提高精子数目与活力的功能。通过对30名成年男性的调查表明，精子数目与活力在一定范围内与膳食*L*－肉碱供应量成正比，且精子中*L*－肉碱含量也与膳食中*L*－肉碱的含量成正相关。

（6）延缓衰老　维持脑细胞的功能需要正常摄取葡萄糖用于供能、不断地合成蛋白质以维持细胞的存在及不停地排出细胞废弃物。肉碱广泛分布于体内各组织，包括神经组织。给小鼠腹腔注射醋酸铵导致氨中毒时，脑的能量代谢改变、ATP和磷酸肌酸下降，ADP、AMP、丙酮酸和乳酸增多，而肉碱要抑制此过程的发展（*D*－肉碱也有效），可见肉碱保护脑的机制不是以促进脂肪代谢就足以解释的。

（7）抗氧化　95%的自由基在线粒体内产生。因为大多数抗氧化剂维生素E是脂溶性，需要越过线粒体膜的载体才能起到在线粒体内防止氧化和对抗自由基。

2. 食物来源及应用

植物性食品*L*－肉碱较低，同时合成肉碱的两种必需氨基酸——赖氨酸和甲硫氨酸也低。动物性食物中含量较高，尤以肝脏丰富。含*L*－肉碱丰富的食物有酵母、乳、肝及肉等动物食品。

肉碱耐热、酸和碱，易溶于水和乙醇，吸湿性强。与水溶性维生素相似，肉碱易溶于水且能被完全吸收。由于水溶性很强，使用加热、加水的烹饪程序都会造成游离肉碱的损失。

人和大多数动物可通过自身体内合成来满足生理需要。在正常情况下*L*－肉碱不会缺乏。常见的肉碱缺乏症包括先天的和后天的。原发性缺乏主要见于肾远曲小管对肉碱重吸收缺陷而导致的肉碱丢失过度；继发性缺乏主要是由于有机酸尿症或长期使用一些抗生素等药物，与肉碱结合使之排出。此外反复血液透析、长期管饲或静脉营养以及绝对素食者也都有肉碱缺乏的危险。当出现代谢异常如糖尿病、营养障碍及甲状腺亢进等，会抑制*L*－肉碱的合成、干扰利用或增加*L*－肉碱的分解代谢，而引起疾病。*L*－肉碱缺乏时，可出现脂肪堆积，症状通常为肌肉软弱无力。膳食中增加*L*－肉碱则可使症状减轻。

（三）二十八烷醇

二十八烷醇是一元直链天然存在的高级脂肪醇，主要存在于糠蜡、小麦胚芽、蜂蜡及虫蜡等天然产物中，苹果、葡萄、苜蓿、甘蔗和大米等一类植物蜡中也含有。小麦胚芽二十八烷醇含量为10mg/kg，胚芽油含量为100mg/kg。自1937年发现它对人体的生殖障碍疾病有治疗作用后，渐渐为人所知。从1949年起，美国伊利诺伊大学Cureton等学者进行了20多年的研究，证明它是一种抗疲劳活性物质，应用极微量就能显示出其活性作用，是一种理想的天然健康食品添加剂。

（四）γ－氨基丁酸

1963年，H. Stanto就发现γ－氨基丁酸（gamma aminobutyric acid，GABA）具有治疗高血压的作用，其机制是因γ－氨基丁酸可作用于脊髓的血管运动中枢，有效促进血管扩张而达到降血压目的，黄芪等中药的有效降压成分即为γ－氨基丁酸。

γ－氨基丁酸与某些疾病的形成有关，帕金森病人脊髓中γ－氨基丁酸浓度较低，神经组织中γ－氨基丁酸的降低与Huntingten疾病、阿尔茨海默症等有关。还被用于尿毒症、睡眠障碍及CO中毒的治疗药物，并有精神安定作用。

（五）辅酶Q

辅酶Q是多种泛醌（ubiquinones）的集合名称，其化学结构同维生素E、维生素K类似。

辅酶Q存在于一切活细胞中，以细胞线粒体内含量为多，是呼吸链重要的参与物质，是产能营养素释放能量所必需。若缺乏，细胞就不能进行充分的氧化，就不能为机体提供足够的能量，生命活动就会受影响。

辅酶Q（coenzymes Q）在心肌细胞中含量最高，因为心脏需大量辅酶Q来维持每天千百次的跳动。许多心脏衰弱的人往往缺乏辅酶Q。心脏病患者血液中辅酶Q的含量比对照低1/4，75%的心脏病患者心脏组织严重缺乏辅酶Q，3/4的心脏病老年患者在服用辅酶Q后病情有明显好转。辅酶Q能抑制血脂过氧化反应，保护细胞免受自由基的破坏。

辅酶Q还有减轻维生素E缺乏症的某些症状的作用，而维生素E和硒能使机体组织中保持高浓度的辅酶Q，辅酶Q被认为是延缓细胞衰老进程中起重要作用的物质。其中辅酶Q_{10}（$n=10$）在临床上用于治疗心脏病、高血压及癌症等。

第四节　主要保健食品植物资源

一、根及根茎类功能性食品资源

植物的根及地下变态茎（如根状茎、块茎、球茎、鳞茎等）是植物的两种不同器官，具有不同的外形和内部构造，但都具有储藏和繁殖等功能，因此两者又互有联系，很多保健食品原料同时具有根和根茎两部分，因此并入一类同时介绍。

（一）刺五加

刺五加含刺五加苷（eleutheroside）A、刺五加苷B、刺五加苷C、刺五加苷D、刺五加苷E、刺五加苷F、刺五加苷G等，总含量0.6%～0.9%，此外，还含有金丝桃苷、芝麻素和刺五加多糖PES-A及PES-B等多种成分。

刺五加作用与人参相似：益气健脾、补肾安神。所含苷类成分类似人参根中皂苷的生理活性，即具有抑制和兴奋中枢神经、抗疲劳、抗应激、增强适应性、抗菌、防辐射、调节白细胞免疫及抗癌作用；刺五加总苷无毒性，具有促进肝再生、提高核酸和蛋白质生物合成，降低基础代谢及促进性腺作用。刺五加多糖具有提高机体免疫功能及解毒、抗感染等作用。

刺五加茎、叶和果实的有效成分与根相同，可以加工成酒、丸、露、汁、冲剂、饮料等保健产品。

（二）葛根

葛根为豆科葛属植物野葛（*Pueraria lobata* ohwi root）及甘葛藤（*P. thomsonii* Benth.）的干燥根。葛根含大量淀粉，主要有效成分为黄酮类、萜类、生物碱类等。

葛根总黄酮、葛根提取物对心脏及血液循环系统有较强的保健作用，如使冠状动脉、脑血管血流量增加，明显缓解心绞痛，改善心肌缺血，降低心肌耗氧量，降血压，抗心律失常，改善脑循环，抑制血小板聚集。葛根还具有抗癌及诱导癌细胞分化的作用，提高学习的记忆功能，以及醒酒、解热、抗衰老、降血糖、提高免疫功能。

国内外已开发出葛根口服液、葛根面包、葛根面条、葛根面丝、葛根冰淇淋、葛根饮料、葛根罐头、葛根混合精、葛根红肠等系列保健食品。葛叶、葛花也可开发保健食品。除葛根外，其同属植物峨眉葛、三裂叶葛等都可当葛根使用，开发保健产品。

二、茎类功能性食品资源

茎类功能性食品资源主要利用的是茎皮。茎皮指的是植物的茎、干、枝形成层以外的部分，由内向外包括次生韧皮部、初生韧皮部、皮层、周皮等部分，它的含义不同于植物学中所指的皮层。

（一）肉桂

肉桂（*Cinnamomum cassia* Presl）的树皮或枝皮含挥发油1% ~5.8%，并含鞣质、黏液、碳水化合物等。

桂皮性大热，味辛、甘，具有补阳、温肾、祛寒、通脉、止痛功效，可用于阳痿、宫冷、心腹冷痛、虚寒吐泻、经闭、痛经。桂枝有发散风寒、温经通络的作用。桂子具有温中散寒、止痛的作用。挥发油中的桂皮醛有镇痛、解热、扩张血管、增强消化功能、排除肠道积气及抑菌的作用。

肉桂可作香料，也可提取挥发油，用作香精等生产各种保健食品。

（二）马齿苋

马齿苋（*Portulaca oleracea* L.）的营养价值高，每100g马齿苋鲜样中含水分92g、蛋白质2.3g、脂肪0.3g、碳水化合物3g、粗纤维0.7g、灰分1.3g、钾340mg、钙85mg、磷56mg、铁1.5mg、胡萝卜素2.23mg、核黄素0.11mg、烟酸0.7mg、维生素C 23mg，此外还含有多种矿物质、氨基酸和有机酸，以及对人体健康十分有益的香豆素、黄酮、强心苷等化学成分。

马齿苋其味酸、性寒，有清热解毒、凉血消肿之功效，对腹泻、痢疾、尿路感染、带下、黄疸和丹毒等症有明显改善作用。

三、叶类功能性食品资源

叶类功能性食品资源一般多用完整而已长成的干燥叶，少数为嫩叶，有时仍带有部分嫩枝，因其有效部位主要是叶，也归为叶类食品资源。

（一）银杏叶

银杏（*Ginkgo biloba* L.）叶具有很高的营养价值，含有丰富氨基酸、矿物质元素。银杏叶中营养成分十分丰富，以干基计，银杏叶中含蛋白质10.9% ~15.5%，总糖7.38% ~8.69%，还原糖4.64% ~5.63%，维生素C 66.78 ~129.20mg/100g，维生素E 6.17 ~8.05mg/100g。

银杏叶与白果性质相似，含46种黄酮类化合物和萜类、酚类、微量元素及氨基酸等有效成分，拥有多种保健功能，临床上对冠心病、心绞痛、脑血管疾病、脑功能障碍、脑伤后遗症和抗衰老均有改善效果。

（二）芦荟

芦荟［*Aloe vera* L. var. *chinensis*（Haw.）Berger］别名卢会、象胆、油葱、奴荟。目前已知芦荟含有160多种化学成分，具有药理活性和生物活性的组分也不下100种。主要有蒽醌类衍生物、糖类衍生物、20多种氨基酸（包括8种人体必需氨基酸）、有机酸、维生素、固醇类、酶（淀粉酶、纤维素酶、过氧化氢酶、超氧化物歧化酶等酶类化合物）、微量元素及20多种分子质量各异的多肽。

芦荟性寒，味苦，清肝热，通便，用于便秘、小儿疳积、惊风，外治湿癣，具有抗肿瘤、强心、泻下、降血脂、降血压、减少动脉粥样硬化、消炎、调节免疫力与再生、杀菌、抗病毒、凝血、保护皮肤、修复组织损伤、润湿美容、通便、保肝、保肺、解毒、抗胃损伤、健胃、镇痛、镇静、防晒、抗衰老、防虫、防腐等作用。

四、花类功能性食品资源

花类功能性食品原料通常包括完整的花、花序或花的某一部分。完整的花，有的需采集尚未并放的花蕾（如金银花），有的要采收已开放的花（如菊花）；有的仅为花的某一部分的，如松花则为花粉粒等。

（一）菊花

菊花为菊科植物菊花（*Chrysanthemum morifolium* Ramat.）的干燥头状花序。菊花含腺嘌呤、胆碱、水苏碱（stachydrine）、密蒙花苷、大波斯菊苷等，还含挥发油（约0.13%），油中主要为菊花酮（chrysanthenone）、龙脑、龙脑乙酸酯等。野菊花还含刺槐素7－O－β－D－吡喃半乳糖苷、木犀草素－7－葡萄糖苷、矢车菊苷等。

菊花性寒，味甘、苦，具有疏风降火、抑菌解毒、平肝明目、降血压、防治冠心病和上呼吸道感染等作用。可制成各种功能性食品，如菊花露、菊花糖、菊花口服液、菊花茶等各种食品。

（二）金银花

金银花（又名忍冬）含有绿原酸（chlorogenic acid）、异绿原酸（isochlorogenic acid）、肌醇（inositol），挥发油含60多种挥发油成分，金银花的根、茎、叶、花蕾均含有绿原酸。

金银花清热，抗结核杆菌、白喉杆菌、绿脓杆菌；抗流感病毒、腮腺炎病毒；显著增加胃肠蠕动和促进胃液分泌；有抗炎、利胆、抗氧化、止血、免疫调节、降血脂、止咳平喘等功效。

目前市场上已出现金银花茶、金银花露、金银花饮料等多种功能性食品。

五、果实及种子类功能性食品资源

果实及种子是物体中两种不同的器官，但作为保健食品原料大多数同时应用，如枸杞，且这两类原料关系密切，因此作为一类加以介绍。

（一）沙棘

沙棘（*Hippophae rhammoides* Linn.）为胡科沙棘属植物，果实含有丰富的维生素C、维生素E、维生素A、类胡萝卜素以及维生素B_1、维生素B_2、维生素B_3、维生素K等，果实、叶片和果渣中含有槲皮素、山柰酚、异鼠李素等30多种黄酮及其苷类，10多种必需微量元素，大量油酸、亚油酸、亚麻酸等脂肪酸，以及三萜烯酸、固醇、5－羟色胺、香豆素、酚类等重要生物活性成分。

沙棘总黄酮可增加冠状动脉血流量，增加心肌血流量，降低心肌耗氧量，抑制血小板聚集，可使心绞痛缓解、心功能及缺血性心电图好转，降低胆固醇食物引起的血脂升高，防治高脂血症、冠心病及缺血性心脏病。沙棘可促进组织再生和上皮组织愈合，具有对外伤和放射性损伤的治疗作用及杀菌、抗衰老、抗肿瘤的辅助作用。

目前已开发出沙棘果汁饮料、充气果汁饮料（汽水）、果酒、沙棘晶、沙棘果酱、沙棘油、沙棘软胶囊、沙棘醋、沙棘茶叶等多种保健饮料和食品。

（二）枸杞子

枸杞又名宁夏枸杞、中宁枸杞、山枸杞、茨、红果、红宝等，枸杞果实含总糖22% ~ 52%、蛋白质13% ~21%、脂肪8% ~14%、甜菜碱0.0912%。每100g果实还含有维生素A 3.96mg、维生素B_1 10.23mg、维生素B_2 0.33mg、维生素C 3mg、烟酸1.7mg及一定量的β-谷固醇和亚油酸，含钙150mg、磷6.7mg、铁3.4mg、灰分1.7mg。果中含有枸杞多糖，为枸杞主要有效成分。枸杞子还含有玉蜀黍黄素、隐黄素、浆果红素等。

枸杞的干燥成熟果实，性味甘、平，归肝、肾经，具滋肝补肾、益精明目之功能。根、嫩苗及叶有清血解热、利尿、治消渴和肺结核潮热的作用。枸杞多糖既是非特异性免疫调节的增强剂、调节剂，又具有增强体液、细胞免疫的功能，还具有降血压、抗肿瘤、抗氧化、抗衰老、抗遗传损伤、促进骨髓造血干细胞增殖、保肝等作用。

枸杞嫩叶可作菜蔬。叶、根皮均可作保健食品用。国外用中国枸杞子、枸杞叶或捣碎的枸杞根与面包、巧克力、口香糖、糖果、冰淇淋、酸乳酪、饮料水果或其他营养食品混合制成各种营养食品。

六、全草类功能性食品资源

全草类功能性食品原料通常是指可供保健用的草本植物的全植物体或其地上部分。有的是带根或根茎的全株，如蒲公英等；有的是地上部分的茎叶，如淫羊藿、绞股蓝等；也有个别是幼枝梢，如紫苏；或草本植物地上部分草质茎，如石槲等。

薄荷是全草类代表性功能食品资源，为唇形科植物薄荷（*Mentha haplocalyx* Briq.）的干燥地上部分。薄荷鲜叶含挥发油。薄荷中含多种黄酮化合物、有机酸、氨基酸等，薄荷叶中具抗炎作用的以二羟基-1-二氢萘二羧酸为母核的9种成分。

薄荷具有发汗解热、利胆、抗早孕和抗着床、祛痰、促进透皮吸收、抗炎镇痛、抗病原体的作用。薄荷醇局部应用可治头痛、神经痛、瘙痒；幼嫩茎尖可做菜食，晒干的薄荷茎叶也常用作食品的矫味剂和做清凉食品饮料。

思考题

1. 简述保健食品（功能食品）的定义及发展历程。
2. 牛磺酸的生理功能有哪些?
3. 磷脂的生理功能有哪些?
4. 左旋肉碱的生理功能有哪些?

CHAPTER 2

第二章

保健食品功能学评价程序和检验方法规范

[学习指导]

熟悉和掌握安全性毒理学的评价程序和常用的毒理学检验方法；掌握半数致死剂量、日允许摄入剂量等常用术语；了解评价保健食品功能的统一程序及人体试食试验规程。

第一节 功能学评价程序

一、主要内容和适用范围

（1）本程序规定了评价保健食品功能的统一程序。

（2）本程序适用于评价保健食品的增强免疫力功能，辅助降血脂功能，辅助降血糖功能，抗氧化功能，辅助改善记忆功能，缓解视疲劳功能，促进排铅功能，清咽功能，辅助降血压功能，改善睡眠功能，促进泌乳功能，缓解体力疲劳功能，提高缺氧耐受力功能，对辐射危害有辅助保护功能，减肥功能，改善生长发育功能，增加骨密度功能，改善营养性贫血功能，对化学性肝损伤有辅助保护功能，祛痤疮功能，祛黄褐斑功能，改善皮肤水分功能，调节肠道菌群功能，促进消化功能，通便功能，对胃黏膜有辅助保护功能。

（3）本程序规定了评价保健食品功能的人体试食试验规程。

二、保健食品功能评价的基本要求

（一）对受试样品的要求

（1）应提供受试样品的原料组成或/和尽可能提供受试样品的物理、化学性质（包括化学结构、纯度、稳定性等）有关资料。

（2）受试样品必须是规格化的定型产品，即符合既定的配方、生产工艺及质量标准。

（3）功能学评价的样品与安全性毒理学评价、卫生学检验的样品必须为同一批次（安全性毒理学评价和功能学评价实验周期超过受试样品保质期的除外）。

（4）应提供功效成分或特征成分、营养成分的名称及含量。

（5）如需提供受试样品违禁药物检测报告时，应提交与功能学评价同一批次样品的违禁药物检测报告。

（二）对实验动物的要求

（1）根据各项实验的具体要求，合理选择实验动物。常用大鼠和小鼠，品系不限，推荐使用近交系动物。

（2）动物的性别、年龄依实验需要进行选择。实验动物的数量要求为小鼠每组 10 ~ 15 只（单一性别），大鼠每组 8 ~ 12 只（单一性别）。

（3）动物应符合国家对实验动物的有关规定。

（三）对给受试样品剂量及时间的要求

（1）各种动物实验至少应设 3 个剂量组，另设阴性对照组，必要时可设阳性对照组或空白对照组。剂量选择应合理，尽可能找出最低有效剂量。在 3 个剂量组中，其中一个剂量应相当于人体推荐摄入量（折算为每千克体重的剂量）的 5 倍（大鼠）或 10 倍（小鼠），且最高剂量不得超过人体推荐摄入量的 30 倍（特殊情况除外），受试样品的功能实验剂量必须在毒理学评价确定的安全剂量范围之内。

（2）给受试样品的时间应根据具体实验而定，一般为 30d。当给予受试样品的时间已达 30d 而实验结果仍为阴性时，则可终止实验。

（四）对受试样品处理的要求

（1）受试样品推荐量较大，超过实验动物的灌胃量、掺入饲料的承受量等情况时，可适当减少受试样品中的非功效成分的含量。

（2）对于含乙醇的受试样品，原则上应使用其定型的产品进行功能实验，其三个剂量组的乙醇含量与定型产品相同。如受试样品的推荐量较大，超过动物最大灌胃量时，允许将其进行浓缩，但最终的浓缩液体应恢复原乙醇体积分数。如乙醇体积分数超过 15%，允许将其体积分数降至 15%。调整受试样品乙醇体积分数应使用原产品的酒基。

（3）液体受试样品需要浓缩时，应尽可能选择不破坏其功效成分的方法。一般可选择 60 ~ 70℃减压进行浓缩。浓缩的倍数依具体实验要求而定。

（4）对于以冲泡形式饮用的受试样品（如袋泡剂），可使用该受试样品的水提取物进行功能实验，提取的方式应与产品推荐饮用的方式相同。如产品无特殊推荐饮用方式，则采用下述提取的条件：常压，温度 80 ~ 90℃，时间 30 ~ 60min，水量为受试样品体积的 10 倍以上，提取 2 次，将其合并浓缩至所需浓度。

（五）对给受试样品方式的要求

必须经口给予受试样品，首选灌胃。如无法灌胃则加入饮水或掺入饲料中，计算受试样品的给予量。

（六）对合理设置对照组的要求

以载体和功效成分（或原料）组成的受试样品，当载体本身可能具有相同功能时，应将该载体作为对照。

三、保健食品评价试验项目、试验原则及结果判定

（一）增强免疫力功能

1. 试验项目

（1）体重。

（2）脏器/体重比值测定：胸腺/体重比值，脾脏/体重比值。

（3）细胞免疫功能测定：小鼠脾淋巴细胞转化试验，迟发型变态反应试验。

（4）体液免疫功能测定：抗体生成细胞检测，血清溶血素测定。

（5）单核－巨噬细胞功能测定：小鼠碳廓清试验，小鼠腹腔巨噬细胞－吞噬鸡红细胞试验。

（6）NK 细胞活性测定。

2. 试验原则

（1）所列指标均为必做项目。

（2）采用正常或免疫功能低下的模型动物进行试验。

3. 结果判定

增强免疫力功能判定：在细胞免疫功能、体液免疫功能、单核－巨噬细胞功能、NK 细胞活性四个方面任两个方面结果阳性，可判定该受试样品具有增强免疫力功能作用。

增强免疫力功能各测定方面的结果判定：细胞免疫功能测定项目中的两个试验结果均为阳性，或任一个试验的两个剂量组结果阳性，可判定细胞免疫功能测定结果阳性。体液免疫功能测定项目中的两个试验结果均为阳性，或任一个试验的两个剂量组结果阳性，可判定体液免疫功能测定结果阳性。单核－巨噬细胞功能测定项目中的两个试验结果均为阳性，或任一个试验的两个剂量组结果阳性，可判定单核－巨噬细胞功能结果阳性。NK 细胞活性测定试验的一个以上剂量组结果阳性，可判定 NK 细胞活性结果阳性。

（二）辅助降血脂功能

1. 试验项目

（1）动物试验

① 体重；② 血清总胆固醇；③ 甘油三酯；④ 高密度脂蛋白胆固醇。

（2）人体试食试验

① 血清总胆固醇；② 甘油三酯；③ 高密度脂蛋白胆固醇。

2. 试验原则

（1）动物试验和人体试食试验所列指标均为必测项目。

（2）动物试验选用脂代谢紊乱模型法，预防性或治疗性任选一种。

（3）在进行人体试食试验时，应对受试样品的食用安全性作进一步观察。

3. 结果判定

（1）动物试验

① 辅助降血脂功能结果判定：在血清总胆固醇、甘油三酯、高密度脂蛋白胆固醇三项指标检测中血清总胆固醇和甘油三酯两项指标阳性，可判定该受试样品辅助降血脂功能动物试验结果阳性。

② 辅助降低甘油三酯结果判定：① 甘油三酯两个剂量组结果阳性；② 甘油三酯一个剂量

组结果阳性，同时高密度脂蛋白胆固醇结果阳性，可判定该受试样品辅助降低甘油三酯动物试验结果阳性。

③ 辅助降低血清总胆固醇结果判定：① 血清总胆固醇两个剂量组结果阳性；② 血清总胆固醇一个剂量组结果阳性，同时高密度脂蛋白胆固醇结果阳性，可判定该受试样品辅助降低血清总胆固醇动物试验结果阳性。

（2）人体试食试验　① 血清总胆固醇、甘油三酯两项指标阳性，高密度脂蛋白胆固醇不显著低于对照组，可判定该受试样品具有辅助降血脂功能的作用；② 血清总胆固醇、甘油三酯两项指标中一项指标阳性，高密度脂蛋白胆固醇不显著低于对照组，可判定该受试样品具有辅助降低血清总胆固醇或辅助降低甘油三酯作用。

（三）辅助降血糖功能

1. 试验项目

（1）动物试验

① 体重；② 空腹血糖；③ 糖耐量。

（2）人体试食试验

① 空腹血糖；② 餐后 2h 血糖；③ 尿糖。

2. 试验原则

（1）动物试验和人体试食试验所列指标均为必做项目。

（2）除对高血糖模型动物进行所列指标的检测外，应进行受试样品对正常动物空腹血糖影响的观察。

（3）人体试食试验应在临床治疗的基础上进行。

（4）应对临床症状和体征进行观察。

（5）在进行人体试食试验时，应对受试样品的食用安全性做进一步观察。

3. 结果判定

（1）动物试验　空腹血糖和糖耐量两项指标中一项指标阳性，且对正常动物空腹血糖无影响，即可判定该受试样品辅助降血糖功能动物试验结果阳性。

（2）人体试食试验　空腹血糖、餐后 2h 血糖两项指标中任一项指标阳性，且对机体健康无损害，可判定该受试样品人体试食试验结果阳性，具有辅助降血糖功能。

（四）抗氧化功能

1. 试验项目

（1）动物试验

① 体重；

② 过氧化脂质含量：丙二醛或脂褐质；

③ 抗氧化酶活性：超氧化物歧化酶和谷胱甘肽过氧化物酶。

（2）人体试食试验

① 丙二醛；

② 超氧化物歧化酶；

③ 谷胱甘肽过氧化物酶。

2. 试验原则

（1）动物试验和人体试食试验所列的指标均为必测项目。

（2）过氧化损伤模型动物和老龄动物任选其一进行生化指标测定。

（3）在进行人体试食试验时，应对受试样品的食用安全性做进一步观察。

3. 结果判定

（1）动物实验　抗氧化酶活性任一指标和过氧化脂质含量指标均为阳性，可判定该受试样品抗氧化功能动物实验结果阳性。

（2）人体试食试验　丙二醛、超氧化物歧化酶、谷胱甘肽过氧化物酶三项实验中任一项试验结果阳性，可判定该受试样品具有抗氧化功能的作用。

（五）辅助改善记忆功能

1. 试验项目

（1）动物试验

① 体重；② 跳台试验；③ 避暗试验；④ 穿梭箱试验；⑤ 水迷宫试验。

（2）人体试食试验

① 指向记忆；② 联想学习；③ 图像自由回忆；④ 无意义图形再认；⑤ 人像特点联系回忆；⑥ 记忆商。

2. 试验原则

（1）动物试验和人体试食试验为必做项目。

（2）跳台试验、避暗试验、穿梭箱试验、水迷宫试验四项动物试验中至少应选三项，以保证试验结果的可靠性。

（3）正常动物与记忆障碍模型动物任选其一。

（4）动物试验应重复一次（重新饲养动物，重复所做试验）。

（5）人体试食试验统一使用临床记忆量表。

（6）在进行人体试食试验时，应对受试样品的食用安全性做进一步观察。

3. 结果判定

（1）动物试验　跳台试验、避暗试验、穿梭箱试验、水迷宫试验四项实验中任两项试验结果阳性，且重复试验结果一致（所重复的同一项试验中前后相同或不同的指标出现阳性均可判定为重复试验结果一致），可以判定该受试样品辅助改善记忆功能动物试验结果阳性。

（2）人体试食试验　记忆商结果阳性，可判定该受试样品具有辅助改善记忆功能的作用。

（六）缓解视疲劳功能

1. 人体试食试验项目

（1）眼部症状。

（2）明视持久度。

（3）远视力。

2. 试验原则

（1）所列指标均为必做项目。

（2）在进行人体试食试验时，应对受试样品的食用安全性做进一步观察。

3. 结果判定

症状总积分、明视持久度和总有效率明显改善，平均明视持久度提高大于等于 10%，可判定该受试样品具有缓解视疲劳功能的作用。

（七）促进排铅功能

1. 试验项目

（1）动物试验

① 体重；② 血铅；③ 骨铅；④ 肝组织铅。

（2）人体试食试验

① 血铅；② 尿铅；③ 尿钙；④ 尿锌。

2. 试验原则

（1）动物试验和人体试食试验所列指标均为必做项目。

（2）根据受试样品作用原理的不同，预防性高铅动物模型和治疗性高铅动物模型选其一进行试验。

（3）应对临床症状、体征进行观察。

（4）对尿铅进行多次测定，以了解体内铅的排出情况。

（5）在进行人体试食试验时，应对受试样品的食用安全性做进一步观察。

3. 结果判定

（1）动物试验　骨铅和肝组织铅任一指标明显降低，可判定该受试样品促进排铅功能动物试验结果阳性。

（2）人体试食试验　任一观察时点尿铅排出量或总尿铅排出量明显增加并对总尿钙、总尿锌的排出无明显影响，或总尿钙、总尿锌排出增加的幅度小于总尿铅排出增加的幅度，可判定该受试样品具有促进排铅功能的作用。

四、人体试食试验规程

（一）总则

（1）为保证保健食品人体试食试验过程规范，结果科学可靠，保护受试者的权益并保障其食用安全，根据《中华人民共和国食品卫生法》《保健食品注册管理办法》，参照国际公认原则，制定本规程。

（2）本规程规定了为验证保健食品各种保健功能和安全性而进行人体试食试验所必须遵守的基本原则。

（3）保健食品人体试食试验规程是保健食品人体试食试验全过程的标准规定，包括人体试食试验前的准备与必要条件、受试者的权益保护、研究者的条件和职责、试验方案、原始记录、样品管理、质量保证。

（4）保健食品人体试食试验由国家食品药品监督管理局认定的保健食品检验机构负责。

（5）辅助降血糖功能、清咽功能、辅助降血压功能和对胃黏膜有辅助保护功能四项功能的人体试食试验必须在三级甲等医院内进行。

（6）不需要在三级甲等医院内进行的，由保健食品检验机构实施的人体试食试验受试者的临床体检可以由二级甲等以上医院或省级疾病预防控制机构的体检单位负责。

（二）人体试食试验的基本原则

1. 试验前准备与必要条件

（1）在进行人体试验前，检验机构组织有关专家对试验设计、受试样品的食用安全等进行论证，并出具论证意见，论证涉及的有关资料由保健食品申请人提供。

（2）保健食品申请人必须提供试验用样品配方、原料来源、加工工艺、质量标准、组方依据，以及功效成分或特征成分、营养成分名称及含量，尽可能提供试验用样品的物理、化学性质（结构、纯度、稳定性、代谢）等有关资料。

（3）试验用样品（包括安慰剂）由保健食品申请人准备和免费提供，必须是符合要求的规格化定型产品。

（4）人体试食试验受试样品必须经过动物毒理学安全性评价，并确认为安全的食品。必须提供由认定的检验机构出具的并确认为是安全食品的试验用样品动物毒理学安全性评价报告和有关食用安全资料（不需要进行毒理学评价的除外）。

（5）必须提供由认定的检验机构出具的与人体试食试验同批次试验用样品的安全性毒理学评价、功能学评价（安全性毒理学评价和功能学评价试验周期超过受试样品保质期的除外）、卫生学检验报告，其检测结果应符合有关卫生标准的要求。

（6）受试样品必须已经过动物试验证实，确定其具有需验证的某种特定的保健功能。必须提供由认定的检验机构出具的试验用样品动物功能学评价报告（不需要进行动物功能学评价的功能除外）。

（7）原则上需要进行动物功能学评价的人体试食试验，应在动物功能学评价有效的前提下进行。由于存在着动物与人之间的种属差异，若体内动物试验未观察到或不易观察到食品的保健作用或观察到不同效应，而有大量资料提示对人有保健作用时，在保证安全的前提下，可进行人体试食试验。

（8）如需提供试验用样品违禁药物检验报告时，应提交由认定或认可的保健食品违禁药物检验机构出具的与功能学评价同一批次样品的违禁药物检验报告。

2. 受试者的权益保护

在保健食品人体试食试验的过程中，必须对受试者的个人权益给予充分的保障，并确保试验的科学性和可靠性。伦理委员会与知情同意书是保障受试者权益的主要措施。

（1）伦理委员会的组成和作用

① 为确保人体试食试验中受试者的权益，获得国家食品药品监督管理局认定可以开展人体试食试验的检验机构须成立独立的伦理委员会。伦理委员会应有从事医学、营养、食品卫生等相关专业人员、非专业人员、律师及来自其他单位的人员，至少由五人组成，并有不同性别的委员。伦理委员会的组成和工作不应受任何参与试验者的影响。

② 伦理委员会接到申请后应及时召开会议，审阅讨论，签发书面意见，并附出席会议的委员名单、专业情况及本人签名。伦理委员会对人体试食试验方案的意见可以是同意、做必要的修正后同意、不同意。

③ 伦理委员会对人体试食试验方案的审查意见应在讨论后以投票方式做出决定，参与该人体试食试验的委员应当回避。试验方案需经伦理委员会审议同意并签署批准意见后方可实施。伦理委员会应建立工作程序，所有会议及其决议均应有书面记录，记录保存至人体试食试验结束后 2 年。

（2）知情同意书

① 研究者和保健食品申请人共同起草涵盖受试者知情权和相关事项的知情同意书。

② 由受试者或其法定监护人在知情同意书上签字并注明日期，执行知情同意过程的研究者

也需在知情同意书上签署姓名和日期。

③ 儿童作为受试者，必须征得其法定监护人的知情同意并签署知情同意书，当儿童能做出同意参加研究的决定时，还必须征得其本人同意。

3. 研究者的条件和职责

（1）项目负责人体试食试验的研究者应具备下列条件

① 在认定机构中具有副高级及以上专业技术职务任职和检验资格。

② 具有试验方案中所要求的专业知识和经验。

③ 熟悉保健食品申请人所提供的与人体试食试验有关的资料与文献。

（2）参与人体试食试验的研究者的职责

① 研究者必须参与人体试食试验方案的制定，了解研究内容，并严格按照方案执行。

② 研究者应了解并熟悉人体试食试验用样品的性质、作用、功效及安全性（包括动物研究资料），同时也应掌握人体试食试验进行期间发现的所有与该试验用样品有关的新信息。

③ 研究者应向受试者（或法定监护人）说明经伦理委员会同意的有关人体试食试验的详细情况，并取得知情同意书。

④ 人体试食试验期间研究者须及时准确了解受试者对试验用样品的反应，以确保受试者的安全。对人体试食试验过程中出现的任何不良事件应进行及时的处理，同时将情况报告有关领导、保健食品申请人和伦理委员会，并在报告上签名及注明日期。

⑤ 研究者应按程序和试验方案规定的期限内负责和完成人体试食试验。研究者须向参加试食试验的所有工作人员说明有关试验的资料、规定和职责，确保有足够数量并符合试验方案的受试者进入人体试食试验。

⑥ 研究者应保证数据真实、准确，记录各种数据。

⑦ 研究者若试验期间中止人体试食试验，必须通知受试者、保健食品申请人、伦理委员会，并阐明理由。

⑧ 人体试食试验研究者与试验现场负责人取得密切联系，指导受试者的日常活动，监督检查受试者遵守试验有关规定。

（3）试验现场负责人职责

① 试验现场负责人是研究者在试验现场的主要联系人。

② 试验现场负责人应遵循试验方案，保证试验的进行。

③ 试验现场负责人按照试验要求负责受试样品储藏、分发、收回，并做相应的记录。协助研究者进行必要的人体试食试验事宜。

4. 试验方案

（1）试验题目。

（2）试验目的、试验用样品的背景资料。

（3）保健食品申请人的名称、地址和联系电话，进行试验的现场，开始时间和预计结束时间、试验负责人或联系人的姓名、资格、联系方式。

（4）采用自身和组间两种对照设计9组随机分组，根据试验特点选择是否设盲及设盲的水平。对照物品用安慰剂，也可以采用空白对照（不做处理）。某些功能需要在临床治疗基础上进行人体试食试验。

（5）受试者的入选标准、排除标准和剔除标准，选择受试者的步骤，受试者分组的方法。

按样品的申报功能特点、试验用样品的性质等，选择一定数量的合格受试者（健康或亚健康人群、儿童等）。试验组和对照组的有效例数（报告中的实际例数）均不少于50人，且试验的脱离率不得超过20%，脱离的原因和时间记录。

（6）试验用样品（包括对照）的剂型、剂量、服用方法、期限，以及对包装和标签的说明；试验用样品的使用记录、分发方式及储藏条件；试验期限不得少于30d（特殊说明的项目除外），必要时可以适当延长。

（7）人体试食试验的观察项目　在被确定为受试者之前应进行系统的常规体检，根据申报功能的性质和作用确定观察的指标。

（8）统计软件及分析方法的选择　人体试食试验资料的统计分析过程及其结果的表达必须采用规范的统计学方法。

5. 原始记录

（1）检验机构的试验方案、体检表、化验单、检验结果等作为人体试食试验的原始文件，应完整保存。试验中的任何观察、检查结果均应及时、准确、完整、规范、真实地记录于试验记录表中，不得随意更改，确因填写错误，按规范修改。

（2）试食试验中各种实验室数据均应记录或将原始报告复印件粘贴在记录表上，在正常范围内的数据也应具体记录。对显著偏离或在临床可接受范围以外的数据须加以核实。检测项目必须注明所采用的法定计量单位。

（3）人体试食试验中医院出具加盖公章的试食试验的总结报告和试验观察的所有资料或资料的复印件交由检验机构保存。原始资料可在医院保留存档。

（4）研究者应保存人体试食试验资料至试食试验终止后2年。

6. 受试样品的管理

（1）人体试食试验用样品不得销售。

（2）保健食品申请人负责对人体试食受试样品作适当的包装与标签，并标明为人体试食试验专用。在双盲试验中，受试样品或安慰剂在外形、气味、包装、标签和其他特征上均应一致。

（3）受试样品的使用记录应包括数量、装运、分配、应用后剩余样品的回收与销毁等方面的信息。受试样品的使用由研究者负责，研究者必须保证所有受试样品仅用于该人体试食试验的受试者，其剂量与用法应遵照试验方案。受试样品须有专人管理。研究者不得把受试样品转交任何非试食试验参加者。

（4）受试样品的供给、使用、储藏及剩余样品的处理过程应规范操作，符合相关的管理规定。

7. 人体试食试验质量保证

（1）保健食品申请人及研究者均应履行各自职责，并严格遵循人体试食试验方案，采用标准操作规程，以保证人体试食试验的质量控制和质量保证系统的实施。

（2）人体试食试验中有关所有观察结果和发现都应加以核实，在数据处理的每一阶段必须进行质量控制，以保证数据完整、准确、真实、可靠。

（3）食品药品监督管理部门可对人体试食试验相关活动和文件进行系统性检查，以评价试验是否按照试验方案、标准操作规程以及相关法规要求进行，试验数据是否及时、真实、准确、完整地记录。

五、评价保健食品功能时需要考虑的因素

（1）人的可能摄入量　除一般人群的摄入量外，还应考虑特殊的和敏感的人群（如儿童、孕妇及高摄入量人群）。

（2）人体资料　由于存在着动物与人之间的种属差异，在将动物试验结果外推到人时，应尽可能收集人群服用受试样品后的效应资料，若体内动物试验未观察到或不易观察到食品的保健作用或观察到不同效应，而有大量资料提示对人有保健作用时，在保证安全的前提下，应进行人体试食试验。

（3）在将本程序所列试验的阳性结果用于评价食品的保健作用时，应考虑结果的重复性和剂量反应关系，并由此找出其最小作用剂量。

第二节　安全性毒理学评价程序

一、主题内容与适用范围

本程序规定了保健食品安全性毒理学评价的统一规程。

本程序适用于保健食品的安全性评价。

二、对受试物的要求

（1）以单一已知化学成分为原料的受试物，应提供受试物（必要时包括其杂质）的物理、化学性质（包括化学结构、纯度、稳定性等）。含有多种原料的配方产品。应提供受试物的配方，必要时应提供受试物各组成成分，特别是功效成分或代表性成分的物理、化学性质（包括化学名称、结构、纯度、稳定性、溶解度等）及检测报告等有关资料。

（2）提供原料来源、生产工艺、人的可能摄入量、使用说明书等有关资料。

（3）受试物应是符合既定配方和生产工艺的规格化产品，其组成成分、比例及纯度应与实际产品相同。

三、对受试物处理的要求

对受试物进行不同的试验时应针对试验的特点和受试物的理化性质进行相应的样品处理。

（1）介质的选择　介质是帮助受试物进入试验系统或动物体内的重要媒介。应选择适合于受试物的溶剂、乳化剂或助悬剂。所选溶剂、乳化剂或助悬剂本身应不产生毒性作用，与受试物各成分之间不发生化学反应，且保持其稳定性。一般可选用蒸馏水、食用植物油、淀粉、明胶、羧甲基纤维素等。

（2）人的可能摄入量较大的受试物处理　对人的可能摄入量较大的受试物，在按其摄入量设计试验剂量时，往往会超过动物的最大灌胃剂量或超过掺入饲料中的限量（10%，质量分数），此时可允许去除既无功效作用又无安全问题的辅料部分（如淀粉、糊精等）后进行试验。

(3) 袋泡茶类受试物的处理　可用该受试物的水提取物进行试验，提取方法应与产品推荐饮用的方法相同。如产品无特殊推荐饮用方法，可采用以下提取条件进行：常压、温度 80～90℃，浸泡时间 30min，水量为受试物质量的 10 倍或以上，提取 2 次，将提取液合并浓缩至所需浓度，并标明该浓缩液与原料的比例关系。

(4) 膨胀系数较高的受试物处理　应考虑受试物的膨胀系数对受试物给予剂量的影响，依此来选择合适的受试物给予方法（灌胃或掺入饲料）。

(5) 液体保健食品需要进行浓缩处理时，应采用不破坏其中有效成分的方法。可使用温度 60～70℃减压或常压蒸发浓缩、冷冻干燥等方法。

(6) 含乙醇的保健食品的处理　推荐量较大的含乙醇的保健食品，在按其推荐量设计试验剂量时，如超过动物最大灌胃容量，可以进行浓缩。乙醇体积分数低于 15% 的受试物，浓缩后的乙醇应恢复至受试物定型产品原来的体积分数。乙醇体积分数高于 15% 的受试物，浓缩后应将乙醇体积分数调整至 15%，并将各剂量组的乙醇体积分数调整一致。不需要浓缩的受试物乙醇体积分数 $>15\%$ 时，应将各剂量组的乙醇体积分数调整至 15%。当进行果蝇试验时应将乙醇去除。在调整受试物的乙醇体积分数时，原则上应使用该保健食品的酒基。

(7) 含有人体必需营养素等物质的保健食品的处理　如产品配方中含有某一毒性明显的人体必需营养素等（如维生素 A、硒等），在按其推荐量设计试验剂量时，如该物质的剂量达到已知的毒作用剂量，在原有剂量设计的基础上，则应考虑增设去除该物质或降低该物质剂量（如降至最大未观察到有害作用剂量，NOAEL）的受试物剂量组，以便对保健食品中其他成分的毒性作用及该物质与其他成分的联合毒性作用作出评价。

(8) 益生菌等微生物类保健食品处理　益生菌类或其他微生物类等保健食品在进行 Ames 试验或体外细胞试验时，应将微生物灭活后进行。

(9) 以鸡蛋等食品为载体的特殊保健食品的处理　在进行喂养试验时，允许将其加入饲料，并按动物的营养需要调整饲料配方后进行试验。

四、保健食品安全性毒理学评价试验的四个阶段和内容

(1) 第一阶段　急性毒性试验。

经口急性毒性：LD_{50}，联合急性毒性，最大耐受量试验。

(2) 第二阶段　遗传毒性试验，30d 喂养试验，传统致畸试验。

毒性试验的组合应该考虑原核细胞与真核细胞、体内试验与体外试验相结合的原则。从 Ames 试验或 V79/HGPRT 基因突变试验、骨髓细胞微核试验或哺乳动物骨髓细胞染色体畸变试验、TK 基因突变试验或小鼠精子畸形分析或睾丸染色体畸变分析试验中分别各选一项。

① 基因突变实验　鼠伤寒沙门菌/哺乳动物微粒体酶试验（Ames 试验）为首选，其次考虑选用 V79/HGPRT 基因突变试验，必要时可另选其他试验。

② 骨髓细胞微核试验或哺乳动物骨髓细胞染色体畸变试验。

③ TK 基因突变试验。

④ 小鼠精子畸形分析或睾丸染色体畸变分析。

⑤ 其他备选遗传毒性试验：显性致死试验、果蝇伴性隐性致死试验、非程序性 DNA 合成试验。

⑥ 30d 喂养试验。

⑦ 传统致畸试验。

（3）第三阶段 亚慢性毒性试验（包括致癌试验）。

（4）第四阶段 慢性毒性试验（包括致癌试验）。

五、不同保健食品选择毒性试验的原则要求

（1）以普通食品和卫生部规定的药食同源物质以及允许用作保健食品的物质以外的动植物或动植物提取物、微生物、化学合成物等为原料生产的保健食品，应对该原料和用该原料生产的保健食品分别进行安全性评价。该原料原则上按以下四种情况确定试验内容。用该原料生产的保健食品原则上须进行第一、二阶段的毒性试验，必要时进行下一阶段的毒性试验。

① 国内外均无食用历史的原料或成分作为保健食品原料时，应对该原料或成分进行四个阶段的毒性试验。

② 仅在国外少数国家或国内局部地区有食用历史的原料或成分，原则上应对该原料或成分进行第一、二、三阶段的毒性试验，必要时进行第四阶段毒性试验。

③ 在国外多个国家广泛食用的原料，在提供安全性评价资料的基础上，进行第一、二阶段毒性试验，根据试验结果决定是否进行下一阶段毒性试验。

（2）以卫生部规定允许用于保健食品的动植物或动植物提取物或微生物（普通食品和卫生部规定的药食同源物质除外）为原料生产的保健食品，应进行急性毒性试验、三项致突变试验（Ames 试验或 V79/HGPRT 基因突变试验，骨髓细胞核试验或哺乳动物骨髓细胞染色体畸变试验，及 TK 基因突变试验或小鼠精精子畸形分析或睾丸染色体畸变分析试验中任一项）和 30d 喂养试验，必要时进行传统致畸试验和第三阶段毒性试验。

（3）以普通食品和卫生部规定的药食同源物质为原料生产的保健食品，分以下情况确定试验内容。

① 以传统工艺生产且食用方式与传统食用方式相同的保健食品，一般不要求进行毒性试验。

② 用水提物配制生产的保健食品，如服用量为原料的常规用量，且有关资料未提示其具有不安全性的，一般不要求进行毒性试验。如服用量大于常规用量时，需进行急性毒性试验、三项致突变试验和 30d 喂养试验，必要时进行传统致畸试验。

③ 用水提以外的其他常用工艺生产的保健食品，如服用量为原料的常规用量时，应进行急性毒性试验、三项致突变试验。如服用量大于原料的常规用量时，需增加 30d 喂养试验，必要时进行传统致畸试验和第三阶段毒性试验。

（4）用已列入营养强化剂或营养素补充剂名单的营养素的化合物为原料生产的保健食品，如其原料来源、生产工艺和产品质量均符合国家有关要求，一般不要求进行毒性试验。

（5）针对不同食用人群和（或）不同功能的保健食品，必要时应针对性地增加敏感指标试验。

六、保健食品安全性毒理学评价试验的目的和结果判定

（一）毒理学试验的目的

1. 急性毒性试验

测定 LD_{50}，了解受试物的毒性强度、性质和可能的靶器官，为进一步进行毒性试验的剂量

和毒性观察指标的选择提供依据，并根据 LD_{50}进行毒性分级。

2. 遗传毒性试验

对受试物的遗传毒性以及是否具有潜在致癌作用进行筛选。

3. 30d 喂养试验

对只需进行第一、二阶段毒性试验的受试物，在急性毒性试验的基础上，通过30d 喂养试验，进一步了解其毒性作用，观察对生长发育的影响，并可初步估计最大未观察到有害作用剂量。

4. 致畸试验

了解受试物是否具有致畸作用。

5. 亚慢性毒性试验——90d 喂养试验，繁殖试验

观察受试物以不同剂量水平经较长期喂养后对动物的毒作用性质和靶器官，了解受试物对动物繁殖及对子代的发育毒性，观察对生长发育的影响，并初步确定最大未观察到有害作用剂量，为慢性毒性和致癌试验的剂量选择提供依据。

6. 代谢试验

了解受试物在体内的吸收、分布和排泄速率以及蓄积性，寻找可能的靶器官，为选择慢性毒性试验的合适动物种（species）、系（strain）提供依据；了解代谢产物的形成情况。

7. 慢性毒性试验和致癌试验

了解经长期接触受试物后出现的毒性作用以及致癌作用；最后确定最大未观察到有害作用剂量和致癌的可能性，为受试物能否应用于保健食品的最终评价提供依据。

（二）各项毒理学试验结果的判定

1. 急性毒性试验

（1）如 LD_{50}小于人的可能摄入量的100倍，则放弃该受试物用于保健食品。如 LD_{50}大于或等于100倍者，则可考虑进入下一阶段毒理学试验。

（2）如动物未出现死亡的剂量大于或等于10g/kg 体重（涵盖人体推荐量的100倍），则可进入下一阶段毒理学试验。

（3）对人的可能摄入量较大和其他一些特殊原料的保健食品，按最大耐受量法给予最大剂量动物未出现死亡，也可进入下一阶段毒理学试验。

2. 遗传毒性试验

（1）如三项致突变试验（Ames 试验或 V79/HGPRT 基因突变试验，骨髓细胞微核试验或哺乳动物骨髓细胞染色体畸变试验，及 TK 基因突变试验或小鼠精子畸形分析或睾丸染色体畸变分析试验中任一项）中，体外或体内有一项或以上试验为阳性，一般放弃该受试物用于保健食品。

（2）如三项试验均为阴性，则可继续进行下一步的毒性试验。

3. 30d 喂养试验

（1）对只要求进行第一、二阶段毒理学试验的受试物，若30d 喂养试验的最大未观察到有害作用剂量大于或等于人的可能摄入量的100倍，综合其他各项试验结果可初步作出安全性评价。

（2）对于人的可能摄入量较大的保健食品，在最大灌胃剂量组或在饲料中的最大掺入量剂量组未发现有毒性作用，综合其他各项试验结果和受试物的配方、接触人群范围及功能等有关

资料可初步作出安全性评价。

（3）若最小观察到有害作用剂量小于或等于人的可能摄入量的100倍，或观察到毒性反应的最小剂量组其受试物在饲料中的比例小于或等于10%，且剂量又小于或等于人的可能摄入量的100倍，原则上应放弃该受试物用于保健食品。但对某些特殊原料和功能的保健食品，在小于或等于人的可能摄入量的100倍剂量组，如果个别指标试验组与对照组出现有生物学意义的差异，要对其各项试验结果和受试物的配方、理化性质及功能和接触人群范围等因素综合分析后，决定该受试物可否用于保健食品或进入下一阶段毒性试验。

4. 传统致畸试验

以 LD_{50}或30d喂养实验的最大未观察到有害作用剂量设计的受试物各剂量组，如果在任何一个剂量组观察到受试物的致畸作用，则应放弃该受试物用于保健食品，如果观察到有胚胎毒性作用，则应进行进一步的繁殖试验。

5. 90d喂养试验、繁殖试验

（1）国外少数国家或国内局部地区有食用历史的原料或成分，如最大未观察到有害作用剂量大于人的可能摄入量的100倍，可进行安全性评价。若最小观察到有害作用剂量小于或等于人的可能摄入量的100倍，或最小观察到有害作用剂量组其受试物在饲料中的比例小于或等于10%，且剂量又小于或等于人的可能摄入量的100倍，原则上应放弃该受试物用于保健食品。

（2）国内外均无食用历史的原料或成分，根据这两项试验中的最敏感指标所得最大未观察到有害作用剂量进行评价的原则包括以下几个方面。

① 最大未观察到有害作用剂量小于或等于人的可能摄入量的100倍者表示毒性较强，应放弃该受试物用于保健食品。

② 最大未观察到有害作用剂量大于100倍而小于300倍者，应进行慢性毒性试验。

③ 大于或等于300倍者则不必进行慢性毒性试验，可进行安全性评价。

6. 慢性毒性和致癌试验

（1）慢性毒性试验所得的最大未观察到有害作用剂量进行评价的原则包括以下几个方面。

① 最大未观察到有害作用剂量小于或等于人的可能摄入量的50倍者，表示毒性较强，应放弃该受试物用于保健食品。

② 未观察到有害作用剂量大于50倍而小于100倍者，经安全性评价后，决定该受试物是否可用于保健食品。

③ 最大未观察到有害作用剂量大于或等于100倍者，则可考虑允许用于保健食品。

（2）根据致癌试验所得的肿瘤发生率、潜伏期和多发性等进行致癌试验判定的原则是：凡符合下列情况之一，并经统计学处理有显著性差异者，可认为致癌试验结果阳性。若存在剂量反应关系，则判断阳性更可靠。

① 肿瘤只发生在试验组动物，对照组中无肿瘤发生。

② 试验组与对照组动物均发生肿瘤，但试验组发生率高。

③ 试验组动物中多发性肿瘤明显，对照组中无多发性肿瘤，或只是少数动物有多发性肿瘤。

④ 试验组与对照组动物肿瘤发生率虽无明显差异，但试验组中发生时间较早。

7. 若受试物掺入饲料的最大加入量（超过5%时应补充蛋白质到与对照组相当的含量，添加的受试物原则上最高不超过饲料的10%）或液体受试物经浓缩后仍达不到最大未观察到有害作用剂量为人的可能摄入量的规定倍数时，综合其他的毒性试验结果和实际食用或饮用量进行安全性评价。

七、保健食品安全性毒理学评价时应考虑的问题

1. 试验指标的统计学意义和生物学意义

在分析试验组与对照组指标统计学上差异的显著性时，根据其有无剂量反应关系、同类指标横向比较及与本实验室的历史性对照值范围比较的原则等来综合考虑指标差异有无生物学意义。此外如在受试物组发现某种肿瘤发生率增高，即使在统计学上与对照组比较差异无显著性，仍要给予关注。

2. 生理作用与毒性作用

对试验中某些指标的异常改变，在结果分析评价时要注意区分是生理学表现还是受试物的毒性作用。

3. 时间－毒性效应关系

对由受试物引起的毒性效应进行分析评价时，要考虑在同一剂量水平下毒性效应随时间的变化情况。

4. 特殊人群和敏感人群

对孕妇、乳母或儿童食用的保健食品，应特别注意其胚胎毒性或生殖发育毒性、神经毒性和免疫毒性。

5. 可能摄入量较大的保健食品

应考虑给予受试物量过大时，可能影响营养素摄入量及其生物利用率，从而导致某些毒理学表现，而非受试物的毒性作用所致。

6. 含乙醇的保健食品

对试验中出现的某些指标的异常改变，在结果分析评价时应注意区分是乙醇本身还是其他成分的作用。

7. 动物年龄对试验结果的影响

对某些功能类型的保健食品进行安全性评价时，对试验中出现的某些指标的异常改变，要考虑是否因为动物年龄选择不当所致而非受试物的毒性作用，因为幼年动物和老年动物可能对受试物更为敏感。

8. 安全系数

将动物毒性试验结果外推到人时，鉴于动物、人的种属和个体之间的生物学差异，安全系数通常为100，但可根据受试物的原料来源、理化性质、毒性大小、代谢特点、蓄积性、接触的人群范围、食品中的使用量和人的可能摄入量、使用范围及功能等因素来综合考虑其安全系数的大小。

9. 人体资料

由于存在着动物与人之间的种属差异，在评价保健食品的安全性时，应尽可能收集人群食用受试物后反应的资料；必要时在确保安全的前提下，可遵照有关规定进行人体试食试验。

10. 综合评价

在对保健食品进行最后评价时，必须综合考虑受试物的原料来源、理化性质、毒性大小、代谢特点、蓄积性、接触的人群范围、食品中的使用量与使用范围、人的可能摄入量及保健功

能等因素，确保其对人体健康的安全性。对于已在食品中应用了相当长时间的物质，对接触人群进行流行病学调查具有重大意义，但往往难以获得剂量－反应关系方面的可靠资料；对于新的受试物质，则只能依靠动物试验和其他试验研究资料。然而，即使有了完整和详尽的动物试验资料和一部分接触人群的流行病学研究资料，由于人类的种族和个体差异，也很难作出保证每个人都安全的评价。即绝对的安全实际上是不存在的。根据试验资料，进行最终评价时，应全面权衡作出结论。

第三节　常用毒理学检验方法

一、急性毒性试验

（一）范围

本方法规定了急性毒性试验的基本技术要求。

本方法适用于评价保健食品的急性毒性作用。

（二）术语和定义

下列术语和定义适用于本方法。

1. 半数致死量（median lethal dose，LD_{50}）

半数致死量是经口给予受试物后，预期能够引起动物死亡率为50%的单一受试物剂量，该剂量为经过统计得出的估计值。其单位是每千克体重所摄入受试物质的质量或体积，即mg/kg体重、g/kg体重或mL/kg体重。

2. 最大耐受剂量法（Test of Maximum Tolerated Dose，MTD）

用最大使用浓度和最大灌胃容量给予20只动物后，连续观察7～14天，未见任何动物死亡，则MTD大于××g/kg体重。

（三）原理

经口一次性给予或24h内多次给予受试物后，在短时间内观察动物所产生的毒性反应，包括致死的和非致死的指标参数，致死剂量通常用半数致死剂量LD_{50}来表示。

（四）试验动物

一般均分别用两种性别的成年小鼠或/和大鼠。小鼠体重为18～22g，大鼠体重为180～220g。如对受试物的毒性已有所了解，还应选择对其敏感的动物进行试验，如对黄曲霉毒素选择雏鸭进行试验。动物购买后适应环境3～5d。

（五）操作步骤

1. 受试物的处理

受试物应溶解或悬浮于适宜的介质中。一般采用水或食用植物油作溶剂，可考虑用羧甲基纤维素、明胶、淀粉等配成混悬液；不能配制成混悬液时，可配制成其他形式（如糊状物等）。必要时可采用二甲基亚砜。但不能采用具有明显毒性的有机化学溶剂。如采用有毒性的溶剂应单设溶剂对照组观察。

2. 受试物的给予

（1）途径　经口。

（2）试验前空腹　动物应隔夜空腹（一般禁食16h左右，不限制饮水）。

（3）容量　各剂量组的灌胃容量相同（mL/kg体重），小鼠常用容量为20mL/kg体重；大鼠常用容量为10mL/kg体重。

（4）方式　一般一次性给予受试物。也可一日内多次给予（每次间隔4～6h，24h内不超过3次，尽可能达到最大剂量，合并作为一次剂量计算）。

3. 几种常用的急性毒性试验设计方法

（1）霍恩氏（Horn）法

① 预试验：可根据受试物的性质和已知资料，选用下述方法：一般多采用0.1、1.0和10.0g/kg体重的剂量，各以2～3只动物预试。根据24h内死亡情况，估计LD_{50}的可能范围，确定正式试验的剂量。也可简单地采用一个剂量，如215mg/kg体重，用5只动物预试验。观察2h内动物的中毒表现。如症状严重，估计多数动物可能死亡，即可采用低于215 mg/kg体重的剂量系列，反之如症状较轻，则可采用高于此剂量的剂量系列。如有相应的文献资料时可不进行预试。

② 动物数：一般每组用5只。

③ 常用剂量系列：

1.00

2.15×10^t　　$t=0$、±1、±2、±3

4.64

因为剂量间距：$\frac{1.0}{3.16}\times 10^t$ 较 $t=0$、±1、±2、±3 为小，所以结果较为精确。一般试验时，可根据上述剂量系列设计5个组，即较原来的方法在最低剂量组以下或最高剂量组以上各增设一组，这样在查表时容易得出结果。

④ 正式试验：将动物在实验动物房饲养观察3～5d，使其适应环境，证明其确系健康动物后，进行随机分组。给予受试物后一般观察7d或14d，若给予后的第4天继续有死亡时，需观察14d，必要时延长到28d。记录死亡数，查表求得LD_{50}，并记录死亡时间及中毒表现等。

⑤ 该方法的优缺点：优点是简单易行，节省动物；缺点是所得LD_{50}的可信限范围较大，不够精确。但经多年来的实际应用与验证，同一受试物与寇氏法所得结果极为相近。因此对其测定的结果应认为是可信与有效的。

（2）寇氏（Korbor）法

① 预试验：除另有要求外，一般应在预试中求得动物全死亡或90%以上死亡的剂量和动物不死亡或10%以下死亡的剂量，分别作为正式试验的最高与最低剂量。

② 动物数：除另有要求外，一般设5～10个剂量组，每组6～10只动物为宜。

③ 剂量：将由预试验得出的最高、最低剂量换算为常用对数，然后将最高、最低剂量的对数差，按所需要的组数，分为几个对数等距（或不等距）的剂量组。

④ 试验结果的计算与统计：列试验数据及其计算表。

包括各组剂量（mg/kg体重、g/kg体重），剂量对数（X），动物数（n），动物死亡数

(r)，动物死亡百分比（P，以小数表示），以及统计公式中要求的其他计算数据项目。

a. LD_{50}的计算公式

根据试验条件及试验结果，可分别选用下列三个公式中的一个，求出 $lgLD_{50}$，再查其自然数，即 LD_{50}（mg/kg 体重、g/kg 体重）。

按本试验设计得出的任何结果，均可用式（2－1）：

$$lgLD_{50}=\sum\frac{1}{2}(X_i+X_{i+1})(P_{i+1}-P_i) \tag{2-1}$$

式中　X_i 与 X_{i+1} 及 P_i 与 P_{i+1}——分别为相邻两组的剂量对数以及动物死亡百分比

按本试验设计且各组间剂量对数等距时，可用式（2－2）：

$$lgLD_{50}=XK-\frac{d}{2}(P_i+P_{i+1}) \tag{2-2}$$

式中　XK——最高剂量对数

其他同式（2－1）。

若试验条件相同且最高、最低剂量组动物死亡百分比分别为 100（全死）和 0（全不死时），则可用便于计算的式（2－3）。

$$lgLD_{50}=XK-d(\sum P-0.5) \tag{2-3}$$

式中　$\sum P$——各组动物死亡百分比之和

其他同式（2－2）。

b. 标准误与 95% 可信限

$lgLD_{50}$的标准误（S）：

$$S\ lgLD_{50}=d\sqrt{\frac{\sum P_i(1-P_i)}{n}} \tag{2-4}$$

95% 可信限（X）：

$$X=lg^{-1}(lgLD_{50}\pm1.96\cdot S\ lgLD_{50}) \tag{2-5}$$

此法易于了解，计算简便，可信限不大，结果可靠，特别是在试验前对受试物的急性毒性程度了解不多时，尤为适用。

（3）几率单位——对数图解法

① 预试验：以每组 2～3 只动物找出全死和全不死的剂量。

② 动物数：一般每组不少于 10 只，各组动物数量不一定要求相等。

③ 剂量及分组：一般在预试得到的两个剂量组之间拟出等比的六个剂量组或更多的组。此法不要求剂量组间呈等比关系，但等比可使各点距离相等，有利于作图。

④ 作图计算：将各组按剂量及死亡百分率，在对数概率纸上作图。除死亡百分率为 0 及 100% 者外，也可将剂量化成对数，并将百分率查概率单位表得其相应的概率单位作点于普通算术格纸上，0 及 100% 死亡率在理论上不存在，为计算需要：

0 改为 $=\frac{0.25\times100}{N}\times100\%$，100% 改为 $=\frac{(N-0.25)}{N}\times100\%$

N 为该组动物数，相当于 0 及 100% 的作业图用概率单位。

划出直线，以透明尺目测，并照顾概率。

⑤ 计算标准误

$$SE=2S/\sqrt{2N'} \tag{2-6}$$

式中 N'——概率单位3.5～6.5（反应百分率为6.7%～93.7%）各组动物数之和

SE——标准误

$2S$——LD_{84}与LD_{16}之差，即$2S = LD_{84} - LD_{16}$（或$ED_{84} - ED_{16}$）

相当于LD_{84}及LD_{16}的剂量均可从所作直线上找到。也可用普通方格纸作图，查表将剂量换算成对数值，将死亡率换算成概率单位，方格纸横坐标为剂量对数，纵坐标为概率单位，根据剂量对数及概率单位作点连成线，由概率单位5处作一水平线与直线相交，由相交点向横坐标作一垂直线，在横坐标上的相交点即为剂量对数值，求反对数致死量（LD_{50}）值。

（4）最大耐受量试验

① 适宜条件：有关资料显示毒性极小的或未显示毒性的受试物，给予动物最大使用浓度和最大灌胃容量的受试物时，仍不出现死亡。

② 动物：至少雌、雄各10只。

③ 剂量：受试物最大使用浓度和灌胃容量（一个剂量组）。

④ 方法：动物购买后观察3～5d，给予最大使用浓度和最大灌胃容量的受试物（一日内1次或多次给予，一日内最多不超过3次），连续观察7～14d，动物不出现死亡，则认为受试物对某种动物的经口急性毒性剂量大于某一数值（g/kg体重）。其LD_{50}大于该数值。最大灌胃容量小鼠为40mL/kg体重，大鼠为20mL/kg体重。

（5）急性联合毒性试验

① 原理：两种或两种以上的受试物同时存在时，可能发生作用之间的拮抗、相加或协同三种不同的联合方式，可以根据一定的公式计算和判定标准来确定这三种不同的作用。

② 步骤：分别测定单个受试物的LD_{50}，方法同前。

按各受试物的LD_{50}值的比例配制等毒性的混合受试物。

测定混合物的LD_{50}（Horn法），用其他LD_{50}测定方法时，可以按各个受试物的LD_{50}值的二分之一之和作为中组，然后按等比级数向上、下推算几组，与单个受试物LD_{50}测定的设计相同，如估计是相加作用，可向上、下各推算两组；如可能为协同作用，则可向下多设几组；如可能为拮抗作用，则可向上多设几组。

③ 计算：混合物中各个受试物是以等毒比例混合的，因此求出的LD_{50}乘以各受试物的比例，即可求得各受试物的剂量。

用式（2-7）计算混合物的预期LD_{50}值的比值，按比值判定作用的方式。

$$\frac{1}{\text{混合物的预期}LD_{50}\text{值}} = \frac{a}{\text{受试物A的}LD_{50}\text{值}} + \frac{b}{\text{受试物B的}LD_{50}\text{值}} + \cdots + \frac{n}{\text{受试物}N\text{的}LD_{50}\text{值}} \tag{2-7}$$

式中 a，b，…，n——A，B，…，N各受试物在混合物中所占的质量比例，$a + b + \cdots + n = 1$

判定受试物联合作用方式的比值采用Smith H. F. 的规定，即小于0.4为拮抗作用，0.4～2.70为有相加作用，大于2.7为有协同作用。

4. 中毒反应观察

给予受试物后，即应观察并记录实验动物的中毒表现和死亡情况。观察记录应尽量准确、具体、完整，包括出现的程度与时间。对死亡动物可作大体解剖。

（六）结果评价

根据LD_{50}值，判定受试物的毒性分级，由中毒表现初步提示毒作用特征。

二、显性致死试验

（一）范围

本方法规定了显性致死试验的基本技术要求。

本方法适用于评价保健食品的致突变作用和对人体可能产生的危害（检测染色体结构和数量的损伤，但不能检测基因突变和毒性作用）。

（二）原理

致突变物可引起哺乳动物生殖细胞染色体畸变，以致不能与异性生殖细胞结合或导致受精卵在着床前死亡，或导致胚胎早期死亡。

（三）试验动物

选用健康动物，符合试验规格，且有合格证号。经生殖能力预试，受孕率应在70%以上者。雄性成年小鼠（性成熟，体重30g以上）或大鼠（性成熟，体重200g以上），预先接触受试物，再进行交配。交配用的成年雌鼠，不接触受试物。雌性鼠为雄性鼠的5～6倍量。每组雄鼠一般不少于15只，雄鼠与雌鼠交配，使每组产生至少30只受孕雌鼠。

（四）剂量及分组

试验至少设3个受试物剂量组。高剂量组应引起动物生育力轻度下降。各组受试物剂量可在1/10～1/3 LD_{50}。急性毒性试验给予受试物最大剂量（最大使用浓度和最大灌胃容量），求不出LD_{50}时，则以10g/kg体重、人的可能摄入量的100倍或受试物最大给予剂量为最高剂量，再下设2个剂量组，另设阴性对照组和阳性对照组。阳性对照物可用环磷酰胺（40mg/kg）。雌性动物每组不少于30只受孕鼠。一般应同时做阳性和阴性对照组。

（五）操作步骤

1. 给予受试物

（1）给予途径　应采用灌胃法，或用喂饲法。

（2）给予受试物的方法　灌胃法一般一日一次，或一日两次，连续6d或3个月。

2. 交配

给予雄鼠受试物后，按雌雄鼠2∶1比例同笼交配6d后，取出雌鼠另行饲养。雄鼠则于1d后，再以同样数量的另一批雌鼠同笼交配，如此共进行5～6批。

3. 胚胎检查

以雌雄鼠同笼日算起第15～17天，采用颈椎脱臼法处死雌鼠后，立即剖腹取出子宫，仔细检查、计数，分别记录每一雌鼠的活胎数、早期死亡胚胎数与晚期死亡胚胎数。

4. 胚胎鉴别

活胎：完整成形，色鲜红，有自然运动，机械刺激后有运动反应。

早期死亡胚胎：胚胎形体较小，外形不完整，胎盘较小或不明显。最早期死亡胚胎会在子宫内膜上隆起如一小瘤。如已完全被吸收，仅在子宫内膜上留一隆起暗褐色点状物。

晚期死亡胚胎：成形，色泽暗淡，无自然运动，机械刺激后无运动反应。

（六）数据处理

$$受孕率/\% = \frac{孕鼠数}{交配雌鼠数} \times 100 \qquad (2-8)$$

$$总着床数 = 活胎数 + 早期胚胎死亡数 + 晚期胚胎死亡数 \tag{2-9}$$

$$平均着床数 = \frac{总着床数}{受孕雌鼠数} \tag{2-10}$$

$$早期胚胎死亡率/\% = \frac{早期胚胎死亡数}{总着床数} \times 100 \tag{2-11}$$

$$晚期胚胎死亡率/\% = \frac{晚期胚胎死亡数}{总着床数} \times 100 \tag{2-12}$$

$$平均早期胚胎死亡数 = \frac{早期胚胎死亡数}{受孕雌鼠数} \tag{2-13}$$

按试验组与对照组动物的上述指标分别用χ^2检验、单因素方差分析或秩和检验法，进行统计分析，以评定受试物的致突变性。

（七）结果判定

根据以上计算出的受孕率、总着床数、早期和晚期胚胎死亡率予以评价。试验组与对照组相比，受孕率或总着床数明显低于对照组；早期或晚期胚胎死亡率明显高于对照组，有明显的剂量反应关系并有统计学意义时，即可确认为阳性结果。若统计学上差异有显著性，但无剂量反应关系时，则须进行重复试验，结果能重复者可确定为阳性。

三、30d 和 90d 喂养试验

（一）范围

本方法规定了 30d 或 90d 喂养试验的基本技术要求。

本方法适用于评价保健食品对动物引起的有害效应。

（二）术语和定义

下列术语和定义适用于本方法。

1. 最大未观察到有害作用剂量

最大未观察到有害作用剂量是指通过动物试验，以现有的技术手段和检测指标未观察到与受试物有关的毒性作用的最大剂量。

2. 靶器官

靶器官（Target Organ）是指实验动物出现由受试物引起的明显毒性作用的任何器官。

（三）原理

当评价某受试物的毒作用特点时，在了解受试物的纯度、溶解特性、稳定性等理化性质和有关毒性的初步资料之后，可进行 30d 或 90d 喂养试验，以提出较长期喂饲不同剂量的受试物对动物引起有害效应的剂量、毒作用性质和靶器官，估计亚慢性摄入的危害性。90d 喂养试验所确定的最大未观察到有害作用剂量可为慢性试验的剂量选择和观察指标提供依据。当最大未观察到有害作用剂量达到人的可能摄入量的一定倍数时，则可以此为依据外推到人，为确定人食用的安全剂量提供依据。

（四）试验动物

选择急性毒性试验已证明为对受试物敏感的动物种属和品系，一般选用啮齿类动物大鼠。为了观察受试物对生长发育的影响，使用雌、雄两种性别的离乳大鼠（出生后 4 周）。对于某些特殊的保健食品，可根据其适宜人群情况，选用年轻的成年大鼠（不大于出生后 9 周），进行 30d 喂养试验。试验开始时动物体重的差异应不超过平均体重的 ±20% 。

（五）剂量与分组

至少应设三个剂量组和一个对照组。每个剂量组至少 20 只动物，雌、雄各 10 只。原则上高剂量组的动物在喂饲受试物期间应当出现明显中毒表现但不造成死亡或严重损害，低剂量组不引起毒性作用，估计或确定出最大未观察到有害作用剂量。在此两剂量间再设一至几个剂量组，以期获得比较明确的剂量 - 反应关系。

剂量的设计可参考以下原则。

（1）能求出 LD_{50}的受试物　以 LD_{50}的 10% ~25% 作为 30d 或 90d 喂养试验的最高剂量组，此 LD_{50}百分比的选择主要参考 LD_{50}剂量反应曲线的斜率。然后在此剂量下设几个剂量组，最低剂量组至少是人的可能摄入量的 3 倍。

（2）对于求不出 LD_{50}的受试物　30d 喂养试验应尽可能涵盖人的可能摄入量 100 倍的剂量组。对于人体摄入量较大的受试物，高剂量可以按最大灌胃剂量或在饲料中的最大掺入量进行设计。90d 喂养试验根据 30d 喂养试验结果确定剂量；或者以人的可能摄入量的 100 ~300 倍作为最大未观察到有害作用剂量，然后在此剂量以上设几个剂量组，必要时也可在此剂量以下增设剂量组。

（六）操作步骤

1. 给予受试物的方式

首选将受试物掺入饲料中喂养（应注意受试物在饲料中的稳定性）。如有困难，也可加入饮水中或灌胃。动物单笼饲养。当受试物掺入饲料时，需将受试物剂量按每 100g 体重的摄入量折算为饲料的量（mg/kg），30d 喂养试验按体重的 10% 折算，90d 喂养试验按体重的 8% 折算。

2. 灌胃体积

灌胃时，体积一般为 1mL/（100g 体重 · d），最大不超过 20mL/（kg 体重 · d），每日灌胃次数为 1 次。各剂量组的灌胃体积应一致。每天灌胃的时间点应相似。

3. 观察指标

因受试物及研究目的有差异，一般可包括以下各项。

（1）一般情况观察　每天观察并记录动物的一般表现、行为、中毒表现和死亡情况。每周称一次体重和两次食物摄入量，计算每周及总的食物利用率。均为必须观察和测定的项目。

（2）血液学指标　测定血红蛋白、红细胞计数、白细胞计数及分类，依受食物情况，必要时测定血小板数和网织红细胞数等。30d 喂养一般于试验结束时测定一次，90d 喂养一般于试验中期和结束时各测定一次。

（3）血液生化学指标　谷丙转氨酶（ALT 或 SGPT）、谷草转氨酶（AST 或 SGOT）、尿素氮（BUN）、肌酐（Cr）、血糖（Glu）、血清白蛋白（Alb）、总蛋白（TP）、总胆固醇（TCH）和甘油三酯（TG）均为必测指标。

（4）病理检查

① 大体解剖：试验结束时必须对所有动物进行大体检查，并将重要器官和组织固定保存。

② 脏器称量：肝、肾、脾、睾丸的绝对重量和相对重量（脏/体重比值）为必测指标。必要时可称取其他脏器重量。

③ 组织病理学检查：在对各剂量组动物作大体检查未发现明显病变和生化指标未改变时，可以只进行最高剂量组及对照组动物主要脏器的组织病理学检查，发现病变后再对较低剂量组相应器官及组织进行检查。肝、肾、脾、胃肠、睾丸及卵巢的组织病理学检查为必测项目。其他组织和器官的检查则需根据不同情况确定之。

（5）其他指标　必要时，根据受试物的性质及所观察的毒性反应，增加其他敏感指标。

（七）数据处理

将所有观察到的结果，无论计数资料和计量资料，都应以适当的统计学方法给予评价。试验设计时即应选择所采用的统计方法。计量资料采用方差分析或 t 检验，计数资料采用 χ^2 检验、泊松分布等。

四、日容许摄入量（ADI）

（一）范围

本方法规定了与保健食品有关的化学物质日容许摄入量（ADI）的制定方法。

（二）术语

1. 日容许摄入量

日容许摄入量（Acceptable Daily Intake，ADI）是指人类每日摄入某物质直至终生，而不产生可检测到的对健康产生危害的量。以每千克体重可摄入的量表示，即 mg/（kg 体重・d）。

2. 未观察到有害作用剂量

未观察到有害作用剂量（No－observed－adverse－effect－level，NOAEL）是指通过动物试验，以现有的技术手段和检测指标未观察到与受试物有关的毒性作用的量。

3. 安全系数

安全系数（Safety Factor）是根据未观察到有害作用剂量（NOAEL）计算日容许摄入量时（ADI）时所用的系数，即将未观察到有害作用剂量除以一定的系数得出 ADI。所用的系数的值取决于受试物毒作用的性质，受试物应用的范围和用量，适用的人群，以及毒理学数据的质量等因素。

（三）ADI 制定概述

（1）ADI 系将未观察到有害作用剂量除以合理的安全系数计算得出。

（2）未观察到有害作用剂量的确定。

未观察到有害作用剂量的确定取决于测试系统的选择、剂量设计、测试指标代表性及方法灵敏度。

（3）安全系数的应用　鉴于从有限的动物试验外推到人群时，存在固有的不确定性，在考虑种属间和种属内敏感性的差异，实验动物与接触人群数量上的差别，人群中复杂疾病过程的多样性，人体摄入量估算的困难程度及食物中多种组分间的可能的协同作用等基础上，有必要确定一定的安全性界限，常用的方法是使用安全系数。

安全系数一般定为 100，即假设人比实验动物对受试物敏感 10 倍，人群内敏感性差异为 10 倍。安全系数主要是根据经验而定的，而不是固定不变的，用安全系数制定 ADI 也不是简单的数学计算。安全系数的确定要根据受试物的性质，已有的毒理学资料的数量和质量，受试物的毒作用性质，以及受试物在实际应用的范围、数量，适用人群等诸种因素作相应的增大或减小。

只有在全部资料综合分析的基础上，才能确定适宜的安全系数。

（四）制定日容许量的一些特例

1. 类别 ADI（Group ADI）

如果毒性作用类似的几种化合物用作或用于保健食品，则应对该组化合物制定类别 ADI 以限制其累加摄入。制定类别 ADI 时，有时可根据该组化合物的平均未观察到有害作用剂量，但常用该组化合物中最低的未观察到有害作用剂量，同时还考虑个别化合物研究的相对质量和试验周期。

2. 无 ADI 规定（ADI Not Specified）

根据已有资料（化学、生化、毒理学等）表明某种受试物毒性很低，且其使用量和人膳食中的总摄入量对人体健康不产生危害，则可不必规定具体 ADI，但符合这一要求的物质必须有良好的生产规范的制约，并不得用于掺假、掩盖保健食品质量缺陷或导致营养不平衡。

3. 暂定 ADI（Temporary ADI）

当某种物质的安全资料有限，或根据最新资料对已制定 ADI 的某种物质的安全性提出疑问，如要求进一步提供所需安全性资料的短期内，有充分的资料认为在此短期内使用该物质是安全的，但同时又不足以确定长期食用安全时，可制定暂定 ADI 并使用较大的安全系数（通常为 100×2），还需规定暂定 ADI 的有效期限，并要求在此期间经过毒理学试验结果充分证明该受试物是安全的，暂定 ADI 值改为 ADI 值；如毒理学试验结果证明确有安全问题，撤销暂定 ADI 值。

4. 不能提出 ADI（No ADI Allocated）

在下列情况下，不对受试物提出 ADI。

（1）安全性资料不充足。

（2）认为在保健食品中应用是不安全的。

（3）未制订特性鉴别及纯度检测的方法和规格说明。

五、致突变物、致畸物和致癌物的处理方法

（一）范围

本方法规定了实验室中致突变物、致畸物和致癌物的处理方法。

本方法适用于保健食品安全性毒理学试验中使用的致突变物、致畸物和致癌物。

（二）一般原则

对于大多数类型的致突变物、致畸物和致癌物，可以利用能使该类物质破坏的化学反应来处理，如对易氧化的化合物（如肼、芳香胺或含有分离的碳—碳双键化合物），可以用饱和的高锰酸钾 - 丙酮（15g 高锰酸钾溶于 1000mL 丙酮）溶液处理。烷化物在原则上可以与合适的亲合剂，如水、氢氧离子、氨、亚硫酸盐、硫代硫酸盐等起反应而被破坏。但各种烷化物的反应率差异范围很大，一种类型的化合物的处理方法对另一类型的化合物可能是无效的，甚至会产生第二级具有强烈致突变性和/或致癌性的产物，因此很难订出适合于各种情况的规则方法。

（三）处理方法

适用于在下列实验室条件下，常用做致突变、致畸和致癌性试验阳性对照化合物的具体处理方法，见表 2 - 1。

表2－1　　几种致突变物和致癌物的处理方法

致突变、致癌剂	处理用试剂	室温下处理时间
甲基甲烷磺酸酯（MMS）	10% 硫代硫酸钠水溶液	1h
乙基甲烷磺酸酯（EMS）	10% 硫代硫酸钠水溶液	20h
乙撑亚胺（Ethyleneimine）	10% 硫代硫酸钠	1h
	0.5% 乙酸盐缓冲液（pH 5）	
三亚胺醌（Trenimone）	1mol/L 盐酸	<1h
不孕津（Triethylenemelamine）	1mol/L 盐酸	<1min
甲基硝基亚硝基胍（MNNG）	2% 硫代硫酸钠磷酸盐缓冲液	<1h
N－亚硝基甲基脲（NMU）	2% 硫代硫酸钠磷酸盐缓冲液	<1h
环磷酰胺（CP）	0.2mol/L 氢氧化钾甲醇液	<1h
ICR－170	0.2mol/L 氢氧化钾甲醇液	<1h
丝裂霉素 C（MMC）	1% 高锰酸钾水溶液	100℃，0.5h
二甲基亚硝胺（DMN）	重铬酸盐－硫酸	<1d
苯并（a）芘（BP）	重铬酸盐－硫酸	1～2d
苯蒽，甲基胆蒽（BA，MC）	重铬酸盐－硫酸	1～2d
黄曲霉毒素 B_1（AFB_1）	2.5%～5% 次氯酸钠	即刻
2－乙酰氨基芴（2－AAF）	1.5% 高锰酸钾丙酮饱和液	1d
2，7－二氨基芴（2，7－AF）	1.5% 高锰酸钾丙酮饱和液	1d
β－萘胺，联苯胺	1.5% 高锰酸钾丙酮饱和液	1d
赭曲霉素 A（OA）	2.5%～5% 次氯酸钠	即刻

第四节　功效成分及卫生指标检验规范

一、主题内容和适用范围

本规范规定了保健食品和原料的卫生要求、功效成分和卫生指标的检验项目和方法。

本规范适用于保健食品的检验受理、项目的确定和方法的选择。

本规范中的检验方法在使用时应注意其适用范围的要求。

本规范中的检验方法的条件均为参考条件，由于保健食品配方、剂型之间有所不同，应根据实际试样对分析参数进行调整，以满足分析方法的要求。

二、基本要求

（1）凡保健食品，必须符合“保健食品通用卫生要求”，该“要求”所列的各项目必须按规定执行。

（2）保健食品中使用的添加剂必须符合 GB 2760—2014《食品添加剂使用标准》规定的品种名单。检测机构根据产品配方检测合成色素、防腐剂、甜味剂及抗氧化剂的含量。

（3）凡使用有机溶剂提取物为原料的产品，其使用的有机溶剂要符合 GB 2760—2014 中食品工业用加工助剂推荐名单要求。

（4）保健食品应具有与产品配方和申报的保健功能相适应的功效成分或特征成分，申报时须检测配方中主要原料所含的功效成分或特征成分。

（5）保健食品评审专家委员会可根据产品的具体配方、工艺等相关资料，要求申报单位检测指定的项目。

（6）功效成分、特征成分、营养成分及卫生学指标的检测方法应根据其产品适用的方法学范围选择国家标准、部颁标准、行业标准以及国际上权威的分析方法进行测定。

（7）在没有相应的标准方法之前，其产品中所声称（具有）的功效成分或特征成分的检测方法及检测所需的标准品对照品及特殊试剂均由申报单位提供，并说明其产品中功效成分或特征成分分析方法的来源。如属自主开发研究的分析方法，需提供方法学研究的相关资料，同时将方法学研究的资料报中国疾病预防控制中心营养与食品安全所备案，必要时组织方法学验证，其费用由申报单位承担。

（8）检验机构受理保健食品检测时，申报单位应提供该产品的配方、工艺及企业标准等相关资料。

思考题

1. 简述保健食品安全性毒理学评价试验的四个阶段和内容。
2. 什么是 LD_{50}？
3. 什么是最大未观察到有害作用剂量？
4. 什么是靶器官？
5. 简述日容许摄入量和安全系数。

CHAPTER 3

第三章

辅助增强免疫力的保健食品

[学习指导]

熟悉和掌握抗体、抗原、免疫应答等常用术语及增强机体免疫力的基本原理；了解免疫及免疫系统对人体正常生理功能的重要性，简单掌握具有辅助增强机体免疫力的功能性食品资源及它们的测定方法。

第一节　免疫及免疫机制

免疫（immunity），即免除疫病和抵抗疾病的发生，是指机体接触“抗原性异物”或“异己成分”的一种特异性生理反应，它是机体在进化过程中获得的“识别自身、排斥异己”的一种重要生理功能。

免疫具有三大基本功能，即免疫防御（immunological defense），指正常机体通过免疫应答反应来防御及消除病原体的侵害，维护机体健康和功能。在异常情况下，若免疫应答反应过高或过低，则可分别出现过敏反应和免疫缺陷症。免疫自稳（immunological homeostasis），指正常机体免疫系统内部的自控机制，以维持免疫功能在生理范围内的相对稳定性，如通过免疫应答反应清除体内不断衰老、颓废或毁损的细胞和其他成分，通过免疫网络调节免疫应答的平衡。若这种功能失调，免疫系统对自身组织成分产生免疫应答，可引起自身免疫性疾病。免疫监视（immunological surveillance），指免疫系统监视和识别体内出现的突变细胞并通过免疫应答反应消除这些细胞，以防止肿瘤的发生或持久的病毒感染。

免疫功能可以对机体发挥积极的作用，也可能产生不利影响。如注射疫苗可以预防传染病，但用青霉素可能会引起过敏反应，血型不符的输血能引起的输血反应，器官移植可出现排斥反应，对花粉敏感的人能引起皮肤反应、发热等，有些人食用鸡蛋后可出现腹痛、腹泻等症状。与免疫有关的保健食品是指具有增强机体对疾病的抵抗力、抗感染、抗肿瘤功能以及维持自身生理平衡的食品。

一、抗 原

抗原（antigen）是指一类能刺激机体免疫系统使之产生特异性免疫应答，并能与相应免疫应答产物抗体和致敏淋巴细胞在体内或体外发生特异性结合的物质。抗原可以是细菌、病毒、寄生虫、异体蛋白和药物等。

抗原的免疫原性受多种因素的影响，相对分子质量越大、亲缘关系越远的蛋白质抗原，其免疫原性越强，球形蛋白比线形蛋白的免疫原性强，固体抗原比溶解状态的抗原的免疫原性强。

在免疫功能评价试验中常用的天然抗原有：牛血清白蛋白（BSA）、卵清蛋白（BGG）、鞭毛蛋白、绵羊红细胞（SRBC）、葡聚糖等。

二、抗 体

抗体（antibody）是指B细胞在抗原刺激下转化为浆细胞，产生的一类能与相应抗原发生特异结合反应的球蛋白，即免疫球蛋白（Ig）。

1968年和1972年，世界卫生组织和国际免疫学会联合会所属专门委员会先后决定，将具有抗体活性或化学结构与抗体相似的球蛋白统称为免疫球蛋白。根据对抗体和免疫球蛋白的定义，免疫球蛋白的范围比抗体更广，抗体是免疫球蛋白，但免疫球蛋白并不都具有抗体活性。实践当中常将抗体和免疫球蛋白作为同义词互用。免疫球蛋白的化学结构目前比较明确，其基本结构是由2条对称的分子质量较大的重链（H）与2条对称的分子质量较小的轻链（L）通过链间二硫键连接而成的免疫球蛋白单体，呈Y字形，每条重链和轻链均包含可变区（V区）与稳定区（C区）。免疫球蛋白的V区是由多肽链的近氨基端（N端）的1/2轻链和1/4重链共同构成的，这一区域赋予了免疫球蛋白的抗体特异性，也是与抗原决定簇发生特异性结合的部位。近羧基端（C端）的1/2轻链和3/4重链的氨基酸排列顺序和含糖量比较稳定，称为稳定区（C区），赋予了免疫球蛋白的抗原性。用木瓜蛋白酶可使免疫球蛋白的重链间二硫键在近N端处切断，形成3个水解片断，其中两个相同的单价抗原结合片段（Fab段），一个可结晶的片段（Fc段）。Fab段由一条L链和近N端的1/2 H链组成，V区位于Fab段，因而Fab段具有与抗原特异性结合的功能。Fc段由两条H链近C端的1/2构成，是免疫球蛋白与吞噬细胞和免疫细胞等结合的部位。

免疫球蛋白重链稳定区由于氨基酸的组成和序列不同，因而其表现的抗原性不同，由此可将人类免疫球蛋白分为五类：IgG、IgM、IgA、IgD与IgE。这五类免疫球蛋白的基本结构相似，主要区别在于重链稳定区的数量和抗原性有差异。

三、补 体

补体（complement）是人或动物体液中正常存在的一组与免疫有关的具有酶活性的球蛋白，约占血清球蛋白总量的10%，在血清中的含量比较稳定，不受抗原刺激影响。补体是包括多种成分的一组蛋白质，称为补体系统，该系统由近40余种可溶性蛋白与膜结合蛋白组成。根据生物学功能可分为三类：存在于体液中参与补体激活酶促连锁反应的各种固有成分；以可溶性或膜结合形式存在的各种补体调节蛋白；介导补体活性片段或调节蛋白生物效应的各种受体。通常将参与经典途径激活的固有成分，以符号“C”表示，按其被发现的先后顺序分别被命名为

C1、C2、C3、C4、C5、L6、C7、C8和C9，其中C1是由C1r、C1q和C1s三个亚单位组成。旁路途径的补体成分以因子命名，如B因子、D因子、P因子、H因子等。补体调节蛋白多以其功能命名，如C1抑制物、C4结合蛋白、促衰变因子等。补体活化后的裂解片段以该成分的符号后面附加小写英文字母表示，如C3a、C3b。

四、免疫系统

免疫系统（immune system）由免疫器官和组织、免疫细胞、免疫分子及淋巴循环网络组成，是机体执行免疫应答和行使免疫功能的重要系统。根据其发生和功能，将免疫器官分为中枢免疫器官（central immune organ）和外周免疫器官（peripheral immune organ）。前者包括骨髓（bone marrow）、胸腺（thymus）和法氏囊（鸟类），为免疫细胞发生、分化、成熟的场所；后者包括淋巴结、脾和黏膜免疫系统等，是成熟T细胞、B细胞等免疫细胞定居的场所，也是产生免疫应答的部位。免疫细胞包括树突状细胞、吞噬细胞、粒细胞、T细胞、B细胞等，均来源于造血干细胞，是免疫应答的直接参与者。免疫分子包括免疫球蛋白、补体、细胞因子、白细胞分化抗原、主要组织相容性复合体（MHC）等。

五、免疫应答

免疫应答（immune response）指机体的免疫细胞对抗原物质进行识别，继而活化、增殖、分化，产生效应的过程，是多细胞系及多种免疫分子间相互作用的结果。免疫应答具有如下几个特点：① 免疫识别，即免疫系统能够识别“自己”与“非己”成分，对自身抗原产生免疫耐受，对外来抗原性异物产生有效的免疫应答。免疫系统对“非己”抗原成分的识别是通过T细胞、B细胞表面的抗原识别受体完成的，其中T细胞受体（TCR）识别的蛋白质抗原首先要经过APC加工处理，然后与自身MHC分子结合表达在APC表面方能使相应的T细胞克隆活化、增殖、分化。上述识别过程具有高度的特异性，即特定的抗原分子只能被相应的抗原受体识别，产生针对该抗原分子的特异性免疫应答。② 免疫效应。免疫应答启动后产生的效应物主要为特异性抗体和效应细胞（CTL、Th细胞），同时有非特异性免疫细胞（如巨噬细胞、NK细胞等）及免疫分子（如补体、细胞因子等）参与，它们与特异性免疫细胞和分子相互作用，对抗原物质进行清除和破坏。③ 免疫调节，指体内多种因素对免疫应答过程进行正、负调节的作用、使免疫应答维持机体内环境的相对稳定。免疫调节涉及整体（如神经、内分泌网络）、细胞（如Th细胞、巨噬细胞等）、分子（如MHC－抗原肽复合体、CD分子、黏附分子、补体、免疫球蛋白等）及基因（如免疫应答基因）等不同水平的调控作用，在体内构成复杂的调节网络，调节全身及局部的免疫应答。④ 免疫记忆。被抗原活化的T细胞、B细胞除可分化为效应细胞外，其中少数还可分化为记忆细胞，长期在体内存在。当免疫系统再次接触相同抗原时，这些记忆细胞将迅速活化、增殖、分化为效应细胞，以增强和加速特异性免疫应答的发生。

第二节　增强免疫力的保健食品的开发

随着各种学科间的相互渗透，免疫学发展到食品科学和营养学研究的许多领域。免疫反应的特异性与敏感性使它能够检测和定量地研究食品蛋白、有毒性的植物与动物成分、食品传播性细菌的毒素与病毒。另外，通过营养免疫的研究，可以提供安全的食品原料和利用新的食物来源，尤其是蛋白质；有关食品变态反应、营养与免疫和疾病的内在联系、人类未来食物结构等方面的研究，将会与人类的生命过程息息相关。

一、增强免疫力的保健食品开发的理论基础

均衡营养关系到人体免疫系统行使其正常功能。当人们发现营养不良时，首先胸腺会发生严重萎缩性病变；紧接着就是脾脏，以下是肠系膜淋巴结，再下是颈淋巴结。免疫系统的组织形态学变化直接表现：胸腺和脾脏萎缩，肾上腺严重萎缩，肠壁变薄、绒毛倒伏，表现出免疫系统退化病变。免疫系统的异常会导致免疫应答的不健全，吞噬作用减弱。原因在于低营养状态时，参与吞噬作用的有关酶缺乏，因而吞噬功能丧失；吞噬细胞数量减少，吞噬细胞活性及杀菌活性降低。这些有助于说明缺乏蛋白质经常伴有高比例的感染。细胞免疫功能降低。营养不良患者淋巴细胞染色体异常增加，淋巴细胞活性降低。结核菌素反应减弱，淋巴细胞转化率明显降低，迟发型超敏反应丧失。体液免疫功能降低。营养不良的婴儿，血清中免疫球蛋白含量一般是显著地延迟达到正常值。同时，特异性抗体的合成减弱。

（一）能量、蛋白质和氨基酸

能量不足和蛋白质营养不良，意味着食物摄取不足，意味着饥饿，除了贫穷及特殊困境，一些妨碍饮食和消化吸收的疾病或慢性消耗性疾病也可造成能量和蛋白质的缺乏。长期作用引发发育不良、水肿或消瘦。机体功能最活跃的细胞、组织和器官首先受到影响和危害，表现为免疫系统功能下降或发生器质性损害。胎儿、婴幼儿、儿童和孕妇等人群最为敏感。具体表现为机体抵抗力明显降低，免疫器官重量降低、结构损坏，免疫细胞活力低下、分化发育受阻、数量减少，抗体、补体、黏附分子和细胞因子等不能合成等。总之，能量不足和蛋白质营养不良对免疫系统的危害严重。不仅蛋白质缺乏会引起免疫功能紊乱，其他营养素缺乏同样会导致免疫活性降低，如脂肪酸、维生素、微量元素等缺乏有不同程度的免疫失调。

（二）脂肪和脂肪酸与免疫

脂肪和脂肪酸除了构建生物膜、提供和储存能量，还被发现有很多特殊的生理功能，譬如降血脂、软化血管，一些脂肪酸是体内重要生理活性物质的前体。油脂的营养和免疫影响均体现在脂肪酸上。脂肪酸对免疫的影响有种类的差别，也有剂量效应。如饱和脂肪酸（SFA）与不饱和脂肪酸（USFA）、$n-3$ 系列与 $n-6$ 系列不饱和脂肪酸作用有所不同，另外在摄入量上，缺乏、正常和高剂量投给效果也不同，多不饱和脂肪酸对免疫系统有双向调节作用，即促进和抑制。但作为同类营养素，脂肪酸都是生物膜脂质双层的基本构建原料，维持和促进生物膜的功能必须不断补充脂肪酸，尤其是必需脂肪酸和重要的多不饱和脂肪酸（PUSFA）。改变膳食中脂肪含量、不同类型脂肪酸的比例（如 $n-3$ 与 $n-6$；饱和脂肪酸和胆固醇与不饱和脂肪酸或多不饱和脂肪酸的比例）将影响免疫细胞膜的脂质组成，进而引起这些细胞功能改变。

（三）维生素与免疫

维生素缺乏可使机体的免疫功能降低，防御能力减弱，降低对感染性疾病的抵抗力。补充维生素能显著恢复和提高机体的免疫功能，增强抗感染免疫能力。维生素 C、维生素 E 和维生素 A 等的充分摄入，还可以预防癌症和肿瘤的发生。感冒、呼吸道和消化道感染多发季节或易

感人群，根据临床医生和营养师的建议有规律摄入维生素C、维生素A和β-胡萝卜素等，可增强黏膜和机体抵抗力。事实上，各种维生素均与免疫相关。

（四）微量元素与免疫

微量元素在体内以形成金属蛋白和辅酶的形式发挥作用，在细胞新陈代谢和分裂繁殖中不可或缺。在免疫应答过程中微量元素也有重要的作用，如缺乏铁、锌、锰、铜和硒等都会使免疫功能下降。微量元素之间，以及微量元素与维生素和其他营养素之间有着密切的相互作用，形成功能互补或关联的生理网络，任何一方的缺乏或不均衡都影响机体的生理和免疫功能。

另外，所有人体必需微量元素都有最高耐受摄入限量范围，一次摄入超量或长期较高剂量摄入，对机体和对免疫系统都会产生毒副作用。

二、食品免疫功能评价的方法

1. 动物试验

① 体重；

② 脏器/体重比值测定：胸腺/体重比值，脾脏/体重比值；

③ 细胞免疫功能测定：小鼠脾淋巴细胞转化试验，迟发型变态反应试验；

④ 体液免疫功能测定：抗体生成细胞检测，血清溶血素测定；

⑤ 单核-巨噬细胞功能测定：小鼠碳廓清试验、小鼠腹腔巨噬细胞吞噬荧微球试验；

⑥ NK细胞活性测定。

2. 试验原则

① 所列的指标均为必做项目；

② 分为正常动物试验方案和免疫功能低下模型动物试验两种方案，可任选其一进行实验。

③ 采用免疫功能低下动物模型试验方案时需做外周血白细胞总数测定。

3. 原理

免疫系统主要包括中央和外周淋巴器官、淋巴组织和全身各处的淋巴细胞、抗原递呈细胞等，还包括血液中的白细胞。淋巴细胞经血液和淋巴使各处的淋巴器官和淋巴组织连成一个功能整体。胸腺属中央淋巴器官，主要功能是确保T淋巴细胞的产生和成熟。外周淋巴器官包括血液、淋巴管和免疫活性细胞；脾脏对抗原发生免疫应答作用，脾窦的巨噬细胞具有清除功能，脾白髓含有记忆B细胞，产生对T依赖抗原的体液免疫应答。淋巴细胞是特异性免疫应答的主要细胞群，按其表面标志物，分为T细胞、B细胞和天然杀伤（NK）细胞三大类，T细胞又分为$CD4^+$（Th）细胞和$CD8^+$T淋巴细胞。B淋巴细胞转化为浆细胞后能合成和释放抗原特异抗体，所有抗体都是免疫球蛋白，但并非所有的免疫球蛋白分子都具有抗体功能。免疫系统可产生特异性免疫和非特异性免疫功能，检测上述免疫系统的各种代表性指标的改变可对增强免疫力作用的功能作出相应判定。

4. 试验动物选择

推荐用近交系小鼠，如C57BL/6J、BALB/c等，6~8周龄，18~22g（BALB/c种可16~18g），单一性别，雌雄均可，每组10~15只。

5. 剂量分组及受试样品给予时间

实验设三个剂量组和一个阴性对照组。以人体推荐量的10倍为其中一个剂量，另设两个剂量组。必要时设阳性对照组。选做免疫低下模型法时，应设模型对照组。受试样品给予时间4

周或30d。

6. 免疫功能低下动物模型

可选用环磷酰胺、氢化可的松或其他合适的免疫抑制剂进行药物造模。

环磷酰胺主要通过DNA烷基化破坏DNA的合成而非特异性地杀伤淋巴细胞，并可抑制淋巴细胞转化；环磷酰胺对B细胞的抑制比T细胞强，一般对体液免疫有很强的抑制作用，对NK细胞的抑制作用较弱。环磷酰胺可选择40mg/kg，腹腔注射，连续两天，末次注射给药后第5天测定各项指标。环磷酰胺模型比较适合抗体生成细胞检测、血清溶血素测定、白细胞总数测定。

氢化可的松主要通过与相应受体结合成复合物后进入细胞核，阻碍NF-κB进入细胞核，抑制细胞因子与炎症介质的合成和释放，达到免疫抑制目的。氢化可的松还可损伤浆细胞，抑制巨噬细胞对抗原的吞噬、处理和呈递作用，所以氢化可的松对细胞免疫、体液免疫和巨噬细胞的吞噬、NK作用都有一定的抑制作用。氢化可的松可选择40mg/kg，肌肉注射，隔天一次，共5次，末次注射给药后次日测定各项指标。氢化可的松模型比较适合迟发型变态反应、碳廓清试验、腹腔巨噬细胞吞噬荧光微球试验、NK细胞活性测定，建议根据不同的免疫功能指标选择合适的模型。

连续给予受试物4周或30d，在第3周后开始给予免疫抑制剂，进行模型与预防性给药相结合的试验。

7. 增强免疫力功能结果判定

（1）经正常动物试验，受试样品具有增强免疫力作用　在细胞免疫功能、体液免疫功能、单核-巨噬细胞功能及NK细胞活性四方面测定中，任两个方面试验结果为阳性，可以判定该受试样品具有增强免疫力作用。

其中细胞免疫功能测定项目中两个试验的结果均为阳性，判定细胞免疫功能试验结果阳性。体液免疫功能测定项目中两个试验的结果均为阳性，判定体液免疫功能试验结果阳性。单核-巨噬细胞功能测定项目中两个试验的结果均为阳性，判定单核-巨噬细胞功能试验结果阳性。NK细胞活性测定试验的一个以上剂量结果阳性，判定NK细胞活性结果阳性。

正常动物试验需进行四个方面的测定。

（2）经免疫功能低下动物试验，受试样品对免疫功能低下者具有增强免疫力作用　在免疫功能低下模型成立条件下，血液白细胞总数、细胞免疫功能、体液免疫功能、单核-巨噬细胞功能及NK细胞活性五个方面测定中，任两个方面试验结果为阳性，判定该受试样品对免疫功能低下者具有增强免疫力作用。

其中细胞免疫功能测定项目中两个试验的结果均为阳性，或任一个试验的两个剂量组结果阳性，可判定细胞免疫功能试验结果阳性。体液免疫功能测定项目中两个试验的结果均为阳性，或任一个试验的两个剂量组结果阳性，可判定体液免疫功能试验结果阳性。单核-巨噬细胞功能测定项目中两个试验的结果均为阳性，或任一个试验的两个剂量组结果阳性，可判定单核-巨噬细胞功能试验结果阳性。NK细胞活性测定试验的一个以上剂量结果阳性，可以判定NK细胞活性结果阳性。血液白细胞总数测定的两个剂量结果阳性，可以判定血液白细胞总数结果阳性。

免疫功能低下模型动物试验需进行任三个方面项目的测定。同时在各项试验中，所测项目都不出现加重免疫抑制剂作用的结果（表现为一个以上剂量组低于模型对照组，$P\leqslant0.05$）。

三、增强免疫力的保健食品的开发

（一）多糖类

1. 活性多糖

活性多糖专指具有某种特殊生物活性的多糖化合物，包括植物多糖、动物多糖以及微生物多糖。目前从天然产物中提取分离的活性多糖已达300多种，其中以植物多糖，真菌多糖最为重要。活性多糖有纯多糖和杂多糖之分。纯多糖一般是由许多（一般认为10个以上）单糖通过糖键连接在一起，相对分子质量一般较大（从几千到几百万不等）。杂多糖除含多糖链外，往往含有脂链和（或）脂类成分，如云芝多糖就是一种含蛋白质25% ~30%的蛋白多糖。

2. 活性多糖的增强免疫功能

增强机体免疫功能是大多数活性多糖的共同特性，也是它们发挥其他生理或药理作用（如抗肿瘤）的基础。许多活性多糖都是哺乳动物的免疫调节剂。多糖主要通过以下一条或几条途径促进免疫功能。

（1）增强单核巨噬细胞系统的功能　灵芝多糖、银耳多糖、银耳孢子多糖、香菇多糖、香菇菌多糖、云芝多糖、羧甲基茯苓多糖、猪苓多糖、蜜环菌多糖等均能增强正常小鼠及荷瘤小鼠单核－巨噬细胞的吞噬功能。

（2）增强细胞免疫功能　能刺激或恢复T细胞和B细胞的数量，促进淋巴细胞转化。增强K细胞、NK细胞和LAK细胞的活性。

（3）促进细胞因子的产生　活性多糖能促进多种细胞因子的产生，并因此而影响机体的免疫功能。

灵芝多糖、银耳多糖、羧甲基茯苓多糖等可明显促进小鼠脾细胞产生IL－2，可部分地拮抗氢化可的松和环孢素A对小鼠脾细胞IL－2产生的抑制作用。银耳多糖还可促进小鼠腹腔巨噬细胞培养上清液中IL－6和TNF的活性。香菇多糖能促进IL－1、CSF的产生，也能促进小鼠腹腔巨噬细胞释放TNF。云芝多糖可刺激人和动物单核巨噬细胞产生IL－1和TNF，云芝多糖对体外培养的人白细胞产生IFN－γ有明显的诱生作用；其他像虫草多糖、银耳多糖和羧甲基茯苓多糖等均有诱生干扰素的作用。

银耳多糖诱生干扰素的效价比常规组高10~20倍，以500mg/mL银耳多糖的诱生效果最好；香菇浸液诱导干扰素的效价比对照组高4倍以上；茯苓多糖能诱生淋巴细胞产生IFN，其效价比常规诱生剂组高10~25倍；云芝糖质量浓度在10~1000μg/mL时，能使人白细胞产生IFN－α和IFN－γ的能力较空白对照提高8倍和4倍。

另外，人参多糖、枸杞多糖、刺五加多糖、黑柄炭角多糖、裂褶菌多糖、树舌多糖、中华猕猴桃多糖、海藻多糖等也能促进多种细胞因子的产生。

（4）增强体液免疫功能　灵芝多糖、松杉树芝多糖、银耳多糖、香菇多糖、云芝多糖肽（PSP）、猪苓多糖、裂褶菌多糖等均能增强羊红细胞致敏正常小鼠的PFC反应，表明这些真菌多糖均可促进IgM产生，提高体液免疫反应。松杉树芝多糖、银耳多糖、香菇多糖、云芝多糖肽尚能拮抗环磷酰胺对PFC反应的抑制作用，使PFC反应恢复至正常或接近正常水平。

银耳多糖、香菇多糖、褐藻多糖、苜蓿多糖等可诱导抗体的产生，加强机体的体液免疫功能。如向小鼠腹腔注射香菇多糖，可促进小鼠体内IgM抗体的产生，且以1mg/（kg·d）作用最好。

（5）肿瘤免疫 突变是肿瘤发生的前提。所谓突变是指在一些遗传因素或非遗传因素的作用下，使人体中调控细胞生长、增殖及分化的正常细胞基因发生突变、激活和过度表达，从而使正常细胞发生癌变的过程。人参多糖、波叶大黄多糖、魔芋多糖、枸杞多糖、紫芸多糖等可减少或减弱这一过程的发生。

（6）延缓衰老 免疫系统与机体的衰老有密切关系，随着年龄增大，免疫功能逐渐下降或紊乱，结果胸腺萎缩，干细胞损耗，从而导致机体衰老。多糖能从整体上提高机体的免疫功能，延缓衰老，防治老年病。银耳多糖能明显降低小鼠心肌组织的脂褐质含量，增加小鼠脑和肝脏组织中的超氧化物歧化酶（SOD）活力。有实验表明，银耳多糖可明显延长果蝇的平均寿命，延长率为28%，果蝇中脂褐质含量降低23.95%。云芝多糖可明显增强果蝇的吃食次数、交配次数和第一子代的仔蝇数，延长雌蝇的平均寿命、最高寿命和半数死亡时间，也能延长雄蝇的最高寿命。云芝糖肽还具有清除超氧阴离子自由基、羟自由基、过氧化氢及其他活性氧的作用。灵芝多糖也有类似作用。香菇多糖能使家蝇的平均寿命延长19.4%。

（二）冬虫夏草

冬虫夏草（*Cordyceps*）别名虫草、冬虫草、夏草冬虫，是虫草菌和蝙蝠蛾幼虫在特殊生态条件下形成的虫菌联合体，一般5—6月采集的虫草最好。冬虫夏草性味甘、平，入肺肾经，能益肺、补虚损、益精气。在我国传统医学中，冬虫夏草与人参、鹿茸被并列为三大补品。由于受自然条件的限制。天然虫草产量有限，目前很多单位已开展了冬虫夏草的人工培养研究。研究结果表明，人工培养的虫草与天然虫草化学成分基本一致，并具有广泛的药理活性。

1. 主要化学成分

随着冬虫夏草开发和利用，我国对虫草的化学成分研究取得一些进展。1981年吕瑞绵等从冬虫夏草中分离出尿嘧啶、腺嘌呤、腺嘌呤核苷、蕈糖、甘露醇、麦角固醇和硬脂酸7种成分，其中前4种在虫草中尚未见报道。1983年肖水庆等又分离得到9个结晶，其中5个结晶为胆固醇软脂酸酯、软脂酸、麦角固醇、麦角固醇过氧化物及甘露醇。

2. 对免疫功能的影响

（1）增加脾脏和胸腺质量、增强网状内皮系统功能 虫草补剂能使动物脾重（脾系数）增加，网状内皮系统功能增强。虫草及人工虫草补剂腹腔或皮下注射都能加快小鼠血中胶体碳粒廓清速率，增强腹腔巨噬细胞的吞噬能力，增加肝、脾质量。陈燕平等给小鼠腹腔注射天然虫草及发酵菌丝口服液，可以提高巨噬细胞的吞噬活力，并能拮抗由于使用氢化可的松所造成的血压降低。在一定给药条件下，对小白鼠抗体分泌细胞和特异性结合细胞有明显的免疫促进作用。

（2）对细胞免疫和体液免疫功能的影响 天然虫草及发酵虫草补剂有免疫促进作用，腹腔注射虫草的醇提物能促使小鼠外周血及脾细胞中Th细胞数量增加，但对Ts细胞无影响。虫草醇提物能促进人及小鼠血中NK细胞的活性，部分拮抗环磷酰胺对NK细胞的抑制作用，并可促进迟发型过敏反应、抑制小鼠血清溶血素生成，故认为它能促进细胞免疫而抑制体液免疫。

（3）免疫抑制作用及抗排斥作用 虫草补剂对特异性免疫主要表现为抑制作用。天然虫草和菌丝补剂对移植物抗宿主反应均可呈现显著的抑制作用。同种异体移植皮肤存活期试验结果显示，虫草菌丝补剂能延长移植皮肤开始出现排斥和存活的时间，也能延长移植皮肤开始出现排斥到结痂的时间。同济医科大学器官移植研究所用中医研究院中药所研制的虫草菌丝口服液观察对大鼠异位心脏移植的影响，结果表明，虫草菌丝口服液可明显延长移植物存活时间并无肝肾毒性。按临床联合用药方案，以虫草口服液代替硫唑嘌呤与环孢素联合用药效果基本一致，认为是一种有效无毒的新型免疫抑制剂，具有很好的应用前景。

（三）蜂王浆

蜂王浆（Royal Jelly），也称蜂乳，是幼龄工蜂头部的舌腺和上领腺共同分泌的一种乳白色或浅黄色，微甜并具有特殊香气的浆状物。

1. 主要化学成分

新鲜蜂王浆的蛋白质约占干物质的36% ~55%，其中2/3是清蛋白，1/3是球蛋白，与人体血液中的比例大致相同。另外还有类胰岛素、活性多糖和γ球蛋白等。蜂王浆含有18种氨基酸，占干物质的0.8%，人体所必需的8种氨基酸在蜂王浆中都存在。此外，100g鲜浆中含有牛磺酸20~30mg，对人体生长发育有重要作用。蜂王浆含游离脂肪酸，已鉴定出的有琥珀酸、壬酸、癸酸、十一烷酸、月桂酸、十三烷酸、肉豆蔻酸、棕榈酸、硬脂酸、亚油酸、花生四烯酸等26种以上。其中以10-羟基-2-癸烯酸（简称10-HDA）含量最高，约占总脂肪酸的50%以上。蜂王浆中的糖类物质占干物质的20% ~30%。在糖类物质中，果糖约52%、葡萄糖约45%、蔗糖约1%、麦芽糖约1%、龙胆二糖约1%。蜂王浆中固醇类化合物有17-酮固醇、17-羟固醇、去甲肾上腺素、肾上腺素、氢化可的松及胰岛素样激素，并含有24-亚甲基胆固醇、豆固醇、6-谷固醇以及微量的胆固醇等。蜂王浆对更年期综合征、性功能失调、内分泌紊乱、儿童发育不良、神经官能症、风湿病、早衰和中老年人骨质疏松所产生的良好疗效。

2. 增强免疫力功能

蜂王浆可增强体质，抵抗外界不良因素的影响，提高机体适应各种恶劣环境的能力，减轻对机体的损害。蜂王浆可促进静脉注射的胶体碳粒在小鼠体内的廓清速率，显著增强小鼠腹腔巨噬细胞的吞噬活性。既可刺激T细胞、激发细胞免疫功能，又可激活B细胞，使人体免疫球蛋白浓度提高2.25倍，其中的IgG浓度可增加5倍，因而能增强体液免疫功能。每日给小鼠灌服蜂王浆2.5g/kg，连续8d，可增加小鼠碳粒廓清速率，能完全对抗氢化可的松对碳粒廓清的抑制作用，还能增强小鼠SRBC致敏的足垫迟发性超敏反应（DTH），并使环磷酰胺所致DTH反应低下完全恢复正常。

近年来蜂王浆在医药和保健品方面的应用得到了普遍重视，各种蜂王浆产品不断涌现，如蜂王浆口服液、蜂王浆巧克力、蜂乳奶粉、蜂王浆汽水、蜂王浆可乐、蜂王浆蜜露、蜂王浆酒、蜂王浆冰淇淋等，为保健品市场增添了活力。

（四）蜂胶

蜂胶是蜜蜂从植物的树芽、树皮等部位采集的树脂，再混以蜜蜂的舌腺、蜡腺等腺体分泌物，经蜜蜂加工转化而成的一种胶状物质。

蜂胶性平，味微甘、苦，有润肤生肌、消炎止痛等功能。在国外，蜂胶被誉为“紫色黄金”。据不完全统计，我国蜂胶年产量近300t，大部分以原料形式出口。国内对蜂胶加工和利用的程度很低。蜂胶在国外已被开发成系列产品，如口服液、片剂、酊剂、洁口剂、牙膏、止咳剂等。

蜂胶制成酊剂或软膏外用涂敷；制成片剂、胶囊或醇浸液，内服1~2g，对口腔溃疡、牙周炎、胃溃疡、宫颈糜烂、带状疱疹、牛皮屑、银屑病、皮肤裂痛、鸡眼、烧烫伤等有一定效果。

1. 理化性质与化学成分

天然新鲜蜂胶为不透明固体，表面光滑或粗糙，折断面呈沙粒状，切面似大理石，呈棕褐色、棕红色或灰褐色，有时带有青绿色，少数近黑色。蜂胶有特殊香味，味微苦涩，嚼时粘牙。蜂胶用手握能软化，36℃开始变软，有黏性和可塑性；低于15℃时变硬、变脆，可粉碎；60～70℃时溶化成为黏稠流体。蜂胶在水中溶解度度非常小，能部分溶于乙醇，微溶于松节油，极易溶于乙醚、氯仿、丙酮、苯及2% NaOH 溶液。蜂胶在95%乙醇中能溶解，溶液呈透明状，但随着蜂胶浓度的增大，会析出颗粒状沉淀。

蜂胶的成分十分复杂，有数百种之多。新采集的蜂胶含树脂及香脂50%～60%、蜂蜡30%、挥发油10%、花粉及其他杂质5%～10%。黄酮类是蜂胶中的主要活性组分，总黄酮含量可达10%～35%，黄酮种类繁多，仅从北温带地区的蜂胶中分出的黄酮化合物就有71种；在杨树型蜂胶中主要含白杨素、杨芽素、山姜黄酮醇等；在桦树型蜂胶中则含乔松素、樱花素、芹菜素、刺槐素、山柰酚等。蜂胶中含有大量的有机酸类化合物，如苯甲酸、原茶酸、对羟基苯甲酸、香草酸、羟基肉桂酸、咖啡酸、桂皮酸、香豆酸、异丁酸、肉豆蔻醚酸、二十四烷酸等。这些有机酸大多数属于植物的次生代谢产物，具有强烈的抗病原微生物和保护肝脏的作用。从蜂胶中分离出的酯类化合物已达数十种，其中具有生物活性的是咖啡酸芳香酯类化合物，如咖啡酸苄酯、肉桂基咖啡酸酯、咖啡酸苯乙酯等。蜂胶中还含有大量的醇、醛和萜类化合物。

2. 增强免疫功能

蜂胶能增强补体活性、吞噬细胞的吞噬能力以及白细胞和抗体的数量。蜂胶乙醇提取液能促进 CONA 诱导的淋巴细胞增殖，增加 T 细胞总数。蜂胶混悬液能增强免疫抑制模型小鼠腹腔巨噬细胞的吞噬功能，增加胸腺指数。以蜂胶作为免疫佐剂对大白鼠进行免疫，其淋巴结中浆细胞增加的数量比皂素佐剂高3.7～6倍，血清凝集素滴度高3.7～4倍。用相当于蜂胶干物质2.4mg的蜂胶乙醇提取液饲喂体重1kg的家兔，其体内球蛋白数量可迅速增长。蜂胶还可作为破伤风类毒素免疫过程中增强非特异性和特异性免疫因子的刺激剂。

（五）阿胶

阿胶又名驴皮胶、傅致胶、盆覆胶，是用马科动物驴的皮经煎熬、浓缩而成的团体胶，以由山东东阿县东河井的水熬制质量最佳而得名，也有用牛皮、猪皮、马皮等熬制的阿胶，但《中华人民共和国药典》规定以驴皮熬制的阿胶为正品。

1. 理化性质

阿胶呈长方形或方形胶块，黑褐色，有光泽，质硬而脆，断而光亮，对光透视呈琥珀色半透明状，味微甜，溶于水。10%以下浓度时，胶凝温度为2～4℃（伪品为14～19℃）。阿胶含有较高的动物蛋白质，富含铁质和微量元素。阿胶主要成分由胶原蛋白及其部分水解物组成。胶原蛋白相对分子质量约为130000，为多肽类物质，约占哺乳动物体内总蛋白的1/3，为皮肤、结缔组织、牙及骨骼内有机物质的主要成分。胶原蛋白经高温水解后生成相对分子质量不等的多肽类物质和氨基酸。阿胶中除胶原蛋白外，尚含纤维粘连蛋白及糖胺多糖、硫酸皮肤素及无机盐等。

2. 免疫调节作用

研究表明，阿胶对人体免疫功能低、脏腑功能减退、骨髓造血功能障碍或贫血以及对环境的适应能力减退等都有一定的保护和促进作用。阿胶有益于老年人保健，对于体质虚弱、血虚萎黄者也是强壮保健之佳品。

用阿胶溶液2.5g/kg和5.0g/kg给小鼠灌胃，脾脏的特异性玫瑰花结形成细胞和特异性玫瑰花形成率明显增加。碳廓清试验表明，阿胶对小鼠肝、脾单核吞噬细胞功能有促进作用。小鼠连续灌服阿胶 7d 后，能使 NK 细胞活性显著增强，能对抗氢化可的松所致细胞免疫抑制。阿胶溶液对脾脏有明显增重作用，并能明显提高小鼠腹腔巨噬细胞的吞噬能力。

（六）免疫球蛋白

免疫球蛋白在动物体内具有重要的免疫和生理调节作用，是动物体内免疫系统最为关键的组成物质之一。自 1980 年发现免疫球蛋白后，它在医学实践中发挥了巨大的作用。近十几年来外源性免疫球蛋白在增强人体免疫力方面的研究与应用成为热点。从富含免疫球蛋白的物质中分离出免疫球蛋白并将其应用到功能食品中，对于改善婴幼儿、中老年人及免疫力低下的人群的健康具有重要的意义。

1. 免疫球蛋白的分离制备

免疫球蛋白的原料来源通常是动物血清（免疫球蛋白含量为 12～14mg/mL）和初乳（免疫球蛋白含量为 30～50mg/mL），也可从蛋黄中提取（免疫球蛋白含量为 10～20mg/mL）。免疫球蛋白的分离制备一般可按以下几步进行。

（1）免疫球蛋白的粗提　在免疫球蛋白的研究中，最早用 $(NH_4)_2SO_4$ 分级沉淀法提取免疫球蛋白，后来又发展了乙醇分离法、辛酸沉淀法、盐析分离法、盐析 - 超滤联合法、等电子筛过滤法等。

超滤法既可根据膜截留相对分子质量的大小将免疫球蛋白与杂蛋白分离，又可起到浓缩提取液的作用，是一种减少能耗、适合工业化应用的最佳方法。

（2）免疫球蛋白的提纯　粗制的免疫球蛋白纯化常见的方法有离子交换法、凝胶过滤法和亲和色谱法。离子交换法常用 DEAE - 纤维素和 DEAE - Sephadex - ASO 柱。凝胶过滤法是基于免疫球蛋白相对分子质量大于其他蛋白质来分离的，常用 Sephadex G100 - 200 柱。亲和色谱法是一种最有效的分离方法。其特点是分离纯度高、容量大，适合大规模从较低浓度原料中分离免疫球蛋白的工业化生产。采用金属螯合亲和色谱法可进一步从乳清中分离免疫球蛋白和乳铁蛋白。此外，也有报道选用一些食品级多糖大分子作为絮凝剂，去除杂蛋白，再用柱层析法进行纯化。

2. 免疫球蛋白功能食品的开发与应用

国外从 20 世纪 70 年代末开始研究从乳清、牛乳、初乳、血液和蛋黄中提取免疫球蛋白，并研制出免疫球蛋白的免疫活性添加剂。但是，受资源不足、大规模工业化生产技术不成熟及价格昂贵等条件的制约，其产品仅作为婴儿食品添加剂、生物医药制剂。1990 年美国 Stoll 公司生产了一种含活性免疫球蛋白的乳粉，可拮抗人体常见的 24 种致病菌及病毒。

1991 年，美国的 Century Labs 公司开发了微胶囊化免疫球蛋白类婴儿食品的配方，主要含有免疫球蛋白、DHA、EPA、蛋白质和碳水化合物，并与母乳相似的比例配成。这类婴儿食品在脂肪酸和免疫球蛋白组成上与乳相近，有利于婴儿吸收并增强防病、抗病能力，并对婴儿的生长发育有明显的促进作用。

Lanierlnds Inc 公司开发出了含有免疫球蛋白免疫活性的乳清固体粉末添加剂，由低含量的乳糖、矿物质、70% 以上的低相对分子质量蛋白质和不少于 7% 的免疫球蛋白组成、可稀释成浓度不低于 3. 5% 的溶液，其免疫活力与初乳相近。该产品能提高婴儿对疾病的免疫力，促进婴儿的生长。

近年来，我国一些单位也加大对免疫球蛋白作为功能食品添加剂的研究和开发。如黑龙江完达山乳品厂生产的含牛初乳免疫球蛋白的“乳珍”婴儿配方乳粉、口服型免疫球蛋白“复合牛初乳宝珍”以及含抗人体肠道10种病原微生物的免疫乳及其制品。其中，免疫乳是一种天然、健康的具有一定医学价值的新型的功能性乳制品。

第三节　增强免疫力功能成分检测

一、大豆异黄酮的测定方法（高效液相色谱法）

本方法适用于大豆制品中大豆异黄酮的测定。

本方法大豆异黄酮染料木素的最低检出限为10ng；大豆苷元的最低检出限为30ng。

（一）方法提要

大豆异黄酮（soybean isoflavones，ISO）是一类从大豆中分离提取的具有抗氧化、抗肿瘤、改善心血管功能的主要活性成分。目前发现的大豆异黄酮包括游离型苷元和结合型的糖苷两类共有12种，染料木素（genistein，G）和大豆苷元（daidzeiu，D）是其中两种重要化合物。本法用80%乙醇作为溶剂，提取样品中的染料木素、大豆苷元，以反相高效液相色谱分离，在紫外检测器260nm波长条件下检测其峰面积，以染料木素和大豆苷元两项含量之和计算大豆异黄酮含量。

（二）仪器

（1）LC高效液相色谱仪，C－RIB色谱处理机。

（2）检测器　SPD－2AS紫外检测器。

（3）离心机。

（4）超声波振荡器。

（三）试剂

（1）甲醇（色谱纯）。

（2）乙醇（优级纯）。

（3）双重蒸馏水。

（4）大豆异黄酮标准品　染料木素与大豆苷元标准品（美国Sigma公司产品），以染料木素的大豆苷元两项之和作为大豆异黄酮含量计算。

（5）大豆异黄酮标准溶液　准确称取染料木素标准品5.0mg，大豆苷元标准品3.2mg，各自用流动相“甲醇＋水（60＋40）”定容至100mL，配制成50μg/mL的染料木素和32μg/mL的大豆苷元标准溶液。

（四）测定步骤

1. 样品处理

（1）固体样品　准确称取一定量固体粉末样品于100mL容量瓶中，定量加入80%乙醇，经超声振荡5min，加水补足至刻度，待提取液略澄清后经离心分离（3000r/min，5min），取上清液经0.45μm滤膜过滤后待进样。

（2）液体样品　准确吸取2.0mL液体样品，加入80%乙醇摇匀并定容100mL，澄清后同上述步骤。

2. 色谱分离条件

色谱柱：Shim-Pack CLC-ODS（6mm×150mm，5μm）。

流动相：甲醇+水（60+40），临用前用超声波除气。

流速：0~5min，为1.0mL/min；5~10min为1.6mL/min。

柱温：40℃。

检测波长：UV260nm。

灵敏度：0.016AUFS。

进样量：10μL。

3. 样品测定

准确称取样品处理液和标准液各10μL（或相同体积）注入高效液相色谱仪进行分离，以其标准溶液峰的保留时间进行定性，利用峰面积求出样液中待测物质的含量。

（五）结果计算

$$X=\frac{S_1\times c\times V}{S_2\times m} \tag{3-1}$$

式中 X——样品中染料木素/大豆苷元的含量，μg/g

S_1——样品峰面积

c——标准溶液质量浓度，μg/mL

S_2——标准溶液峰面积

V——样品定容体积，mL

m——试样质量，g

样品中大豆异黄酮含量

$$X=X_g+X_d \tag{3-2}$$

式中 X——样品中大豆异黄酮含量，μg/g

X_g、X_d——分别为样品中染料木素及大豆苷元的含量

二、总皂苷的测定方法（分光光度法）

本方法适用于功能性食品中总皂苷的测定。

本方法人参皂苷Re的最低检出量为2μg/mL。

（一）方法提要

样品中总皂苷经提取、PT-大孔吸附树脂柱预分离后，在酸性条件下，香草醛与人参皂苷生成有色化合物，以人参皂苷Re为对照品，于560nm波长处比色测定。

（二）仪器

（1）722分光光度计。

（2）PT-大孔吸附树脂柱（河北省津杨滤材厂）。

（3）超声波振荡器。

（三）试剂

（1）甲醇（分析纯）。

（2）乙醇（分析纯）。

（3）人参皂苷 Re 标准品（中国药品生物制品检定所）。

（4）5g/100mL 香草醛溶液　称取 5g 香草醛，加冰乙酸溶解并定容至 100mL。

（5）高氯酸（分析纯）。

（6）冰乙酸（分析纯）。

（7）人参皂苷 Re 标准溶液　精确称取人参皂苷 Re 标准品 20.0mg，用甲醇溶解并定容至 10mL，即每 1mL 含人参皂苷 Re 2.0mg。

（8）重蒸水。

（四）测定步骤

1. 样品处理

（1）固体样品　称取 1.0g 左右样品于 100mL 烧杯中，加入 20～40mL 85% 乙醇，超声波振荡 30min，再定容至 50mL，摇匀，放置，吸取上清液 1.0mL 挥干后以水溶解残渣进行柱分离。

（2）液体样品　含乙醇的酒类样品：准确吸取 1.0mL 样品放于蒸发皿中，蒸干，用水溶解残渣，用此液进行柱层析；非乙醇类液体样品：准确吸取 1.0mL 样品（如浓度高或颜色深，需稀释一定体积后再取 1.0mL）直接进行柱分离。

2. 柱层析

以 PT－大孔吸附树脂柱进行层析分离，准确吸取上述已处理好的样品溶液 1.0mL 上柱，用 15mL 水洗柱，以洗去糖分等水溶性杂质，弃去洗脱液，再用 20mL 85% 乙醇洗脱总皂苷，收集洗脱液于蒸发皿中，于水浴上蒸干，以此作显色用。

3. 显色

在上述已挥干的蒸发皿中准确加入 0.2mL 5g/100mL 香草醛冰乙酸溶液，转动蒸发皿，使残渣溶解，再加 0.8mL 高氯酸，混匀后移入 10mL 比色管中，塞紧盖子于 60℃ 以下水浴上加温 15min 取出，冷却后准确加入冰乙酸 5.0mL，摇匀后以 1.0cm 比色皿、于 560nm 波长处与人参皂苷 Re 标准管同时比色。

4. 标准曲线的绘制

吸取人参皂苷 Re 标准溶液（2.0mg/mL）0、20、40、60、80、100μL（相当于人参皂苷 Re 0、40、80、120、160、200μg），于 10mL 比色管中，用氮气吹干，同步骤 3 显色步骤测定吸光度，并绘制标准曲线。

人参总皂苷质量浓度为 20～200μg/mL 与吸光度呈线性关系，相关系数（r）0.999。

（五）结果计算

$$X = \frac{m_1 \times V_1}{m \times V_2 \times 1000} \qquad (3-3)$$

式中　X——样品中总皂苷（以人参皂苷 Re 计），g/kg 或 g/L

m——试样质量或试液体积，g 或 mL

V_1——样品提取液总体积，mL

V_2——样品提取液测定用体积，mL

m_1——从标准曲线查得待测液中人参皂苷 Re 量，μg

三、免疫球蛋白 IgG 的测定方法（单向免疫扩散法）

本方法适用于功能性食品中免疫球蛋白 IgG 的测定，其中 IgG 的最低检出限为 20μg/mL。

（一）方法提要

在含有抗体的琼脂板的小孔中加入抗原溶液，经过扩散后，在小孔周围形成抗原体沉淀环，此沉淀环面积与小孔中的抗原量成正比。测定样品中 IgG 时，琼脂板中可加入适量的兔抗牛 IgG 抗血清，琼脂板各小孔中分别是加入一系列的已知 IgG 含量的对照标准品及适量稀释的待测 IgG 乳粉样品，经过 24h 扩散后，测量各沉淀环直径。以 IgG 标准品系列质量浓度为横坐标，沉淀环直径的平方为纵坐标绘制标准曲线，根据待测 IgG 样品形成的沉淀环直径查标准曲线得到对应的 IgG 质量浓度即可计算其含量。

（二）仪器

（1）琼脂模板　由两块 7.5cm × 18cm 玻璃板中间隔放一块有机玻璃 U 形板（厚 0.22cm，各边宽 1cm，底边长 18cm，底边长 18cm，两边长 7.5cm）构成，用弹簧夹紧。

（2）打孔器　ϕ 2.5mm。

（3）湿盒　有盖搪瓷盘，盘底铺垫纱布 3 ~ 4 层，用 0.5% 苯酚溶液浸湿纱布。

（4）微量进样器。

（5）水浴锅。

（三）试剂

（1）pH 6.8 磷酸盐缓冲液　称取分析纯的磷酸氢二钾 6.8g 和氢氧化钠 0.94g，加蒸馏水溶解并稀释至 1L，混匀。

（2）优质琼脂。

（3）兔抗牛 IgG 抗血清（生化试剂）　效价为 1∶32。

（4）牛 IgG 对照标准品（生化试剂）　Sigma 公司提供。

（四）测定步骤

1. 抗体琼脂板的制备

在 pH 6.8 磷酸盐缓冲液中加入 1.0% 琼脂，加热溶化，冷却到 55℃，并在 55℃ 水浴中保温，然后加入抗牛 IgG 抗血清（效价为 1∶32，添加量为体积的 1/80），迅速混合后倒入琼脂模板内。待琼脂凝固后（需 10 ~ 15min），将上面的玻璃板小心取去，再取去 U 形板，用打孔器相隔 1.5cm 打孔一个，并挑出孔内琼脂块。

2. 标准曲线绘制

取牛 IgG 对照标准品，以 pH 6.8 磷酸盐缓冲液溶解，分别稀释配成质量浓度为 0.05、0.10、0.20、0.40、0.80、1.00mg/mL 的系列标准溶液。然后，将上述对照标准溶液分别加入抗体琼脂板的小孔中，每小孔 5μL（双样）。加样后将琼脂板放入湿盒中，在 37℃ 放置 24h，取出，准确测量沉淀环直径以牛 IgG 质量浓度为横坐标，沉淀环直径平方为纵坐标绘制标准曲线。

3. 样品中 IgG 含量的测定

根据样品中 IgG 含量高低称取适量样品，用 pH 6.8 磷酸盐缓冲液溶解并适当稀释，然后按标准曲线操作步骤在抗体琼脂板小孔中加样，扩散，测量沉淀环直径，根据标准曲线查得样品中相应 IgG 浓度，并计算样品 IgG 含量。

说明：观察结果时，可于暗室内，以台灯斜照琼脂板，背后用黑纸作背景，琼脂板玻璃面朝向观察者，将透明厘米尺紧贴玻璃板，测量沉淀环的直径。

四、核苷酸含量的测定方法（高效液相色谱法）

（一）方法提要

食品中核苷酸经冷的 $HClO_4$ 提取，高效液相色谱（HPLC）色谱阴离子柱分离，检测波长为 260nm，与标准峰面积比较，进行定量测定。

（二）仪器

岛津高效液相色谱仪 LC－4A，SPD－2AS 紫外－可见分光光度检测器。

（三）试剂

标准品：5′－肌苷酸钠（5′－IMP），5′－鸟苷酸钠（5′－GMP），5′－尿苷酸钠（5′－UMP），5′－胞苷酸钠（5′－CMP），5′－腺苷酸钠（5′－AMP），次黄嘌呤均为日本生产，KH_2PO_4，$HClO_4$，KOH 均为分析纯。

（四）测定步骤

1. 样品液制备

市售新鲜食品绞碎，混匀。称取适量放入 100mL 烧杯中，加入冷的 5% $HClO_4$ 溶液 30mL，混匀，4℃冰箱内放置 1h。取出后，均质，将匀浆液移入 50mL 容量瓶中，用 5% $HClO_4$ 溶液定容至 50mL，通过滤纸过滤，取滤液 5.0mL，移入 10mL 量瓶中，用 3mol/L KOH 溶液调 pH 至中性，以蒸馏水稀释至 10mL，混匀。离心，上清液用 0.45μm 的水系滤膜过滤，滤液用高效液相色谱仪进行分析。

2. 标准曲线

5′－AMP、GMP、UMP、IMP 均以 0.10、0.20、0.30、0.40、0.50μg 不同质量浓度的混合液分别进样，计算峰面积和含量的回归方程。

3. 色谱条件

色谱柱：岛津 LC 用 ISA－07/S2504 离子交换柱，直径 4.0mm×25cm；

柱温：60℃；

流动相：0.2mol/L KH_2PO_4 溶液，pH 4.5；

流速：1.5mL/min；

检测波长：260nm。

（五）结果计算

根据样品液峰面积，由回归方程式计算出样液中各核苷酸含量，再换算成样品 5′－AMP 等核苷酸含量（mg/100g）。

五、枸杞多糖含量的测定方法（分光光度法）

（一）方法提要

先用 80% 乙醇提取以除去单糖、低聚糖、苷类及生物碱等干扰成分，然后用蒸馏水提取其中所含的多糖类成分。多糖在硫酸作用下，水解成单糖，并迅速脱水生成糠醛衍生物，与苯酚缩合成有色化合物，用分光光度法测定其枸杞多糖含量。本法简便，显色稳定，灵敏度高，重现性好。

（二）仪器

721 型（或其他型号）分光光度计。

（三）试剂

1. 葡萄糖标准液

精确称取105℃干燥恒重的标准葡萄糖100mg，置于100mL容量瓶中，加蒸馏水溶解并稀释至刻度。

2. 苯酚溶液

取苯酚100g，加铝片0.1g，碳酸氢钠0.05g，蒸馏收集182℃馏分，称取此馏分10g，加蒸馏水150g，置棕色瓶中备用。

（四）测定步骤

1. 枸杞多糖的提取与精制

称取剪碎的枸杞子100g，经石油醚（60~90℃）500mL回流脱脂两次，每次2h，回收石油醚。再用80%乙醚500mL浸泡过夜，回流提取两次，每次2h。将滤渣加渣加蒸馏水3000mL，90℃加热提取1h，滤液减压浓缩至300mL，用氯仿多次萃取，以除去蛋白质加活性炭1%脱色，抽滤，滤液加入95%乙醇，使含醇量达80%，静置过夜。过滤，沉淀物用无水乙醇、丙醇、乙醚多次洗涤，真空干燥，即得枸杞多糖。

2. 标准曲线制备

吸取葡萄糖标准液10、20、40、60、80、100μL，分别置于带塞试管中，各加蒸馏水使体积为2.0mL，再加苯酚试液1.0mL，摇匀，迅速滴加浓硫酸5.0mL，摇匀后放置5min，置沸水浴中加热15min，取出冷却至室温；另以蒸馏水2mL，加苯酚和硫酸，同上操作做空白对照。于波长490nm处测吸光度，绘制标准曲线。

3. 换算因素的测定

精确称取枸杞多糖20mg，置于100mL容量瓶中，加蒸馏水溶解并稀释至刻度（储备液）。吸取储备液200mL，照标准曲线制备项下的方法测定吸光度，从标准曲线中求出供试液中葡萄糖的含量，按下式计算因素 F。

$$F = m/(\rho \times D) \tag{3-4}$$

式中 m——多糖质量，μg

ρ——多糖液中葡萄糖的浓度

D——多糖的稀释因素测得 $F=3.19$

4. 样品溶液的制备

精确称取样品粉末0.2g，置于圆底烧瓶中，加80%乙醇100mL回流提取1h，趁热过滤，残渣用80%乙醇洗涤（10mL×3）。残渣连同滤纸置于烧瓶中，加蒸馏水100mL，加热提取1h，趁热过滤，残渣用热水洗涤（10mL×3），洗液并入滤液，放冷后移入250mL量瓶中，稀释至刻度，备用。

5. 样品中多糖含量测定

吸取适量样品液，加蒸馏水至2mL，按标准曲线制备项下方法测定吸光度。查标准曲线得样品液中葡萄糖含量（μg/mL）。

（五）结果计算

按式（3-5）计算样品中多糖含量：

$$\text{多糖含量/\%} = \frac{\rho \times D \times F}{m} \times 100 \tag{3-5}$$

式中　ρ——样液中葡萄糖质量浓度，μg/mL

D——样品液稀释因素

F——换算因素

m——样品质量，μg

六、香菇多糖的测定方法（高效液相色谱法）

（一）方法提要

采用高效色谱法分析香菇多糖，选用 TSK SW 凝胶排斥色谱柱为分离柱，香菇样品经简单的预处理，在示差折光检测器中进行检测，以不同相对分子质量标准右旋糖酐作标准，同时测定样品多糖的相对分子质量分布情况及含量。该方法较其他多糖测定法具有快速、简便、准确等优点，是目前较为行之有效的测定方法。

（二）仪器

高效液相色谱仪，包括 126 双溶剂微流量泵，156 示差折光检测器，System Gold 控制及数据处理系统（带有相对分子质量计算辅助软件）。分离柱：4000SW Spherogel TSK（7.5mm × 300mm，13μm）。带微孔过滤器（带 0.3μm 微孔滤膜）。实验室常用玻璃器皿。

（三）试剂

右旋糖酐、无水硫酸钠、醋酸钠、碳酸氢钠、氯化钠、双蒸馏水。

（四）测定步骤

1. 相对分子质量标准曲线

精确称取不同相对分子质量的右旋糖酐标准品 0.100g，用流动相溶解并定容至 10mL。分别进样 20μL，由分离得到各色谱峰的保留时间，将其数字输入相对分子质量软件中，经校准后建立相对分子质量对数值（$\log M_w$）与保留时间（RT）的标准曲线。结果表明，相对分子质量在 $3.9\times10^4\sim200\times10^6$ 范围内具有良好线性。

2. 色谱条件

流动相：0.2mol/L 硫酸钠溶液，流速：0.8mL/min。

检测条件：示差检测器（以流动相作参比液，灵敏度 16AUFS）。

3. 标准工作曲线

精确称取相对分子质量 50000 的右旋糖酐 0.100g，定容在 5mL 定量瓶中，再进一步稀释为 10、5、2、1mg/mL 标准液。分别进样，根据质量浓度与峰面积关系绘制曲线。

4. 样品预处理和测定

称取一定量样品（多糖含量应大于 1mg），用流动相溶解并定容至 100mL，混匀后经 0.3μm 的微孔滤膜过滤后即可进样。若样液不易过滤，可将其移入离心管中，在 5000r/min 条件下离心 20min，吸取 5mL 左右的上清液，再经 0.3μm 的抽孔滤膜过滤，收集少量滤液按色谱条件进样测定。

（五）结果计算

1. 相对分子质量分布计算

待测样品经分离后得到不同相对分子质量峰的保留时间值，通过相对分子质量标准工作曲线即可计算出多糖相对分子质量分布。该计算程序由相对分子质量辅助软件自动进行。

2. 多糖含量计算

选择与待测样品多糖相对分子质量相近的标准右旋糖酐为基准物质，用峰面积外标法定量，计算公式如式（3-6）。

$$多糖含量（以右旋糖酐计）[mg/100g（或 mL）]=\frac{\rho \times V}{m}\times 100 \quad (3-6)$$

式中 ρ——进样样液多糖质量浓度，mg/mL

m——样品量，g 或 mL

V——提取液的体积，mL

七、灵芝多糖的测定（蒽酮-硫酸法）

（一）原理

经乙醇提取得灵芝多糖，在强酸性和加热条件下水解成单糖，与蒽酮作用生成蓝绿色络合物，其颜色的深浅与灵芝多糖含量成正比。

（二）仪器设备与试剂

（1）仪器设备　分光光度计，超声振荡器。

（2）试剂　0.2% 蒽酮-硫酸试剂，葡萄糖。

（三）操作方法

1. 标准曲线绘制

精密称取干燥至恒重的葡萄糖 12.0mg，置于 100mL 容量瓶中，水溶解并定容。分别精密吸取 0.0、0.5、1.0、1.5、2.0 置于 10mL 具塞试管中，各补水至 2.0mL。各管加入 0.2% 蒽酮、硫酸试剂 6.0mL。振摇，沸水浴少加热 3min，取出放至室温。以空白溶液作参比。在 625nm 波长处测定吸光度，以葡萄糖质量浓度对吸光度值绘制标准曲线。

2. 样品的制备

精密称取约 5.00g 经 60℃ 干燥 5h 的灵芝样品粉末，依次加 50、25、25 倍量水，置沸水浴中分别加热 1h、1h、0.5h，过滤，滤液合并浓缩。加 5 倍量 95% 乙醇，离心。用 95% 乙醇洗涤沉淀。60℃ 烘干至恒重。依次加入 25、15、10mL 水，沸水浴 10min，超声振荡 10min，离心，上清液合并，加水定容至 50mL。精密吸取 1mL 置 50mL 容量瓶中，蒸馏水定容，备用。

3. 换算因素的测定

精密称取 60℃ 干燥至恒重的灵芝多糖纯品 200mg，置于 100mL 容量瓶中，加水溶解并稀释至刻度，摇匀得灵芝多糖储备液。精密吸取 1mL 灵芝多糖储备液置 10mL 容量瓶中，定容，得灵芝多糖使用液。精密吸取 1mL 灵芝多糖使用液，按照“标准曲线绘制”项的方法测定吸光度，从标准曲线中求出灵芝多糖使用液中葡萄糖质量浓度，按下列公式计算换算因素，测得 F 值为 1.60。

$$F=\frac{m}{\rho VD} \quad (3-7)$$

式中 m——灵芝多糖纯品质量，mg

ρ——从标准曲线中求出的灵芝多糖使用液中葡萄糖的质量浓度，mg/mL

V——灵芝多糖使用液的体积，mL

D——灵芝多糖的稀释因素

4. 计算

$$灵芝多糖含量/\% = \frac{\rho VDF}{m} \times 100 \tag{3-8}$$

式中　ρ——样品溶液的葡萄糖质量浓度，g/mL

V——样品溶液的体积，mL

D——样品溶液的稀释因素

F——换算因素

m——样品质量，g

思考题

1. 简述以下概念：抗原、抗体、免疫应答。
2. 简述增强免疫力的原理。
3. 简述具有增强免疫力功能的物质有哪些。
4. 如何设计增强人体免疫力的保健食品？
5. 简述增强人体免疫力的保健食品功能评价方法。

CHAPTER 4

第四章 辅助降血脂的保健食品

[学习指导]

熟悉和掌握血脂、甘油三酯、高脂血症、脂肪替代物等名词术语；掌握脂质代谢过程和引发高脂血症的病因；了解高脂血症的种类、症状和危害及其防治方法；了解常见的辅助降脂的功能性物质和功能性食品及它们的检测方法。

第一节 血脂、脂质代谢与高脂血症

心血管疾病被喻为现代的“文明病”，是危害人类健康的一组疾病。在我国心脑血管疾病的总死亡率仅次于恶性肿瘤，居第二位。心脑血管疾病具有“发病率高、致残率高、死亡率高、复发率高，并发症多”即“四高一多”的特点。目前，我国心脑血管疾病患者已经超过2.7亿人，我国每年死于心脑血管疾病近300万人，占我国每年总死亡病因的51%。而幸存下来的患者75%不同程度丧失劳动能力，40%重残。此外，我国脑中风病人的复发率与国际平均水平相比要高出近1倍。

根据流行病学调查、科学试验与临床观察，影响心血管疾病的危险因素主要是高脂肪膳食、吸烟、肥胖、高胆固醇、高甘油三酯、高血压和糖尿病等。虽然这些疾病与家族、遗传因素有关，也受行为是否健康、环境因素与社会因素等精神刺激的影响，但高脂血症仍是被视为引发心血管病的主要危险因素。因此研究降低血脂的功能性食品有十分重要的经济和社会价值。

一、血 脂 分 类

血脂是血浆中的中性脂肪和类脂的总称，广泛存在于人体中。它们是生命细胞的基础代谢必需物质。外源性和内源性脂类物质都需进入血液运转于各组织之间。因此，血脂含量可以反映体内脂类代谢的情况。血脂主要分为5种，甘油三酯（TG）、胆固醇（TC）、胆固醇酯（cholesterol ester）、磷脂（phospholipid）以及游离脂肪酸（free fatty acid）。血脂的含量受年龄、性别、饮食成分、脂质代谢功能、遗传因素、精神活动和疾病等诸多因素的影响而处于动态平衡。通常情况下，血脂由动脉内膜渗入动脉壁，再由动脉外膜的淋巴管排出，不会沉积在动脉壁上。但是，当脂肪代谢出现异常，血脂浓度升高，尤其是血浆胆固醇和甘油三酯水平的升高，将导致脂质在血管壁沉积，这一现象与动脉粥样硬化的发生密切相关，因此临床血脂测定的项目包括总胆固醇、甘油三酯、胆固醇酯、低密度脂蛋白和高密度脂蛋白等。

（一）甘油三酯

甘油三酯（triglyceride，TG）（图4-1）是三分子长链脂肪酸和甘油形成的脂肪分子。甘油三酯是被储藏起来的热量源。如同其名称一样，甘油三酯是人体的脂肪成分，如果以猪肉或牛肉为例，那么甘油三酯就是白色的肥肉部位。皮下脂肪就是由甘油三酯所蓄积而成。甘油三酯是由三分子脂肪酸与一分子甘油结合而成的，一般情况下会成为脂肪酸的储藏库，根据身体所需会被分解，被分解后的脂肪酸会被作为我们生命活动的热量源而加以利用。从甘油三酯中脱离的脂肪酸便是游离脂肪酸，是一种能够迅速用于生命活动的高效热量源。

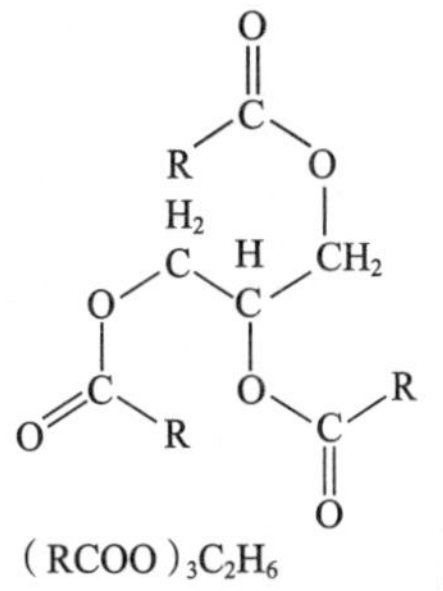

$(RCOO)_3C_2H_6$

图4-1　甘油三酯结构示意图

（二）胆固醇

胆固醇（cholesterol）又称胆甾醇，是一种环戊烷多氢菲的衍生物。早在18世纪人们已从胆石中发现了胆固醇，1816年化学家本歇尔将这种具脂类性质的物质命名为胆固醇。胆固醇广泛存在于动物体内，尤以脑及神经组织中最为丰富，在肾、脾、皮肤、肝和胆汁中含量也高。其溶解性与脂肪类似，不溶于水，易溶于乙醚、氯仿等溶剂。胆固醇是动物组织细胞所不可缺少的重要物质，它不仅参与形成细胞膜，而且是合成胆汁酸、维生素D以及甾体激素的原料。

（三）脂蛋白

脂蛋白（lipoproteins）是脂质与蛋白质结合形成的脂质-蛋白质复合物。它是血脂在血液中存在、转运及代谢的形式，检查脂蛋白不仅可以了解血脂的质与量，也能对其生物功能进行分析。人体脂蛋白分为四类，即高密度脂蛋白（HDL）、低密度脂蛋白（LDL）、极低密度脂蛋白（VLDL）、乳糜微粒（CM）。血浆脂蛋白性质详见表4-1。

表4-1　血浆脂蛋白性质

种类	分子大小（A）	上浮率（Sf值）	密度/（g/cm^3）	电泳位置
HDL	50×300	0	1.063~1.210	α1
LDL	200~250	0~20	1.006~1.063	β
VLDL	250~800	20~400	0.960~1.006	前-β
CM	800~5000	>400	<0.960	原点

二、脂 质 代 谢

（一）脂肪分解代谢

一般正常人每人每日从食物中消化的脂类，其中甘油三酯占到90%以上，除此以外还有少量的磷脂、胆固醇及其酯和一些游离脂肪酸。脂类的消化及吸收主要在小肠中进行，首先由胆汁中的胆汁酸盐使脂类乳化，提高溶解度并增加酶与脂类的接触面积，以利于脂类的消化及吸收。在形成的水油界面上，胰脂肪酶类（如胰脂肪酶、辅脂酶、胆固醇酯酶、磷脂酶 A_2）对脂类进行催化消化，生成甘油一酯、脂肪酸、胆固醇及溶血磷脂等，并与胆汁乳化成混合微团被肠黏膜细胞吸收。再经脂酰 CoA 合成酶、转酰基酶的作用将甘油一酯、溶血磷脂和胆固醇酯化生成相应的甘油三酯、磷脂和胆固醇酯。三种产物与细胞内合成的载脂蛋白（apolipprotein）构成乳糜微粒（chylomicrons），通过淋巴最终进入血液，被其他细胞所利用。其脂肪代谢过程见图 4－2。

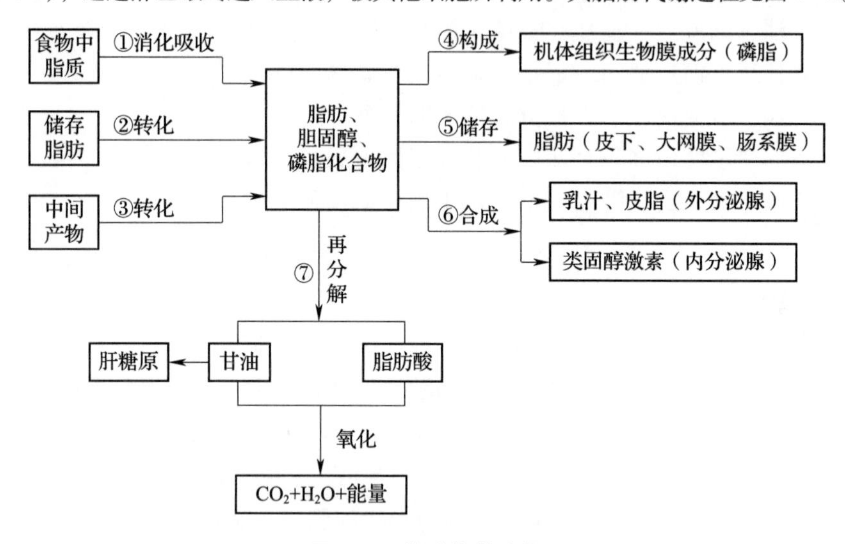

图 4－2　脂肪代谢过程

1. 甘油三酯分解代谢

甘油三酯是人体内含量最多的脂类，大部分组织均可以利用甘油三酯分解产物供给能量，同时肝脏、脂肪等组织还可以进行甘油三酯的合成，在脂肪组织中储存。脂肪组织中的甘油三酯在一系列脂肪酶的作用下，分解生成甘油和脂肪酸，并释放入血供其他组织利用的过程，称为脂动员。脂动员生成的脂肪酸可释放入血，与清蛋白结合形成脂肪酸－清蛋白运输至其他组织被利用。但是，脑及神经组织和红细胞等不能利用脂肪酸，甘油被运输到肝脏，被甘油激酶催化生成3－磷酸甘油，进入糖酵解途径分解或用于糖异生。脂肪和肌肉组织中缺乏甘油激酶而不能利用甘油。

2. 胆固醇分解代谢

胆固醇的母核——环戊烷多氢菲在体内不能被降解，但它的侧链可被氧化，还原或降解转变为其他具有环戊烷多氢菲的母核的生理活性化合物，参与调节代谢，或排出体外。

（1）转变为胆汁酸　胆固醇在肝中转化成胆汁酸（bile acid）是胆固醇在体内代谢的主要去路。正常人每天合成 1～1.5g 胆固醇，其中2/5（0.4～0.6g）在肝转变成为胆汁酸，随胆汁排入肠道。

（2）转化为类固醇激素 胆固醇是肾上腺皮质、睾丸、卵巢等内分泌腺合成及分泌类固醇激素的原料。肾上腺皮质细胞中储存大量胆固醇酯，其含量可达2% ~5%，90%来自血液，10%自身合成。肾上腺皮质球状带、束状带及网状带细胞可以以胆固醇为原料分别合成睾丸酮、皮质醇及雄激素。睾丸间质细胞合成睾丸酮，卵巢的卵泡内膜细胞及黄体可合成及分泌雌二醇及孕酮，三者均是以胆固醇为原料合成的。

（3）转化为7-脱氢胆固醇 在皮肤，胆固醇可被氧化为7-脱氢胆固醇，后者经紫外光照射转变为维生素D_3。

（二）脂肪的合成代谢

生物体内脂肪合成所需的原料主要来自糖代谢的中间产物，通过这些物质首先分别合成甘油和脂肪酸，再合成脂肪。

1. 脂肪酸的生物合成

生物体内脂肪酸的合成不是β-氧化的逆过程，所需原料是乙酰CoA、ATP、生物素、$NADPH_2$、脂肪酸合成酶系等。乙酰CoA是主要原料，其来源主要有两条：一条来自丙酮酸的脱羧；另一条来自食物中脂肪酸的β-氧化。其合成途径见图4-3。

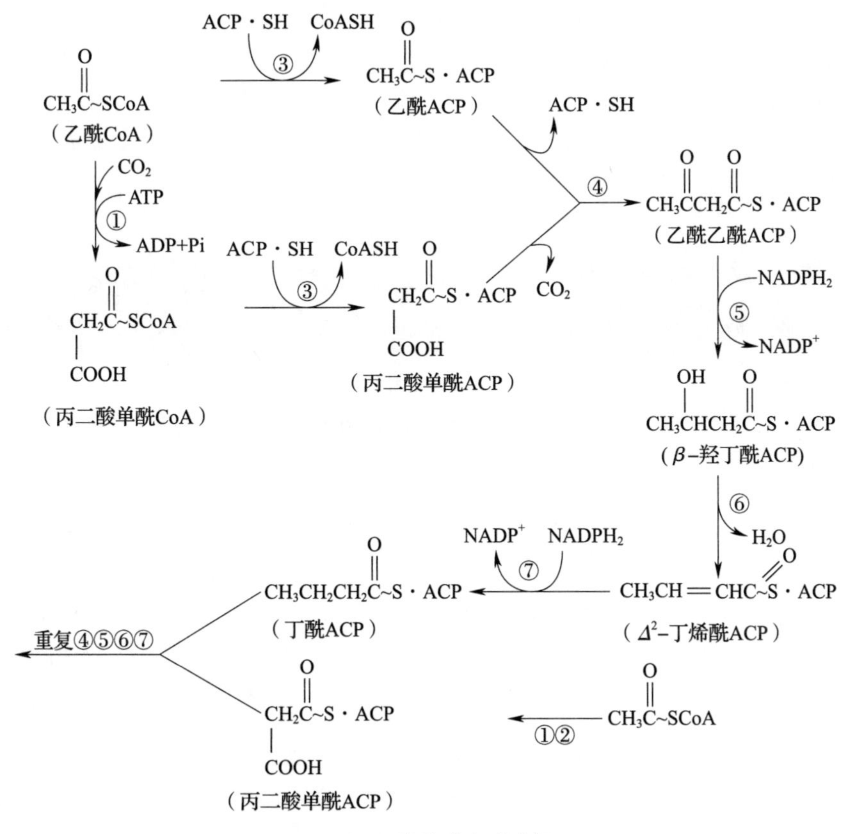

图4-3 脂肪酸合成途径

①—脂酰CoA羧化酶 ②—丙二酸单酰CoA转移酶 ③—乙酰转移酶 ④—缩合酶 ⑤—β-酮脂酰ACP还原酶 ⑥—β-羟脂酰ACP脱水酶 ⑦—烯脂酰ACP还原酶

2. 胆固醇的合成

人体内胆固醇来源有两个方面：一是由食物摄入，称为外源性胆固醇。正常人每天膳食中约含胆固醇300～500mg，主要来自动物性食品，如肝、脑、肉类以及蛋黄、奶油等。二是体内合成，称为内源性胆固醇。人体内胆固醇水平的升高主要原因是内源性的，所以注意热能摄入的平衡比注意胆固醇的摄入量更为重要。

（1）胆固醇的合成场所　成人除脑组织及成熟红细胞外，几乎全身各组织均可合成胆固醇，每天合成胆固醇的总量为1g左右。肝是合成胆固醇的主要器官。胆固醇合成酶系存在于胞液及内质网膜上，因此，胆固醇的合成主要在胞液及内质网中进行。

（2）胆固醇的合成原料　乙酰CoA是合成胆固醇的原料。用^{14}C及^{13}C标记乙酸的甲基碳及羧基碳，与肝切片在体外温育证明，乙酸分子中的2个碳原子均参与构成胆固醇，是合成胆固醇的唯一碳源。

三、高脂血症

（一）高脂血症定义

由于脂肪代谢或转运异常使血浆中的一种或多种脂质高于正常水平的疾病称为高脂血症。血浆中的脂类几乎都是与蛋白质结合运输的，即脂蛋白被看成是脂类在血液中运输的基本单位，因而高脂血症或高脂蛋白血症均能反映脂代谢紊乱的状况。

在正常情况下，人体脂质的合成与分解保持一个动态平衡，它在一定范围内波动。目前认为中国人血清中脂质与脂蛋白的正常值为血浆总胆固醇浓度<5.17mmol/L（200mg/dL），血浆甘油三酯浓度<2.3mmol/L（200mg/dL），低密度脂蛋白胆固醇浓度2.7～3.37mmol/L（105～120mg/dL）。血脂浓度划分界限见表4－2。

表4－2　血脂浓度划分界限

项目	划分水平	我国成人血脂异常防治指南（2007年）中划分标准	美国NCEP－ATP（2001年）中划分标准
TC	合适水平	<5.18mmol/L（200mg/dL）	≤5.17mmol/L（200mg/dL）
	临界范围	5.18～6.19mmol/L（200～239mg/dL）	5.20～6.1mmol/L（201～239mg/dL）
	升高	≥6.22mmol/L（240mg/dL）	≥6.21mmol/L（240mg/dL）
LDL－C	合适水平	<3.37mmol/L（130mg/dL）	≤2.59mmol/L（100mg/dL）
	接近合适水平	—	2.59～3.34mmol/L（100～130mg/dL）
	临界范围	3.37～4.12mmol/L（130～159mg/dL）	3.38～4.11mmol/L（131～159mg/dL）
	升高	≥4.14mmol/L（160mg/dL）	4.14～4.89mmol/L（160～189mg/dL）
	极高	—	≥4.92mmol/L（190mg/dL）
HDL－C	合适水平	≥1.04mmol/L（40mg/dL）	—
	减低	<1.04mmol/L（40mg/dL）	<1mmol/L（40mg/dL）
	升高	≥1.55mmol/L（60mg/dL）	≥1.56mmol/L（60mg/dL）
TG	合适水平	<1.70mmol/L（150mg/dL）	≤1.69mmol/L（150mg/dL）
	临界范围	1.70～2.25mmol/L（150～199mg/dL）	1.69～2.25mmol/L（150～199mg/dL）
	升高	≥2.26mmol/L（200mg/dL）	2.26～5.63mmol/L（200～499mg/dL）
	极高	—	≥5.64mmol/L（500mg/dL）

（二）引发高脂血症病因

1．原发性高脂血症

（1）遗传因素　遗传可通过多种机制引起高脂血症，某些可能发生在细胞水平上，主要表现为细胞表面脂蛋白受体缺陷以及细胞内某些酶的缺陷（如脂蛋白脂酶的缺陷或缺乏），也可发生在脂蛋白或载脂蛋白的分子上，多由于基因缺陷引起。

（2）饮食因素　饮食因素作用比较复杂，人类长期大量摄入高脂、高糖、高盐的食品，导致机体代谢失调，血脂升高。高脂蛋白血症患者住院中有相当大的比例是与饮食因素密切相关的。

（3）血液中缺乏负离子（负氧离子）　临床实验表明：血液中的正常红细胞、胶体质点等带负电荷，它们之间相互排斥，保持一定的距离，而病变老化的红细胞电子被争夺，带正电荷，由于正负相吸，则将红细胞凝聚成团，造成血液黏稠。

2．继发性高脂血症

继发性高脂血症是由于其他中间原发疾病所引起者，这些疾病包括糖尿病、肝病、甲状腺疾病、肾脏疾病、胰腺、肥胖症、糖原累积病、痛风、艾迪生病、库欣综合征、异常球蛋白血症等。

（1）糖尿病与高脂血症　糖尿病是一种代谢紊乱综合征，在人体内糖代谢与脂肪代谢之间有着密切的联系，临床研究发现，约40%的糖尿病患者可继发引起高脂血症。Ⅱ型糖尿病病人体内胰岛素水平较高，高胰岛素血症促进脂肪合成过多，导致内源性高脂血症。同时极低密度脂蛋白升高，因而使患者的低密度脂蛋白升高，促进血管粥样硬化。另外，由于过多的胰岛素使某些酶的活性增高，从而使动脉壁合成胆固醇增高，加重动脉硬化。而Ⅰ型糖尿病病人体内胰岛素缺乏，使脂蛋白酶活性降低致使甘油三酯和低密度脂蛋白消除受到障碍，引起高甘油三酯血症、高低密度脂蛋白血症。这样也可以引起动脉硬化，进而导致心、脑、肝、肾等重要器官的并发症。

（2）肝病与高脂血症　肝脏是内源性血脂和脂蛋白合成及代谢的主要器官，一旦肝脏有病变，则脂质和脂蛋白代谢也必将发生紊乱。相反，高脂血症也是非酒精性脂肪肝的高危因素。一方面可因血脂增高，造成肝细胞合成甘油三酯增加及在肝细胞内堆积，从而引起肝脂肪变；另一方面，肝病患者也可因肝脏脂质代谢障碍发生高脂血症。二者存在互为因果的恶性循环关系。

（3）肥胖症与高脂血症　肥胖人脂肪代谢一般具有代谢紊乱的特点，血浆游离脂肪酸升高，胆固醇、甘油三酯、总脂等血脂成分普遍增高。患肥胖病时，机体对游离脂肪酸的动员利用减少，血中的游离脂肪酸积累，血脂容量升高。碳水化合物引起的高甘油三酯血症的病人容易肥胖。当这类病人进食的碳水化合物较多或正常时，血浆的甘油三酯升高；而减少碳水化合物的摄入量，高脂血症就可好转甚至消失。同样，体重下降也能使这些病人的血浆甘油三酯下降至正常水平。血浆胆固醇和甘油三酯的升高与肥胖程度成正比。

（三）高脂血症种类

20世纪60年代末，世界卫生组织（WHO）认同了由Fredrickson提出的高脂血症的五型六类分类法（表4－3）：Ⅰ（高乳糜微粒血症），Ⅱa（高β脂蛋白血症），Ⅱb（高前β脂蛋白血症），Ⅲ（阔β带型），Ⅳ（高前β脂蛋白血症），Ⅴ（高乳糜微粒和前β脂蛋白血症）。我国的高脂血症基本上归属Ⅱ型与Ⅳ型两类，其他的极少见。

表4-3 高脂血症分类

分型	脂蛋白变化	血脂变化
Ⅰ（高乳糜微粒血症）	CM↑	TG↑，Chol 正常或稍↑
Ⅱa（高β脂蛋白血症）	LDL↑	Chol↑，TG 正常
Ⅱb（高前β脂蛋白血症）	LDL↑，VLDL↑	Chol↑，TG↑
Ⅲ（阔β带型）	VLDL↑	Chol↑，TG↑
Ⅳ（高前β脂蛋白血症）	VLDL↑↑	TG↑↑，Chol 正常或偏高
Ⅴ（高乳糜微粒和前β脂蛋白血症）	VLDL↑，CM↑	TG↑↑，Chol 正常或稍↑

注：CM—乳糜微粒，LDL—低密度脂蛋白，VLDL—极低密度脂蛋白，TG—甘油三酯，Chol—胆固醇；↑表示升高，↑↑表示升高明显。

在我国，由于饮食结构和生活习惯与西方国家有较大差异，血液中脂类含量升高主要表现在血清总胆固醇、甘油三酯和高密度脂蛋白-胆固醇上，因此我国高脂血症分类方法通常根据上述三种脂质在血液中的含量划分为以下四种类型：① 高胆固醇血症：血清总胆固醇含量增高，超过5.2mmol/L，而甘油三酯含量正常，即甘油三酯<1.70mmol/L；② 高甘油三酯血症：血清甘油三酯含量增高，超过1.70mmol/L，而总胆固醇含量正常，即总胆固醇<5.2mmol/L；③ 混合型高脂血症：血清总胆固醇和甘油三酯含量均增高，即总胆固醇超过5.2mmol/L，甘油三酯含量超过1.70mmol/L；④ 低高密度脂蛋白血症：血清高密度脂蛋白-胆固醇（HDL-C）含量降低，<0.91mmol/L。

（四）高脂血症危害与症状

1. 高脂血症危害

近几年来，随着生活习惯和饮食习惯的改变等诸多因素影响，高脂血症发病率呈明显增高趋势。据现代医学疾病监控的数据显示，全世界每天因高脂血症引发的心脑血管疾病死亡人数近4000人。我国每年因高脂血症引起的糖尿病、心肌梗死、脑梗死、中风、偏瘫、致残、致死人数呈逐年上升趋势。据统计，我国血脂异常患者已高达1.6亿。

高脂血症是一种现代文明病，是威胁人类健康的头号杀手之一。其主要危害是导致动脉粥样硬化，进而导致众多的相关疾病，其中最常见的一种致命性疾病就是冠心病。该病对身体的损害是隐匿、逐渐、进行性和全身性的。它的直接损害是加速全身动脉粥样硬化，因为全身的重要器官都要依靠动脉供血、供氧，一旦动脉被粥样斑块堵塞，就会导致严重后果。动脉硬化引起的肾功能衰竭等，都与高脂血症密切相关。大量研究资料表明，高脂血症是脑卒中、冠心病、心肌梗死、心脏猝死独立而重要的危险因素。

此外，高脂血症也是促进高血压、糖耐量异常、糖尿病的一个重要危险因素。高脂血症还可导致脂肪肝、肝硬化、胆石症、胰腺炎、眼底出血、失明、周围血管疾病、跛行、高尿酸血症。有些原发性和家族性高脂血症患者还可出现腱状、结节状、掌平面及眼眶周围黄色瘤、青年角膜弓等。因此，我们要重视高脂血的危害。

高脂血症是引起人类动脉粥样硬化性疾病的主要危险因素。常见的动脉粥样硬化性疾病有：冠心病（包括心肌梗死、心绞痛及猝死）、脑梗死以及周围血管血栓栓塞性疾病。这些心脑血管性疾病的发病率高，危害大，病情进展凶险，其死亡率占人类总死亡率的半数左右。

（1）导致肝部功能损伤　长期高脂血会导致脂肪肝，而肝动脉粥样硬化后受到损害、肝小叶损伤后，结构发生变化，而后导致肝硬化，损害肝功能。

（2）导致冠心病　当人体由于长期高脂血症形成动脉粥样硬化后，使冠状动脉内血流量变小、血管腔内变窄，心肌注血量减少，造成心肌缺血，导致心绞痛，形成冠心病。

（3）危害冠状动脉，形成粥样硬化　大量脂类物质蛋白，在血浆中沉积移动，降低血液流速，并通过氧化作用酸败后沉积在动脉血管内皮上，并长期黏附在血管壁上，损害动脉血管内皮，形成血管硬化。

（4）导致高血压　在人体内形成动脉粥样硬化以后，会导致心肌功能紊乱，血管紧张素转换酶大量激活，促使血管动脉痉挛，诱致肾上腺分泌升压素，导致血压升高。人体一旦形成高血压，会使血管经常处于痉挛状态，而脑血管在硬化后内皮受损，导致破裂，形成出血性脑中风，而脑血管在栓子式血栓形成状态下淤滞，导致脑血栓和脑栓塞。

2. 高脂血症症状

高脂血症随着程度的不同，其症状表现也不一，其表现可分为以下几种。

（1）轻度高脂血　通常没有症状和不良反应，往往被忽视。

（2）一般高脂血　症状多表现为头晕、神疲乏力、失眠健忘、肢体麻木、胸闷、心悸等，常伴随着体重超重与肥胖。

（3）重度高脂血　出现头晕目眩、头痛、胸闷、气短、心慌、胸痛、乏力、口角歪斜、不能说话、肢体麻木等症状，最终会导致冠心病、脑中风等严重疾病。

（4）长期高血脂　血脂在血管内皮沉积所引起的动脉粥样硬化，会引起冠心病和周围动脉疾病等，表现为心绞痛、心肌梗死、脑卒中等。少数长期高血脂还可出现角膜弓和脂血症眼底改变，主要是由于富含甘油三酯的大颗粒脂蛋白沉积在眼底小动脉上引起光折射所致，常表现为严重高甘油三酯血症，并伴有乳糜微粒血症。

第二节　辅助降血脂的保健食品的开发

辅助降血脂功能食品开发主要以传统中医药养生保健理论和现代医学理论为指导思想。在拟定配方时，应对整个产品组方的科学性、合理性和食用安全性等进行充分论证，而且在产品的安全性及有效性方面要有足够的科学依据。安全性、有效性、质量可控性是产品组方要考虑的首要因素。

一、影响血脂升高的因素

遗传因素、生活习惯和各类继发疾病是导致高脂血症发生的主要因素，其中，不良的生活习惯，尤其是饮食结构不合理，大量摄入高脂食物导致的高脂血症占发病总数的很大比例。有些人喜欢吃肥肉和动物内脏，有的喜欢用猪油或其他动物油炒菜吃。长此以往，引起肥胖或超重的同时血脂升高也是必然结果。不同饮食成分在调节脂蛋白代谢方面起着重要的作用。

（一）脂肪酸

食物中脂肪酸分为四类：饱和脂肪酸、单不饱和脂肪酸（主要是油酸）、多不饱和脂肪酸（主要是亚麻酸）和反式脂肪酸。

相对于同等能量的碳水化合物而言，饱和脂肪酸的混合物将增加 LDL-C 浓度。而多不饱和脂肪酸能降低 LDL-C 浓度，但估计降低的程度较小。油酸的效果介于碳水化合物和多不饱和脂肪酸之间。研究表明，所有的脂肪酸都增加 HDL-C 浓度，但这种作用似乎随着脂肪酸的不饱和度增加而减弱。

虽然亚麻酸是饮食中最丰富的多不饱和脂肪酸，但饮食中少部分多不饱和脂肪酸为 α-亚麻酸、长链脂肪酸（即二十碳五烯酸和来自于鱼油的二十二碳六烯酸）。α-亚麻酸和亚麻酸对于血浆脂蛋白的影响效果相似。鱼油具有降低甘油三酯血症的效果，但对正常血脂的受验者其 LDL 和 HDL 水平均不会受到影响。

饮食中甘油三酯的结构也能影响血清脂水平。每种天然的甘油三酯其三种脂肪酸在甘油分子上有其独特的分布形式。然而有时可以改变饮食甘油三酯的脂肪酸排列方式以生产出具有受食品生产者和消费者欢迎的某些特性的脂肪。因为人体中的脂肪酶优先水解甘油三酯 1、3 位上的脂肪酸，所以改变脂肪酸的位置分布可能对血清脂蛋白浓度产生影响。然而，不同研究结果表明，硬脂酸或棕榈酸在甘油分子上的位置并不仅是血清脂蛋白分布的决定因素。花生油的随机化可降低其对胆固醇诱导的动脉粥样硬化的促进作用。

（二）脂肪替代物

脂肪替代物（oil and fat substitute）是脂肪酸的酯化衍生物，由于其本身是油脂，因此具有与日常食用油脂类似的物理性质。当受验人摄入含非吸收性脂肪替代物的饮食时，胆固醇的吸收减少，所以这些化合物会降低血清 LDL-C 的浓度。当由于这些脂肪替代物的存在使脂肪摄取量减少时，HDL-C 浓度也会降低。

1. 脂肪替代物的分类

根据其组成可分为以下三类。

（1）脂肪替代品　脂肪替代品是指化学合成的、以脂肪酸为基础、理化性质与脂肪类似的酯化产品，几乎不提供热量。脂肪替代品具有脂肪感官性状，能保留食品风味和质构性状，可用于煎炸、焙烤食品等。这类产品主有以下几种：蔗糖聚酯、长链或短链的三酰甘油酯、多元糖醇脂肪酸酯等。

（2）脂肪模拟物　脂肪模拟物是指在食品中可模拟脂肪口感、黏度和组织状态等物理特性，但不能等量代替脂肪的一类物质。优质模拟物可在食用安全性方面优于脂肪替代品，但在高温下易变性或焦化，因而不能用于经高温处理的食品，也不能溶解脂溶性风味物质和维生素等，产品包括基于碳水化合物和基于蛋白质的模拟物。如纤维素型、半纤维素型、葡聚糖型、菊粉等。

2. 脂肪替代物的生理功效

（1）人体传统摄入的脂肪中含有很多胆固醇，长期大量摄入胆固醇，会使血清中的胆固醇含量升高，增加患心血管疾病的风险。而脂肪替代物中不含胆固醇，有助于胆固醇的平衡。

（2）淀粉基质脂肪替代物的热值只有脂肪的 40% 左右，使用时还要加入几倍水，如加入 3 倍水，其热值还不到原脂肪热值的 1/7。

（3）脂肪替代物不像脂肪酸酯那样具有因摄入过多而引起腹泻和腹部绞痛等副作用，不会影响机体吸收某些脂溶性的维生素和营养素，也不会使某些人群产生过敏反应。

（4）有的传统食品中脂肪含量很高，这固然能改善食品的口感、风味、质地等，但是，高脂肪的摄入将带来一系列病症，如脑血栓、高血压、冠心病、肥胖症、高胆固醇、癌症等。而脂肪替代物将改善传统食品的能量结构，从而降低人体对脂肪的摄入，也就大大改善了人的健康状况。

（三）大豆蛋白制剂

Anderson 等于 1995 年出版了有关大豆蛋白对人血清脂浓度影响的综合分析结果。据估计，日摄入 27g 大豆蛋白将会降低血清总胆固醇浓度 0.60mmol/L，主要是 LDL－C 减少 0.56mmol/L，而胆固醇水平高于 8.7mmol/L 的受验者下降约 20%（1.85mmol/L）。甘油三酯水平降低 0.15mmol/L，而 HDL－C 水平没有显著变化。大豆分离蛋白和大豆组织蛋白效果没有差别。

1998 年 11 月，美国食品与药物管理局（FDA）在大量科学数据的支持下，初步批准含有大豆蛋白的食品产品标签上可作如下声明："每日摄食 25g 大豆蛋白和低胆固醇、低饱和脂肪酸的膳食，可降低心血管疾病的风险"。这意味着大豆蛋白的降胆固醇效果已得到一些官方的确认（也包括日本厚生省）。

（四）单糖和双糖

Black 和 Saris 于 1995 年研究得出这样的结论：在正常血脂、高甘油三酯血症或糖尿病受验者进行的大多数研究中，当摄取西方饮食量时，单糖和双糖对血清脂蛋白分布的影响与淀粉的影响相似。

（五）抑制性淀粉

抑制性淀粉在小肠中不能被降解（至少不能完全降解），而在大肠中它由某种细菌作用而代谢掉。虽然研究表明，代谢产物可促进胆固醇代谢，但生淀粉和老化淀粉似乎都不能对血清脂蛋白分布产生有益的影响。

（六）乙醇

适度摄入酒精与冠心病危险性成负相关。这可以部分地解释为何酒精能提高 HDL－C 水平，这种联系似乎不是由于具体的酒精饮料而是由于酒精本身。饮酒过量，极易造成热能过剩而导致肥胖，同时酒精在体内可转变为乙酸，乙酸使得游离脂肪酸的氧化减慢，脂肪酸在肝内合成为甘油三酯，并且极低密度脂蛋白的分泌也增多。因此，长期大量饮酒，就会出现严重的高脂血症。

（七）胆固醇饮食

1965 年，Keys 等所做的研究表明，血清总胆固醇浓度是胆固醇摄入量平方根的函数。Hopkins 于 1992 年也提出了饮食胆固醇摄入量和血清总胆固醇浓度之间的非线性关系，但 Hegsted 等认为血清总胆固醇浓度与饮食胆固醇绝对摄入量呈线性关系。无论饮食胆固醇和血清胆固醇浓度之间呈现什么关系，降低饮食胆固醇摄入量都会降低血清总胆固醇的浓度。而当饱和脂肪摄入量低时，这种作用会减弱。这种作用中 75%～85% 是源于 LDL－C 增加，15%～25% 是源于 HDL－C 增加。

（八）膳食纤维

膳食纤维是指不易被人体消化吸收的"非营养"碳水化合物类物质，主要来自于植物的细胞壁，包含纤维素、半纤维素、树脂、果胶及木质素等，很多人类和动物的试验都已证明可溶于水中的水溶性膳食纤维具有降低胆固醇的效果。食物中膳食纤维降低胆固醇可能的机制归纳如下：① 对肠道中胆固醇的吸收和代谢的影响。膳食纤维中某些成分（如胶）可结合胆固醇，会在肠道中形成凝胶，减少胆固醇微粒形成，而其含有的木质素也会和胆汁酸相结合，减少胆汁乳化作用，干扰肠道中脂质的吸收，减少并减缓其被吸收形成乳糜微粒的作用，使得进入体内的脂质减少，降低体内胆固醇值，进而影响极低密度脂蛋白胆固醇、低密度脂蛋白胆固醇水平。② 增加胆酸排泄而改变肝脏中胆固醇的代谢。膳食纤维和胆酸结合，减少胆汁酸经由肠肝循环回到肝脏中并排出体外，因而减少了肝脏中胆汁酸液，增加体内肝脏中胆固醇的代谢，使肝脏合成胆酸速率增加，降低了肝脏胆固醇浓度，此外胆酸排泄的增加也会使肠道胆固醇被乳化吸收的量减少，于是也就减少了体内胆固醇含量。

（九）植物固醇

植物固醇是指植物脂肪中所含的与胆固醇结构十分相似的一些固醇类物质。动物固醇与植物固醇两者构造类似，因此可形成竞争。但植物固醇不易被人体吸收，因而可抑制胆固醇在肠道中的吸收，使低密度脂蛋白含量随之下降。

大豆和粗粮都是植物固醇的主要来源。天然食物中较低剂量的植物固醇即具有降低血浆胆固醇的作用，在特定人群的膳食中每日补充 2g 植物固醇酯或甾烷醇酯可使血浆低密度脂蛋白胆固醇降低 10%，但继续增加摄入量对于进一步降低胆固醇的作用很小。由于植物固醇具有降低血浆总胆固醇和低密度脂蛋白胆固醇的作用，而被广泛地添加到功能性食品中。

（十）酚类化合物类

酚类化合物是芳烃的含羟基衍生物，大部分是植物生命活动的产物，很多研究指出酚类能影响血脂的变化。在动物试验研究中，以大白鼠为试验对象，发现芸香苷能降低血浆和肝中的胆固醇、甘油三酯和氧化物质。Vinson 等以含有丰富酚类化合物（如儿茶酚）的绿茶为试验材料，发现绿茶可以降低仓鼠血中的胆固醇、甘油三酯并减少血浆中的氧化物质。另外，对香草醛和香豆酸都有试验的研究结果，指出其具有调节血脂的功效。最近，Mesili 等发现，柑橘通过其酚类物质具有清除自由基和降胆固醇的功能，能显著降低大鼠血清胆固醇、甘油三酯、低密度脂蛋白的水平，并增加高密度脂蛋白的水平。

生育酚和生育三烯酚是具有维生素 E 活性的化合物。生育酚存在于大多数熟菜油中，而且在饮食中比生育三烯酚更普遍，后者在棕榈油和米糠油中浓度相对高些。

（十一）蛋白质和多肽类

目前，国内外对蛋白质降血脂的研究主要集中在大豆蛋白质上。从流行病学调查和营养干预的大量数据以及在人类和动物的试验数据来看，大豆蛋白质能降低血清总低密度脂蛋白胆固醇和甘油三酯以及肝胆固醇和甘油三酯水平，并且大豆蛋白质对糖尿病、肥胖和某些形式的慢性肾脏疾病具有有益的作用，降低了心血管疾病的发生率。有学者指出大豆蛋白质能降低血中脂质的原因可能是因为含有特殊的氨基酸组成。如认为食物甲硫氨酸和甲硫氨酸与甘氨酸的比率是最好的降低胆固醇的因素，而大豆蛋白质因其低甲硫氨酸含量而起降低胆固醇作用；另有学者指出可能是大豆蛋白质中类黄酮的影响。Lapre 等指出与大豆蛋白质比较，动物性蛋白质来源（如乳清蛋白、酪蛋白、鱼肉、卵蛋白、蛋黄、牛肉、鸡肉和猪肉等）相对植物性蛋白质（如豌豆、油菜籽、小麦及大豆分离蛋白质）均会增加肝脏胆固醇含量，并减少胆酸的排泄。

随着研究的深入，更多的蛋白质或多肽被发现有降血脂的作用。Manson 等发现长期食用胃蛋白酶消化的蛋清对自发性高血压大鼠在抗氧化的防御方面发挥了重要作用，并降低甘油三酯和总胆固醇水平，但没有改变高密度脂蛋白的水平。日本 Hankyu - kyoei Bussan 公司从猪的血清蛋白酶水解液中，分离出具有降低血脂肪功能的寡肽 Val - Val - Tyr - Pro（VVYP），并证实 VVYP 肽能抑制肠道中脂肪的吸收，同时增强肝脏中甘油三酯脂解酶的活性，以排泄体内原有过多的脂肪，其产品现在国外已经实现产业化。

（十二）大蒜

两项的综合分析发现，在血浆胆固醇浓度增高的受验者中，每天食用数量相当于半个至一个鳞茎的大蒜制剂，可以降低血清总胆固醇和 LDL - C 浓度的 10%。然而有人注意到，许多研究都有方法上的缺陷，这一点在最近的两项研究中得以解释。然而，尽管使用同样的大蒜粉、用同样的数量，但这两项研究的结果还是相互矛盾的。这样，虽然有证据表明大蒜可以降低 LDL - C 浓度，但仍有一些问题有待于解决。而且，应该强调的是，降低胆固醇的作用可能仅局限于大蒜的某些成分。在得出任何可靠结论之前，每种物质或制剂都应该在好的对照研究中，在一种以上情形下进行适当的评价。

（十三）其他成分

尽管以前得到了颇有希望的结论，但最近的对照研究表明；发酵乳制品和菊粉对禁食血清脂蛋白状况很可能不会产生有益影响。而且还没有证实低聚果糖在人体内具有某些人认为的降脂效果。

二、营养防治原则

营养防治的原则是在平衡膳食的基础上控制总能量和总脂肪，限制膳食饱和脂肪酸和胆固醇，保证充足的膳食纤维和多重维生素，补充适量的矿物质和抗氧化营养素。

（一）控制总能量摄入，保持理想体重

能量摄入过多是肥胖的主要原因，而肥胖又是高脂血的重要危险因素，故应该控制总能量的摄入，并适当增加运动，保持理想体重。

（二）限制脂肪和胆固醇的摄入

限制饱和脂肪酸和胆固醇的摄入，膳食中脂肪摄入量以占总热能的 20% ~25% 为宜，饱和脂肪酸摄入量应少于总热能的 10%，适当增加单不饱和脂肪酸和多不饱和脂肪酸的摄入。鱼类主要含 $n-3$ 系列的多不饱和脂肪酸，对心血管有保护作用，可适当多吃。少吃含胆固醇高的食物，如猪脑和动物内脏等。胆固醇摄入量 <300mg/d。高胆固醇血症患者应进一步降低饱和脂肪酸的摄入量，并使其低于总热能的 7%，胆固醇 <200mg/d。常见食物胆固醇含量举例见表 4 -4。

表 4 -4　　常见食物胆固醇含量（每 100g 食物中含量）

<100mg	100 ~150mg	>150mg
蒜肠、火腿肠、瘦牛肉、瘦羊肉、兔肉、牛乳、酸乳、脱脂乳粉、羊乳、鸭、黄鱼、带鱼、鱿鱼、鲳鱼、马哈鱼、青鱼、草鱼、黑鲢鱼、鲤鱼、鲫鱼、甲鱼、白虾、海蜇、海参、鸭油	肥猪肉、猪舌、广式腊肠、牛舌、牛心、牛肚、牛大肠、羊舌、羊心、羊肚、羊大肠、全脂乳粉、鸡、鸡血、鸽肉、梭鱼、白鲢、鳝鱼、对虾、羊油、鸡油	猪脑、猪心、猪肝、猪肺、猪肾、猪肚、猪大肠、猪肉松、肥牛肉、牛脑、牛肝、牛肺、牛肾、牛肉松、羊脑、羊肝、羊肺、羊肾、鸡肝、鱼子、虾皮、蟹黄、蚶肉、黄油、鸭肝、鸡蛋粉、蛋黄、松花蛋、鹌鹑蛋、凤尾鱼、鱼肉松

（三）提高植物性蛋白的摄入，少吃甜食

蛋白质摄入应占总能量的15%，植物蛋白中的大豆蛋白有很好的降低血脂的作用，所以应提高大豆及大豆制品的摄入。碳水化合物应占总热量的60%左右，要限制单糖和双糖的摄入，少吃甜食和含糖饮料。

（四）保证充足的膳食纤维摄入

膳食纤维能明显降低血胆固醇，因此应多摄入含膳食纤维高的食物，如燕麦、玉米、蔬菜等。常见膳食纤维含量较高的食物见表4－5。

表4－5　常见膳食纤维含量较高的食物　单位：（g/100g）

食物	膳食纤维	食物	膳食纤维
大米	0.4	绿豆	6.4
小米	1.6	豌豆	6.0
燕麦片	5.3	扁豆	2.1
玉米面	5.6	荷兰豆	1.4
豆腐	0.4	黄豆芽	1.4
黄豆	15.5	豇豆	2.3
柿子椒	1.4	菜花	1.2
番茄	0.5	韭菜	1.4
茄子	1.3	芹菜（茎）	1.2
冬菇（干）	32.3	生菜	0.7
金针菇	2.7	蒜薹	1.8
鲜蘑	2.1	莴笋	0.6
黑木耳（干）	29.9	苋菜	2.2
紫菜	21.6	小白菜	1.1
核桃	9.5	雪里蕻	1.6
花生仁（生）	5.5	油菜	1.1
栗子（鲜）	1.7	圆白菜	1.0
葡萄干	2.9	冬瓜	0.7
桃	1.3	黄瓜	0.5
荔枝	0.5	南瓜	0.8
杧果	1.3	丝瓜	0.6
柠檬	1.3	苦瓜	1.4
苹果	1.2	西葫芦	0.6
葡萄	0.4	西瓜	0.2
胡萝卜（红）	1.1	菠萝	1.3
白萝卜	1.0	草莓	1.1
玉兰片	11.3	橙子	0.6
竹笋	1.8	山楂	3.1
大白菜	0.6	金橘	1.4

（五）供给充足的维生素和矿物质

维生素 E 和很多水溶性维生素以及微量元素具有改善心血管功能的作用，特别是维生素 E 和维生素 C 具有抗氧化作用，应多食用新鲜蔬菜和水果。

（六）适当多吃保护性食品

植物化学物具有促进心血管健康的作用，鼓励多吃富含植物化学物的植物性食物，如洋葱、香菇等。

三、具有辅助降血脂功能的物质

（一）小麦胚芽油

1. 主要成分

基本组成：棕榈酸 11% ~19%，硬脂酸 1% ~6%，油酸 8% ~30%，亚油酸 44% ~65%，亚麻酸 4% ~10%，天然维生素 E 2500mg/kg，磷脂 0.8% ~2.0%。

2. 生理功能

小麦胚芽油富含天然维生素 E，包括 α - 生育酚、β - 生育酚、γ - 生育酚、δ - 生育酚和 α - 生育三烯酚、β - 生育三烯酚、γ - 生育三烯酚、δ - 生育三烯酚，均属 *D* 构型。天然维生素 E 无论在生理活性上还是在安全性上，均优于合成维生素 E（合成的只 *DL* - α - 生育酚一种），7mg 小麦胚芽油的维生素 E 其效用相当于合成维生素 E 200mg。故天然维生素 E 在美国、日本等国家的售价高出合成品 30%~40%，并将合成维生素 E 主要用于动物饲料。

小麦胚芽油主要功能有降低胆固醇、调节血脂、预防心脑血管疾病等。在体内担负氧的补给和输送，防止体内不饱和脂肪酸的氧化，控制对身体有害过氧化脂质的产生；有助于血液循环及各种器官的运动。另具有抗衰老、健身、美容，预防不孕及消化道溃疡、便秘等作用。

（二）米糠油

1. 主要成分

脂肪酸组成：14∶0，0.6%；16∶0，21.5%；18∶0，2.9%；18∶1，38.4%；18∶2，34.4%；18∶3，2.2%。另含磷脂、糖脂、植物固醇、谷维素、天然维生素 E（91 ~ 100mg/100g）等。

2. 生理功能

米糠油富含不饱和脂肪酸、天然维生素 E 和谷维素，因此具有相应的生理功能；如降低血清胆固醇、预防动脉硬化、预防冠心病。曾试验 100 ~ 200 人，每人食用 60g/d，一周后血清胆固醇下降 18%，为所有油脂中下降最多的；由 70% 米糠油加 30% 红花油组成的混合油，下降达 26%。

（三）紫苏油

1. 主要成分

紫苏油为淡黄色油液，略有青菜味。碘值 175 ~ 194。含 α - 亚麻酸 51% ~63%，属 $n-3$ 系列，在自然界中主要存在于鱼油（动物界）和植物界的紫苏油、白苏油中。另含天然维生素 E 50 ~ 60mg/100g。

2. 生理功能

（1）调节血脂，能显著降低较高的血清甘油三酯，通过抑制肝内 HMC - CoA 还原酶的活性而得以抑制内源性胆固醇的合成，以降低胆固醇；并能有效增高高密度脂蛋白。

（2）能抑制血小板聚集能和血清素游离能，从而抑制血栓疾病（心肌梗死和脑血管栓塞）的发生。

（3）与其他植物油相比，可降低临界值血压（约10%），从而保护出血性脑中风（可使雄性脑中风的动物寿命延长17%，雌性延长15%）。

（4）由于降低了高血压的危害，对非病理模型普通大鼠的寿命比对照组可高出12%。

（四）葡萄籽油

1. 主要成分

含棕榈酸6.8%、花生酸0.77%、油酸15%、亚油酸76%、总不饱和脂肪酸约92%，另含维生素E 360mg/kg，β-胡萝卜素42.55mg/kg。在巴西可作为甜杏仁油的代替品，是很好的食用油。

2. 生理功能

葡萄籽油可预防肝脂和心脂沉积，抑制主动脉斑块的形成，清除沉积的血清胆固醇，降低低密度脂蛋白胆固醇，同时提高高密度脂蛋白胆固醇。能防治冠心病，延长凝血时间，减少血液还原黏度和血小板聚集率，防止血栓形成，扩张血管，促进人体前列腺素的合成。另有营养脑细胞、调节自主神经等作用。

（五）深海鱼油

1. 主要成分

深海鱼油指常年栖息于100m以下海域中的一些深海大型鱼类（如鲑鱼、三文鱼），也包括一些海兽（如海豹、海狗）等的油脂，其中主要的功能成分为EPA和DHA等多不饱和脂肪酸。

2. 生理功能

（1）调节血脂　其中DHA等多烯脂肪酸与血液中胆固醇结合后，能将高比例的胆固醇带走，以降低血清胆固醇。抑制血小板凝集，防止血栓形成。以预防心血管疾病及中风。

（2）提高免疫调节能力。

（六）玉米（胚芽）油

1. 主要成分

玉米（胚芽）油主要由各种脂肪酸酯所组成。含不饱和脂肪酸约86%，含亚油酸38%～65%、亚麻酸1.2%～1.5%、油酸25%～30%，不含胆固醇，富含维生素E（脱臭后约含0.08%）。

2. 生理功能

（1）调节血脂　所含大量的不饱和脂肪酸可促进粪便中类固醇和胆酸的排泄，从而阻止体内胆固醇的合成和吸收，以避免因胆固醇沉积于动脉内壁而导致动脉粥样硬化。曾饲以60g/d，一周后血清胆固醇下降16%，而食用大豆油、芝麻油者仅下降1%，食用猪油者上升18%。

（2）因富含维生素E，可抑制由体内多余自由基所引起的脂质过氧化作用，从而达到软化血管的作用。另对人体细胞分裂、延缓衰老有一定作用。

（七）大豆蛋白

1. 主要成分

大豆蛋白中90%以上为大豆球蛋白，其中主要为11S球蛋白（相对分子质量约35万）和

7S 球蛋白（相对分子质量约 17 万）。含有各种必需氨基酸。

由于大豆蛋白中同时存在大豆异黄酮，如蛋白质纯度很高的大豆分离蛋白，每 40g 约含大豆异黄酮 76mg。

2. 生理功能

大豆蛋白可调节血脂，降低胆固醇和甘油三酯。大豆蛋白能与肠内胆固醇类相结合，从而妨碍固醇类的再吸收，并促进肠内胆固醇排出体外。已知大豆蛋白与胆固醇之间有如下关系：

（1）对胆固醇含量正常的人，大豆没有促进胆固醇下降的作用（一定量的胆固醇是人体维持生命的必要物质）。

（2）对胆固醇含量偏高的人，有降低部分胆固醇的作用。

（3）对胆固醇含量正常的人，如食用含胆固醇量高的蛋、肉、乳类等食品过多时，大豆蛋白有抑制胆固醇含量上升的作用。

（八）银杏叶提取物

1. 主要成分

银杏叶提取物主要成分为银杏黄酮类、银杏（苦）内酯、白果内酯及含有害物质的银杏酸。

2. 生理功能

（1）降血脂　通过软化血管、消除血液中的脂肪，降低血清胆固醇。

（2）改善血液循环　能增加脑血流及改善微循环，这主要由于它所含的银杏内酯具有抗血小板激活因子（PAF）的作用，能降低血液黏稠度和防止红细胞聚集，从而改善血液的流变性。

（3）消除自由基保护神经细胞　有消除羟自由基、超氧阴离子自由基和一氧化氮，抑制脂质过氧化作用，其作用比维生素 E 更持久。

（九）山楂

1. 主要成分

山楂的主要成分为山楂黄酮类，包括金丝桃苷（hyperoside）、槲皮素（quercetin）、牡荆素（vitexin）、芦丁、表儿茶素等；另有绿原酸、熊果酸（ursolic acid）等。

2. 生理功能

（1）调节血脂作用　能显著降低血清总胆固醇（$P<0.001$），增加胆固醇的排泄。山楂核醇提取物可降低总胆固醇 33.7%～62.8%，低密度和极低密度脂蛋白胆固醇 34.4%～65.6%，减少胆固醇在动脉壁上的沉积。

（2）调节血压作用　山楂的乙醇提取液有较持久的降压作用。

（3）免疫调节作用　能明显提高家兔血清溶菌酶及血凝抗体滴度，提高 T 淋巴细胞 E 玫瑰花环形成率（$P<0.01$）、提高 T 淋巴细胞转化率。

（十）绞股蓝皂苷

1. 主要成分

属于绞股蓝总皂苷的共约有 80 余种，其中有一部分分别为人参皂苷 Rb1、人参皂苷 Rb3、人参皂苷 Rd，以及人参二醇、2α－羟基人参二醇、2α－19－二羟基－12－脱氧人参二醇等。

2. 生理功能

（1）调节血脂作用　用 3.6% 绞股蓝水提取液对 42 名高血脂者试食 1 个月，血清胆固醇和甘油三酯明显降低，而高密度脂蛋白胆固醇有所提高。曾用高脂饲料诱发大鼠患高脂血症，用绞股蓝总皂苷100mg/（kg·d）混入饲料中饲养7周后，血中总胆固醇平均由159mg/dL降至107.9mg/dL，甘油三酯由234.4mg/dL降至153.6mg/dL，差别有显著性（$P<0.05$），另一组用500mg/（kg·d）饲养7周，血脂水平全部恢复至正常水平。

（2）免疫调节作用　能增加幼鼠脾和肾上腺质量，提高腹腔巨噬细胞的吞噬能力，对环磷酰胺所致的粒细胞减少有升高作用。能使肺泡巨噬细胞的体积明显增大，吞噬消化能力显著增强。用以喂养90d的大鼠，其T淋巴细胞数显著增加。皮下注射可提高细胞白细胞介素－2（IL－2）的产生。对体液免疫功能方面，用300mg/kg给小鼠灌胃，能显著提高其血清免疫球蛋白IgG和IgM的含量。100～200μg/mL能促进NK细胞活性，用400mg/kg灌胃，可明显抑制NK细胞活性。

（十一）燕麦麦麸和燕麦β－葡聚糖

1．主要成分

燕麦（avena sativa）麦麸中含有一种β－（1－4）和部分（约1/3）β－（1－3）糖苷键连接的（含量5%～10%）β－葡聚糖，是燕麦麦麸中特有的水溶性膳食纤维，有明显降低血清胆固醇的作用。该β－葡聚糖是燕麦胚乳细胞壁的重要成分之一，是一种长链非淀粉的黏性多糖。

2．生理功能

（1）美国加利福尼亚大学药物学1988年3月报道，每天饲燕麦麸34g给实验动物共72d，1个月后，血清胆固醇平均下降5.3%。

（2）1988年美国西北大学药学部公共卫生学L. VanHorn等，对30～65岁的208名高血脂患者每天给以34～40g燕麦麸粉12周，胆固醇含量平均下降9.3%（低脂肪饮食者下降6.3%）。

（3）有人用含燕麦麦麸20%或燕麦纤维5%的饲料饲养高脂血症大鼠，发现二者均可显著降低血清中劣质血脂（TC、TG、LDL－C）及过氧化脂质水平，可提高优质血脂（HDL－C）水平。降脂的功能因子为燕麦纤维、亚油酸及皂苷等。

（十二）沙棘（籽）油

1．主要成分

亚油酸、γ－亚麻酸等多不饱和脂肪酸，维生素E、植物固醇、磷脂、黄酮等。基本组成：棕榈酸10.1%，硬脂酸1.7%，油酸21.1%，亚油酸40.3%，γ－亚麻酸25.8%。沙棘种子含油5%～9%，其中不饱和脂肪酸约占90%。

2．生理功能

（1）调节血脂功能　能明显降低外源性高脂大鼠血清总胆固醇，4周后下降68.63%。并使血清HDC和肝脏脂质有所提高（$P<0.005$）。

（2）调节免疫功能　能显著提高小鼠巨噬细胞的吞噬百分率和吞噬指数，增强巨噬细胞溶酶体酸性磷酸酶非特异性酯酶活性，有增强巨噬细胞功能作用。

四、辅助降血脂的常见食品

（一）洋葱

洋葱是目前所知唯一含有前列腺素A的植物。这种物质是一种较强的血管扩张剂，能舒张血管，降低血液黏稠度，增加冠状动脉血流量，还有降低和预防血栓形成的作用，并含有二烯丙基二硫化合物和部分氨基酸，具有降脂、降压，抗动脉粥样硬化和防心肌梗死的功能，其降脂作用比安妥明理想。此外，生洋葱还有广谱杀菌作用。

（二）大蒜

大蒜有特殊的降血脂和抗血小板聚集的作用，能提升对健康有益的高密度脂蛋白的含量，使冠心病发作的危险大为减少，因此，经常食用大蒜，对高血脂症和冠心病有良好的防治效果，并可预防中风的发作。每天早晨空腹吃糖醋（腌制）大蒜 1 ~ 2 球，并连带喝一些糖醋汁，连吃 10 ~ 15d，能使血压比较持久地下降。

（三）豆类

种类较多，如黄豆、黑豆、青豆、绿豆、豌豆、扁豆、蚕豆等，它们是人体蛋白质的良好来源，也是防治高血脂和冠心病的健康食品。它还可以替代主食，由于含糖量极低，尤其适合糖尿病人食用（如绿豆粥等）。

（四）海带

海带也是治病良药。它含有海带多糖，可降低血清胆固醇和甘油三酯的含量。海带还富含多种必需氨基酸、维生素 A、维生素 B、钙和大量的铁质，经常食用可预防夜盲症、干眼症、减少口腔溃疡的发作并可预防骨质疏松症和贫血。

（五）蕈类食物

蕈类食物主要有蘑菇、香菇、草菇、平菇等高等菌类食物，是一种高蛋白质、低脂肪、富含天然维生素的健康食品。蕈类食物具有独特的保健作用，特别是香菇，具有降胆固醇的作用，可防止脂质在动脉壁沉积，香菇素还有降压作用。高血压患者可将香菇煎水代茶喝。

（六）玉米

玉米含有大量的卵磷脂、亚油酸、维生素 E 等。所以常吃玉米羹不易发生高血压和动脉硬化。

（七）山楂

研究表明，山楂的许多成分具有强心、扩张血管、增强冠脉流量及持久的降压作用，有改善循环和促进胆固醇排泄而降低血脂的作用，其所含脂肪酶也能促进脂肪的消化。

（八）苹果

研究表明，老年冠心病患者每天吃 110g 以上的苹果，因冠心病死亡的危险性可因此降低 1/2，这主要是苹果中含有的类黄酮类物质在起作用。类黄酮是一种天然抗氧化剂，通过抑制低密度脂蛋白氧化，从而发挥抗动脉粥样硬化的作用。此外，类黄酮还能抑制血小板聚集，降低血液黏稠度，减少血栓形成，可以降血压，防止心脑血管疾病的发生，降低死亡率。

五、辅助降血脂的保健食品市场现状

高血脂是慢性病，没有任何外在的症状，直到血管堵塞 70% 以上的时候，患者才能感受到症状，一旦发病又会导致严重的心脑血管病，高血脂因此被称为“无声的杀手”。消费者难以感知，是降血脂产品开发市场的壁垒；而一旦在医院中检查出高血脂，更多人会在医生的推荐下选择药品，在这种情况下，保健品被选择的机会更少。降血脂保健品面临 OTC 产品、处方药的挤压，但应该看到，在南美洲、亚洲等与中国处于同等发展水平的市场上，非处方药的销量要占到药品零售总额的40%以上。从国外市场来看，能够调节血脂的健康食品也有着优异的表现，在美国市场上，调节血脂的健康食品和处方药的销量一样大。在未来的几年中，仍会有大量的保健品企业介入降血脂市场，从总体上看，降血脂市场将保持快速上升态势。原因是随着国家有关部门、媒体、民间组织、厂家等共同推动的健康教育，消费者健康意识提升，人们已经逐渐意识到了高血脂的危害。在新一轮开发降血脂产品的热潮中，对于有实力的厂家来说，可以采取总成本领先战略，将产品定位于低价格的常规保健品，类似鱼油类产品，用比较低的价格去吸引日常保健人群；另一类保健品，则将借鉴服务营销的精髓，从单纯的产品销售转到向消费者提供全面的健康服务上来。

依据国家食品药品监督管理局网站公布的保健食品信息资料，对国家已注册的辅助降血脂保健食品现状进行统计分析。截至2014年12月，国家已批准降血脂国产保健品450种，进口保健品12种；调节血脂国产保健品1016种，进口保健品121种。目前中国市场已有调节血脂/降血脂保健品共1599种，其中76.71%产品配方涉及中药材，60.77%产品配方规模在3~6种，银杏叶、山楂、维生素E等原料以及总黄酮、不饱和脂肪酸、总皂苷等调脂功能因子使用频率较高，7.48%产品完全由功能因子配伍，分别有59.85%和40.15%的产品申报1种和2种保健功能，73.57%的产品剂型为胶囊。中医药是我国辅助降血脂保健食品的优势与特色，但产品科技含量低，低水平重复严重。为更好推进辅助降血脂保健食品研发，应加大政府对保健食品研发的支持和成果保护力度，充分发挥我国传统中医药优势，强化功能因子研究，着力研发由降血脂功能因子配伍的第三代保健食品。

第三节　辅助降血脂的保健食品检验方法

一、试 验 项 目

受试样品作用机制可分为三种情况：辅助降低血脂功能，降低血清总胆固醇和血清甘油三酯；辅助降低血清胆固醇功能，单纯降低血清胆固醇；辅助降低血清甘油三酯功能，单纯降低血清甘油三酯。

观察指标：体重、血清总胆固醇、血清甘油三酯、血清高密度脂蛋白胆固醇、血清低密度脂蛋白胆固醇。

人体试食试验：血清总胆固醇、血清甘油三酯、血清高密度脂蛋白胆固醇、血清低密度脂蛋白胆固醇。

（一）动物试验

1. 原理

用含有胆固醇、蔗糖、猪油、胆酸钠的饲料喂养动物，形成脂代谢紊乱动物模型后给予实验动物受试样品，检测受试样品对高脂血症的影响。可判定受试样品对脂质的吸收、脂蛋白的形成、脂质的降解或排泄产生的影响。

2. 仪器及试剂

解剖器械，分光光度计，自动生化分析仪，胆固醇、胆酸钠、血清总胆固醇（TC）、甘油三酯（TG）、血清低密度脂蛋白胆固醇（LDL－C）、血清高密度脂蛋白胆固醇（HDL－C）测定试剂盒。

3. 动物选择及模型饲料

动物选择：健康成年雄性大鼠，适应期结束时，体重（200±20）g，推荐 Wistar 或 SD 大鼠，每组 8～12 只。

模型饲料：在维持饲料中添加 20.0% 蔗糖、15.0% 猪油、1.2% 胆固醇、0.2% 胆酸钠，适量的酪蛋白、磷酸氢钙、石粉等。除了粗脂肪外，模型饲料的其他质量指标均要达到维持饲料的国家标准。

4. 试剂组分及受试样品给予时间

实验设三个剂量组、空白对照组和模型对照组，以人体推荐量的 5 倍为其中的一个剂量组，另设两个剂量组，必要时设阳性对照组。受试样品给予时间为 30d，必要时可延长至 45d。

5. 实验步骤

适应期：于屏障系统下大鼠饲喂维持饲料观察 5～7d。

造模期：按体重随机分成两组，10 只大鼠给予维持饲料作为空白对照组，40 只给予模型饲料作为模型对照组。每周称量体重 1 次。

给样前测定：模型对照组给予模型饲料 1～2 周后，空白对照组和模型对照组大鼠不禁食采血（眼内眦或尾部），采血后尽快分离血清，测定血清 TC、TG、LDL－C 和 HDL－C 水平。根据 TC 水平将模型对照组随机分成 4 组，分组后空白对照组和模型对照组比较，TC、TG、LDL－C 和 HDL－C 均无显著性差异。

受试样品给予：分组后，三个剂量组每天经口给予受试样品，空白对照组和模型对照组同时给予同体积的相应溶剂，空白对照组继续给予维持饲料，模型对照组及三个剂量组继续给予模型饲料，并定期称量体重，于实验结束时不禁食采血，采血后尽快分离血清，测定血清 TC、TG、LDL－C 和 HDL－C 水平。

6. 观察指标

TC、TG、LDL－C 和 HDL－C。

7. 数据处理

一般采用方差分析，但需按方差分析的程序先进行方差齐性检验。若方差齐，则计算 F 值，当 $F<0.05$，$P\leq0.05$，用多个实验组和一个对照组间均数的两两比较方法进行统计；对非正态或方差不齐的数据进行适当的变量转换，待满足正态或方差齐要求后，用转换后的数据进行统计；若变量转换后仍未达到正态或方差齐的目的，改用秩和检验进行统计。

8. 结果判定

模型对照组和空白对照组比较，若血清甘油三酯升高，血清总胆固醇或血清低密度脂蛋白胆固醇升高，差异均有显著性，则判定模型成立。各剂量组与模型对照组比较，若任一剂量组血清总胆固醇或血清低密度脂蛋白胆固醇降低，且任一剂量组血清甘油三酯降低，差异均有显著性，同时各剂量组血清高密度脂蛋白胆固醇不显著低于模型对照组，则可判定该受试样品辅助降低血脂功能动物试验结果呈阳性。各剂量组和模型对照组比较，若任一剂量组血清总胆固醇或血清低密度脂蛋白胆固醇降低，差异均有显著性，同时各剂量组血清总胆固醇及低密度脂蛋白胆固醇不显著高于模型对照组，血清高密度脂蛋白胆固醇不显著低于模型对照组，则可判定该受试验品辅助降低甘油三酯功能动物试验结果呈阳性。

9. 注意事项

在建立动物模型中，可因动物品系、饲养管理而影响模型的建立。保证维持饲料喂养期间，模型组血中胆固醇水平比较稳定，甘油三酯水平会逐渐恢复正常水平，故模型饲料给予时间不能超过8周。

（二）人体试食试验

1. 受试者纳入标准

（1）在正常饮食情况下，检测禁食12～14h后的血脂水平，半年内至少检测血脂两次。若血清总胆固醇在5.18～6.21mmol/L，并且血清甘油三酯在1.70～2.25mmol/L，可作为辅助降低血脂功能备选对象；若血清甘油三酯在1.70～2.25mmol/L，并且血清总胆固醇≤6.21mmol/L，则可作为辅助降低甘油三酯功能备选对象；若血清总胆固醇在5.18～6.21mmol/L，并且血清甘油三酯≤2.25mmol/L，则可作为辅助降低胆固醇功能备选对象。在参考动物试验结果基础上，选择相应指标者为受试对象。

（2）原发性高脂血症病患者。

（3）获得知情同意书，自愿参加试验者。

2. 排除受试者标准

年龄在18岁以下或65岁以上者；妊娠期或哺乳期妇女；过敏体质或对本受试样品过敏者；合并有心、肝、肾和造血系统等严重疾病；精神病患者；近两周曾服用调脂药物，影响到对结果的判断者；住院的高脂血症患者；未按规定食用受试样品，或资料不全、影响功效或安全性判断者。

二、试验原则

动物试验和人体试食试验所列指标均为必测项目。

根据受试样品的作用机制，可在动物试验的两个动物模型中任选一项。

根据受试样品的作用机制，可在人体试食试验的三个方案中任选一项。

在进行人体试食试验时，应对受试样品的食用安全作进一步的观察。

三、结果判定

（一）动物试验

1. 混合型高脂血症动物模型

模型对照组和空白对照组比较，若血清甘油三酯升高，血清总胆固醇或低密度脂蛋白胆固醇升高，差异均有显著性，则判定模型成立。

2. 辅助降低血脂功能结果判定

各剂量组合模型对照组比较，若任一剂量组血清总胆固醇或低密度脂蛋白胆固醇降低，且任一剂量组血清甘油三酯降低，差异均有显著性，同时各剂量组血清高密度脂蛋白胆固醇不显著低于模型对照组，则可判定该受试样品辅助降低血脂功能动物试验结果呈阳性。

3. 辅助降低血清胆固醇功能结果判定

各剂量组与模型对照组比较，若任一剂量组血清总胆固醇或低密度脂蛋白胆固醇降低，差异均有显著性，同时各剂量组血清甘油三酯不显著高于模型对照组，各剂量组血清高密度脂蛋白胆固醇不显著低于模型对照组，则可判定该受试样品辅助降低血清胆固醇功能动物试验结果呈阳性。

4. 辅助降低甘油三酯功能结果判定

各剂量组和模型对照组比较，若血清总胆固醇（TC）或低密度脂蛋白胆固醇（LDL－C）升高，血清甘油三酯（TG）差异无显著性，则判定模型成立。各剂量组和模型对照组比较，若任一剂量组血清总胆固醇或低密度脂蛋白胆固醇降低，差异有显著性，并且各剂量组血清高密度脂蛋白胆固醇（HDL－C）不显著低于模型对照组，血清甘油三酯不显著高于模型对照组，则可判定该受试验品辅助降低血清胆固醇功能动物试验结果呈阳性。

（二）人体试食试验

1. 指标有效标准

TC 含量降低 >10%，LDL－C 含量降低 >15%，HDL－C 含量上升 >0.104mmol/L。未达到有效标准者，视为无效。

2. 辅助降低血脂功能结果判定

试食组自身比较及试食组与对照组组间比较，若受试者血清总胆固醇、甘油三酯、低密度脂蛋白胆固醇降低，差异均有显著性，同时血清甘油三酯不显著低于对照组，试验组能显著高于对照组，则可判定该受试样品辅助降低血脂功能人体试食试验结果呈阳性。

3. 辅助降低血清胆固醇功能结果判定

试食组自身比较及试食组与对照组组间比较，若受试者血清总胆固醇、低密度脂蛋白胆固醇降低，差异均有显著性，同时血清甘油三酯不显著高于对照组，血清高密度脂蛋白胆固醇不显著低于对照组，试验组总胆固醇能显著高于对照组，则可判定该受试样品辅助降低血脂功能人体试食试验结果呈阳性。

4. 辅助降低甘油三酯功能结果判定

试食组自身比较及试食组与对照组组间比较，若受试者血清甘油三酯降低，差异均有显著性，同时血清总胆固醇和低密度脂蛋白胆固醇不显著高于对照组，血清高密度脂蛋白胆固醇不显著低于对照组，试验组血清甘油三酯能显著高于对照组，则可判定该受试样品辅助降低甘油三酯功能人体试食试验结果呈阳性。

思考题

1. 什么是高脂血症？
2. 脂类主要有哪几种？
3. 高脂血症对人体有哪些危害？
4. 引起高脂血症的因素有哪些？
5. 具有辅助降血脂功能的物质有哪些？

CHAPTER 5

第五章

辅助降血糖的保健食品

[学习指导]

熟悉和掌握血糖和糖尿病的概念；掌握糖尿病的分类及患者临床所表现的特征及其对人的健康危害；了解辅助降糖因子及辅助降血糖的功能食品的开发原则；简单了解辅助降糖类功能食品的检验方法。

随着人们生活水平的提高、生活方式以及生活环境的改变，糖尿病的发病率猛增，已成为世界第三大疾病，其发病率和对人类健康的危险性，仅次于癌症和心脑血管病。糖尿病也是当前威胁全球人类健康的最重要的慢性非传染性疾病之一。

据2013年国际糖尿病联盟（IDF）统计，全球糖尿病在20～79岁成人中的患病率为8.3%，患者人数已达3.82亿，其中80%在中等和低收入国家，并且在这些国家呈快速上升的趋势。平均每十秒钟增加一名糖尿病患者，或者每年增加1000万名患者，估计到2035年全球将有近5.92亿人患糖尿病。随着糖尿病对健康的威胁逐步升级，国际糖尿病联盟和世界卫生组织于1991年将每年的11月14日定为世界糖尿病日。

在我国，糖尿病发病率在近几十年来有了显著的增加，而且现在它已经达到了流行病的程度。1980年全国糖尿病发病率不到1%，在1994年及在2000—2001年开展的全国性调查中，糖尿病的发病率分别为2.5%和5.5%。2007年全国性调查报告指出，糖尿病的发病率为9.7%，这代表着在我国的成年人中估计有9240万人患有糖尿病。2010年调查显示，我国18岁及以上成人糖尿病患病率为11.6%，约1.139亿人，其中男性患病率为12.1%，女性患病率为11.0%。糖尿病的发病有年轻化的倾向，以前多发于40岁以上年龄段的Ⅱ型糖尿病，现在在30多岁的人群中也不少见。按照国际糖尿病联合会估计，现在全球共有超过3亿多的糖尿病患者，新发布的中国糖尿病发病率数据意味着全球1/3的糖尿病人来自中国。由此可见，糖尿病将是我国重大的公共卫生问题之一。

糖尿病是一种以糖代谢紊乱为主要特征的内分泌代谢综合疾病，是胰岛素相对或绝对不足，或利用缺陷而引起的，其主要特点是高血糖、高血压，临床表现常见多食、多饮、多尿及体重减少的“三多一少”症状以及皮肤瘙痒、四肢酸痛、致残率高等现象。糖尿病若得不到满意治疗，极易并发心血管疾病，如冠心病、脑血管病、视网膜病变等，而这些并发症是影响糖尿病人生活质量和威胁糖尿病人生命的主要原因。因此控制患者血糖水平、预防并发症的发生是治疗糖尿病的关键措施。

降糖药物通常包括口服西药、胰岛素注射液和中成药。临床验证，西药和胰岛素注射液虽短期降糖作用明显，但治疗毒副作用大，容易导致低血糖，而且价格昂贵。通过食品途径辅助调节、稳定糖尿病患者的血糖水平，这样可以减少降糖药物的使用，提高患者生活质量。因此，辅助降血糖保健食品的开发具有重要的实际意义。

第一节 糖尿病概论

一、糖尿病的分类与特点

糖尿病（diabetes mellitus，DM）是由于体内胰岛素分泌不足或胰岛素受体的不敏感或数量减少而造成患者不能有效调控糖代谢，从而引起脂肪、蛋白质、电解质等代谢紊乱的一种综合征。

血糖是指血液中的糖，绝大多数情况下都是葡萄糖，它是碳水化合物在体内的运输形式，是为体内各组织细胞活动提供能量的主要物质，所以血糖必须保持一定的水平才能维持体内各器官和组织的需要。正常情况下，人体内血糖浓度有轻度的波动，餐前血糖略低，餐后血糖略有升高，但这种波动是保持在一定的范围内的，保证人体内血糖的产生和利用是处于动态平衡的。正常人空腹血糖浓度一般在 3.89 ~ 6.11mmol/L，餐后 2h 血糖略高，但也应该在 7.78mmol/L 以下。

在正常情况下，人体摄入的碳水化合物在肠道内通过多种消化酶的作用，可分解为单糖，如葡萄糖、果糖、半乳糖等。这些单糖被小肠黏膜上皮细胞吸收进入血液，运送到全身细胞，作为能量的来源。如果消耗不完全时，则转化为糖原储存于肝脏和肌肉等组织中。当食物消耗完后，储存的肝糖原分解释放出葡萄糖，维持血糖的正常水平。如果在剧烈运动或长时间没有补充食物时，肝糖原消耗完后，蛋白质、脂肪及从肌肉生成的乳酸通过糖异生途径变成葡萄糖而进入血液，提高血糖水平。

人体的血糖是由胰岛素和胰高血糖素来调节的，当血液中的血糖浓度比较低时，胰岛的 α 细胞会分泌胰高血糖素，动员肝脏的储备糖原分解成葡萄糖释放入血液，导致血糖上升；当血液中的血糖浓度过高时，胰岛的 β 细胞会分泌胰岛素，促进血糖变成肝糖原储备或者促进血糖进入组织细胞。这两方面的因素彼此相互作用、相互制约、相互统一，使人体的血糖达到并维持在理想水平。

当空腹血糖浓度在 7.0mmol/L 以上时，称为高血糖；当血糖浓度超过 8.89 ~ 10.00mmol/L 时，已超过了正常人体肾小管的重吸收能力，就会在尿中出现有葡萄糖的糖尿现象。持续性出现高血糖和糖尿就是糖尿病。

糖尿病一般分为Ⅰ型、Ⅱ型、妊娠型和其他特殊类型糖尿病 4 种，最常见的是Ⅰ型和Ⅱ型。

（一）Ⅰ型糖尿病

Ⅰ型糖尿病约占糖尿病总数的 5%，又称胰岛素依赖型糖尿病（insulin – dependent diabetes

mellitus，IDDM)，患者胰岛 β 细胞破坏，没有或仅有少量的胰岛素分泌，使葡萄糖无法利用造成血糖升高而导致的糖尿病。I型糖尿病主要包括两种类型，Ia 型是由于胰岛 β 细胞免疫破坏（约占I型糖尿病人群的 90%），导致胰岛素分泌不足。患者血中可检测到胰岛素 β 细胞自身抗体 ICA、LAA、GAD。自身免疫性疾病如 Grave′s 病、桥本氏甲状腺炎、艾迪生病等可能与此病有关。Ib 型缺乏自身免疫学的证据（特发性，约占I型糖尿病人群的 10%），此类患者有永久性的胰岛素缺乏症，易患酮症酸中毒，某些人种（如美国黑人及南亚印度人）中较为常见。

I型糖尿病可发生于各种年龄段，但多见于儿童和青少年。I型糖尿病起病后发展迅速、症状典型，包括多饮、多食、多尿、体重减轻、乏力等。长期的I型糖尿病患者易发生微血管及大血管的并发症，如冠状动脉、心脏及周围血管疾病等。任何刺激胰岛素分泌的因素均不能促使 β 细胞合成与分泌胰岛素，胰岛素绝对缺乏，血浆胰高糖素升高，有发生酮症酸中毒的倾向，该型病人必须终身用胰岛素维持生命。

由于儿童I型糖尿病的发病症状一般较为明显，不易漏诊，故多数学者主张用发病率来描述I型糖尿病的流行病学特点。世界不同地区I型糖尿病的发病情况差异较大，北欧国家最高，东南亚国家则相对较低。

（二）Ⅱ型糖尿病

Ⅱ型糖尿病占糖尿病患者总数的 90% 以上，又称非胰岛素依赖型糖尿病（non – insulin – dependent diabetes mellitus，NIDDM)，患者体内的胰岛素只是相对缺乏或胰岛素水平并不低，但其工作效率降低而使血糖升高导致的糖尿病。Ⅱ型糖尿病可发生在任何年龄，但多见于 30 岁以上的中、老年人。一般来说，这种类型的糖尿病起病慢，临床症状相对较轻，但在一定诱因下也可发生酮症酸中毒或非酮症高渗性糖尿病昏迷。据统计，Ⅰ型糖尿病患者在确诊后的 5 年内很少有慢性并发症的出现，相反Ⅱ型糖尿病患者在确诊之前就已经有慢性并发症发生，大约 50% 新诊断的Ⅱ型糖尿病患者已存在一种或一种以上的慢性并发症，有些患者是因为并发症才发现患糖尿病的。

糖尿病对人体健康的主要危害是对心、脑、肾、血管、神经、皮肤等的危害。据调查，我国糖尿病人的并发症在世界上发生得最早、最多，且最严重，Ⅱ型糖尿病病程 10 年以上的病人，78% 以上的人都有不同程度的并发症。Ⅱ型糖尿病常见的并发症是视力下降、眼底病变、血管动脉硬化、皮肤感染、糖尿病足等。糖尿病并发症是糖尿病致残、致死的主要原因，如与非糖尿病患者相比，糖尿病患者的心血管疾病发生率要高 4 倍，脑卒中危险因素高 3 ~4 倍，糖尿病肾病是晚期肾病的常见原因。

（三）妊娠糖尿病

妊娠糖尿病（gestationaldiabetes mellitus，GDM）是指妊娠期首次发生或发现的糖尿病，包含了一部分妊娠前已患有糖尿病但孕期首次被诊断的患者，发生率逐年升高。它的发病率占妊娠妇女的 4%。妊娠糖尿病的患者有 30%~50% 几率发展成为糖尿病，对母婴危害较大。

（四）其他特殊类型糖尿病

其他特殊类型糖尿病是指既非I型糖尿病或Ⅱ型糖尿病，又与妊娠无关的糖尿病，主要包括胰岛 β 细胞功能及胰岛素作用的遗传缺陷、胰腺内分泌或外分泌病变及一些药物如糖皮质激素、甲状腺激素、β 肾上腺素受体激动剂等导致的糖尿病。其他特殊类型糖尿病虽然病因复杂，但占糖尿病总数不到 1%。

二、糖尿病发生的相关因素

目前，关于糖尿病的起因尚未完全弄清，通常认为感染、肥胖、体力活动减少、多次妊娠、环境因素等都是糖尿病的诱发因素，且不同类型的糖尿病发病因素也有不同。

（一）与Ⅰ型糖尿病有关的因素

Ⅰ型糖尿病患者的 β 细胞破坏达 80% 以上。造成胰岛 β 细胞大量破坏的原因，目前认为可能是遗传与环境因素相互作用引发特异性自身免疫学反应选择性破坏胰岛 β 细胞，导致胰岛素分泌绝对减少。

1. 遗传因素

Ⅰ型糖尿病患者的亲属发生糖尿病的机会显著高于一般人群，Ⅰ型糖尿病具有一定的遗传性。对Ⅰ型糖尿病的单卵双胞进行长期随访，发生糖尿病的双胞一致率为 30% ~50% 。直系亲属中有患Ⅰ型糖尿病的人群，患Ⅰ型糖尿病的危险性为 5% 。父亲患Ⅰ型糖尿病，其子女以后患Ⅰ型糖尿病的危险性为 7% ；而母亲患Ⅰ型糖尿病，其子女患该病的概率为 2% 。同卵双生中一个患Ⅰ型糖尿病，另一个患病危险性为 1/3。同胞发生糖尿病的危险性与Ⅰ型糖尿病的发病年龄有关，10 岁之前发病的Ⅰ型糖尿病，其同胞中发生Ⅰ型糖尿病的危险性是 8. 5% ；而 10 岁之后患Ⅰ型糖尿病，其同胞发生Ⅰ型糖尿病的危险性是 4. 6% 。

2. 环境因素

与自身免疫有关的糖尿病发病的环境因素包括病毒感染、细胞因子、化学物质、异性蛋白及出生时低体重的婴儿等。

Ⅰ型糖尿病与病毒感染有显著关系，临床上Ⅰ型糖尿病多在寒冷季节、病毒感染流行时发生。已发现可引起Ⅰ型糖尿病的病毒有流行性腮腺炎病毒、麻疹病毒、风疹病毒、水痘病毒、带状疱疹病毒、柯萨奇 B_4病毒以及各种呼吸道和胃肠道病毒等均能感染人的胰岛 β 细胞或与Ⅰ型糖尿病发病有关。

近十年来的研究认为，细胞因子如白细胞介素 -1 （IL -1） 或肿瘤坏死因子 -α （TNF -α）参与Ⅰ型糖尿病的自身免疫发病机制和直接对胰岛 β 细胞起毒性作用，最终发生Ⅰ型糖尿病。

化学物质有吡甲硝苯脲、四氧嘧啶以及其他损害胰岛 β 细胞的毒物，如腐败木薯淀粉中的氰化氢。

出生时低体重的婴儿提示在胎内时的营养不良，引起胰岛 β 细胞体积缩小，易导致胰岛 β 细胞破坏和胰岛素分泌不足而促使Ⅰ型糖尿病提前发病。

3. 自身免疫系统缺陷

因为在Ⅰ型糖尿病患者的血液中可查出多种自身免疫抗体，如谷氨酸脱羧酶抗体（GADA）、胰岛细胞抗体（ICA） 和胰岛素自身抗体（LAA） 等。这些异常的自身抗体可以损伤人体胰岛分泌胰岛素的 β 细胞，使之不能正常分泌胰岛素。在Ⅰ型糖尿病的发病机制中，自身免疫反应包括细胞免疫与体液免疫，但引起免疫反应的原因目前还未明确，它与遗传因素的关系也有待进一步研究。

（二）与Ⅱ型糖尿病有关的因素

Ⅱ型糖尿病患者胰岛 β 细胞仍能分泌一定量的胰岛素，但分泌的胰岛素量不足以维持正常的代谢需要或者是胰岛素作用的靶细胞上胰岛素受体及受体后的缺陷产生胰岛素抵抗，胰岛素在靶细胞不能发挥正常的生理作用。Ⅱ型糖尿病患者常常两方面缺陷均存在，只是有的以胰岛素抵抗为主，有的以胰岛素分泌不足为主。由于有一定的胰岛素分泌，临床上表现为起病缓慢，“三多”症状不显著，无酮症倾向，不易得到早期诊断。Ⅱ型糖尿病的发生与发展是基因与环境因素相互作用的结果。

1. 遗传因素

Ⅱ型糖尿病具有明显的家族遗传倾向性，患者的一级或二级亲属中多有Ⅱ型糖尿病，或者在几代人中有多个亲属发病。有研究表明父母患Ⅱ型糖尿病的子女，从儿童、青少年到成年的成长过程中，几乎所有与糖尿病和代谢综合征有关的危险因素都随着年龄逐渐增加。国外研究表明，糖尿病患者有糖尿病家族史者占25% ~50%，Ⅱ型糖尿病的遗传特性比Ⅰ型糖尿病更为明显。例如，双胞胎中的一个患了Ⅰ型糖尿病，另一个有40%的机会患上此病。但如果是Ⅱ型糖尿病，则另一个就有70%的机会患上Ⅱ型糖尿病。因此对有糖尿病家族史的子女，应该从儿童早期就开始预防和干预。

2. 肥胖

肥胖是Ⅱ型糖尿病患者最重要的危险因素之一。在Ⅱ型糖尿病病人中，80%都是肥胖者。而且，发生肥胖的时间越长，患糖尿病的几率就越大。中度肥胖者糖尿病发病率比正常体重者高4倍，而极度肥胖者要高达30倍。腹部型肥胖的人患糖尿病的危险性远远大于臀部型肥胖的人，腰围/臀围的比值与糖尿病的发病率成正比关系。肥胖时脂肪细胞膜和肌肉细胞膜上胰岛素受体数目减少，对胰岛素的亲和能力降低，体细胞对胰岛素的敏感性下降，这些都可导致血糖利用障碍，使血糖升高而出现糖尿病。

3. 生活方式

长期食用过多的高脂肪、高糖、低纤维膳食的饮食，可加重胰岛素β细胞的负担，引起胰岛素分泌发生部分障碍，从而诱发Ⅱ型糖尿病。随着年龄的增加和运动量的减少，体内脂肪组织和肌肉组织的比例发生变化，影响了体内葡萄糖的利用，从而增加了老年人群Ⅱ型糖尿病的患病率。研究表明，进行中等水平运动的个体与经常坐着的个体相比，前者患Ⅱ型糖尿病的风险显著降低。

另外，吸烟、饮酒等生活方式在Ⅱ型糖尿病患者的危险因素中也起着不可忽视的作用。吸烟可增加Ⅱ型糖尿病的发生率、大血管和微血管并发症，同时死亡率也会上升。适度的饮酒能够降低Ⅱ型糖尿病的危险性，而重度的饮酒能够增加Ⅱ型糖尿病的危险性。Nakanishi等于1994年起对日本2953人进行为期7年的前瞻性研究发现，在调整了年龄、糖尿病家族史、体重指数、吸烟和体力活动后发现，酒精的消耗与糖尿病发病率之间呈U形关系，当酒精摄入量为23 ~45.9g/d时，糖尿病的发病率最低，此时发生Ⅱ型糖尿病的危险性降低；重度饮酒时（≥69.0g/d），Ⅱ型糖尿病的危险性升高。适度的酒精降低Ⅱ型糖尿病危险性的原因可能是由于其增加胰岛素的敏感性并减弱胰岛素抵抗。另一方面，大量酒精的摄入可促使过多热量摄入而造成肥胖，诱导胰腺炎，干扰碳水化合物和葡萄糖代谢及损伤肝功能，降低胰岛素介导的葡萄糖的吸收，降低糖耐量。

4. 年龄

Ⅱ型糖尿病的发病率随着年龄的增长而增加。中国20世纪70年代资料显示，50、60、70、80岁以上不同年龄段糖尿病患病率分别为2.5%、3.6%、4.2%和6.4%。老年人容易患Ⅱ型糖尿病的可能原因是由于胰岛素作用减低而导致糖代谢和脂代谢紊乱，从而导致血糖升高，胰岛细胞负担加重，最终发生糖尿病。因此，年龄可能是Ⅱ型糖尿病患病率增高的一个重要因素。

5. 社会心理因素

随着工作方式的转变，工作节奏加快，竞争性加强，导致人们的心理压力也越来越大。近年来研究表明，精神紧张可诱发或加重糖尿病，由于各种因素的刺激，影响大脑皮质及皮质下中枢乃至脑垂体、肾上腺、胰腺等，亦即通过神经和内分泌系统，影响糖代谢而发病。

（三）与妊娠糖尿病相关的因素

1. 种族

在美国进行的多项研究表明，在西班牙、非洲、印第安、东南亚、太平洋群岛的种族均属于高危种族，而除此之外的其他种族则属于低风险人群。

2. 年龄

年龄偏大是临床最常见的妊娠糖尿病危险因素之一，35 岁以上的孕妇糖尿病筛查异常的比例是 25 岁以下的 2.4 倍，妊娠糖尿病的发生率是其 5.5 倍。

3. 体重

体重指数（body mass index，BMI）大于 25 的超重或肥胖的妇女及孕期增重过多的孕妇更易患妊娠糖尿病。美国医学研究所推荐的孕期增重指标为孕前低 BMI 者增重 12.5 ~ 18kg，正常 BMI 者增重 11.5 ~ 16kg，高者增重 7 ~ 11.5kg。中国营养学会推荐的孕期增重指标为孕前超重者增重 7 ~ 8kg，体重正常者增重 12kg，偏轻者增重 14 ~ 15kg。

4. 遗传

有糖尿病家族史的孕妇，尤其是一级亲属中有糖尿病病人的孕妇患妊娠糖尿病的几率明显增加。如果父母同时患病，孕妇发生妊娠糖尿病的可能性比无家族史的增加 9.3 倍。

5. 不良孕产史

包括巨大儿史、死产史、不孕史、婴儿先天畸形、羊水过多史等，曾有相关不良孕产史者，再次妊娠时发生妊娠糖尿病的几率高于正常孕妇。

第二节　辅助降血糖的保健食品的开发

随着人口增长、城市化、不健康的饮食习惯、肥胖等因素的增加，糖尿病的患病率在世界范围内广泛增长，成为当今社会关注的主要健康问题。糖尿病是一类以高血糖为主要特征的综合性代谢性疾病，主要由胰岛素分泌缺陷或胰岛素作用障碍所导致，可引起全身组织器官，特别是眼、肾、心血管及神经系统的损害及功能障碍和衰竭。严重者可引起失水、电解质紊乱和酸碱平衡失调等急性并发症，从而导致致残率和病死率上升。据世界卫生组织统计，糖尿病并发症高达 100 多种，是目前已知并发症最多的一种疾病，给患者的身心带来极大痛苦的同时也给社会造成巨大的经济压力，而避免和控制糖尿病并发症的最好办法就是控制血糖水平。

胰岛素促泌剂、胰岛素增敏剂、人工胰岛素类制剂、合成糖苷酶抑制剂等传统的抗糖尿病药物降糖作用虽受肯定，但存在很多副作用，如导致患者出现低血糖、贫血、肥胖、胃肠道反应、乳酸性酸中毒、耐药性等诸多不良反应。因此，从天然产物中开发具有降糖作用的功能成分，以配合药物治疗，在有效地控制血糖和糖尿病并发症的同时减轻药物副作用已受到人们广泛关注。目前市场上常见的用于糖尿病的保健食品有三类：一类是含微量元素类，如强化铬的乳粉、海藻等；一类是膳食纤维类，如南瓜系列食品、富含纤维的饼干等；还有一类是无糖食品，如无糖的面包、糕点、饮料等。

一、开发辅助降血糖的保健食品的原则

（一）控制每日摄入食物所提供的总热量，以达到或维持正常体重

糖尿病患者血糖、尿糖浓度虽然高，但机体对热能的利用率却较低，因此机体就需要更多的热能以弥补尿糖的损失。一般以每日每千克体重供给0.13～0.21MJ（30～50kcal）热能为宜。

（二）限制脂肪的摄入，增加优质蛋白质的摄入量

过量摄入脂肪会降低身体内胰岛素的活性，使血糖升高，而减少脂肪（特别是饱和脂肪酸）的摄入会降低心、脑血管疾病发生的风险。脂肪供给量按每千克体重计算约为1g或低于1g，多数人主张在膳食食品中饱和脂肪酸、多不饱和脂肪酸、单不饱和脂肪酸的比值为1∶1∶1。

膳食中过量的蛋白质可能刺激胰高血糖和生长激素的过度分泌，二者都能抵消胰岛素的作用。糖尿病患者病情控制满意时，蛋白质供给接近正常人，以每千克体重0.8～1g为宜，每日总量为50～70g。病情控制不好，出现负氮平衡或中到重度消瘦者可适当增加，按每千克体重1.2～1.5g计算，其中优质蛋白质应占总量的50%以上。目前主张蛋白质所供给的能量占总能量的10%～20%为宜。

（三）适当控制碳水化合物的摄入

碳水化合物所提供的热能应不超过总热能的50%～60%，摄入总量以每日摄入200～300g为宜。增加餐次，减少每餐进食量；严格限制单糖及双糖的使用量，最好选用含多糖较多的食品，如米、面、玉米面等，同时加入一些马铃薯、芋头、山药等根茎类蔬菜混合食用。

（四）增加膳食纤维摄入量

膳食纤维摄入太少是西方人糖尿病发病率高的重要原因。增加膳食纤维的摄入量可改善末梢组织对胰岛素的感受性，降低对胰岛素的要求，从而达到调节血糖水平的作用。近年来的研究证明，经常食用高膳食纤维食品的人，空腹血糖水平低于少吃食物纤维者。蔬菜、水果、海藻和豆类富含膳食纤维，尤其是果胶在各种水果中占食物纤维的40%。果胶具有很强的吸水性，在肠道中形成凝胶过滤系统，可减缓某些营养素的排出，延长食物在胃肠道的排空时间，减轻饥饿感，延缓葡萄糖的吸收，使饭后血糖及血清胰岛素水平下降。

（五）补充维生素和微量元素

凡病情控制得好的患者，易并发感染或酮症酸中毒，要注意维生素和无机盐的补充，因为这类病人的糖原异生作用旺盛，B族维生素消耗增多。补充维生素B_{12}可改善神经症状，补充维生素C可防止因维生素C缺乏而引起的微血管病变。酮症酸中毒时要注意钠、钾、镁、锌的补充以纠正电解质的紊乱，年龄较大者还应补充钙和铁。

二、辅助降血糖因子

近年来，随着化学分析方法和药理实验技术的不断发展，发现了很多矿物质、维生素和天然产物等具有辅助降血糖活性的功能因子。

（一）矿物质类降血糖因子

1. 铬（Cr）

Cr是自然界中广泛存在的一种元素，主要分布于岩石、土壤、大气、水及生物体中。铬常见的氧化态是+2、+3和+6价铬，Cr^{2+}是强还原剂，在空气中不稳定，可被迅速氧化成Cr^{3+}，因此Cr^{2+}在生物体内存在的可能性极小。铬是人体必需的微量元素，人体内的铬几乎全是Cr^{3+}，Cr^{3+}是最稳定的氧化态，也是生物体内最常见的一种。它易于形成化学活性极低的配位化合物，其配位化合物配价键是铬在一定pH条件下溶解、吸收、发挥生理功能的先决条件，在正常的糖代谢和脂代谢中具有重要的作用。Cr^{6+}是一种很强的氧化剂，主要与氧结合成铬酸盐和重铬酸盐，而在酸性溶液中易被还原到Cr^{3+}。Cr^{6+}能使人体血液中某些蛋白质沉淀，引起贫血、肾炎、神经炎等疾病；长期与Cr^{6+}接触还会引起呼吸道炎症并诱发肺癌或者引起侵入性皮肤损害，严重的Cr^{6+}中毒还会致人死亡。

铬是葡萄糖耐量因子（glucosetolerance factor，GTF）的组成成分。Cr^{3+}与谷氨酸、甘氨酸和含硫氨基酸配位并与两分子烟酸结合形成葡萄糖耐量因子，它通过促进胰岛素与胰岛素受体的结合而增强胰岛素的活性。铬在小肠被吸收后大部分被运往肝脏合成葡萄糖耐量因子。葡萄糖耐量因子实际上是胰岛素发挥作用的辅助因子，与胰岛素一起使氨基酸、脂肪酸和葡萄糖能较容易地通过血液到达组织细胞中。葡萄糖耐量因子对调节体内糖代谢、维持体内正常的葡萄糖耐量起重要作用。铬作为葡萄糖耐量因子的有效活性组分，是胰岛素发挥降糖作用必需的元素。许多研究发现，人体缺铬会导致糖代谢紊乱，胰岛素靶细胞的敏感性减弱、胰岛素受体数目减少、亲和力降低，从而导致糖尿病的发生。

动物试验和临床都已证明，补充足够量的铬，可使糖尿病病人的症状减轻，血糖被控制在平稳状态，降糖药的用量可减少。由于在食品精加工过程中会引起铬大量流失，造成现代人体内普遍缺铬；生活节奏的加快，人们的应激状态加重，造成了体内血糖波动频繁，又消耗了大量的铬，因此糖尿病人和中老年人都应适当补铬。目前，Cr^{3+}及葡萄糖耐量因子已被卫生部批准作为辅助调节血糖的因子。

根据Cr^{3+}结合的不同成分，可将其分为有机铬和无机铬。无机铬主要有氯化铬、三氧化二铬等；有机铬包括有机酸铬（如烟酸铬、吡啶酸铬）、酵母铬、氨基酸铬和蛋白铬等。人体对无机铬吸收率仅为0.4%～3%，有机铬吸收率高达10%～20%，主要是因为有机铬脂溶性好，容易通过肠黏膜而被吸收。因此，有机铬对糖尿病代谢异常的改善作用比无机铬大。啤酒酵母铬、氨基酸铬不易溶解于脂肪，因此也不易被直接吸收和充分利用。

吡啶羧酸铬稳定性强，且是脂溶性的，可顺利通过细胞膜直接作用于组织细胞，因而是目前最易被人体吸收的有机铬。Ravina等报道了162例患者（48例Ⅰ型糖尿病和114例Ⅱ型糖尿病患者）的临床试验，发现连续服用10d的吡啶羧酸铬能降低Ⅰ型糖尿病患者大约30%的胰岛素用量。71%的Ⅰ型糖尿病患者对补充Cr^{3+}有效，这与Ⅱ型糖尿病患者74%的有效率相似。Jovanovic等报道了对妊娠糖尿病妇女实行随机补充吡啶羧酸铬的研究，发现妊娠糖尿病补充铬可改善糖耐量和降低高胰岛素血症，补充吡啶羧酸铬可作为妊娠糖尿病妇女的辅助疗法。通过长期的试验观察证明：吡啶酸铬的有效剂量与有毒剂量之间有很宽的安全性，在吡啶酸铬被吸收和利用后，多余的铬会随尿液迅速排出，不会在体内积蓄。

成人每日铬的需要量为20～50μg，孕妇因生理需要，供给量应高于一般人群。富含铬的食物主要来源为牛肉、肝脏、蘑菇、啤酒、粗粮、马铃薯、麦芽、蛋黄、带皮苹果等。食品加工越精细，铬的含量越少，应少食精加工食品。

2. 锌（Zn）

Zn 是参与人体细胞多种生理功能的一种重要的微量元素。Zn 不仅是重要的营养成分、多种酶的组成部分及转录因子，也是细胞内信号传导调节因子。目前，已经发现 300 多种 Zn 催化的金属蛋白及 2000 多种 Zn 依赖的转录因子，其含量在体内仅次于铁，位居第 2 位。Zn 在合成、分泌、储存及维持胰岛素的完整性方面起重要作用，因此 Zn 缺乏可能参与糖尿病的发病。由于多数糖尿病患者伴有 Zn 缺乏，补 Zn 可能对糖尿病患者有益。锌可影响葡萄糖在体内的平衡过程，其作用机制有以下几个方面：

锌与碳水化合物代谢密切相关，可影响葡萄糖在体内的平衡过程。锌是糖分解代谢中 3－磷酸甘油脱氢酶、乳酸脱氢酶、苹果酸脱氢酶的辅助因子，直接参与糖的氧化供能途径。同时，锌也能协助葡萄糖在细胞膜上的转运。锌还是许多葡萄糖代谢酶的构成成分及脂质和蛋白质代谢酶的辅助因子。

锌是胰岛素的重要组成元素。胰岛素以晶势或亚晶势锌－胰岛的形式存在于胰脏的分泌腺中。体内的锌直接影响到胰岛素的合成、分泌和激素的活性。一个胰岛素的分子中有 4 个锌原子，结晶的胰岛素中大约含有 0.5% 的锌。足量的锌可增强胰岛活性，部分替代胰岛素的功能，增强 IL－1 对 β 细胞的保护作用，防止自身免疫疾病，预防高胰岛素血症，以保护 β 细胞免受损伤或功能下降。另外锌在 β 细胞中刺激金属硫蛋白合成并与其形成复合物，抑制胰岛素分泌。

锌除了可以维持胰岛素活性外，其本身又具有胰岛素类似的作用。如果锌充足，机体对胰岛素的需要量减少，锌可纠正葡萄糖耐量异常，甚至替代胰岛素改善大鼠的糖代谢紊乱，部分预防大鼠高血糖症的发展，并促进葡萄糖在脂肪细胞中转化成脂肪。而缺锌可诱导产生胰岛素抗性或糖尿病样反应。

锌的浓度过高或过低都会减弱胰岛素的分泌。糖尿病患者普遍缺锌，可进行适当的补充。中国营养学会（1981）制定锌生理需要量为：成人每日元素锌 15mg；孕妇每日元素锌 20mg；乳母每日元素锌 25mg。富含锌的食物主要有动物肝脏、肉类、鱼类、海产品、豆类、坚果、蛋和粗粮等，牛乳含锌量低于肉类。据测定，动物性食物的含锌量高于植物性食物，且动物蛋白质分解后所产生的氨基酸能促进锌的吸收，吸收率一般在 50% 左右；而植物性食物所含锌，可与植酸和纤维素结合成不溶于水的化合物，从而妨碍人体吸收，吸收率仅 20% 左右。

3. 镁（Mg）

镁是人体内含量第四位的金属元素，它可参与体内多种代谢，是人类生命活动中所必需的宏量元素。作为细胞内多种酶的激活剂，镁可参与体内多种酶促反应，如糖代谢、蛋白质的合成、脂肪酸的合成等。此外，镁还可以减少或改善血管硬化，增加冠状血管的弹性及毛细血管的通透性，促进血液循环，对糖尿病性冠心病有预防作用。在糖代谢中，镁作为多种重要酶的辅助因子，可以促进糖的氧化磷酸化和糖酵解，增加糖的转运，在血糖的稳定、胰岛素生物活性的发挥中起着重要作用。

镁的缺乏可使胰岛素受体水平的酪氨酸激酶活性降低而减弱胰岛素作用，导致胰岛素抵抗。胰岛素抵抗是Ⅱ型糖尿病的发病基础，糖尿病患者血中的镁浓度显著低于正常人。与非糖尿病对照组相比，糖尿病患者血浆镁浓度平均降低 0.06～0.21mmol/L。低镁血症与糖尿病控制不良及胰岛素抵抗有关。动物试验显示补充镁可提高Ⅱ型糖尿病大鼠胰岛素敏感性，改善其糖脂代谢情况。补充镁可显著降低中老年女性空腹血糖、血浆总胆固醇和甘油三酯水平，并提高高密度脂蛋白水平，改善胰岛素抵抗。一些富含镁的食物如豆类、绿叶蔬菜、干果、未加工的谷物等，建议糖尿病人多食用这类食物。

4. 硒（Se）

硒（selenium）是哺乳动物和人体必需的微量营养元素，主要以硒代半胱氨酸（selenocysteine）的形式存在于机体的各种硒蛋白中，且为硒蛋白的活性中心或必需组成成分，在许多生理过程中发挥着十分重要的作用。目前，通过同位素标记和生物信息学的方法已从人类基因组中发现了25种硒蛋白，常见的硒蛋白包括谷胱甘肽过氧化物酶（GSH－Px）、硫氧还蛋白还原酶（TR）、甲状腺素脱碘酶（DI）、硒蛋白P（SelP）、硒蛋白S（SelS）和甲硫氨酸亚砜还原酶B1（MsrB1）等。在这些硒蛋白中，已被确定的生物学功能并不多。

硒对糖尿病的发生发展具有双重作用。硒虽然具有一定的类胰岛素作用，但其有效剂量接近于毒性剂量，出于安全性的考虑并不适用于人体。而且，长期补充以往认为是安全剂量的硒反而有可能促进肥胖、胰岛素抵抗和Ⅱ型糖尿病的发生发展。因此，对于硒摄入充分的人群不宜提倡补硒，即使是缺硒地区的人群也应避免补充超营养剂量的硒。硒的这种双重作用与硒化合物的代谢尤其是硒蛋白的生物学功能密切相关，但其具体作用机制仍不甚清楚，还有许多问题值得进一步研究。

常见食物中含硒量高的依次为鱼类、肉类、谷类、蔬菜、糙米、标准粉、蘑菇，同时大蒜中硒含量也较丰富。

（二）维生素类降血糖因子

1. 维生素D

维生素D是类固醇衍生物，属于脂溶性维生素，又可分为维生素D_2和维生素D_3。维生素D的经典作用是调节钙磷代谢，促进细胞生长和分化，另外维生素D还可作用于免疫、血液及内分泌系统。大量的观察性及干预性研究已逐步阐明维生素D缺乏与Ⅰ型糖尿病、Ⅱ型糖尿病、妊娠糖尿病及其他类型糖尿病之间均存在着密不可分的关系。维生素D通过抑制炎症反应、抑制自身免疫反应、促进胰岛素合成及分泌、增加胰岛素敏感性及维生素D相关基因多态性等多种作用机制对糖尿病的发病及血糖的控制发挥着重要作用。

早在1980年，Norman等学者就发现维生素D缺乏可以抑制大鼠胰岛分泌胰岛素。用1，25－$(OH)_2D_3$刺激胰岛β细胞后，能发现细胞内钙离子明显增加，从而胰岛素释放增加。维生素D可通过多种途径调节胰岛素分泌，胰岛细胞上存在维生素D受体，维生素D对胰岛细胞的作用主要通过1，25－$(OH)_2D_3$与胰岛细胞上的胰岛素D受体结合后产生。1，25－$(OH)_2D_3$与胰腺的维生素D受体结合后，可激活β细胞上的L型钙离子通道，促使胰岛素释放和胰岛素受体底物酪氨酸磷酸化，启动胰岛素的信号转导。维生素D缺乏使得钙离子通道关闭，其胰岛素受体底物磷酸化受阻，从而影响胰岛素转导信号，直接减少胰岛素的合成和分泌。

在维生素D缺乏的胰岛素抵抗人群中补充维生素D可明显增加胰岛素敏感性。维生素D与靶组织上的维生素D受体结合，增加靶细胞内钙离子浓度，促进胰岛素受体底物磷酸化，从而启动胰岛素信号转导；体内炎症反应可加重胰岛素抵抗，维生素D则可通过调节炎性细胞因子降低炎症反应，增加外周组织对胰岛素的敏感性。

合理地补充维生素D可能降低患Ⅱ型糖尿病的风险，改善胰岛素抵抗，从而延缓Ⅱ型糖尿病进展，为糖尿病的综合防治带来希望。但是目前对于何时补充维生素 D、补充剂量及血清维生素 D 最佳水平尚无统一标准，因此维生素 D 应用于临床预防和治疗糖尿病还需进一步研究。

2. 维生素 E

维生素 E 是一种安全、有效的天然脂溶性抗氧化剂，主要分布于细胞内线粒体、内质网和质膜的特定部位，能与低密度脂蛋白结合，抑制氧化，促进一氧化氮（NO）释放并抑制其分解，改变血管内皮功能。对于糖尿病患者，高剂量维生素 E 的应用（400 ~ 1000mg/d），虽然降糖效果不明显，但可限制蛋白质非酶糖化，改善血小板与血管内皮的功能，纠正脂质代谢紊乱，从而起到稳定血糖及降低血管并发症的作用。二酰基甘油 - 蛋白激酶 C（DAG - PKC）代谢通路活性的异常增高可能是糖尿病血管并发症发生和发展的重要原因之一。体内和体外动物试验均已证实，维生素 E 对 DAG - PKC 通路具有较强的抑制作用，因此能减轻糖尿病引起的血管损害。其机制可能与维生素 E 通过 DAG 激酶途径将 DAG 转换成磷脂酸，从而降低 DAG 水平，使得 PKC 活性恢复正常有关。

另外，维生素 E 作为一种抗氧化剂在糖尿病氧化应激中可清除自由基，抑制脂质过氧化，帮助 LDL 逃避氧化修饰，增强 LDL 的抗氧化能力，因而有助于控制糖尿病，预防并延缓糖尿病并发症尤其是心血管并发症的发生。

3. 维生素 C

维生素 C 是人体血浆中最有效的水溶性抗氧化剂，参与体内各种物质代谢并且是各种酶的催化剂；维生素 C 能有效清除氧自由基，阻断自由基引发的氧化反应，保证生物膜免受氧化损伤和过氧化损伤；还可提高超氧化物歧化酶（SOD）等抗氧化酶的活性。

大量研究资料表明，糖尿病患者体内维生素 C 缺乏可能是发生糖尿病的危险因素之一。胰岛素缺乏和血糖升高能干扰维生素 C 的细胞膜转运和代谢而使体内维生素 C 缺乏加重，而维生素 C 缺乏又使糖尿病过程中出现的糖代谢与脂类代谢障碍加重并降低胰岛素疗法的疗效。这种恶性循环可由长期应用大剂量维生素 C 所中断。大多数人认为大剂量维生素 C（300 ~ 500mg/d）能促进糖代谢正常化，提高胰岛素疗法的疗效，降低胰岛素疗法的剂量并在预防糖尿病性微血管病、白内障和动脉粥样硬化等方面起积极作用。

（三）天然产物类降糖因子

从动植物等天然资源中发现的具有降糖作用的活性成分主要有：多糖、黄酮、皂苷、生物碱、萜类、不饱和脂肪酸、多肽等物质。这些活性成分能降低糖尿病患者的血糖浓度，改善其症状，故称为降血糖功能因子。

1. 多糖

多糖是一类广泛存在于动植物和微生物体内的生物高分子物质。目前研究最多的具有降血糖活性的多糖包括植物多糖、真菌多糖、膳食纤维等。

植物多糖的资源十分丰富，目前发现具有降血糖活性的植物多糖有魔芋多糖、南瓜多糖、海带多糖等。魔芋中含有多种魔芋多糖，主要成分葡甘聚糖（KGM）占魔芋多糖的 50% 以上。李春美等以四氧嘧啶诱导糖尿病小鼠为实验模型，研究了他们通过酶解制备的三种不同分子质量 KOGM（KOGM - Ⅰ、KOGM - Ⅱ、KOGM - Ⅲ）和天然 KGM 的降血糖效果。结果发现，这四种多糖对应的小鼠血糖下降率分别为 55.37%、80.60%、33.44% 和 40.90%，KOGM - Ⅱ的降血糖效果是天然 KGM 的近 2 倍。这说明魔芋葡甘聚糖具有降血糖作用，且多糖分子质量大小对降血糖效果有显著的影响。

南瓜多糖可显著增加四氧嘧啶致糖尿病大鼠的胰岛素含量，降低空腹血糖值。南瓜多糖能够修复受损的胰岛细胞，促进胰岛 β 细胞再生，从而增加胰岛素的释放。广义的海带多糖包括褐藻胶、褐藻糖胶和褐藻淀粉。研究表明，这三种多糖均具有降低糖尿病小鼠血糖的作用，海带多糖降血糖机制可能是刺激糖尿病小鼠胰岛素再生或减轻胰岛细胞的损伤。

目前已发现许多真菌多糖具有降血糖活性，如银耳多糖、黑木耳多糖和香菇多糖等。黑木耳多糖对四氧嘧啶糖尿病小鼠具有显著降血糖作用，其机制可能由于黑木耳多糖可减弱四氧嘧啶对胰岛 β 细胞的损伤或改善受损伤细胞的功能，从而增加胰岛素的分泌而使血糖降低。

人们已经发现多种具有降血糖作用的膳食纤维，如瓜尔胶、黄原胶、果胶、燕麦纤维、抗性淀粉等。研究表明，膳食纤维可增加食物的黏滞性，从而限制营养物质向胃肠道黏膜表面弥散，延缓或阻碍葡萄糖在肠道的吸收；增加末梢组织胰岛素受体对胰岛素的敏感性，降低机体对胰岛素的要求，从而降低血糖水平；吸水膨胀，控制患者饮食；抑制肠道内消化酶的活性，减缓葡萄糖释放。富含膳食纤维的食品主要有水果、蔬菜和全麦谷类食物（如麦麸、玉米、糙米、大豆、燕麦、荞麦等）。动物试验表明，蔬菜纤维比谷物纤维对人体更为有利。

2. 黄酮

黄酮（flavonoid）类化合物是高等植物中一类重要的次生代谢产物，在植物体内大部分与糖结合成苷类或碳糖基的形式存在，部分以游离形式存在。黄酮类化合物广泛存在于植物、水果和蔬菜中，包括黄酮、黄酮醇和异黄酮醇等。研究较多的具有降血糖活性的黄酮类物质，包括荞麦黄酮、桑叶黄酮、茶叶黄酮、银杏黄酮、香椿黄酮、柿叶黄酮等。研究表明，黄酮类化合物对糖尿病及其并发症具有显著的防治作用，已成为糖尿病防治和植物资源利用研究的热点。

荞麦种子总黄酮（TFB）能改善高脂血症及四氧嘧啶糖尿病模型小鼠血清脂蛋白的失调，不同程度地抑制总胆固醇、甘油三酯升高，可使糖尿病小鼠空腹血糖降低，具有降低血糖、降血脂、增加机体对胰岛素敏感性和抗脂质过氧化作用。银杏叶提取物（EGb）主要成分为黄酮类和银杏内酯，EGb 对糖尿病胰岛 β 细胞具有保护和修复作用，使血清胰岛素分泌增多，从而改善糖代谢，降低血糖，同时具有较强调整血脂代谢作用。

3. 皂苷

皂苷（saponins）又称皂甙，是以类固醇和多环三萜为配基，寡糖为糖基的一类糖苷。根据其化学结构，可分为三萜皂苷和甾体皂苷两大类。皂苷广泛存在于自然界，在双子叶植物、单子叶植物、菌类、蕨类以及动物和海洋生物中均有分布，其中以薯蓣科、百合科类植物最多。近年来研究较多的具有降血糖作用的皂苷有：苦瓜皂苷、罗汉果皂苷、大豆皂苷、葫芦巴皂苷、人参皂苷等。

苦瓜皂苷是苦瓜中有效成分之一，主要在苦瓜果实中存在，苦瓜种子、茎叶中也含有一定量的苦瓜皂苷，其与果实中的只是类型不同，但功能大致相同。苦瓜中的三萜类皂苷主要包括葫芦烷型四环三萜和齐墩果烷及乌苏烷型五环三萜。苦瓜皂苷具有降血糖作用，对糖尿病模型有明显的降血糖作用，其降糖作用缓慢而持久，可能有类似胰岛素的作用，故被誉为“植物胰岛素”。其降糖机制包括：可能部分调节糖皮质激素水平，抑制机体分解代谢，并能抑制葡萄糖-6-磷酸酶和果糖-1，6-二磷酸酶活性，从而抑制糖异生；增加细胞色素 P450 活性，加速葡萄糖氧化；随着葡萄糖-6-磷酸酶活性下降，抑制糖原磷酸化酶作用，使糖原分解减慢。罗汉果皂苷主要为葫芦烷型四环三萜皂苷，包括罗汉果皂苷ⅡE、罗汉果皂苷Ⅲ、光果木鳖皂苷I和罗汉果皂苷Ⅴ四种组分。罗汉果皂苷提取物不但对四氧嘧啶糖尿病小鼠具有明显的降血糖作用，而且还可以降低糖尿病小鼠肝脏脂质过氧化物的生成，提高氧化酶系统的活性。罗汉果皂苷降血糖作用机制可能与修复受损的胰岛 β 细胞、恢复肝脏抗氧化能力有关。

4. 生物碱

生物碱（alkaloid）是一类含氮杂环化合物，通常有一个含 N 杂环。其碱性来自含 N 的环。生物碱品种虽少，但降糖作用显著。黄连素又称为小檗碱（berberine），属于异喹啉类生物碱，是黄连中含量最多的生物碱，其含量可达 5% ~8%，主要存在于毛茛科植物黄柏及黄连根茎中。黄连素对多种动物模型包括正常小鼠及四氧嘧啶、肾上腺素引发的高血糖均有降糖作用。小檗碱能对抗注射葡萄糖引起的血糖升高。小檗碱对小鼠胰岛素分泌及小鼠给葡萄糖负荷后的胰岛素释放均无明显影响，对正常小鼠肝细胞膜胰岛素受体数目及亲和力亦无明显影响，说明小檗碱的降血糖作用与胰岛素的释放等因素无关。小檗碱能降低肝脏和膈肌糖原含量，抑制丙氨酸为底物的糖原异生作用，升高血中乳酸含量。因此推测，小檗碱的降血糖作用是通过抑制肝脏的糖原异生和促进外周组织的葡萄糖酵解作用产生的。

5. 萜类

萜类（terpene）或类萜（terpenoid）是以异戊二烯为单位的倍数的烃类及其含氧衍生物。环烯醚萜类化合物是植物界中存在的单萜类二次代谢产物，是动植物的自身防御物质，具有多种生物活性。研究表明，多种环烯醚萜类化合物具有减轻糖尿病及其并发症的作用。从怀庆地黄（*Rehmannia glutinosa* Libossh *forma hueichingensis* Hsiao）中分离出的梓醇（catalpol）属于环烯醚萜类，是地黄中的主要组成部分。梓醇能明显降低四氧嘧啶致糖尿病小鼠的高血糖水平，改善糖耐量，提高血清高密度脂蛋白胆固醇含量，降低血清总胆固醇和血清中甘油三酯水平。梓醇能全面调节糖尿病小鼠的糖脂代谢，对糖尿病及其并发症具有一定的治疗和预防作用。

原产拉美国家巴拉圭菊科植物甜叶菊［*Stevia rebaudina*（Bret）Hems］叶中有效成分甜叶菊苷（stevioside）属二萜类化合物，具有降血糖作用和降压作用，巴拉圭曾用于糖尿病的治疗。

台湾产唇形科植物仙草凉粉草（*Mesona procumbens*）与大花直管草（*Orthosiphon stamineus*），民间曾用于辅助治疗糖尿病，发现其降血糖成分为乌索酸（ursolicacid），属三萜类化合物。

6. 不饱和脂肪酸

不饱和脂肪酸如亚油酸、α - 亚麻酸、DHA 和 EPA 等，除可降脂、降低血清胆固醇外，还有降血糖作用。

蚕蛹油脂肪酸的主要成分为不饱和脂肪酸（约占 72%），其中 α - 亚麻酸占 35% 左右。四氧嘧啶诱导的糖尿病模型小鼠机体的免疫功能及抗氧化作用受到严重破坏，而经过蚕蛹油灌胃治疗后，在血糖水平恢复的同时，机体中相关的抗氧化和免疫功能指标都得到了不同程度的提高，提示以不饱和脂肪酸 α - 亚麻酸为主要成分的蚕蛹油的抗氧化作用和促进免疫功能，可能是蚕蛹油治疗糖尿病小鼠的作用机制之一。

白泻根（*Bryoniaalba* L.）中的多烯脂肪酸具有明显的降低四氧嘧啶糖尿病大鼠的血糖；玉米须（*Zea mays* L.）中的亚油酸对家兔有非常显著的降血糖作用；向日葵（*Helianthus annus* L.）中的亚油酸有降血糖作用。

富含 EPA 的 ω - 3 多不饱和脂肪酸具有预防糖尿病，保护胰岛 β 细胞，促进胰岛 β 细胞分泌胰岛素的作用。EPA - PC 是一种富含 EPA 的磷脂酰胆碱（phosphatidylcholine，PC），具有较高的生物利用率以及较强的抗氧化性。海参 EPA - PC 能够明显降低糖尿病大鼠的高血糖症状，促进空腹血清胰岛素的分泌，改善受损的胰岛 β 细胞以及周围的组织结构。这说明海参 EPA - PC 对糖尿病大鼠具有较好的改善血葡萄糖耐量的作用。

7. 生物活性肽

以深海鲑鱼为原料得到的海洋胶原肽（marine collagen peptides，MCPs），能够明显降低高胰岛素血症模型大鼠的空腹胰岛素水平，而且对空腹血糖和口服葡萄糖耐量也有一定的改善作用，高剂量组的 MCPs 还可明显缓解胰岛细胞的结构损伤，使分泌颗粒增加，脂滴明显减少，提高了胰岛素的生物学活性。

乳清蛋白及其多肽具有明显的降血糖尤其是降低餐后血糖的功效，餐后血糖的异常升高是心脑血管疾病的危险因素之一。根据目前的研究进展，其可能的降血糖机制主要包括特殊氨基酸构成发挥降血糖效能、增加促胰岛素释放激素释放、提高胰岛素敏感性和增加饱腹感这四个方面。生物活性肽大部分来源于天然动植物，具有生物活性高、副作用低等优点，其不足之处为蛋白质及多肽类容易被肠道内的胃蛋白酶、胰蛋白酶等降解而失去生物活性，因而难以实现口服长效。

第三节　辅助降血糖的保健食品的检验方法

通过饮食和一些具有降血糖作用的保健食品来调节血糖，对稳定、控制糖尿病人血糖水平和病情的发展具有积极作用，甚至可以减少或不用降血糖药进行治疗而达到康复目的。对于逐渐增多的糖尿病患者，开发具有调节血糖作用的保健食品具有重要的社会意义。在筛选和研究降糖功能食品时，应先在患有糖尿病的动物模型上进行试验，如果有明显的降糖效果，再进行人体试食试验，确定是否具有辅助降血糖功效。

一、试验项目

动物试验：体重、空腹血糖、耐糖量。

人体试食试验：空腹血糖、餐后 2h 血糖、尿糖。

1. 试验原则

人体试验为必做项目，并原则上应在动物试验有效的前提下进行。如动物试验无效，而大量有关资料显示对人有效，则可以在确保安全的前提下，进行人体试验。最终结果判定以人体试验为准（以下凡人体试食试验与动物试验均被列为必做项目的功能试验，其人体试食试验的试验原则均按此要求）。

2. 动物试验模型选择

一个好的糖尿病动物模型应该具备以下条件：胰岛细胞轻度损伤；胰岛素分泌紊乱或轻度下降（相对于Ⅰ型糖尿病）；组织对胰岛素敏感性下降或胰岛素抵抗；伴随肥胖和高脂血症等特征；再现性好、成功率高、专一性好。目前常用的糖尿病动物实验模型有：自发性糖尿病动物模型、单纯膳食诱导动物模型、化学药物诱导动物模型、手术切除胰腺动物模型和转基因动物模型等。这些动物模型都具备一定的Ⅱ型糖尿病的特征，都能在一定范围内作为研究人类糖尿病遗传、内分泌、代谢、发病机制的有效工具，但是目前还没有任何模型和人类糖尿病完全一致，均或多或少存在缺陷。

对不同种类、不同作用机制的降糖功能性食品进行评价时，选择最佳动物模型有助于更方便、更有效地认识糖尿病的发生、发展规律，从而更好地评价降血糖功能食品。

（1）自发性糖尿病动物模型　自发性糖尿病动物模型是在自然条件下动物自然产生，或由于基因突变而出现类似人类糖尿病表现的动物模型。该模型更接近人类糖尿病的自然起病及发展，尤其适于研究糖尿病的病因学。但自发性糖尿病动物因其来源相对较少，饲养、繁殖条件要求高，动物昂贵等缺点，限制了其在科学研究中的应用和普及。目前主要包括：db/db 小鼠、ob/ob 小鼠、NSY 小鼠（Nagoya - Shibata - Yasuda mice，NSY mice），Zucker fa/fa 与 ZDF（Zucker diabetic fatty）大鼠、GK（Goto - Kakisaki，GK）大鼠、OLETF（Otsuka Long - Evans Tokushima Fatty，OLETF）大鼠等。

（2）单纯膳食诱导动物模型　食物诱导的Ⅱ型糖尿病动物模型与人类的发病情况类似，在新药开发、发病机制研究中具有极大的应用价值。正常动物经单纯的高脂饮食诱导一段时间后可出现明显的胰岛素抵抗，但其血糖升高不明显，即使能诱发出高血糖也需要相当长的过程，有文献报道为 0.5 ~2 年不等。目前用于膳食诱导糖尿病的实验动物主要是用 C57BL/6J 小鼠。

采用高糖高脂肪饲料喂养 C57BL/6J 小鼠 6 个月后，小鼠表现出明显的肥胖，并且表现出对葡萄糖的明显不耐受，空腹血糖≥240mg/dL，血清胰岛素水平≥150mU/mL，出现明显的胰岛素抵抗和血糖升高症状，发病特征和病情比较类似人类Ⅱ型糖尿病。因此可以认为高脂肪膳食诱导的 C57BL/6J 模型是较为理想的葡萄糖耐量异常、胰岛素抵抗和早期Ⅱ型糖尿病动物模型。这种模型与人类Ⅱ型糖尿病在病因和发病特点上非常相似，是研究Ⅱ型糖尿病较为理想的动物模型，但这种模型诱导时间太长，成本很高，从而限制了这种动物模型在基础研究中的应用。

（3）化学药物诱导动物模型　短期内要诱导出伴有高血糖的胰岛素抵抗动物模型常需要链脲佐菌素（streptozocin，STZ）、四氧嘧啶等化学药物的辅助。

①链脲佐菌素：链脲佐菌素是目前使用最广泛的糖尿病动物模型化学诱导剂，它对一些种属的动物胰岛 β 细胞有选择的破坏，可以使猴、狗、羊、兔、大鼠、小鼠等实验动物产生糖尿病。一次大剂量或多次小剂量腹腔或静脉注射链脲佐菌素均可制备Ⅰ型糖尿病模型。

速发型：一次大剂注射所制得的速发型糖尿病系胰岛 β 细胞直接受损所致。将链脲佐菌素用 0.1mol/L 柠檬酸钠缓冲液新鲜配制成浓度为 0.25%、pH 4.2 的溶液。大鼠禁食 10h，按 50mg/kg 体重腹腔内 1 次注射链脲佐菌素溶液，24h 内血糖≥16.8mmol/L，稳定 5d 即为成功模型。

迟发型：多次小剂量注射所制得的迟发型糖尿病模型 β 细胞损伤可能与 T 淋巴细胞介导的免疫机制有关。大鼠第 1 天腹腔注射 0.5mL 完全弗氏佐剂，次日按 25mg/kg 体重腹腔内注射链脲佐菌素溶液。每周 1 次，连续 3 周，第 3 周成模型率可达 87.5%。

单纯的链脲佐菌素注射诱导的糖尿病模型从发病机制上比较接近Ⅰ型糖尿病，主要特点是高血糖，血清胰岛素水平严重降低，初期没有明显的脂代谢紊乱的症状，所以这种模型从严格意义上说和典型的Ⅱ型糖尿病是有差别的。而且单纯的链脲佐菌素注射一次大剂量给予链脲佐菌素对动物的副作用比较大，动物的死亡率很高，成模率较低。

链脲佐菌素处理的新生大鼠成年后将呈现典型的Ⅱ型糖尿病表现。链脲佐菌素处理新生大鼠也可制备理想的Ⅱ型糖尿病模型，模型稳定，简便易行，也较为常用，但造模时间长，造价较高为其不足。链脲佐菌素处理新生自发性高血压大鼠（SHR）还可获得理想的Ⅱ型糖尿病合并原发高血压模型。

② 小剂量链脲佐菌素联合高脂饲料：先以高糖高脂饲料（10% 蔗糖、10% 猪油、5% 胆固醇）喂养大鼠1个月，诱发出胰岛素抵抗，继以 25mg/kg 体重的链脲佐菌素（以 pH 4.2 的0.1mol/L 柠檬酸钠缓冲液配成 0.25% 浓度）。该模型具有中度高血糖、高血脂、高血压、血胰岛素不低、胰岛素抵抗、成功率高等特点，多用于评价治疗Ⅱ型糖尿病的药物疗效。小剂量链脲佐菌素注射加特殊膳食诱导能制备具有显著胰岛素抵抗的较理想的Ⅱ型糖尿病模型，且造模时间比特殊膳食诱导短，比自发性糖尿病模型价格低，是目前使用最多的Ⅱ型糖尿病模型制备方法。

③ 四氧嘧啶：四氧嘧啶是胰岛 β 细胞毒剂，通过产生超氧自由基而破坏 β 细胞，使细胞内DNA 损伤，并激活多聚 ADP 核糖体合成酶活性，从而使辅酶 I 含量下降，导致 mRNA 功能受损，β 细胞合成前胰岛素减少，导致胰岛素缺乏。给动物按体重 100～200mg/kg 一次静脉或腹腔注射 1%～5% 的四氧嘧啶水溶液，可使实验动物的 β 细胞很快受到损害，注射后 24h 可出现持续性高血糖，β 细胞呈现不可逆性坏死。用于制作Ⅰ型糖尿病模型。

四氧嘧啶糖尿病模型是目前最常用的Ⅰ型糖尿病动物模型之一，模型血糖水平稳定且维持长，有明显的糖尿病症状，且需时短，操作简单，成本较低，是评价糖尿病药物疗效及安全性的常用模型，应用广泛，但造模死亡率较高，同时也致肝、肾组织中毒性损害，部分动物高血糖自然缓解，有学者研究可以用阿托品对抗其副作用。

（4）手术切除胰腺动物模型　利用外科手术对动物进行完全胰腺切除手术，常用于Ⅰ型糖尿病动物模型的建立，但采用部分胰切除手术的方法则可用来建立Ⅱ型糖尿病狗、猪、灵长及啮齿类动物模型。例如，有研究者就对 BALB/c 小鼠进行 50% 胰腺切除手术，并联合使用 350mg/kg 烟酰胺和 200mg/kg 的链脲佐菌素，成功建立了能长期维持高血糖状态、有效降低化学诱导致死率的Ⅱ型糖尿病动物模型。此法建立的模型可避免化学试剂对实验动物器官的细胞毒性作用，可模拟人类胰岛 β 细胞大量减少。但需要经历复杂的手术过程，所造模型存在一些消化系统问题，对其他的胰岛细胞也有损伤，且致死率较高。手术方法制造的糖尿病模型比较稳定，但对小动物来讲，手术较复杂，术后可能发生十二指肠坏死等并发症，只适用于少数动物，现仅少量应用。

手术或化学方法复制的模型常是急性的，与人类糖尿病的发生有一定的差异，对糖尿病病因方面的研究存在不足。

（5）转基因动物模型　为阐明某一单个基因在Ⅱ型糖尿病发病中的作用，人们采用基因推敲出或基因过表达等手段复制出一系列Ⅱ型糖尿病动物模型，目前常用的转基因动物模型有 *SREBP*－2 转基因小鼠、MODY 模型和 KK－Ay 小鼠等，但这些基因改变的动物模型往往与临床具有一定的差距，其应用范围也受到很大的限制。

二、试验方法

（1）降低空腹血糖试验　选高血糖模型动物按禁食 3～5h 的血糖水平分组，随机选 1 个模型对照组和 3 个剂量组，必要时还设 1 个阳性对照组，组间差不大于 1.1mmol/L。剂量组（以人体推荐量的 10 倍为 1 个剂量组，另设两个剂量组）给予不同浓度受试样品，模型对照组给予溶剂，受试样品给予时间原则上不少于 30d，必要时可延长到 45d。测空腹血糖值（禁食同试验前），比较各组动物血糖值及血糖下降百分率。

血糖下降百分率/% =（试验前血糖值 - 试验后血糖值）/试验前血糖值 × 100　　(5 - 1)

（2）受试样品高剂量对正常动物空腹血糖的影响　选健康成年动物禁食 3 ~ 5h，测血糖，按血糖水平随机分为 1 个对照组和 1 个高剂量组。喂养到规定天数后，禁食 24h，测空腹血糖值。比较各组动物血糖值及血糖下降百分率。

（3）糖耐量试验　高血糖模型动物禁食 3 ~ 5h，剂量组给予不同浓度受试样品，模型对照组给予同体积溶剂，15 ~ 20min 后经口给予葡萄糖 2. 0g/kg 或医用淀粉 3 ~ 5g/kg，测定给葡萄糖后 0h、0. 5h、2h 的血糖值或给医用淀粉后 0h、1h、2h 的血糖值，观察模型对照组与受试样品组给葡萄糖或医用淀粉后各时间点血糖曲线下面积的变化。

血糖曲线下面积 = 1/2 ×（0h 血糖值 + 0. 5h 血糖值）× 0. 5 + 1/2 ×（2h 血糖值 + 0. 5h 血糖值）× 1. 5
= 0. 25 ×（0h 血糖值 + 4 × 0. 5h 血糖值 + 3 × 2h 血糖值）　　(5 - 2)

三、结果判定

试验数据用统计软件进行处理，试验前后的血糖值比较采用配对 t 检验，其他数据各组间比较采用两样本均数 t 检验。

（1）降低空腹血糖的试验　在模型成立的前提下，受试样品剂量组与对照组比较，空腹血糖实测值降低或血糖下降百分率有统计学意义，可判定该受试样品降空腹血糖的试验结果为阳性。

（2）糖耐量试验　在模型成立的前提下，受试样品剂量组与对照组比较，在给葡萄糖或医用淀粉后 0h、0. 5h、2h 血糖曲线下面积降低有统计学意义，可判定该受试样品糖耐量试验结果为阳性。

空腹血糖和糖耐量两项指标中有一项指标呈阳性，且高剂量对正常动物的空腹血糖无影响，即可判定该受试样品辅助降血糖动物试验的结果呈阳性。

四、人体试食试验方法

（1）试验设计　在动物试验结果呈阳性后，必须进行人体试食试验。以糖尿病患者为试验对象，采用随机双盲法，按受试者的血糖水平随机分为试食组和安慰组，尽可能考虑影响结果的主要因素如病程、服药种类（磺脲类、双胍类）等，进行均衡性检验，以保证组间的可比性。每组受试者不少于 50 例，采用组间和自身两种试验设计。

（2）受试产品　受试产品必须是具有定型包装、标明服用方法、服用量的定型产品；安慰剂除功效成分外，在剂型、口感、外观和包装上与受试产品保持一致。

（3）受试者纳入标准　选择经饮食控制或口服降糖药治疗后病情较稳定，不需要更换药物品种及剂量，仅服用维持量的成年Ⅱ型糖尿病病人，空腹血糖 ≥ 7. 8mmol/L，或餐后 2h 血糖 ≥ 11. 1mmol/L；也可选择 6. 7mmol/L ≤ 空腹血糖 ≤ 7. 8mmol/L，或 7. 8mmol/L ≤ 餐后 2h 血糖 ≤ 11. 1mmol/L 的高血糖人群。

（4）受试者排除标准　糖尿病病人，年龄在 18 岁以下或 65 岁以上，妊娠或哺乳期妇女，对受试样品过敏者；有心、肝、肾等主要脏器并发症或合并有其他严重疾病，精神病患者，服用糖皮质激素或其他影响血糖药物者；不能配合饮食控制而影响观察结果者；近 3 个月内有糖尿病酮症、酸中毒以及感染者；短期内服用与受试功能有关的物品，影响到对结果的判断者；凡不符合纳入标准，未按规定食用受试样品，或资料不全影响功效或安全性判断者。

（5）试验方法　试验前对每一位受试者按性别、年龄、不同劳动强度、理想体重，参照原来生活习惯规定相应的饮食，试食期间坚持饮食控制，治疗糖尿病的药物种类和剂量不变。试食组在服药的基础上，按推荐服用方法和服用量每日服用受试样品，对照组在服药的基础上可服用安慰剂或采用阴性对照。受试样品给予时间30d，必要时可延长至45d。

（6）观察指标　观察受试者身体一般状况（包括精神、睡眠、饮食、大小便、血压等），检测受试者血、尿、便常规指标，做肝、肾功能检查。以上各项指标在试验开始和结束时各测1次。试验前进行1次胸透、心电图、腹部B超检查。

（7）功效指标　症状观察：详细询问病史，了解患者饮食情况、用药情况、活动量，观察口渴多饮、多食易饥、倦怠乏力、多尿等主要临床症状，按症状轻重积分，于试食前后统计积分值，并就其主要症状改善（改善1分为有效），观察临床症状改善率。

空腹血糖：观察试食前后空腹血糖值及血糖下降的百分率。

餐后2h血糖：观察试食前后食用100g精粉馒头后2h血糖值及血糖下降的百分率。

尿糖：用空腹晨尿定性，按－、±、＋、＋＋、＋＋＋、＋＋＋＋分别积0、0.5、1、2、3、4分，于试食前后统计积分值。

血脂：观察试食前后血清总胆固醇、血清甘油三酯、高密度脂蛋白胆固醇水平。

五、结果判定

（1）空腹血糖　①空腹血糖试验前后自身比较，差异有显著性，且试验后平均血糖下降≥10%；②试验后试食组血糖值或血糖下降百分率与对照组比较，差异有显著性。

满足上述两个条件，可判定该受试样品空腹血糖指标结果阳性。

（2）餐后2h血糖　①餐后2h血糖试验前后自身比较，差异有显著性，且试验后平均血糖下降≥10%；②试验后试食组血糖值或血糖下降百分率与对照组比较，差异有显著性。

满足上述两个条件，可判定该受试样品餐后2h血糖指标结果阳性。

（3）辅助降血糖　空腹血糖、餐后2h血糖值两项指标中1项呈阳性，即可判定该受试物具有辅助降血糖作用。

思考题

1. 糖尿病有哪些类型？
2. 糖尿病的发病与哪些因素有关？
3. 试述糖尿病的发病机制。
4. 具有调节血糖的功能因子有哪些？
5. 检测降血糖功能因子的动物模型有哪些？
6. 在日常生活中应怎样调节膳食以预防糖尿病的发生？

CHAPTER 6

第六章 抗氧化和延缓衰老的保健食品

[学习指导]

熟悉和掌握衰老、自由基等的概念；掌握自由基和活性氧的产生及其对机体的损害；了解主要的辅助抗氧化延缓衰老的功能因子及它们的作用机制；简单了解抗氧化及延缓衰老的功能性食品的检验方法。

自然界的万物皆有生死，人类也不例外。人体成年后，各器官和功能随着年龄的增长产生退行性的衰退，直至死亡。生命成长过程中时刻伴随的这种退行性的衰退现象，就是衰老。

衰老是人体各器官功能开始逐步降低的一种生理现象，是一个缓慢渐进的过程，是一种不可避免的自然规律。有关衰老的学说很多，当今受到普遍重视的衰老学说是衰老的脑中心说、衰老的自由基说和衰老的免疫学说。其中，衰老的自由基说在众多衰老理论中一直占有重要地位，它是 D. Harman 于 1955 年提出的。该学说认为机体在受到电离辐射或体内的酶促或非酶促反应中会产生一些自由基，如超氧阴离子自由基（$O_2^- \cdot$）、羟自由基（$\cdot OH$）、过氧化氢分子（H_2O_2）、氢过氧基（$HO_2^- \cdot$）、烷氧基（$RO \cdot$）、烷过氧基（$ROO \cdot$）、氢过氧化物（ROOH）和单线态氧（$^1O_2$）、氢自由基（$H \cdot$）、有机自由基（$R \cdot$）等。尤其在生物体内氧化还原反应中，大致有 2%～5% 的氧会产生超氧自由基。自由基的性质非常活泼，很容易与其他物质反应生成新的自由基。因此，自由基反应往往可以连锁方式进行下去。超氧自由基可以与蛋白质、脂肪、核酸发生反应，破坏细胞内这些生命物质的化学结构，干扰细胞功能，造成对机体的各种损害。因此，衰老的过程可能就是细胞和组织中不断进行着的自由基造成的氧化性损伤的总和，这些损伤的长期积累，到达一定程度时，身体就会不堪重负，导致疾病的发生。氧化损伤是机体衰老的一个重要原因，所以，要减慢衰老的速率，就要避免或降低自由基对机体造成的氧化性损伤。

第一节　营养与氧化和衰老

一、人的生命极限

寿命和衰老几乎是一个永恒的科学命题，关于人类寿命的学说目前主要有以下几种。

1. 寿命系数学说

根据统计，各种动物的生长期与寿命有关。生长期的5~7倍为寿命期，该系数称为寿命系数。人的生长期为25年（以人体骨骼愈合为标志），25×（5~7）=125~175，因此认为人的寿命为125~175岁。

2. 性成熟系数学说

据统计，动物的寿命是性成熟年龄的8~10倍。人的平均成熟年龄为14岁（以女性初潮，男性遗精为标志），因此提出人的寿命应为14×（8~10）=112~140岁。

3. 细胞代数学说

细胞代数学说又称细胞分裂次数学说。试验发现，人体细胞在培养条件下平均可培养50代（40×60代），每一代相当于24年，称为弗列克系数。据此，人的平均寿命应为2.4×（40~60）=96~144岁。

4. 脑均浆体的自动氧化速率

从比较生物学的角度，各种哺乳动物的寿命与其脑均浆体的自动氧化速率之间有一定关系，说明脑均浆体的自动氧化速率越慢寿命越长，人的寿命平均为90岁。

5. 体内抗氧化物质的浓度

从哺乳动物血清中α-生育酚的浓度（代表着体内抗氧化物质的浓度）与其寿命成正相关关系，得出人的寿命应在90岁以上。

二、营养与氧化和衰老

从营养学的角度研究人体衰老及延缓衰老的课题已经进行很多年了。研究主要涉及两个方面的内容：一是从营养元素的角度研究，如蛋白质（包括某些氨基酸）、矿物质、维生素等的生理功能及对人体抗衰老的有益作用；二是近几年在有关衰老理论研究的基础上，侧重于食物中的一些功能性活性成分对延缓机体衰老的有益作用，总结起来有以下几个方面。

（一）热量与寿命的关系

美国老年研究所曾研究限食对大鼠寿命的影响：限食的大鼠存活1400d，最高寿命1800d。但自由取食的大鼠仅存活600~700d。可见，限食后的大鼠的平均寿命几乎延长1倍。但是，限制食物和热量使动物生长发育迟缓，个体矮小，幼年死亡率高，所以认为此法不可取，因而提出限食和自由取食交替进行。结果显示，这一种限食方法在幼年使用效果较好，中后期无效。

对人类如何？尚需进一步深入研究。有资料证实，多数长寿老人出身贫寒家庭。究其原因可能是早期限食可抑制生长，延缓成熟期，使生理性衰老放慢。因此对现在儿童营养状况提出了一个问题：如今独生儿童多，营养过剩，儿童单纯性肥胖症总检出率达0.91%，可能会对成年后的健康和寿命带来不良影响。

（二）蛋白质和糖的比值与寿命的关系

膳食中蛋白质和糖的比值越高，机体的寿命越长。如：用低热量、高比值的饲料喂大鼠，平均寿命为934d，而自由取食的大鼠，平均寿命仅540d。也有实验证明，随着膳食中蛋白质含量的降低，各种癌症的发病率上升（膀胱癌例外）。

人的一生中摄取的蛋白质较多，对平均寿命的延长有利。据人群寿命调查证实，以植物蛋白为主要来源的人群，他们的平均寿命长于以动物蛋白为主要来源的人群。所以，我国人民膳食以植物蛋白和动物蛋白并重，以植物蛋白为主，是比较符合中国人的生活水平情况的。

（三）一些维生素与人类疾病和寿命的关系

近年来的研究表明，一些抗氧化性维生素，如维生素C、维生素E、维生素A、β-胡萝卜素对防治一些老人病、成人病（如冠心病、脑卒中及癌症）都具有十分良好的效果。我国学者仅用维生素C、维生素E和复合维生素B合剂培养人胚肺2倍体成纤维细胞，结果使细胞传80代，而对照组只能传62.5代，细胞寿命延长28%。

1. 维生素C与人类疾病和寿命的关系

维生素C又称抗坏血酸，是体内重要水溶性抗氧化剂，具有很好的降血脂、防治动脉粥样硬化及冠心病的效果。有人对60岁以下的人群进行流行病学的调查时发现，凡血液中维生素C浓度较低的人群，其低密度脂蛋白（LDL）胆固醇浓度较高，而高密度脂蛋白浓度低下。因而这一人群的血压，无论是收缩压还是舒张压都比高维生素C（血液）浓度者高，患高血压病的百分率也高。这是因为，维生素C可以在体内部分氧化成脱氢维生素C，通过这种氧化型与还原型构型的转变完成抗氧化功能。维生素C可以使维生素E自由基转变为维生素E，使维生素E重新发挥抗自由基作用。

2. β-胡萝卜素与人类疾病和寿命的关系

1971—1973年，瑞士的一个研究机构测定了3000名男性志愿者中β-胡萝卜素含量，并于12~14年后进行了死亡率随访，发现当初血中β-胡萝卜素浓度较低（25μg/100mL）的志愿者因缺血性心脏病造成死亡的相对危险比胡萝卜素浓度较高（75μg/100mL）者高出1.53倍（$P<0.02$）。一位美国学者调查了2.2万名40~80岁的医生，排除了他们患有心肌梗死、中风或心绞痛等既往史后，给他们日服50mg β-胡萝卜素，经过16个月随访，发现凡服β-胡萝卜素的医生，其心血管病的患病几率下降46%。

3. 维生素E与人类疾病和寿命的关系

维生素E是脂溶性抗氧化剂，可保护不饱和脂肪酸免受氧化破坏，维持生物膜的正常结构。可通过促进RNA和蛋白质的生物合成，达到延缓衰老的目的。

据报告，中国医学科学院肿瘤研究所与美国国立癌症研究所等单位在林县进行了为期5年的食管癌营养干预试验。结果表明，给普遍人群每日补充10mg β-胡萝卜素60（IU）维生素E及50μg硒，其总死亡率、总癌死亡率、胃癌死亡率及其他癌死亡率分别下降9%、13%、20%、19%（$P<0.05$）。

也就是说，一些具有抗氧化功能的维生素可以抑制过氧化物的产生，及时清除体内代谢产生的自由基，降低某些老年病、成人病的发病率，防止和延缓衰老发生的功效，达到延年益寿的目的。

(四) 微量元素与人类疾病和寿命的关系

硒已成为国内外生命科学研究的热门课题，非酶硒化物具有抗氧化、清除自由基、增强人体免疫力、抗肿瘤等多种功能。同时硒也是谷胱甘肽过氧化物酶（GSH－Px）的重要组成成分。因此，已经证实补硒对防治老人病、成人病（如冠心病、脑卒中及癌症）都具有十分良好的效果。

一般认为限制能量摄入，增加蛋白质，特别是植物蛋白的摄入量，多食膳食纤维，保证一些具有抗氧化功能的维生素和微量元素的充足摄入能有效地降低某些老年病、成人病的发生率，有益于延缓衰老进程。

第二节 抗氧化和延缓衰老的保健食品的开发

氧化损伤是导致人类疾病的一个重要因素，也是机体衰老的原因之一。Harman 提出的衰老自由基学说认为自由基对机体造成的氧化性损伤之总和，是机体衰老的一个重要原因。

一、自由基、活性氧与人体健康、疾病和衰老的关系

自由基的研究进展已成为生命科学中的一个热点，自由基应用的历史可以追溯到四千多年以前。古埃及人发明用含有抗自由基即抗脂质过氧化物的草药浸出液浸裹尸布，包裹尸体做成木乃伊，虽然至今已四千多年，但发掘出的木乃伊仍完好无损而不腐烂。近几十年自由基生命科学的发展极其迅猛，所发表的论文呈几何级数增长。目前国际上已有自由基生物学、自由基医学、自由基化学与自由基农学四种学会。

(一) 自由基和活性氧的产生

自由基（free radical，FR）是指任何能独立存在的，含有一个或多个未配对价电子（unpaired electron）的原子、原子基团、分子或离子。书写时，以一个小圆点表示未配对电子。例如（H·）为氢自由基，（OH·）为氢氧自由基。O_2分子中有 2 个三电子 π 键，因而有 2 个未配对电子，所以是一种双自由基（biradical）。O_2如得到一个电子，则成为带一个负电荷的离子，但仍有一个电子未配对，所以称为超氧阴离子自由基（O_2^-·）（superoxide anion radical），它在生物体内有重要作用。

机体内自由基的产生来源于两个方面：一是外源性原因产生的自由基，是由大气污染物质（NO_2、O_3）、电离辐射（α 射线、γ 射线、紫外线）、X 射线照射、某些药物（抗肿瘤药物、抗生素、解热镇痛药等）、各种微量元素（铅、铝、锂、砷等）、酒精、高压氧中毒等物理及化学因素介导产生的；二是机体酶促反应过程中产生的内源性自由基，主要是呼吸链氧化磷酸化及微粒体细胞 P450 系统在细胞氧化代谢过程中产生的。

构成物质的原子由原子核与电子组成，电子按其能量的高低，分布在原子核四周的轨道上。最外面的电子能量最高称为价电子，它可以与其他原子或分子的电子连接起来形成键。形成一个共价键需要 2 个电子。当化合物接受各种能量时，其共价键可以发生裂变，即共用电子

对均匀地分属两个原子或原子基团时，产生含奇数电子的离子，就是自由基。即凡是发生单电子转移的反应都会产生自由基。举例来说，A、B 是以共价键结合的两个原子（·代表电子），均裂可表示如下：

$$A:B \rightarrow A\cdot + B\cdot$$

“A·”是 A 自由基，“B·”是 B 自由基。水分子中的一个共价键均裂，则生成氢自由基（H·）和羟自由基（·OH）。和均裂相反的是异裂（heterolytic fission），当共价键异裂时，一个原子接受了成对的电子，如下：

$$A:B \rightarrow A^{-}: + B^{+}$$

A 得到一个额外的电子而带负电荷，B 失去一个电子则带正电荷，如水的异裂生成 H^+ 和 OH^-，它们分别称为氢离子和氢氧根离子。它们都不存在不配对的电子，因此不是自由基。

从氧衍生出来的自由基及其产物称为活性氧（reactive oxygen species，ROS）。活性氧不仅包括自由基，也包括像 H_2O_2 一样具有氧化其他生物分子能力的非自由基化合物。对健康危害最大的是这些活性氧家族。

1. 超氧阴离子自由基的产生

机体发生酶促反应或非酶促反应过程中会产生超氧阴离子自由基（$O_2^-\cdot$）。超氧阴离子自由基是所有氧自由基中的第一个自由基，可以经过一系列反应生成其他氧自由基，不仅具有重要的生物功能，还和多种疾病有密切联系。O_2 在需氧生物体内到处存在，在其参与的非酶促反应中，它本身能从还原剂那里接受一个电子转变为 $O_2^-\cdot$。

2. 羟自由基的产生

羟自由基（hydroxyl radical，·OH）的化学性质非常活泼，寿命极短，氧化活性最强，是一个极强的氧化剂，产生部位经常为其所起作用的部位。机体内会通过某些酶或其复合体系产生·OH。如机体发生 O_3 中毒、受到电离辐射或其他物理化学因素的作用时，都可能产生·OH。由于羟自由基是一个极强氧化剂，一旦产生，就会立刻氧化紧挨着它的任何生物分子。如果它氧化了在生物体中执行重要功能的分子如核酸和蛋白质，会产生严重后果。

3. 过氧化氢的产生

过氧化氢（H_2O_2）是一种非自由基活性氧。O_2 获得两个电子就可成为 $O_2^-\cdot$，在 H^+ 的存在下可转变为 H_2O_2。生物体内 H_2O_2 的产生主要是通过酶促反应，如黄嘌呤氧化为尿酸、*D*-氨基酸氧化为酮酸、*D*-葡萄糖氧化为 *D*-葡萄糖酸内酯、胺类化合物氧化为醛类以及 $O_2^-\cdot$ 的歧化反应都会有 H_2O_2 的产生。在这些酶促反应过程中，除了 SOD 催化 $O_2^-\cdot$ 歧化为 H_2O_2 外，其他酶都可直接使 O_2 转变为 H_2O_2，其中，线粒体与内质网产生的 $O_2^-\cdot$ 是 H_2O_2 产生的主要来源。

4. 单线态氧的产生

单线态氧（singlet molecular oxygen，$^1O_2$）也是一种非自由基活性氧，是体内组织暴露于光中获得能量形成的。生物体内 $^1O_2$ 的产生主要通过以下几个途径：某些植物和细菌中过氧化物酶的催化反应；嗜中性粒细胞与巨噬细胞吞噬细菌时过氧化物酶的催化反应；脂类过氧化过程中 $RO_2\cdot$ 与 $RO_2\cdot$ 的相互作用；光敏反应过程中会产生 $^1O_2$。

5. 一氧化氮自由基的产生

一氧化氮自由基（nitric oxide radical，NO·）是精氨酸（如多肽顶端的精氨酸）在酶的作用下形成的一种信号化合物，能松弛血管壁平滑肌而导致血压降低。其也可由巨噬细胞激活而产生。NO·可以与其他分子直接反应，或与 O_2^-·结合生成过氧亚硝酸盐（$ONOO^-$）。亚硝酸盐能诱导脂质过氧化作用，也可能通过蛋白质中酪氨酸残基亚硝化而干预细胞的信号传递。

（二）自由基的生物学效应及其毒性作用

机体内的自由基是体内正常代谢反应而内源产生的。因此，所有的需氧细胞都发展了避免组织损伤的保护机制，使自由基的产生、利用、清除三者处于动态平衡状态，此时自由基浓度很低，能发挥其有益的生物学效应；只有当平衡被打破，自由基水平高于正常值时，才表现出毒性效应，表现为对生物大分子有强烈的氧化破坏作用，对机体组织细胞造成损伤。如富含多不饱和脂肪酸（polyunsaturated fatty acids，PUFAs）的生物膜极易受到自由基的攻击而发生脂质过氧化反应。除此之外，自由基在有金属离子存在的情况下，可以使DNA单链或双链断裂、碱基氧化。自由基还可以通过其氧化产物丙二醛（MDA）及DNA损伤产物产生致突变作用，从而诱发基因突变和改变基因表达。

（三）自由基及活性氧对生物机体的损伤

由于自由基外层具有不成对的价电子，它很容易从周围分子上夺得1个电子或失去1个电子以恢复成对，所以自由基具有不稳定性和活泼性强两个特点。自由基的不稳定性和活泼性使其很容易与其他物质反应生成新的自由基。因此，自由基反应往往可以以连锁的方式进行下去。氧自由基可以与蛋白质、脂肪、核酸发生反应，破坏细胞内这些生命物质的化学结构，干扰细胞功能，造成对机体的各种损害。

1. 自由基对脂类和细胞膜的破坏作用

由于脂质中的多价多不饱和脂肪酸含有多个双键而使其具有非常活泼的化学性质，最易受到自由基的破坏而发生过氧化反应。自1968年McCord与Fridovich发现了清除超氧化物自由基（O_2^-·或 HO_2^-）的SOD以来，已经证实氧的某些代谢产物（如 O_2^-·、H_2O_2和·OH）等引起的细胞损伤过程是微粒体脂质过氧化和多不饱和脂肪酸氧化变性的主要原因。

由自由基介导的链式反应过程导致多不饱和脂肪酸受到氧化损伤而断裂，其氧化过程中产生的终产物丙二醛（MDA）可以和膜上的蛋白、磷脂上的氨基交联，生成Schiff碱，导致细胞变形性改变而使细胞失去了完整性，破坏了镶嵌于膜系统上的许多酶的空间构型，以致酶的孔隙扩大，通透性增加，生物膜活性降低，出现退行性变化；从而使内质网膜、线粒体膜、溶酶体膜等生物膜系统的液体镶嵌状态发生变化，导致广泛性损伤和病变，使细胞的多种功能受到损害。

2. 自由基对蛋白质（酶）的损伤作用

无论是氧自由基本身，还是由其引发的脂质过氧化反应过程中形成的自由基，都可以使蛋白质发生变性。自由基可以从蛋白质分子中夺取氢原子而形成蛋白质自由基，蛋白质自由基可进一步引起蛋白质分子的聚合和肽键的断裂。如果这种蛋白质分子之间发生分子间的交联，就会生成由异常键连接的比原有分子大许多倍的大分子，致使蛋白质变性、溶解度降低而影响蛋白质的功能。破坏了的细胞成分可被溶酶体吞噬。由于它们有异常键（醛亚胺键），不易被溶酶体内水解酶消化，随着年龄的增长而蓄积在细胞内就形成了所谓的脂褐质（lipofusin）。脂褐质具有荧光，所以又称增龄色素。自由基也可以使蛋白质与脂质结合成聚合物，进而影响蛋白质的生物活性，最终使酶的水平降低，活力减弱，甚至丧失生物活性。

3. 自由基对核酸和染色体的破坏作用

在生物体以水为介质的环境中，大剂量的辐射可直接使DNA断裂，较小剂量的辐射对

DNA 的损害主要是 DNA 主链断裂、碱基降解和氢键破坏。现在一般认为，辐射造成的这些变化是辐射作用于水，使水分解。其一级反应可产生水阳离子和电子，后者再与水反应及相互作用即二级反应，产生活泼的氢自由基 H·、氢氧自由基 OH·、水化电子 e_{aq}^-，e_{aq}^-可与 O_2反应生成 O_2^-·。这些自由基又可以通过连锁反应生成新的自由基，新生成的自由基可相互结合，或再通过 O_2、O_2^-·及 H^+等反应生成过氧化物。这些变化可造成碱基与核糖连接键断裂，引起脱氨基、脱羧基、核糖氧化、磷酸酯键断裂等一系列化学变化。核酸作为染色体的主要成分受到自由基的攻击时，其主要载体——染色体必然受到破坏而发生变异。

（四）自由基、活性氧与衰老和疾病发生的关系

生理情况下，人体内有2% ~5% 的分子氧通过多种途径产生自由基，但其产生与清除之间处于动态平衡状态。当某种因素使氧自由基过多或超出机体清除能力或/及清除能力减弱时，体内自由基的含量就会过多。过多的自由基可以与蛋白质、脂肪、核酸发生反应，破坏细胞内这些生命物质的化学结构，干扰细胞的正常功能，造成对机体的各种损害而诱发疾病，引起衰老和死亡。也就是说自由基所在细胞内发生的多位点损伤的累积是引起疾病和衰老的重要原因。

研究结果表明，活性氧参与许多疾病的病理过程，如心血管病、某些癌症、白内障、老年黄斑变性及多种神经退行性疾病等，其中氧化损伤是个重要原因。

1. 氧化损伤与动脉粥样硬化

内脏器官的衰竭程度与自由基含量、脂质过氧化程度成正相关，而与器官抗氧化能力成负相关。心、脑血管疾病研究表明在发生动脉粥样硬化时，血浆内脂质过氧化物含量会升高，自发性叔丁基过氧化物（tbooH）诱导的溶血程度会增加，反映机体抗氧化能力的参数，含硒的谷胱甘肽过氧化物酶活性明显下降。大多数心血管病的主要原因是动脉粥样硬化。在动脉粥样硬化的指纹期，在血管内皮细胞内脂质（如胆固醇）发生沉积。越来越多的证据表明：在巨噬细胞吞噬低密度脂蛋白（LDL）前，首先是 LDL 的氧化。许多学者认为 LDL 的氧化是一种危险因素，而且有致病作用。巨噬细胞吞噬了氧化型 LDL 形成泡沫细胞，或者氧化型 LDL 释放有毒的脂质过氧化物，或者氧化型 LDL 具有化学吸引特性。

2. 氧化损伤与致癌

致癌是一个复杂的多阶段过程，包括启动、促进和进展三个阶段。体外研究表明，DNA 氧化损伤导致 DNA 的单链或双链断裂，DNA 交联及染色体断裂或重排异常。当细胞暴露于氧化应激时，可检测到 DNA 的碱基被修饰，如羟基胸腺嘧啶和羟基鸟嘌呤。DNA 的碱基修饰是致癌第一步，可能导致点突变、缺失或基因扩增。活性氧还能使清除强致癌剂的解毒物的酶失活。流行病学的资料也支持抗氧化剂是通过清除活性氧而预防癌症发生。

3. 氧化损伤与白内障和老年黄斑变性

白内障及老年黄斑变性损伤是由氧化损伤造成的视力损害。老年性白内障是指晶状体混浊。因为眼睛晶状体经常暴露于光和氧中，形成的活性氧与晶体蛋白起反应发生聚合和沉淀。临床资料支持大剂量摄入维生素 C、维生素 E 能预防和延缓白内障发展。

老年性黄斑变性（age - related macular degeneration，AMD）是老年人视力损害的一个重要原因。黄斑色素是光到达黄斑区必须通过的第一个颜色滤过器。叶黄素（lutin）和玉米黄素（zeaxanthin）是该区主要色素。黄斑色素的功能可能是预防蓝光引起的光氧化作用（photo - oxidation），蓝光通过产生$^1O_2$及 O_2^-·以损伤视细胞。叶黄素等类胡萝卜素能清除$^1O_2$及 O_2^-·，从而降低 AMD 发生的危险。

4. 氧化损伤与神经元疾病

已有资料表明，在一些与神经元进行性退化性疾病如帕金森病、阿尔茨海默症的发展进程中，氧化应激可能起一定作用。

此外，衰老、炎症、自身免疫疾病和糖尿病均与自由基引起的氧化性损伤有关。创伤后大量流血、失血性休克、手术、中风、因血栓所致的心肌梗死、烧伤、冻伤都会发生缺血。如果在这时输血或恢复循环，这一过程在病理生理学中称缺血再灌注。缺血再灌注经常会产生氧自由基，从而造成组织损伤，甚至有生命危险。

二、自由基的清除及抗氧化剂对机体的保护作用

生命活动离不开氧，但在机体利用氧的过程中，特别是氧过量时，会形成过多的超氧阴离子自由基（$O_2^- \cdot$）而出现氧的毒性作用。正常情况下，机体内自由基的产生和清除之间处于动态平衡状态，使体内不会积累过多的自由基。这主要是由于生物体内存在着一些抗氧化剂，这些抗氧化剂通过捕获或猝灭氧自由基，抑制微粒体脂质过氧化和多不饱和脂肪酸的氧化变性而维持了生物膜的结构和功能的完整性，使自由基对机体的毒害作用降至较低的水平，从而预防和治疗了一些疾病。其反应如下：

$$ROO\cdot + ArOH \rightarrow ROOH + ArO\cdot$$

$$ROO\cdot + ArO\cdot \rightarrow \text{分子产物}$$

凡能干扰自由基链反应中链引发和链增长过程，清除细胞内活性氧自由基（ROS）的化合物统称为自由基捕获剂（scavenger）或抗氧化剂（antioxidant）。从不同角度对生物抗氧化剂进行分类，可分为水溶性［如维生素 C、谷胱甘肽（GSH）、吲哚类化合物（indoles）、尿酸（UA）和儿茶酚类（catechols）］和脂溶性抗氧化剂［如维生素 E、β－胡萝卜素和生物黄酮类化合物（bioflavonoids）等］；还可分为捕获型（preventive antioxidants）［如超氧化物歧化酶（superoxide dismutase，SOD）、过氧化氢酶（catalase，CAT）、谷胱甘肽过氧化物酶（glutathione peroxidase，GSH－Px）等］和断链型生物抗氧化剂（chain－breaking antioxidants）［如维生素 C、维生素 E 和多元酚类化合物等］；又可分为酶类［如 SOD、CAT、过氧化物酶（POD）等］和非酶类抗氧化剂［如 GSH、抗坏血酸盐、维生素 E、类胡萝卜素（CAR）等］；也可分为生物体内新陈代谢过程中产生的内源性抗氧化剂（如 GSH－Px、CAT、SOD 等）和从体外摄入的外源性抗氧化剂（如多羟基蒽醌、抗坏血酸乙酸盐等）。这些抗氧化剂主要从深色水果、蔬菜和果汁中获得，也有一小部分可以从牛乳和日常食用的脂肪、蛋黄和海鱼中获得。

机体对活性氧的防御包括酶系和非酶系两大系统。自由基代谢酶类主要包括以下几种：SOD、辅酶 Q、GSH－Px 和 CAT。非酶防御系统的抗氧化剂，如维生素 E、维生素 C、维生素 A 与胡萝卜素，在自由基链式反应启动后起制动作用。微量元素中能稳定细胞膜与铜、锌 SOD 中的重要成分锌、铜，GSH－Px 中的重要成分硒，锰 SOD 中的锰，甚至微量元素铜的蛋白质载体铜蓝蛋白都有抗氧化作用。金属硫蛋白（metallothionein，MT）是一类富含半胱氨酸残基与金属离子的非酶蛋白，它普遍存在于各种生物体内，具有高度的可诱导性，能清除·OH。

三、抗氧化及延缓衰老的保健食品的开发

衰老是被动的，寿命是主动的，是能够通过各种后援支持而获得的。研究表明，体内自由基清除系统的功能有赖于合理的膳食营养和充足的抗氧化营养素的摄入，对构成体内抗氧化酶系统

（如 SOD、GSH－Px 所必需的硒、锌、铜、锰）以及抗氧化营养（如维生素 C、维生素 E、β－胡萝卜素等）都要从食物中摄取，因此，膳食营养对保持人体内正常的抗氧化功能起着重要的作用。

根据机体衰老机制的自由基学说，和中老年人消化及其他功能减弱，代谢和免疫功能降低等特点，延缓衰老保健食品的开发应着眼于调节生理节律、增强机体免疫功能。在国外，一般利用自由基清除剂和微生态因子相结合开发延缓衰老食品；在国内，主要利用补中益气、强肾健脾、滋阴养心的药食两用中药作为原料开发延缓衰老的保健食品。

（一）为机体补充自由基清除剂预防氧化损伤和衰老

衰老是不可抗拒的自然规律，但人类可以用各种方式延缓衰老的进程。机体不仅可以靠其本身的酶系统清除体内的自由基，也可以通过外加的酶及非酶系统清除自由基。

1．外加酶与抗氧化、延缓衰老

据统计分析表明，与年龄关系最为密切的是 LPO 和 GSH－Px，因此从衰老的自由基学说出发，提高人体 SOD 和 GSH－Px 活性，降低过氧化脂质及脂褐质含量，以清除自由基对机体的老化作用，可延缓衰老的进程。

SOD 的来源主要为动物血红细胞、刺梨、大蒜、小白菜等植物，目前为机体补充外源 SOD 的方法有含 SOD 的针剂、含 SOD 的保健酒、含 SOD 的牛乳、含 SOD 的口服液等。外源性 SOD 的作用与内源性 SOD 的作用是一样的，都可以将体内代谢所产生的 O_2^-·转变为 H_2O_2及 O_2，由于 H_2O_2仍具强氧化性，还需要通过 CAT 的作用转变为无毒性的水。因此在含 SOD 保健食品的开发中，最好将其与 CAT 配合使用。

另外，还可以给机体增加外源的谷胱甘肽过氧化物酶、谷胱甘肽转硫酶和葡萄糖－6－磷酸脱氢酶来达到清除多余自由基的目的。

2．外加还原物质与抗氧化、延缓衰老

除外加酶外，还可以通过补充外加的还原物质，如维生素 E、维生素 C、维生素 A、β－胡萝卜素、还原性谷胱甘肽、尿酸、微量元素硒等清除机体内自由基，达到延缓衰老的目的。

目前，天然维生素 E 主要从植物种子、小麦胚芽油、谷物、红花油等中获得。维生素 C 主要由工业化发酵方法生产，也可来源于富含维生素 C 的水果，如沙棘、刺梨、猕猴桃、野蔷薇果等。

还原型谷胱甘肽具有保护—SH 基的作用，可保护细胞膜中含—SH 的蛋白质和酶不被自由基或其他氧化剂所破坏，通过清除 H_2O_2和脂质过氧化物的渠道发挥抗氧化作用。

3．外加微量元素与抗氧化、延缓衰老

锌、硒、锰等许多微量元素是生物酶的重要组成成分，因此，机体内微量元素的含量可直接或间接影响机体清除自由基的能力，从而影响衰老进程。

（二）微生态因子与延缓衰老

肠道菌群栖息在人体肠道中，许多微生物（乳酸菌、双歧杆菌等）与人类在共同的历史进化过程中形成了复杂的微生态系统，保持一种微观生态平衡。例如，双歧杆菌与某些厌氧菌共同占据肠黏膜表面形成一个生物学屏障，构成微生物肠道定植的阻力，以阻止致病菌、条件致病菌的入侵和定植。双歧杆菌活菌数的减少已被认为是衰老、机体免疫力下降和成人病（如癌症、关节炎）发生的重要原因。因此，在食品中加入双歧杆菌或其增殖因子，可促进消化功能，拮抗有害细菌，增强免疫能力，降低血清胆固醇水平，预防动脉硬化等疾病发生，有利于延缓衰老。

栖居于人体肠道的乳酸菌能产生过氧化氢，不仅能抑制大多数革兰阴性菌的生长，而且可以激活肠道内乳过氧化物酶-硫氰酸盐系统，使乳过氧化物酶与过氧化氢结合，将硫氰酸盐氧化成氧化型中间产物亚硫氰酸，抑制有害微生物的生长，保护机体免受损伤。因此，在食品中加入乳酸菌能够改善肠道菌群的组成，抑制有害细菌的繁殖，刺激有益菌的繁殖。

（三）药食同源的保健物质

自古以来我国中医养生学者对衰老就有较深的认识，拥有大量“药食同源”的延年益寿中草药类保健食品，在延缓衰老方面发挥了重要的作用，形成了具有我国独特优势的一个领域。中医中一些抗衰老的药食同源物质，如人参、党参、灵芝、银耳、枸杞、刺五加、红景天、三七、绞股蓝、黄芪、玉竹、核桃等植物，鹿茸、紫河车、蛤蚧等动物，阳起石、麦饭石等矿物在现代中医的抗衰老研究中依然占据重要位置。

总之，开发延缓衰老保健食品，应充分利用传统中医药原料和食品，结合现代自由基清除剂和微生态抗衰老因子，达到理想的抗衰老效果。我国卫生部近几年陆续批准了不少具有延缓衰老功能的物质，在延缓衰老保健食品的研究和开发中可作为重要的参考依据。

（四）目前正在开发的具有延缓衰老的功效成分

近几年，从天然产物中寻找抗氧化剂成为一种趋势。其中研究得最多的是黄酮类化合物、皂苷及多酚类等的生理活性。

1. 黄酮类和多酚类

二者都含有还原性的酚羟基，酚羟基在体内可以被自由基氧化，而自由基则被还原失去未成对电子而淬灭。因此这两类物质都具有防止脂质过氧化及抗肿瘤功效。

2. 皂苷

皂苷具有多种生理调节功能，如调节胃肠功能、降低胆固醇、预防冠心病、抗疲劳、抗氧化、抗衰老、抗炎症等。用于保健食品的皂苷主要有大豆皂苷、人参皂苷、绞股蓝皂苷、黄芪皂苷等。

第三节　抗氧化和延缓衰老的保健食品的检验方法

一、抗氧化评价体系主要内容

2012年4月，国家食品药品监督管理总局组织修订了抗氧化等9个功能的评价方法。在有关氧化功能性食品的评价体系中，主要包含两方面的内容：一是通过动物试验加以验证，二是通过人体试食试验。主要的指标如下。

1. 动物试验

（1）体重。

（2）脂质氧化产物　丙二醛（malondialdehycle，MDA）或血清8-表氢氧异前列腺素（8-isoprostane）。

（3）蛋白质氧化产物　蛋白质羰基。

（4）抗氧化酶　超氧化物歧化酶（SOD）或谷胱甘肽过氧化物酶（GSH－Px）。

（5）抗氧化物质　还原性谷胱甘肽。

2. 人体试食试验

（1）脂质氧化产物　丙二醛或血清8－表氢氧异前列腺素（8－isoprostane）。

（2）超氧化物歧化酶。

（3）谷胱甘肽过氧化物酶。

上述动物试验和人体试食试验所列的指标均为必测项目。脂质氧化产物指标中丙二醛和血清8－表氢氧异前列腺素任选其一进行指标测定，动物试验抗氧化酶指标中超氧化物歧化酶和谷胱甘肽过氧化物酶任选其一进行指标测定。氧化损伤模型动物和老龄动物任选其一进行生化指标测定。在进行人体试食试验时，应对受试样品的食用安全性做进一步的观察。

对于试验结果的判定遵循下面的原则：动物试验中脂质氧化产物、蛋白质氧化产物、抗氧化酶、抗氧化物质四项指标中三项阳性，可判定该受试样品抗氧化功能动物试验结果阳性；人体试食试验中脂质氧化产物、超氧化物歧化酶、谷胱甘肽过氧化物酶三项指标中两项阳性，且对机体健康无影响，可判定该受试样品具有抗氧化功能的作用。

二、抗氧化保健食品的检验方法

（一）动物试验

1. 动物氧化损伤模型的建立

选用10月龄以上老龄大鼠或8月龄以上老龄小鼠，也可用氧化损伤模型鼠。

氧化损伤模型包括*D*－半乳糖氧化损伤模型和乙醇氧化损伤模型。

D－半乳糖氧化损伤模型的原理是*D*－半乳糖供给过量时，超常产生活性氧，打破了受控于遗传模式的活性氧产生与消除的平衡状态，引起过氧化效应。将受试动物随机分为1个模型对照组和3个受试样品剂量组，3个剂量组经口给予不同浓度受试样品，模型对照组给予同体积溶剂，在给受试样品的同时，模型对照组和各剂量组继续给予相同剂量*D*－半乳糖，颈背部皮下或腹腔注射，试验结束处死动物测脂质氧化产物含量、蛋白质羰基含量、还原性谷胱甘肽含量、抗氧化酶活力。

乙醇氧化损伤模型的原理是乙醇大量摄入，激活氧分子产生自由基，导致组织细胞过氧化效应及体内还原性谷胱甘肽的耗竭。选25～30g健康成年小鼠（180～220g大鼠），随机分为4个组，1个模型对照组和3个受试样品剂量组，必要时可增设1个空白对照组。3个剂量组给予不同浓度受试样品，模型对照组给予同体积溶剂，连续灌胃30d，末次灌胃后，模型对照组和3个剂量组禁食16h（过夜），然后1次性灌胃给予50%乙醇12mL/kg体重，6h后取材（空白对照组不作处理，不禁食取材），测血清或肝组织脂质氧化产物含量、蛋白质羰基含量、还原性谷胱甘肽含量、抗氧化酶活力。

2. 动物试验抗氧化评价指标

当机体清除自由基的能力减弱，衰老就随之而来。机体在有氧代谢过程中产生的超氧自由基作用于不饱和脂肪酸时，可生成过氧化脂质（lipid peroxide，LPO），它是引起组织细胞破坏衰老，最终导致机体衰老和功能障碍的主要原因。体内自由基引发脂质过氧化的分解产物之一丙二醛（MDA）可以和蛋白质中游离氨基酸发生交联反应形成Schiff碱，此物质在溶酶体中不易被消化，随着年龄的增长在细胞中逐渐积聚成为脂褐素，因发荧光又称荧光色素或增龄色素。MDA 在细胞内稳定存在，易于测定，它的含量反映了机体脂质过氧化的程度，可以间接判断机体和细胞受脂质过氧化损伤的程度及衰老的程度，因此 MDA 可作为判断生物衰老的指标。

8 - 表氢氧异前列腺素是体内脂质氧化应激反应稳定而具有特异性的标志物，其含量能间接反映因机体内自由基的产生而导致组织细胞的脂质过氧化程度。

血清中和组织中的蛋白质羰基是蛋白质的氧化产物。H_2O_2或 O_2^- · 对蛋白质氨基酸侧链的氧化可导致羰基产物的积累。羟自由基也可直接作用于肽链，使肽链断裂，引起蛋白质一级结构的破坏，在断裂处产生羰基。羰基化蛋白极易相互交联、聚集为大分子从而降低或失去原有蛋白质的功能，因此蛋白质羰基含量可直接反映蛋白质损伤的程度。蛋白质羰基形成是多种氨基酸在蛋白质的氧化修饰过程中的早期标志，它随着年龄的增长而增加。

抗氧化酶活力测定主要包括血或组织中 SOD 活力测定、血或组织中 GSH - Px 活力测定。

体内的 SOD 能捕获自由基，使自由基失去活性而避免自由基对机体的伤害，SOD 的含量会随着年龄的增长而下降，到老年期后体内 SOD 明显下降，因此 SOD 也可以作为判断人体衰老的指标。

GSH - Px 也是机体清除自由基的主要抗氧化酶，可以将 H_2O_2转化为无毒的水，测定其含量可间接反映机体清除自由基的能力，也可以作为判断人体衰老的指标。

谷胱甘肽是一种低分子清除剂，可清除 O_2^- · 、H_2O_2、LOOH。它是谷氨酸、甘氨酸和半胱氨酸组成的一种三肽，是组织中主要的非蛋白质的巯基化合物，是 GSH - Px 和 GST 两种酶类的底物，为这两种酶分解氢过氧化物所必需。它能稳定含巯基的酶，防止血红蛋白及其他辅助因子受氧化损伤，缺乏或耗竭谷胱甘肽会促使许多化学物质或环境因素产生中毒作用，谷胱甘肽量的多少是衡量机体抗氧化能力大小的重要因素。

（二）人体试食试验

1. 人体试食试验的设计

选年龄在 18 ~ 65 岁，身体健康状况良好，无明显脑、心、肝、肺、肾、血液疾患，无长期服药史，志愿受试保证配合的人群。注意要排除妊娠或哺乳期妇女、对保健食品过敏者、合并有心、肝、肾和造血系统等严重疾病患者、短期内服用与受试功能有关的物品而影响到对结果的判断者。对受试者按 MDA、SOD、GSH - Px 水平随机分为试食组和对照组，尽可能考虑影响结果的主要因素如年龄、性别、生活饮食习惯等，进行均衡性检验，以保证组间的可比性。每组受试者不少于 50 例。

采用自身和组间两种对照设计。试验组按推荐服用方法和服用量每日服用受试产品，对照组可服用安慰剂或采用阴性对照。受试样品给予时间 3 个月，必要时可延长至 6 个月。试验期间对照组和试食组原生活和饮食不变。

2. 人体试食试验检测指标

在试验开始及结束时各检测 1 次下列指标。

（1）安全性指标

① 一般状况：包括精神、睡眠、饮食、大小便、血压等。

② 血、尿、便常规检查。

③ 肝、肾功能检查。

④ 胸透、心电图、腹部 B 超检查。

（2）功效指标　包括血中过氧化脂质含量、SOD 活力和 GSH - Px 活力测定。三项试验中任两项试验结果阳性，可判定该受试样品具有抗氧化作用。

思考题

1. 如何通过调整膳食结构实现抗氧化防衰老的目标？
2. 如何理解自由基的生物学效应及其毒性？
3. 如何根据抗氧化剂延缓衰老机制设计延缓衰老的保健食品？

CHAPTER 7

第七章

辅助改善记忆力的保健食品

[学习指导]

熟悉和掌握与记忆能力有关的几种功能性营养素；了解具有改善记忆功能的物质及它们的作用机制；了解辅助改善记忆力的功能食品的评价及相关的检验方法。

由于营养素失衡或地方性营养素缺乏而造成的智力落后，在我国乃至全世界都时常见到。随着独生子女制度在我国的推行，儿童智力问题牵系千家万户，各个层次、各个年龄阶段及各个民族的每一位公民，无一例外地希望自己能够聪明健康，具有改善记忆功效的功能性食品展现出广阔的市场前景与发展潜力。

第一节　营养素与学习记忆功能

营养素对智力的影响日益被人们重视。脑的正常功能取决于足够数量的脑细胞及其合成和分泌足量的神经递质。营养素对学习记忆的影响，在于许多营养素是某些神经递质的前体或神经系统发育的必需成分，或它们直接参与生物活性分子的组成。

一、营养素与神经递质

食物营养素的组成直接影响到神经递质的合成。富含卵磷脂或鞘磷脂的饮食可迅速升高血中胆碱和神经元乙酰胆碱（Ach）的水平；而膳食中胆碱的持续缺乏，使血浆胆碱的水平迅速下降，并使神经元内的乙酰胆碱减少。膳食中蛋白质缺乏，可显著减少血浆亮氨酸、异亮氨酸和缬氨酸的含量，但不影响色氨酸的含量，色氨酸含量甚至可以升高。血浆色氨酸比值的升高，导致脑内5－羟色胺量迅速下降。另外，低蛋白膳食还可因血浆酪氨酸下降而轻度升高脑内酪氨酸的比值，使去甲肾上腺素（NE）的合成和释放有所增加。摄入色氨酸含量过低的高蛋白膳食时，可降低色氨酸比值而使脑内单胺类合成发生变化。

食物营养素对神经递质合成的影响有一定的限度，这是因为食物中除含有效的递质前体外，也含有能中和前体效应的成分，且用量不能任意加大。因此，临床上以用递质前体纯品为宜，如进食蛋白质 33 ~ 50g/kg 使血浆酪氨酸含量升高 2 ~ 3 倍，而用酪氨酸只需 33 ~ 50mg/kg 就能使血浆酪氨酸达到上述水平。

二、维生素与记忆

维生素缺乏可引起可逆性痴呆症。1942 年，3 万名美国战俘在吃新加坡白精米 6 周后，出现记忆减退、精神失常等中枢神经症状。维生素 B_1 是体内代谢反应的辅酶，缺乏时使丙酮酸合成乙酰辅酶 A 的量减少，从而抑制脑 Ach 的合成，影响学习记忆功能。维生素 H 与钙和镁相互作用可调节突触前神经末梢释放 Ach，提示维生素 H 与胆碱能系统的相互作用以及与老年记忆衰退有关。

烟酸缺乏导致记忆丧失，补充烟酸后记忆恢复。维生素 B_6 作为辅酶参与多种氨基酸的转氨、氨基氧化和脱羧作用，长期缺乏可导致脑功能不可逆性损伤与智力发育迟缓。维生素 B_{12} 也是各种组织 DNA 合成中不可缺少的辅酶，缺乏时主要表现为大细胞性贫血（即恶性贫血）。维生素 B_{12} 缺乏时记忆障碍的出现比恶性贫血的血液症状出现甚至要早几年。

三、氨基酸与记忆

氨基酸与学习记忆的关系在于氨基酸作为神经递质或神经递质的前体直接参与神经活动，影响学习记忆功能。已被认为是递质的氨基酸有谷氨酸、甘氨酸和 γ - 氨基丁酸（GABA）。谷氨酸广泛存在于哺乳动物的中枢神经系统，它的含量高于脑内的任何一种氨基酸。一般认为学习的开始是细胞内谷氨酸的释放，随后经一系列神经活动导致突触直径增加，加速神经传递，从而有利于行为的获得，谷氨酸直接参与学习记忆过程。

甘氨酸和天冬氨酸可能影响记忆的巩固。大鼠饲以含 9.5% 赖氨酸和 5.9% 甲硫氨酸的饲料能提高被动回避反应试验的记忆作用。试验证明 L - 脯氨酸损害动物的记忆，目前认为这种遗忘作用可能与颉颃谷氨酸有关。正常的血脑屏障能防止 L - 脯氨酸进入脑组织。任何原因引起血脑屏障功能减弱，可使脑内游离的脯氨酸量增加到遗忘的水平，并使正常时被排除在外的营养素分子渗入脑组织，危及脑的学习记忆功能。

四、蛋白质与记忆

蛋白质是重要的营养素，缺乏时对机体各系统均产生不良影响。出生早期蛋白质供应不足的小鼠脑重减轻，母鼠蛋白质缺乏可使仔鼠神经系统发育不良。脑内 5 - HT 和 NE 的增加，脑 $Na^+ - K^+$ - ATP 酶活性的降低，均可使学习的获得与辨别试验能力以及长期记忆和学习能力降低。婴幼儿在出生最开始 2 年蛋白质营养严重不足可影响其上学后的智能。营养不良者有 13.3% 智力迟钝，仅有 30% 智力正常。

五、微量元素与记忆

微量元素参与生物活性分子的组成，许多生命必需酶的活性与微量元素密切相关，缺乏某些微量元素可妨碍学习记忆功能。

锌是 DNA 复制、修复和转录有关酶所必需的元素，锌缺乏可损害神经元的 DNA 处理系统。

大鼠出生早期缺锌则影响脑组织正常发育，可损害长期记忆。额外补充锌能防止或延缓遗传性痴呆的发生。

严重碘缺乏所导致的地方性甲状腺肿大常伴有智力发育迟缓，儿童的智商也明显降低。碘缺乏还可影响识别功能。

缺铁除可引起贫血外，还可使婴儿精神发育迟缓，凝视时间、注意广度和完成任务的动力降低。学龄前缺铁性贫血儿童的智力明显出现障碍，注意力不集中，经常进行无目的的活动。缺铁儿童由于鉴别和复述能力降低，影响长期记忆，使选择性地专心学习的能力降低。

六、学习与记忆障碍的营养治疗

讨论单一营养素与学习记忆的关系是为了便于研究，实际上常见的营养素缺乏所致的学习记忆障碍是多种营养素的中轻度综合缺乏所致。由于老年人的生理和代谢特点，他们发生营养不良现象更为普遍。有研究表明，老年人的记忆试验积分与核黄素和维生素 C 的血浓度显著相关。维生素 C 和维生素 B_{12}浓度低的受试者记忆积分也显著低于维生素 C 和维生素 B_{12}血浓度高的受试者，并发现记忆积分低的受试者每天从饮食中摄取的蛋白质、维生素 B_1、维生素 B_2、维生素 B_{12}、烟酸和叶酸量也较低。因此，由于营养素所致学习记忆障碍的营养学处理，应以综合补充为宜。

临床研究表明，将 *L* - 谷氨酸钠结合维生素 B_1、维生素 B_2、维生素 B_{12}、烟酸及硫酸亚铁治疗老年人记忆障碍有明显疗效。谷氨酸钠使用中未见任何神经毒性，表明安全性较高。老年人记忆障碍还可用胆碱类、酪氨酸、苯丙氨酸、色氨酸和 5 - 羟基色胺酸作为神经递质的前体治疗。用酪氨酸和 5 - 羟基色胺酸治疗早期阿尔茨海默症患者，认识和记忆功能可获得部分改善。52 名早期阿尔茨海默症患者服用含 90% 磷脂酰胆碱的卵磷脂后，精神试验积分及配对相关学习试验显著好转。研究表明，营养素加药物有显著改善记忆的效果。用胆碱加脑复康改善老年大鼠的记忆远比单独使用要强；卵磷脂加毒扁豆碱可增强早期阿尔茨海默症患者的记忆力，而单独使用时却无效；烟酸加戊四氮较对照试验显著改善了老年人的精神行为及记忆速率。

总之，营养供应是否充分和合理，可直接影响学习记忆。因此，适时而合理地提供人体必需的各种营养素，对机体生长发育及精神和智力发育至关重要，尤其应采取针对性措施，从营养方面保障婴幼儿的健康和延缓、改善老年人的记忆衰退。

第二节　辅助改善记忆力的保健食品的开发

我国卫生部批准具有改善记忆功能的物质包括卵磷脂、牛磺酸、DHA、EPA、脑磷脂、α - 亚麻酸、植物黄酮类等。国外对健脑食品的研究相当重视，特别是对阿尔茨海默症的防治引起了广泛的关注，在这方面，我国相对落后。有关科技人员应进一步研究老年脑保健的机制和规律，加速研制开发老年人大脑保健食品，将大脑营养物质和大脑保护物质二者结合在一起，为我国老年人提供丰富的具有中国特色的老年健脑食品。

一、辅助改善记忆的物质的作用原理

学习是指人或动物通过神经系统接受外界环境信息而影响自身行为的过程。记忆是指获得的信息或经验在脑内储存、提取和再现的神经活动过程。科学研究证实，蛋白质和氨基酸、碳水化合物、脂肪酸、锌、铁、碘、维生素C、维生素E、B族维生素，以及咖啡因、银杏叶提取物、某些蔬菜、水果中的植物化学物等多种营养素或食物成分在中枢神经系统的结构和功能中发挥着重要作用。有的参与神经细胞或髓鞘的构成，有的直接作为神经递质及其合成的前体物质，还有的与认知过程中新突触的产生或新蛋白的合成密切相关。

辅助改善记忆的功能食品作用原理如下。

（1）参与重要中枢神经递质的构成、合成与释放　酪氨酸是去甲肾上腺素（NE）和多巴胺合成的前体，色氨酸是神经递质5-羟色胺（5-HT）的前体，胆碱是乙酰胆碱（Ach）的前体，而这些神经递质在学习记忆过程中发挥重要作用。研究发现：维生素B_1和维生素B_{12}均参与脑中Ach的合成；维生素B_6与叶酸则可影响脑中5-HT的合成效率；维生素B_6还参与谷氨酸及其受体激活的调节。谷氨酸属于兴奋性神经递质之一，但是含量过高会损伤神经元。维生素C可影响去甲肾上腺素等重要神经递质的合成，并可调节多巴胺受体和肾上腺素受体的结合。

（2）影响脑中核酸的合成及基因的转录　锌营养状况与学习记忆功能密切相关。锌可作为酶的活性中心组分参与基因表达，如RNA聚合酶Ⅰ、聚合酶Ⅱ、聚合酶Ⅲ均为含锌金属酶，分别是合成rRNA、tRNA和mRNA所必需。动物试验表明，缺锌使大鼠脑中DNA和RNA合成减少。

（3）减轻氧化应激损伤　研究结果表明，洋葱、姜以及茶叶、银杏等草本植物对衰老以及阿尔茨海默症（AD）病等行为功能具有改善作用。由于阿尔茨海默症与活性氧（ROS）所致过氧化损伤有关，而银杏叶提取物改善动物认知功能的效用与其抗氧化活性有关，提示其可能具有防治衰老和阿尔茨海默症认知功能紊乱的应用价值。

（4）对心脑血管疾病的影响　膳食中摄入的高饱和脂肪酸及胆固醇可增加心脑血管病和动脉粥样硬化发生的危险性。$n-6$多不饱和脂肪酸广泛影响脂类代谢，与心血管病呈负相关，可降低痴呆类疾病发生的危险性。而亚油酸可增加氧化性低密度脂蛋白胆固醇的含量，进而增加动脉粥样硬化和痴呆发生的危险性。鱼类中的二十碳五烯酸（EPA）和二十二碳六烯酸（DHA）可降低心脑血管病发生的危险性，因而可能与痴呆发生存在负相关。

二、辅助改善记忆的影响因素

目前的营养学研究日益重视各类营养素对记忆功能的影响。要保持良好的记忆，保持脑部的健康和良好的营养至关重要，应重点考虑以下几个方面的因素。

（1）提供能迅速转化成葡萄糖的热能，因葡萄糖对脑细胞的供热最快。

（2）脑中的氨基酸平衡有助于脑神经细胞和大脑细胞的新陈代谢，向大脑提供氨基酸结构比例平衡的优质蛋白质可使大脑的智能活动活跃。如前所述，蛋白质中经分解的谷氨酸、甘氨酸和γ-氨基丁酸等可作为神经递质或神经递质的前体参加神经记忆活动。

（3）大脑的构成中35%为蛋白质，60%左右为脂类，各种多不饱和脂肪酸可增强记忆力，如脂肪中的卵磷脂和鞘磷脂可升高血中胆碱和神经元Ach水平。

（4）保证充足的维生素和无机盐。如上所述，维生素A、某些B族维生素（维生素B_2、维生素B_{12}、维生素B_{11}等）以及碘、锌、铁、钙等无机盐的充足供给将有助于大脑保持良好的记忆力。

（5）对老年妇女适当给予雌激素（或具有雌激素功能的大豆异黄酮）可缓解阿尔茨海默症。

三、辅助改善记忆力的保健食品开发

1. 大豆磷脂

大豆磷脂是以大豆为原料所提取的磷脂类物质，是目前世界上最主要的卵磷脂产品，约占卵磷脂市场的90%。在国际保健品市场上，大豆磷脂的销售量仅次于复合维生素和维生素E而名列第三，世界总产量为1.4×10^5t，其中美国约6.8×10^4t，欧洲约6.5×10^4t，日本约8.7×10^3t。我国的吉林、上海、黑龙江、四川等地均有生产。

2. 必需脂肪酸

必需脂肪酸是大脑正常工作不可缺少的营养物质。我国传统认为核桃仁是最佳的健脑食物，原因之一就是它富含必需脂肪酸。另外，玉米胚油、小麦胚油、米糖油、红花油、杏仁油和月见草油中的必需脂肪酸亚油酸含量很高，都是很好的健脑食品配料用油。

近几年的研究认为，α-亚麻酸在健脑食品中具有重要作用。玉米胚油中含有丰富的α-亚麻酸，对老年人健脑防痴呆有重要作用。我国α-亚麻酸研究和生产已达世界领先水平，为健脑食品开发提供了宝贵的原料。

3. DHA和EPA

DHA和EPA被称为“脑黄金”，分别属$\omega-3$和$\omega-6$系列多不饱和脂肪酸，主要从海洋鱼类（金枪鱼、三文鱼、鲑鱼等）、海兽（海狗、海豹）和贝类中提取。DHA和EPA均可促进婴幼儿的脑部发育和增强记忆，提高婴幼儿的智商和视敏度。DHA和EPA还可延长试验动物的寿命。目前我国生产的具有改善记忆功能的保健食品中有一半都以DHA和EPA为主要功能成分。

4. 芹菜甲素

从芹菜籽提出的芹菜甲素有改善脑缺血、脑功能和能量代谢等多方面的作用。脑血流的正常供应对维持脑的功能至关重要。脑重占人体重的5%，而脑血流占全身血流量的1/5，脑耗氧量占全身的1/4，人到老年，脑血流减少20%以上，首先受影响的是脑的功能，智力受到影响，出现学习、记忆障碍。现有治疗阿尔茨海默症或改善智力的药物，多为脑血液循环改善剂，足以证明脑血流的增加对恢复记忆功能的重要性。芹菜甲素有其独特的作用机制，而副作用少。

采用大鼠，电灼大脑中动脉，造成永久性闭塞，使局部脑缺血，芹菜甲素于大脑中动脉阻断前或给药，可缩小脑梗死面积，改善神经功能缺失症状和减轻脑水肿，有效剂量为20～40mg/kg。芹菜甲素能改善血流量，对花生四烯酸诱导的血小板聚集有非常明显的抑制作用。芹菜甲素为L型钙通道阻滞剂，它对神经细胞内钙升高具有抑制作用。它能够改善能量代谢和对线粒体损伤具有保护作用。

在脑缺血、缺氧情况下，芹菜甲素能增加ATP和磷酸肌酸含量及减少乳酸的堆积，并对脑外伤和脑缺血所致记忆障碍具有改善作用。

5. 辣椒素

辣椒素是从红辣椒内提出的一种化合物。它有多种功能，其中之一是振奋情绪、延长寿命、减少忧郁，因而改善老年人的生活质量。

6. 石松

1986年中国科学院上海药物研究所和军事医学科学院同时从石松分离出的石杉碱甲和石杉

碱乙对记忆恢复和改善都有效。因为石杉碱甲乙被证明是胆碱酯酶抑制剂，它可抑制乙酰胆碱的分解，从而起到改善记忆功能的作用，其副作用不明显。

7. 银杏

银杏远在冰河时期就已存在，至今有些银杏树已存在4000多年。20世纪70年代欧洲的研究人员从银杏叶中提取出有效成分——黄酮苷，其主要成分是山茶酚和槲皮素，葡萄糖鼠李糖苷和特有的萜烯，银杏内酯和白果内酯。黄酮为自由基清除剂，萜烯特别是银杏内酯B是血小板活化因子的强抑制剂，这些有效成分还能刺激儿茶酚胺的释放，增加葡萄糖的利用，增加M-胆碱受体数量和去甲上腺素的更新以及增强胆碱系统功能等，故有广泛的药理作用，如改善脑循环、抗血栓、清除自由基和改善学习、记忆等。动物试验证明，银杏提取物可改善记忆障碍。

8. 人参

在抗衰老物质中，使用范围最广的可能是人参。现在，人参被公认为有确切的增进人体身心健康的作用。研究表明，人参对记忆各个阶段记忆再现障碍有显著的改善作用。进一步研究证明，人参皂苷Rg1和Rh1是人参促智作用的主要成分。

9. 胆碱

胆碱是体内合成乙酰胆碱的前体，蛋黄里含有一种称为磷脂酰胆碱的化合物，是体内胆碱的主要来源。黄豆、包心菜、花生和花菜是摄取胆碱的良好来源。研究表明，乙酰胆碱与记忆密切相关，胆碱营养补品可以延缓记忆的丧失。

10. 钴胺素

钴胺素（维生素B_{12}）对神经系统的正常运作是不可缺少的必需物质。荷兰有学者研究表明，血液里维生素B_{12}含量偏低而身体其他各方面的健康状态都颇佳的人，其脑力测验方面的表现无法与血液里维生素B_{12}含量较高的人相媲美，不管年龄大小，结果都是一样。

11. 褪黑激素

褪黑激素是大脑的松果体在睡眠时分泌的一种激素，对维持正常的生理节奏是非常重要的物质，尤其对睡眠周期的维持更为重要。1987年意大利的科学家研究表明，夜间在老鼠饮用的水中加入褪黑激素能延长老鼠的寿命，摘除松果体会导致衰老加速。

12. 脱氧核糖核酸和核糖核酸

脱氧核糖核酸（DNA）和核糖核酸（RNA）存在于体内每个细胞的细胞核里，是制造新细胞、细胞修复或细胞新陈代谢时不可缺少的物质。有些研究者认为，衰老是因为这些重要的核酸减少或功能降低而引起的。根据这一理论，如果重新补充身体内已损耗的核酸，那么能让衰老停止或扭转衰老现象。美国有一项研究报告指出，让5只老鼠每周接受DNA及RNA注射，而另5只老鼠则未注射，结果表明未注射的老鼠在900d之内全部死亡，但那些被注射DNA和RNA的老鼠却活了1600~2250d。

13. 单不饱和脂肪酸

摄食单不饱和脂肪酸有助于寿命的延长。脂肪有三种：饱和脂肪酸、多不饱和脂肪酸和单不饱和脂肪酸，其饱和程度根据氧分子数量而定。氧分子数越多，则脂肪越呈饱和状态。一般认为，饱和脂肪会促进血凝块形成，从而导致动脉粥样硬化。橄榄油和鳄梨油都是单不饱和脂肪酸的最佳食物来源，杏仁和花生等坚果类也都富含单不饱和脂肪酸。研究者对26000人所进行的一项大型研究证实，如果每周至少食用杏仁、花生6次，其平均寿命比一般人员增加 7 年。

14. 叶酸

1962 年 Herbert 首先报道叶酸缺乏引起精神功能改变。随后，Serachan 和 Hendarson 于 1967 年报告两例进行性痴呆症患者血清中叶酸浓度过低，肌注或口服叶酸，病人得到缓解。在许多药物引起的痴呆症如酒精性痴呆症中叶酸缺乏起重要作用。癫痫病人使用苯巴比妥的时间越长，病人的智力损伤也越严重，而痴呆的严重程度又与血清叶酸水平成正相关。

深绿色叶菜中都含有叶酸，干豆类、冷冻的橘子汁、酵母、肝脏、向日葵籽、小麦胚芽和添加了营养品（维生素、矿物质等）的早餐麦片粥里也含有叶酸。

15. 硼

微量硼在协助预防骨质疏松症上起重要作用。关于对脑功能的影响方面，美国农业局对 45 岁的男女进行了一项有关硼的效用的研究结果发现，当饮食中硼含量最低的人被要求做些简单的事如数数等，竟表现出智力功能削弱。脑电图显示，硼含量低的饮食会压抑心智的应变能力。

16. 其他物质

老年智力减退与机体衰老与机体过氧化、自由基过多有关。葱、蒜及其他许多蔬菜、水果、肉碱等均有抗氧化、消除自由基功能。

另外，植物黄酮能增加心脑血管流量，提高血管的通透性，对脑血管有解痉作用，并改善脑的血液循环，为大脑细胞提供足够的血液供应，同样具有保护大脑的功能。在健脑食品中可添加黄酮类，可与其他健脑物质共同发挥作用。茶多酚、姜酚对脑神经也有调节作用，都可作为健脑食品的组成成分。

在生产健脑保健食品的动物性原料中，蛇是最常见的一种。蛇肉中氨基酸种类齐全，含量丰富，尤其是富含可增进脑细胞活力的谷氨酸。蛇肉中的硫胺素、核黄素、锌、铁、牛磺酸等营养物质对促进婴幼儿脑组织的发育和智力发展有重要作用。在保健食品的生产中，可制成口服液、蛇肉饮料等产品。

生产健脑保健食品时，也可选用灵芝、枸杞、党参、大枣等药食两用的原料。它们常被制成复合果汁、保健饮料等产品。

四、辅助改善记忆力的保健食品的评价

学习和记忆方法的基础是条件反射，各种各样的方法均由此衍化出来。通过条件反射方法可以了解药物和保健食品对神经活动的影响，和在药物、食物作用下机体对外界刺激的应答与适应性改变。

在突触水平上研究学习记忆十分重要，它克服了个体差异较大、影响学习记忆的非特异性因素多而造成的假阳性或假阴性结果。现在的发展趋势是，既进行条件反射试验，又进行 LTP 测定，这将大大提高对药物或保健食品的功能评价结果的可靠性，可以较有把握地做出结论。

为满足药理学研究的需要，一般采用记忆障碍动物模型，不但有助于评定药物或保健食品的作用，还可初步分析药物的作用机制。如果研究目的是提高正常人的记忆功能，必须采用正常动物，在条件反射试验类型上，不要选用一次性训练的回避性条件反射，而要采用多次性训练，须经数天或数周才能学会的试验方法。给药次数也应增加。

（一）经典条件反射和操作性条件反射

根据巴甫洛夫创立的经典条件反射理论，通过定量测定（如收集唾液）条件性反应下的某

些参数得出结论。可用于从低等动物到高等动物的所有动物。兔瞬膜反射的建立就是一个很成功的例子。

操作性条件反射是在巴甫洛夫条件反射的基础上创立的。二者的区别在于：经典性条件反射为刺激型条件反射，操作性条件反射为反应型条件反射。后一行为模式有一个主动操作过程，涉及复杂的动机行为，不适用于学习记忆的研究。

（二）逃避或回避性条件反射

目前在学习记忆试验中，用得最多的是逃避或回避性条件反射，它的基本原理是当动物受到伤害性刺激（如电击）便会立即产生逃避反应，这一行为反应是被动的，如在伤害刺激之前结合条件刺激（如光或蜂鸣音），即可逐渐形成主动回避反应。

1. 跳台法（Step down Test）

对大白鼠和小白鼠较常用跳台法。

本法优点是简便易行，一次可同时试验5只动物，既可观察药物对记忆过程的影响，也可观察对学习的影响，有较高的敏感性，尤其适合于初筛药物。缺点是动物的回避性反应差异较大。如需减少差异或少用动物，可对动物进行预选或按学习成绩好坏分档次进行试验。另外，跳台法在电击前施以条件刺激，则可同时观察被动和主动回避反应。

2. 避暗法（Step through Test）

此法系利用鼠类的嗜暗习性而设计的。将小白鼠面部背向洞口放入明室，同时启动计时器。动物穿过洞口进入暗室受到电击，计时自动停止。取出小白鼠，记录每鼠从放入明室至进入暗室遇到到电击所需的时间，即潜伏期。

本法简便易行，反应箱越多，同时训练的动物数也越多。以潜伏期作为指标，动物间的差异小于跳台法。对记忆过程特别是对记忆再现有较高的敏感性。

3. 穿梭箱（Shuttle Box）

穿梭箱在学习、记忆试验中较为常用。

此法可同时观察被动和主动回避性反应，并可自动记录和打印出结果。此外，通过动物的反应次数也可以了解动物是处于兴奋还是抑制状态。

（三）迷宫学习模型

迷宫用于学习、记忆试验已有几十年之久，至今仍经常采用。迷宫种类和装置繁多，但有3个基本组成部分：起步区——放置动物；目标区——放置食物或系安全区；跑道——有长有短，或直或弯，至少有一个或几个交叉口，供动物选择到达目标区的方向或径路。下面介绍几种迷宫装置。

1. Y形迷宫

该装置分成三等份，分别称为Ⅰ臂、Ⅱ臂和Ⅲ臂。如以Ⅰ臂为起步区，则Ⅱ臂（右侧）为电击区，Ⅲ臂（左侧）为安全区。训练时将小鼠放入起步区，操纵电击控制器训练小鼠获得遭遇电击时直接逃避至左侧安全区为正确反应，反之则为错误反应。训练方法有以下几种：① 固定训练次数，10~15次，记录正确和错误反应次数；② 动物连续获得二次正确反应前所需的电击次数；③ 动物学习成绩以达到9/10次正确反应前所需的点击次数表示。24h后测验记忆成绩。这是一种最简单的、属一次性训练的空间辨别反应的试验。

要注意的问题：① 如在目标区放置食物，则动物需于试验前禁食，使其体重减至原体重的85%，此时动物才具有摄取食物的动力或动机；② 在目标区停留的时间不能太短暂，否则失去强化效果；③ 每天训练结束后要对实验箱进行清洗，以消除动物留下的气味；④ 每天训练次数以 10～15 次为宜。

2. 水迷宫（Water Maze）

水迷宫的种类较多，这里介绍一种较复杂的水迷宫，如图 7－1 所示。S 为起步区，F 为目标区。在 F 处有一爬梯，动物可爬出水面而获得休息。图 7－1 中的 1 和 2 是指训练第一天和第二天爬梯放置的位置，也即第一天训练大白鼠游至 1 处，第二天训练大白鼠游至 2 处。图 7－1 中 a、b 系统选择的通路，二者只能择其一。

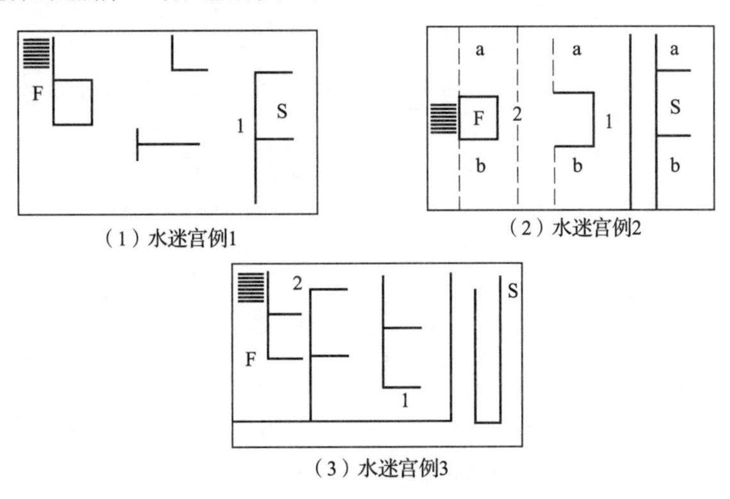

（1）水迷宫例1

（2）水迷宫例2

（3）水迷宫例3

图 7－1 水迷宫法示意图

3. Morris 水迷宫

水迷宫由一漆成乳白色的圆柱形水桶和一个可调节高度、可移动位置的透明有机玻璃站台组成，圆桶的直径为 100cm、高为 60cm，水池的水深为 40cm，站台直径 8cm，在圆桶的上缘等距离地设东、南、西、北 4 个标记点，作为动物进水池的入水点，以这 4 个入水点在水面和水桶底部的投影点，将水面和水桶部分成均等的 4 个象限，按试验要求，可任意地将站台设置于某一象限的中间。

水池上空通过一摄像机与监测电视和计算机相连接。大鼠在水池中的全部活动情况可在监测电视看到，并利用计算机软件对其活动进行全程跟踪，并在显示屏上显示整个活动轨迹。当设定的训练时间已到或动物已爬上站台，计算机停止跟踪并记录下游泳轨迹和自动计算出动物在水池中所游过的路程，找到站台所需的时间即潜伏期，动物寻找站台所采取的策略以及朝向错误角度（即大鼠躯体长轴所指向的方向与动物入水点与站台连线间的夹角）。

Morris 水迷宫法是于 1982 年报道的，现在国际上已广泛采用。该法操作简便、方法可靠，利用计算机建立图像自动采集和分析系统，制成相应的直方图和运行轨迹图，研究者可对试验结果做进一步分析和讨论。

4. 八臂迷宫法

八臂迷宫是 1976 年由 Olton 和 Samuelson 首先提出的，它是一种食物奖励性的行为模式。常用的训练程序有两类：固定取食程序和插板延迟程序。固定四臂的取食程序是当大鼠学会到臂的末端取食后，固定在四臂放食，而另外四臂不放食，每天训练一次，记录每鼠进入放食臂和不放食臂的正确或错误次数。插板延迟程序是当大鼠学会到末端取食后，再经两周的训练即进行插板延迟训练。迷宫八臂末端均放食物，随机选择四臂插板。如图7－2所示，延迟期只允许动物进入3、4、6、8四臂去取食，其他臂用插板挡住。延迟期后，只有1、2、5、7四臂内放有食物，动物进入到这四臂才能取食。插板方式每天随机变换。用这种程序模式测量的是空间工作记忆。先进的八臂迷宫，在其上空装有摄像机与监测电视并与计算机相连。计算机可对每鼠进入各臂内活动情况进行处理分析，把结果数据打印出来。

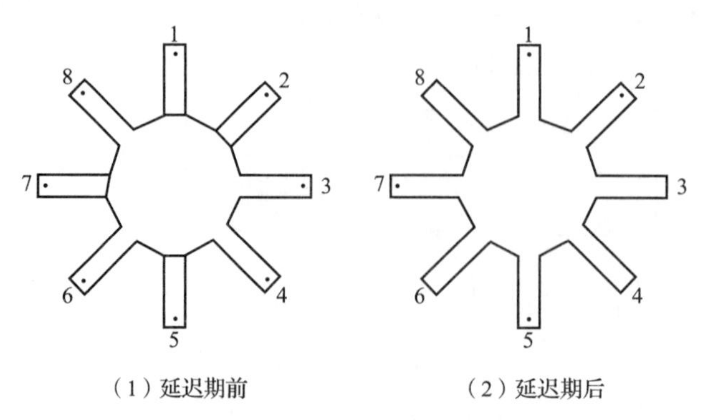

图7－2　八臂迷宫法示意图

八臂迷宫在学习、记忆的神经生物学和药理学研究中被广泛应用。这一行为模式可同时测定两种形式的记忆，即工作记忆和参考记忆，前者是短时记忆，后者是长时记忆。因食物性条件反应，需严格控制试验动物的食物摄取量，即从试验前开始节食使体重降至原体重的85%，以加强摄食驱力。每次试验后要清除粪便及大、小便留下的气味。

（四）小鸡的一次性味觉——回避性学习行为的动物模型

Cherkin等（1969）根据小鸡在自然环境中有先天性自发的啄食行为，首先建立了小鸡的一次性味觉——回避学习行为的试验模型。此法在美国、澳大利亚、英国、中国、捷克等国已推广使用。

试验方法程序：选择雄性一日龄小鸡作为试验对象，每20只小鸡为一组，将小鸡成对地放置在20cm×20cm×25cm的木盒中，盒底部撒上少量的麦麸或米糠。小鸡在木盒中适应0.5h后，就很安静。室温一般保持在25～30℃。

此法具有以下几个优点：①建立模型快，一次性试验就能学会；②容易做记忆保持的测验，可精确地测定记忆保持的时间（分钟、小时和天数）；③小鸡的颅骨薄，容易做脑内注射；④在同一天孵化的小鸡中，可以同时比较8～10种不同的试验；⑤容易管理，一般可在当天或第二天处理小鸡；⑥鸡的颅脑较为发达，便于做一些特定的研究。但小鸡属非哺乳动物，一日龄神经系统尚未充分成熟，此模型用于试验，一般不造成记忆障碍。

（五）记忆障碍模型

为寻找增强记忆功能的药物，采用记忆缺陷的动物模型更易于评定药物的作用。这是因为：①记忆缺陷动物模型要比正常动物更能反映药物的作用，提高敏感度，使筛选命中率增加，试验重复性提高，正常动物只用于观察对学习效应和记忆再现的影响；②一般将记忆分为获得、巩固和再现3个阶段，采用不同的给药方案在某些类型（如回避性条件反射）的记忆障碍模型上可分别观察对学习效应、记忆获得、记忆巩固和记忆再现的影响，从而可以更全面地了解药物的作用性质。造成记忆障碍的方法甚多，主要有以下几类。

（1）化学药品所致的记忆障碍。

（2）脑部缺血或缺氧所致的记忆障碍。

（3）阿尔茨海默症动物模型。

阿尔茨海默症具有神经元丧失、神经元纤维缠结、β－淀粉样肽沉积于脑形成老年斑等特征性病理变化，并伴随着进行性智能减退和精神障碍等临床表现。

第三节　辅助改善记忆力的保健食品的检验方法

一、磷脂含量的测定方法（分光光度法）

（一）方法提要

样品中磷脂经消化后定量成磷，加钼酸铵反应生成钼蓝，其颜色深浅与磷含量（即磷脂含量）在一定范围内成正比，借此可定量磷脂。

（二）仪器

（1）分光光度计。

（2）消化装置等。

（三）试剂

（1）72% 高氯酸。

（2）5% 钼酸铵溶液。

（3）1% 2，4－二氯酚溶液　取 0.5g 2，4－二氯酚盐酸盐溶于 20% 亚硫酸氢钠溶液 50mL 中，过滤，滤液备用，临用现配。

（4）磷酸盐标准溶液　取干燥的磷酸二氢钾（KH_2PO_4）溶于蒸馏水并稀释至 100mL，用水 100 倍稀释，配制成含磷 10μg/mL 溶液。

（四）测定步骤

1. 脂质的提取

将供检样品粉碎，脱脂，再过柱（将活化的硅胶按每分离 1g 样品用 8g 的比例，用正己烷混匀装柱），以苯:乙醚（9:1，V/V）、乙醚各 300mL 依次洗脱溶出中性物质。用 200mL 三氯甲烷、100mL 含 5% 丙酮的三氯甲烷洗脱，溶出糖脂。再用 100mL 含 10% 甲醇的丙酮，400mL 甲醇洗脱，得磷脂，供分析用。

2. 消化

取含磷 0.5～10μg 的磷脂置于硬质玻璃消化管中，挥去溶剂，加 0.4mL 高氯酸加热至消化完全，若不够再补加 0.4mL 高氯酸继续消化至完全。

3. 测定

向消化好试管中加 4.2mL 蒸馏水，0.2mL 钼酸铵溶液，0.2mL 二氯酚溶液。试管口上盖一小烧杯，放在沸水浴中加热 7min，冷却 15min 后，移入 1cm 比色皿中，于波长 630nm 处测定吸光度。同时用磷标准 0～14μg 制作工作曲线，求磷含量。

（五）结果计算

$$总磷含量/\% = \frac{供试磷脂的总磷量/mg}{供试磷脂的质量/mg} \times 100 \quad (7-1)$$

$$磷脂含量/\% = 总磷含量\% \times 25 \quad (7-2)$$

说明：脂肪中磷脂占24.6%，糖脂占9.6%，中性物质占65.8%。

二、牛磺酸含量的测定方法（高效液相色谱法）

（一）方法提要

牛磺酸普遍存在于动物体内，特别是海洋生物体内。据文献报道，牛磺酸以游离形式存在，不掺入蛋白质，并具有多种生理、药理作用，常用的含量测定方法有酸碱滴定法、荧光法、液体闪烁法、氨基酸自动分析仪法和薄层扫描法等。采用高效液相色谱2，4-二硝基氟苯（DNFB）柱前衍生化法测定海洋生物和有关制剂中牛磺酸的含量，该方法具有操作简便、快速、准确、重现性好等特点。

（二）仪器

高效液相色谱仪，紫外分光光度检测器，微处理机。

（三）试剂

（1）牛磺酸。

（2）乙腈。

（3）碳酸氢钠。

（4）磷酸氢二钠。

（5）磷酸二氢钠，分析纯。

（6）2，4-二硝基氟苯为生化试剂（Merck公司）。

（四）测定步骤

1. 测试条件

色谱柱（4.6mm×250mm），Spherisord C-18.5μg。

流动相A：$CH_3CN—H_2O$（1∶1）；流动相B：pH 7磷酸盐缓冲液，体积分数为30% A。

检测波长：360nm。

流速：1mL/min。

纸速：0.5cm/min。

2. 标准曲线制作

（1）精确称取牛磺酸对照品10mg，置于50mL容量瓶中，加蒸馏水溶解并稀释至刻度，即得牛磺酸对照液。

（2）精密吸取对照液0.1、0.2、0.3、0.4、0.5mL，分别置于10mL容量瓶中，加蒸馏水使总体积均为0.5mL，然后依次各加入0.5mol/L $NaHCO_3$（pH 9）溶液1mL，1% 2，4-二硝基氟苯乙腈溶液1mL。摇匀，置于60℃水浴中避光加热60min后取出，加pH 7磷酸盐缓冲液至刻度，摇匀，分别取4μL进样测定，以浓度为横坐标，以峰面积为纵坐标，进行线性回归。

3. 样品测定

精密称取样品2g，置于25mL容量瓶中加蒸馏水稀释至刻度，精密吸取0.5mL，按上述同样条件反应后取 4μL 进行测定。

（五）结果计算

根据待测样液色谱峰面积，由标准回归方程式中得样液中牛磺酸含量，计算出样品中含量（mg/100g）。

三、EPA 和 DHA 的测定方法（气相色谱法）

本方法适用于以鱼油为主要成分的功能性食品中 EPA 和 DHA 的检测，其中 EPA 的最低检出量为 20μg/mL，DHA 的最低检出量为 60μg/mL。

（一）方法提要

样品经三氟化硼甲醇甲酯化后，用正己烷提取，经 DEGS 气相色谱柱分离，并附氢火焰离子化检测器测定，用相对保留时间定性，与标准系列的峰高比较定量。

（二）仪器

（1）气相色谱仪　附氢火焰离子化检测器。

（2）超级恒温水浴　精度 ±0.1℃。

（3）Eppendorf 管（EP 管）　0.5 ~ 1.0mL。

（三）试剂

所用试剂除注明者外，均为分析纯；水为重蒸馏水。

（1）0.5mol/L 氢氧化钠甲醇溶液　称取 2.0g 氢氧化钠溶于少量无水甲醇中，并稀释定容至 100mL。

（2）饱和氯化钠溶液　称取 72g 氯化钠溶解于 200mL 蒸馏水中。

（3）三氯化硼甲醇溶液　量取浓度约为 47% 的三氯化硼乙醚溶液 30mL，加入到 75mL 无水甲醇中，混匀。

（4）正己烷。

（5）甲醇　优级纯。

（6）EPA 和 DHA 的甲酯标准储备液　采用 Sigma 公司标准品（*cis* – 5，8，11，14，17 – Pentenoic Acid Methyl Ester，Approx 99%，*cis* – 4，7，10，13，16，19 Docosahexaenoic Acid Methyl Ester、Approx98%）。准确称取 0.050g EPA 和 0.100g DHA 用正己烷溶解，并定容于 10mL 容量瓶，此标准储备液 EPA 质量浓度为 5.0mg/mL，DHA 质量浓度为 10.0mg/mL。

（7）EPA 和 DHA 的甲酯标准使用液　将标准储备液用正己烷稀释成 EPA 质量浓度为 1.00、2.00、3.00、4.00、5.00mg/mL，DHA 质量浓度为 2.00、4.00、6.00、8.00、10.00mg/mL。

（四）测定步骤

1．样品处理

准确吸取 10 ~ 20μL 鱼油于 10mL 具塞比色管中，加入 0.5mol/L 氢氧化钠甲醇溶液 2mL，充氮气，加塞，于 60℃水浴中（约 10min）至小油滴完全消失。加入三氯化硼甲醇溶液 2mL 和正己烷 0.5mL，充分振荡萃取，静置分层。取上层正己烷液于 EP 管中，加少量无水硫酸钠，充氮气，于 4℃冰箱中保存，备色谱分析。

2．色谱参考条件

色谱柱：玻璃柱或不锈钢柱，内径 3mm，长 2m。内充填涂以 8%（质量分数）DEGS + 1%

（质量分数）H_3PO_4固定液的 60 ~ 80 目 Chromosorb W. AW. DMCS。

气体流速：载气 N_2 50mL/min（氮气和空气、氢气之比按各仪器型号不同选择最佳比例）。

温度：进样口 210℃，检测器 210℃，柱温 190℃。

进样量：1μL。

3. 标准曲线的绘制

用微量进样器准确取 1μL 标准系列各质量浓度标准使用液注入气相色谱仪，以测得的不同质量浓度的 EPA 和 DHA 的峰高为纵坐标，质量浓度为横坐标，绘制标准曲线。

4. 样品测定

准确吸取 1μL 样品溶液进样，测得的峰高与标准曲线比较定量。

（五）结果计算

$$X = \frac{m_1 \times 100}{\frac{V_2}{V_1} \times m \times 1000} \tag{7-3}$$

式中 X——样品中 EPA、DHA 的含量，mg/100g

m_1——测定用样品液中的质量，μg

m——样品的质量，g

V_1——加入正己烷的体积，μL

V_2——测定时进样的体积，μL

EPA 和 DHA 回收率分别为 96.2% ±3.0% 和 95.8% ±4.0%，精密度相对标准差分别为 1.86% 和 2.11%。

（六）注释

（1）二十碳五烯酸（*cis* -5，8，11，14，17 eicosapentaenoic acid，EPA）和二十二碳六烯酸（*cis* -4，7，10，13，16，19 docosahex - aenoic acid，DHA）为超长链不饱和脂肪酸，具有预防血管疾病、降低血脂、抗癌、抗过敏等作用，因此鱼油制品被广泛应用于医药及保健食品中。

（2）鱼油制品用三氟化硼 - 甲醇溶液酯化，并采用充填 8% DEGS + 1% H_3PO_4固定液的色谱柱分离，克服了样品中其他物质的干扰，显示出良好的准确度和精密度。

（3）本法同时可以适用于测定油酸、亚油酸和亚麻酸。色谱条件：柱温 160 ℃，进样口及检测器 190℃，其他条件（包括样品处理）与本法相同。

四、茶多酚含量的测定方法（高锰酸钾直接滴定法）

（一）方法提要

茶叶茶多酚易溶于热水中，在用靛红作指示剂的情况下，样液中能被高锰酸钾氧化的物质基本上都属于茶多酚类物质。根据消耗 1mL 0.318g/100mL 的高锰酸钾相当于 5.82mg 茶多酚的换算常数，计算出茶多酚的含量。

（二）仪器

（1）分析天平。

（2）电热水浴锅。

（3）真空泵。

（4）电动搅拌机。

（5）250mL 抽滤瓶（附 65mm 细孔漏斗）。

（6）500mL 有柄白瓷皿。

（7）100mL 容量瓶。

（8）5mL 胖肚吸管等。

（三）试剂

1. 0.1g/100mL 靛红溶液

称取靛红（G. R.）1g 加入少量水搅匀后，再慢慢加入相对密度 1.84 的浓硫酸 50mL，冷却后用蒸馏水稀释至 1000mL。如果靛红不纯，滴定终点将会不敏锐，可用下法磺化处理：称取靛红 1g，加浓硫酸 50mL，在 80℃烘箱或水浴中磺化 4～6h，用蒸馏水定容至 1000mL，过滤后储存于棕色试剂瓶中。

2. 0.630g/100mL 草酸溶液

准确称取草酸（$H_2C_2O_4 \cdot 2H_2O$）6.3034g，用蒸馏水溶解后定容至 1000mL。

3. 0.127g/100mL 高锰酸钾溶液的配制及标定

称取 AR 的 KMO_4 1.27g，用蒸馏水溶解后定容至 1000mL，按下面方法标定。

准确吸取 0.630g/100mL 草酸 10mL 放在 250mL 三角瓶中（重复 2 份），加入蒸馏水 50mL，再加入浓硫酸（相对密度 1.84）10mL，摇匀，在 70～80℃水浴中保温 5min，取出后用已配好的高锰酸钾溶液进行滴定。开始慢滴，待红色消失后再滴第 2 滴，以后可逐渐加快，边滴边摇动，待溶液出现淡红色保持 1min 不变即为终点（约需 25mL 左右）。按下式计算高锰酸钾的当量数（1mL 0.630g/100mL 草酸消耗 2.5 mL 0.127g/100mL 高锰酸钾）。

$$10 \times 0.630\text{g/100mL} = \text{耗用 } KMnO_4 \text{ 体积（mL）} \times \omega$$

$$\omega\text{（}KMnO_4\text{浓度,\%）} = \frac{10 \times 0.63}{KMnO_4\text{体积（mL）}} \tag{7-4}$$

（四）测定步骤

1. 供试液的制备

准确称取茶叶磨碎样品 1g，放在 200mL 三角烧瓶中，加入沸蒸馏水 8mL，在沸水浴中浸提 30min，然后过滤、洗涤，滤液倒入 100mL 容量瓶中，冷至室温，最后用蒸馏水定容至 100mL 刻度，摇匀，即为供试液。

2. 测定

取 200mL 蒸馏水放在有柄瓷皿中，加入 0.1g/100mL 靛红溶液 5mL，再加入供试液 5mL。开动搅拌器，用已标定的 $KMnO_4$ 溶液进行边搅拌边滴定，滴定速率不宜太快，一般以 1 滴/s 为宜，接近滴定终点时再慢滴。滴定溶液由深蓝色转变为亮黄色为止，记下消耗高锰酸钾的毫升数为 V_1。为避免视觉误差，应重复两次滴定取其平均值，然后用蒸馏水代替试液，做靛红空白滴定，所耗用高锰酸钾的毫升数为 V_2。

（五）结果计算

$$\text{茶多酚含量/\%} = (V_1 - V_2) \times \omega \times 0.00582 \times 100 / (0.318 \times m \times V/T) \tag{7-5}$$

式中　V_1——样品液消耗 $KMnO_4$ 量，mL

V_2——空白液消耗 $KMnO_4$ 量，mL

ω——$KMnO_4$ 浓度,%

m——样品质量，g

V——吸取样品液量，mL

T——提取样品液量，mL

（六）注释

（1）配制好的高锰酸钾溶液必须避光保存，使用前需重新标定。一般情况下，一周标定一次。

（2）滴定终点的掌握以出现亮黄色为止，溶液颜色的变化是由蓝变绿，由绿逐渐变黄。在观察时，以绿色的感觉消失开始出现亮黄为终点。红茶的终点颜色稍深（土黄色），绿茶的终点颜色稍浅（浅黄色）。

（3）制备好的供试液不宜久放，否则引起茶多酚自动氧化，测定数值将会偏低。

思考题

1. 简述营养素对学习记忆力的影响。
2. 简述辅助改善记忆力的原理。
3. 简述辅助改善记忆力的功能因子。
4. 简述辅助改善记忆力的功能评价方法。
5. 如何设计辅助改善记忆力的保健食品开发?

CHAPTER 8

第八章 缓解视疲劳的保健食品

[学习指导]

熟悉和掌握视疲劳的概念及其产生原因和防治方法；了解引起视力减退和眼部疾病的原因；掌握几种具有缓解视疲劳的功能性食品资源；简单了解缓解视疲劳的保健食品的检验方法。

眼，又称眼睛、目、招子，是人类接收光线并在大脑形成影像的视觉器官。眼是一个非常精细的器官，可以在不同的环境下对自己的具体形态进行改变，使得人类在复杂的环境中获取正确的信息。医学上将眼对物体形态的精细辨别的能力，即分辨两点之间最小距离的能力称为视力。随着社会的进步以及经济的发展，新鲜事物的不断涌现，对眼睛的应用和要求也不断地提高。眼睛的超负荷应用可导致眼睛疲劳，也称视力疲劳。对于青少年来说，长期的视疲劳将会导致近视等疾病的发生。因为眼睛持续看近处，睫状肌长期紧张，患者出现眼内发胀、发酸、灼热、视力模糊；严重时可有头痛、头晕、注意力不集中，甚至出现恶心、呕吐等症状，多为近视的信号。因此，开发缓解视疲劳、改善视力的功能性食品尤为重要。

第一节 营养与视力健康

一、眼的解剖学结构

眼由眼球和它的附属器官构成。眼球位于眼眶的前中部，处于筋膜组成的空腔内，四周被脂肪和结缔组织所包围，只有眼球的前面是暴露的，其前极位于角膜的中央，而后极则通过眼球后部的中心点。处于两极之间的环形区代表眼球的赤道部。

（一）眼的附属器官

包括眼眶、眼外肌、眼睑、结膜和泪器。

（二）眼球的构造

眼球的结构主要包括眼球球壁和内容物。

1. 眼球球壁

眼球球壁分三层，最外层为纤维膜，最内层为视网膜和色素上衣，居于两层之间的为葡萄膜。

（1）纤维膜　又分角膜和巩膜。

角膜：占纤维膜的前1/6。因其透明能隔着它看到黑褐色的虹膜，故称黑眼珠。角膜像个单侧凸透镜，对穿过的光线起曲折作用。

巩膜：纤维膜的后5/6为白色的巩膜，故称白眼珠或眼白。不透明，质地坚韧为眼球的保护层。它的内侧为色素膜，包括虹膜、睫状体和脉络膜。

（2）视网膜　是一透明的薄膜，它是眼球的感光部位，它的后部有黄斑中心窝，是白天注视物体最灵敏的部位。在黄斑中心窝的内侧有视乳头，是视神经的起始部。此处没有视细胞，故无视觉功能，生理学上称为盲点。

（3）两层之间的葡萄膜从前到后连接着虹膜、睫状体及脉络膜三个部分，此层血管丰富，主要功能是供给内部组织营养。

① 虹膜：为一圆盘状膜，中央有一孔称为瞳孔。虹膜有围绕瞳孔的环状肌，它收缩时瞳孔缩小；还有放射状排列的肌纤维，它收缩时瞳孔放大。

② 睫状体：切面观为三角形。其中有明显作用的是环形肌纤维。

③ 脉络膜：脉络膜占色素膜的大部分，覆盖眼球后部，富含色素遮挡光线，为眼球内成像造成暗箱。充满着血管，有营养眼球的作用。

2. 眼球内容物

眼球的内容物包括三个部分：前房和后房、晶状体、玻璃体。

（1）位于角膜与晶状体之间的空间是前房，位于虹膜之后晶状体周围的是后房。前房和后房充满清亮的液体房水。房水由睫状体产生，从后房经过瞳孔流入前房，再流出眼球进入静脉。房水的主要功能是营养眼球和维持眼压。如果房水产生过多或回流障碍会导致眼压升高，甚至青光眼。

（2）晶状体　位于睫状肌的环内。平时睫状肌处于舒张状态，晶状体在悬韧带牵拉下薄而扁平，能使平行光线成像于视网膜。看近物时，由于物距小眼内像距大，视网膜的物像就不清楚，因而引起睫状肌收缩，悬韧带变松，解除了对晶状体的牵拉，晶状体就以其弹性变凸，折光增强把超过视网膜的像距再调回到视网膜而看清。生理学上称这一过程为调节，实际上是功能代偿。

（3）玻璃体　为透明的胶状物，充满了晶状体与视网膜之间的空隙。为眼内成像提供了一个透明的空间，主要起支撑眼球的作用。

3. 眼的屈光成像功能

人眼好似凸透镜成像，物距与眼内像距成反比。看远时，物距大，入眼光线是平行光，通过眼球的屈光系统的曲折后不用调节恰好成像于正常眼的视网膜上而看清。看近时，物距变小，入眼光线是发散的，使眼内像距增大，视网膜的像就不清楚，引起反射性的睫状肌收缩，使晶状体曲率增大折光力增强。同时两眼视轴汇聚，瞳孔收缩，这一系列的连动，生理学上称为同步性近反射调节。通过这一系列的反射不仅能在视网膜上形成清楚的物像，还可成像到两眼视网膜的对称位置上，被视网膜的感光细胞感受后由视神经传到大脑就形成了视觉。眼球结构见图8－1。

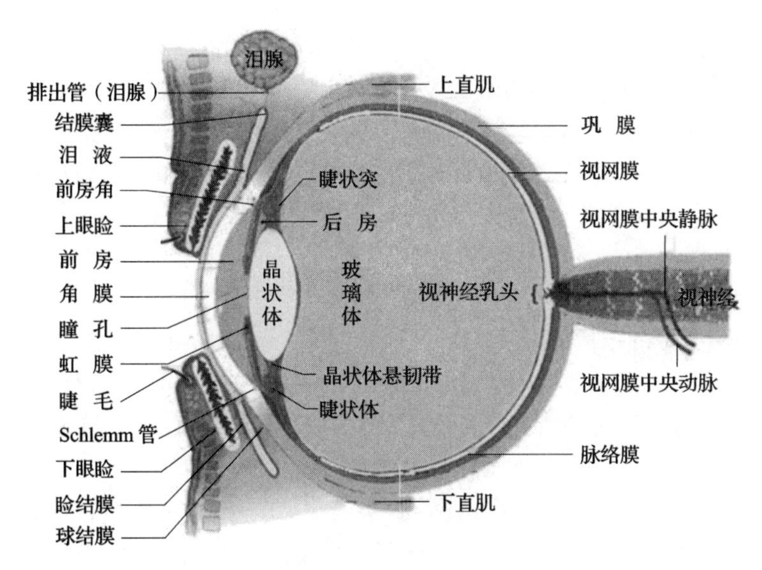

图 8－1　眼球结构

二、视力减退与眼部疾病

视力减退并非都是由眼疾引起，它的背后往往暗藏着许多其他严重病患，但是眼部疾病通常会导致视力减退。通常人们所说的视力衰退大致分如下几个原因：日常学习、生活中不良习惯引起的非职业性视力衰退（大部分青、少年近视属于这种情况）；由于年龄上升，眼睛生理功能自然衰退；遗传原因，家族中（特别是长辈）有与近视有关的基因；由职业引起，如在各种强光环境中工作。

导致视力减退的因素同时也是眼部疾病发生的诱因，常见的眼部疾病包括：各种类型的屈光不正，包括远视、近视、散光；晶状体混浊，即白内障；角膜混浊；玻璃体混浊及出血；视神经疾患，如视神经萎缩、视神经炎、球后神经炎、慢性青光眼及中毒性弱视；循环性盲，偶见于重症尿毒症、视网膜动脉硬化，多为暂时性；脉络或视网膜的肿瘤及视网膜脱离；急性青光眼；急性虹膜炎；眼球内出血等。其中，近视最为常见。

（一）近视

1. 定义

近视（myopia）是指远处的物体不能在视网膜汇聚，而是在视网膜之前形成焦点，因而造成视觉变形，导致远方的物体变得模糊不清。近视的程度通常用屈光度来评定。高度近视是屈光度大于或等于 6D。高度近视有多种遗传方式，并且具有遗传异质性。

2. 产生原因

近视是由多种因素导致的，生物的表现形式是基因和环境。近年来许多证据都表明环境和遗传因素共同参与了近视的发生，其中环境因素也包含了人的体质营养因素。Bear 和 Goss 提出了近视可能是由多种病因共同作用的，如今已经证实了在高度近视形成过程中，多基因和不同的单基因遗传模式都参与其中。不论我们是否认可它为疾病，至少近视是一种复杂的、由于遗传和环境诱导因素共同导致的眼睛的退行性变化。

（1）环境因素　长期在光线不足的条件下看书、写字使眼睛处于紧张状态；长期在光线很强的情况下看书写字，出现调节性近视；阅读姿势不正确，比如躺着看书；字小、字迹模糊、距离太近、阅读时间太长；看电视和用计算机的时间太长等。

(2) 体质营养因素　因为身体内的血钙偏低，维生素 A 缺乏，眼睛发育不健康，也会导致近视眼。患有先天性白内障、上睑下垂、角膜病变、视神经病变等，也很容易引发近视。

(3) 遗传因素　如果父母都是高度近视，他们的孩子 100% 是高度近视；父母一人是高度近视，他们的孩子大约 50% 概率是高度近视；父母视力都正常，他们的孩子大约 25% 概率是高度近视。

3. 发病现状

眼科学研究表明，相对于其他眼科疾患来说，近视有着相当高的发生率。因此近视在眼科学中被定义为疾病。尽管从人类生物学角度上我们对这种定义有所保留，仅把它看作是人类多样性的一种表现，但是不能不重视近视对我国人群身体素质的影响。近视在发展中国家十分突出，亚洲国家近视发生率在 70% ~90% ，美国和欧洲近视的发生率在 30% ~40% ，全世界几乎所有的人群中都存在近视。中国尚无确切数字，但已知仅在美国每年花费在近视视觉改善上的费用估计高达 2. 50 亿美元。近视和戴眼镜曾经是欧美国家描述日本人的一个重要特征，日本的眼科健康杂志上报道，“日本小学生近视率为 20% ，中学生为 40% ，大学生为 50% ，而中国，大学生的近视率则高达 70% 。”

近视持续发展将会导致病理性近视以及其他并发症的发生并最终导致失明。病理性近视的个体往往会伴随视觉灵敏度减退，并可能导致重度斜视、开角性青光眼以及晶状体混浊等并发症。高度近视是近视中较为严重的一种，一般定义为屈光度≥ -6. 00D。高度近视在亚洲和中东极为常见。在亚洲国家比如日本，高度近视个体占近视总个体数的 6% ~18% ，占普通人群的 1% 。在许多发达国家，高度近视成为导致失明的主要原因，在西欧和美国高度近视的发生率为 0. 5% ~2. 5% ，是仅次于糖尿病的导致人群失明的主要原因。从全世界的近视分布情况看来，这种生理上的缺陷似乎比较偏爱中国人，其次是犹太人、日本人和阿拉伯人，而且女性的近视发生率是男性的两倍，黑人中近视则较为少见。

(二) 远视

远视 (hyperopia) 是指平行光束经过调节放松的眼球折射后成像于视网膜之后的一种屈光状态，当眼球的屈光力不足或其眼轴长度不足时就产生远视。它分为轴性远视、曲率性远视和指数性远视，另外晶状体缺乏也可以导致远视。临床研究证明，大约有 1/4 的人有不同程度的远视眼。远视眼的发病率随年龄的增长而增加，在 65 岁以上的人群中，至少 1/2 的人有不同程度的远视眼。男性和女性的患病基本率相当。

眼球在调节静止状态下，5m 以外的平行光线通过角膜、晶状体等屈光间质在视网膜后形成焦点，落在视网膜表面的影像是模糊的，这样的眼被称为远视眼。多数儿童出生时有一定程度的远视，但在 12 岁以前消失。远视眼看近处物体有困难，某些严重患者看远处物体也可能出现困难。如果看远处物体清楚，而看近处物体有困难，则有可能是远视眼。儿童常常因为阅读困难，而被发现有远视眼。远视眼出现在出生时，和正常眼球比较，眼球比较短，晶状体的屈光力较弱。有人认为，远视眼不是一种疾病，也不意味是个“坏眼”，只说明眼球的形状有点不正常，眼轴比较短。远视眼的近点较远，看近处物体时需要较大的调节力，所以有远视眼的人，出现老花眼的年龄较早。

1. 病因及危险因素

新生儿的眼球未完全发育，眼轴较短，多为远视眼。少儿的晶体弹性强，形态也较膨凸，因此可借其调节作用而得以矫正视力。10 岁左右的儿童眼球发育已到一定程度，眼轴逐渐增长，因而远视眼的程度也随之减弱。到成年以后，眼球完全定型，大多数远视眼可成正视眼，有些人眼轴过短成为远视眼，还有些人由于一些内因或外因的影响使眼轴过长而成近视。由此可见，眼的屈光状态并非固定不变。轻度远视患者大都为青少年，具有代偿性调节功能，其远、近视力都正常，并能看清任何距离的物体，这种远视眼称为隐性远视。中度远视或年龄较大的患者，其调节力较差，不能完全代偿，其代偿的剩余部分称为显性远视。隐性和显性远视合称为全远视。

2. 症状表现

（1）视力减退轻度远视具有调节代偿能力，其远、近视力都正常，犹如正视眼。但远视程度较高者，其远、近视力均不正常，且年龄越大，调节力越弱，在视网膜上形成的环状光圈越大，物像越模糊，因而近视力比远视力更差。因此，远视眼的视力减退取决于远视程度和调节力的强弱。

（2）视力疲劳远视眼患者无论是看远或看近都较正常人使用更多的调节力，且集合作用量也很大，这就破坏了视近反射的平衡协调，使之长时间处于近距离用眼状态，就会出现视力模糊、眉弓部发胀、头痛、嗜睡、失眠、记忆力减退等调节性疲劳体征。

（3）内斜视远视程度较大的学龄前儿童由于过度调节和过多集合，使视近反射失调而诱发内斜视或内隐斜。

（4）眼底改变轻度远视眼的眼底是正常的。中度以上的远视眼，眼底可表现视乳头较小，色泽潮红，边缘模糊稍有隆起，颇似视乳头炎，但眼底可矫正，眼底长期无变化，故称为假性视乳头炎。

（三）散光

散光是指眼球在不同子午线上屈光力不同，形成两条焦线和最小弥散斑的屈光状态。正常角膜，特别是角膜的中央部，其弯曲度是接近球面的，即光线通过角膜时，会像通过凸球面镜那样发生折射，而聚集于一点（焦点）。但如果角膜在各条子午线的弯曲率参差不齐，有的子午线屈光率强，有的屈光率弱，那么光线通过角膜后就不可能聚集在同一点上，也就是不可能形成一清晰的物像。晶状体表面弯曲异常也可引起散光，但一般度数较低。

散光分规则性散光及不规则性散光两种。规则性散光常为先天性，其特点是两个屈光率差别最大的子午线位于垂直轴向者较为多见，因此治疗可用圆柱镜片加以矫正。不规则散光常常由于角膜疾患所引起，如圆锥角膜、角膜周边退行性病变及角膜溃疡所造成的疤痕性变化，以及角膜表面组织（如肿瘤）对角膜的压迫或牵拉作用，都可导致不规则散光。不规则散光的特点是角膜表面的弯曲率参差不齐，无规律性，通常的圆柱镜不能起矫正作用。

症状体征表现为视力疲劳，以远视散光尤甚，视物模糊，出现不正常的头位，经常眯眼视物。

近视眼、远视眼、散光眼与正常眼的区别见图 8 – 2。

（四）白内障

由于各种原因引起的晶状体囊膜通透性损伤，使其渗透性增加，发生代谢紊乱，而晶体蛋白变性便引起晶体混浊，称为白内障。晶体混浊的范围和部位不同所影响的视力也不同，临床一般影响视力导致视力 0.5 者才诊断为白内障。

1. 症状

视力下降和视物模糊是首要的症状，其程度依混浊的范围和部位而不同。晶体混浊非常明

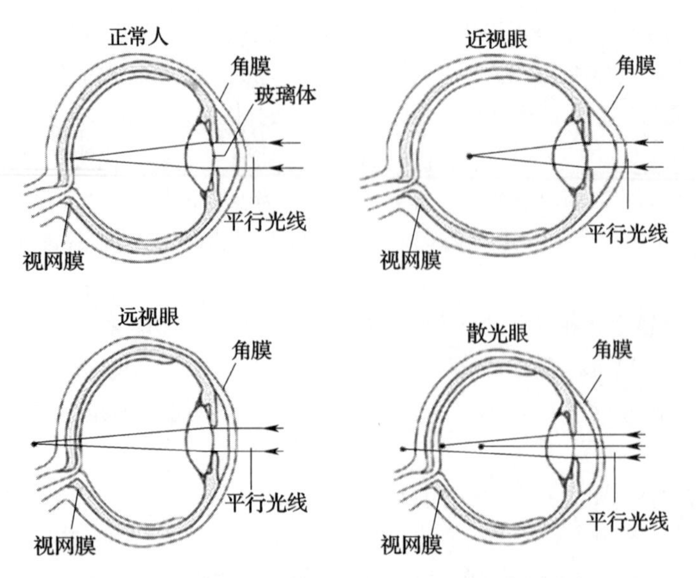

图 8－2　近视眼、远视眼、散光眼与正常眼的区别

显，但中间可能有裂隙状清亮区，视力尚好；晶体混浊位于晶体后囊中央视轴处，视力受到严重的影响，尤其在强光下瞳孔缩小，更加遮挡视力，所以病人有畏光的感觉。出现单眼、复视或多视，是因为晶体肿胀或断裂，晶体核的质地不均匀，产生棱镜的效应。还由于晶体吸收水分肿胀，出现虹视。屈光力也由于晶体的变厚而发生近视性改变。有时眼前有黑影，一般为固定不动，眼球转到任何方向，黑影跟随到原有的位置。白内障眼球晶状体与正常晶状体见图 8－3。

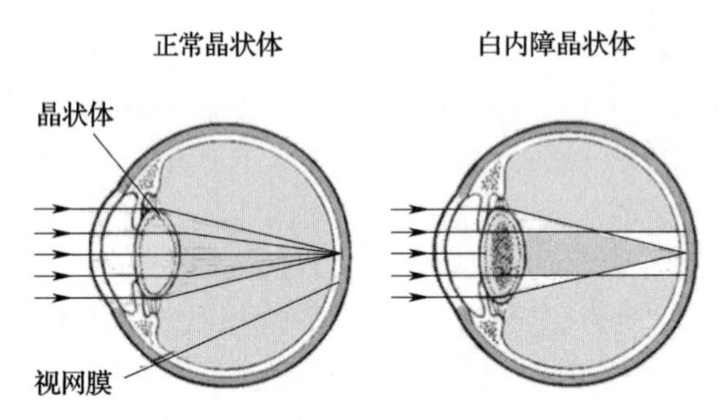

图 8－3　白内障眼球晶状体与正常晶状体

2. 白内障的预防

（1）保持良好的心理状态　心胸宽广，精神愉快，要制怒。培养业余爱好，适当参加文体活动，分散对不愉快事情的注意力，能起到阻止和延缓病情进展的作用。

（2）避开强光紫外线　强光特别是太阳光紫外线对晶体损害较重，照射时间越长，患白内障的可能性越大。因此，要尽量避免暴露在强烈阳光下。外出旅游、游泳时，需要戴大沿帽子和深色墨镜，用来遮蔽紫外线。

（3）避免机体缺水　眼内的晶状体也在进行着不断的代谢，水分在其代谢和保持透明过程中起着重要作用。老年人体内缺水，是导致晶体变混浊的原因之一。因此，要养成合理饮水的习惯，多吃水果、蔬菜，以补充水分和维生素。

（4）合理营养　眼球的角膜、晶状体和视网膜都需要蛋白质和维生素 A，缺乏时会引起角膜病变、白内障、夜盲症等。因此要适当进食瘦肉、鱼类、蛋类，多吃一些乳类和大豆制品，常吃一点鸡肝、羊肝、猪肝、胡萝卜、香菜、油菜、菠菜等，以补充维生素 A。人眼中维生素 C 的含量比血液中高出 30 倍，随着年龄增长，维生素 C 含量明显下降，久之引起晶状体变性。因此，要多吃一些富含维生素 C 的果蔬。

（5）戒烟限酒　吸烟易患白内障已被实践所证实，因此应及早戒烟。酗酒对眼睛也有严重损害，因此要尽量不喝酒或少饮酒。

（6）加强用眼卫生　平时不用手揉眼，不用不洁手帕、毛巾擦眼、洗眼。用眼过度后应适当放松，久坐工作者应间隔 1～2h 起身活动 10～15min，举目远眺。要有充足的睡眠，及时消除疲劳。

（7）积极防治慢性病包括眼部的疾患及全身性疾病。尤其是糖尿病，最易并发白内障，要及时有效地控制血糖，防止病情进一步发展。

（五）视疲劳

视疲劳（asthenopia）一词是由希腊语的表达法衍生而来的，原文意指“weak eye”（眼无力），是以患者主觉症状为基础，眼或全身器质性因素与精神心理形成的一种错综复杂的综合症状，又称眼疲劳。根据 Duke－Elder 的提法视疲劳包括了“因视器试图用不足的调节来获取清晰视觉的自主努力而产生的症候群”。而 Suzumura 则将视疲劳定义为一组用目力工作时产生的主观症状的综合征，这些症状包括：眼部的疼痛、酸胀、烧灼感、异物感、流泪、畏光、视物模糊、复视、眼睛干涩，甚至导致眼部炎症以及头痛。尤其近距离工作时，远达不到“舒适和持久”的用眼状态，严重者甚至出现恶心、呕吐等全身症状，严重干扰了患者的视觉和生活质量。现多数眼科学者认为本病是以病人自觉眼的症状为基础，眼或全身器质性因素与精神因素相互交织的综合征，属于心身医学范畴。在眼科门诊中，视疲劳的患者比较常见，尤其是随着电脑等视频终端的大量普及，视疲劳的发生率呈逐渐上升的趋势。因此，视疲劳的形成原因、发病机制和防治越来越得到人们的关注。

1. 病因

（1）眼部因素

① 屈光因素：屈光不正是引发视疲劳的主要原因之一，这已得到公认。远视动用较大的调节使睫状肌持续紧张造成患者的调节性视疲劳。轻度散光可以利用改变调节、半闭睑裂和代偿头位的方式矫正部分视力，这种不断的精神紧张和努力引起视觉干扰症状，尤以远视性散光和混合性散光患者多见；高度近视眼调节范围很小，被观察物体即使发生轻微的距离变化，也会发生较大的调节改变，使调节经常处于紧张状态；另外，过近的阅读距离使两眼内直肌过度紧张，引发肌性视疲劳。

两眼视网膜物像大小不等，在视觉中枢必然引起双眼融像困难，另外对外界物体上各点产生的错误定位，导致视网膜物像变形，形成严重的视觉干扰，导致视疲劳。屈光参差、晶状体和屈光手术患者是视像不等高危人群。Enoch 认为屈光参差所致的屈光性视像不等是产生双眼视觉紧张和视疲劳的主要原因。

② 双眼视功能不良性因素

a. 双眼异向运动功能失调：双眼眼外肌肌力不平衡可导致双眼异向运动失调，造成潜在的眼位变化形成隐斜，如隐斜度数较小，仅需使用部分融合储备，可代偿而无症状。如隐斜视度数大或融合力不足，长期过度使用融合储备，可产生肌性视疲劳。异向运动功能失调可分为辐辏不足、辐辏过度、散开不足、散开过度、单纯性外斜、单纯性内斜六种类型。辐辏不足是肌性视疲劳最常见原因，人群中发生率为3% ~5%，典型症状表现为阅读或近距离工作后，头痛和眼部不适，严重辐辏不足者甚至出现间歇性复视。

辐辏灵敏度是评估患者异向运动功能的重要参数，指在双眼注视的情况下，患者融合性辐辏系统对于不断改变的辐辏刺激做出快速、准确变化的能力，反映的是辐辏能力的动态变化。它对于有正常融合性辐辏却伴有视疲劳症状患者，有重要的双眼视问题诊断价值。双眼异向运动失调也可致融合功能下降，主要是运动融合下降，患者无法对偏离中心凹的物体产生反射性运动，出现严重的视觉干扰症状，通常与阅读和近距离工作有关。

b. 调节功能障碍：调节功能障碍最主要的因素是调节不足。Houston 等将调节不足分为真性和假性两种，真性调节不足患者，调节幅度降低，调节近点远移，通常伴随较低的 *AC/A* 值，此时患者必须动用正性融合储备来补偿以维持双眼单视。当患者的融合储备力不足时，便产生视疲劳症状。假性调节不足成为视疲劳的原因，与 *AC/A* 值高相关。Houston 等报告 2 例高 *AC/A* 所致视疲劳病例，认为虽然患者的调节幅度测试显示调节不足，但在进行调节测试的过程中，患者表现为短暂而突然的内斜视，推测患者可能是为了维持双眼单视而选择放松调节致使调节近点远移，但以近视力的清晰度为代价。如果随视标移近患者继续进行调节，患者的高 *AC/A* 值则导致一个较大角度的内隐斜，此时患者的负性融合性辐辏已不能有效地进行补偿，可导致明显的眼位偏斜。Houston 等将 *AC/A* 值高导致视疲劳这一现象称为“假性调节不足”。

调节灵敏度是调节功能的重要参数，是双眼或单眼注视的情况下，患者对于不断改变的调节刺激做出快速、准确反应的能力，是双眼视功能分析系统的重要组成部分，反映调节能力的动态变化。有调节功能障碍者在需要反复改变注视目标的工作中表现出视觉疲劳症状。Hennesse 等在学龄儿童视疲劳症状与调节灵敏度的相关性研究中发现，视疲劳患者单眼和双眼的调节灵敏度均较无症状者低下。

c. 辐辏与调节联动分离：调节和辐辏紧密相连，但二者关系又有一定的灵活性，可分别行使功能，二者一定程度上的分离使屈光不正患者也能维持双眼单视，但二者的分离并非无限，一旦超过患者所能耐受的极限，调节与辐辏两者之间不可避免地矛盾，成为引起视觉紧张和视疲劳的原因。

③ 追随运动和扫视运动失能：扫视运动和追随运动不良或对追随反射需求的陡然增加，能增加视觉系统的紧张程度，患者常表现为阅读困难，阅读时出现漏字、串行和定位困难症状，患者常借助于手指帮助定位，缓解不适。

④ 眼部疾患因素：眼部任何器质性病变均可导致视觉不适，有些非器质性病变同样可以导致视疲劳。

a. 干眼症：张梅等对 115 例干眼症患者做临床检查和主观症状的记录研究，发现 72.0% 的干眼症患者有视疲劳症状；Toda 等对 524 例首诊病例进行问卷调查、眼科检查并依据干眼症的诊断标准进行诊断，发现21.2% （111/524） 的患者有视疲劳症状，15.3% （80/524） 的患者被诊断干眼症；在 111 例视疲劳患者中 51.4% （57/111） 患有干眼症，远高于整个调查人群的发病率 15.3% ；71.3% （57/80） 的干眼症患者有视疲劳症状，同样高于整个调查人群的发病率 21.2% ，表明干眼症和视疲劳之间有着密切的联系。

b. 上睑下垂：Finsterer 在对上睑下垂的患者进行治疗时发现，此类患者通常伴有视物模糊、泪液增加和视疲劳的症状。认为上睑下垂患者，为了能够视物，通常需要后倾头部呈下颌上抬位，或动用额肌抬高眉弓和上睑，额肌和头皮肌肉持续不断地紧张运动可逐渐引发张力性头痛和视疲劳。尤其对于严重上睑下垂（下垂幅度 >4mm）者，症状更为严重。

⑤ 神经因素：Nakamura 使用有瞳孔测量功能的红外线验光仪，对视疲劳患者 20 例 20 眼的瞳孔紧张程度进行研究，以 20 只正常人眼作为对照。结果显示：视疲劳组的瞳孔平均面积小于对照组，有明显的瞳孔紧张，并在视疲劳组中可以记录到患者瞳孔紧张的波形，而对照组则记录不到；同时视疲劳患者调节性暗焦点较对照组明显增大，显示虹膜或睫状肌存在着异常副交感神经兴奋，可能是形成视疲劳的因素之一。Kinoshita 的研究同样认为视疲劳患者瞳孔紧张和较高的张力性调节，是副交感神经兴奋性增高的结果。Evans 在 Meares – Irlen 综合征的研究中认为视皮层的高度兴奋同样也可产生视疲劳。

（2）环境因素　工作、生活与环境中的异常刺激，都可发生视疲劳，如照明、物体大小、室温、墙壁颜色、噪声、生活节奏的紧张、昼夜更换等，都可以使健康者产生视疲劳。

环境照明不足和物体对比度下降也是造成视疲劳的原因之一。Janosik 和 Grzesik 对视频显示终端（video display terminal，VDT）工作人员在不同灯光水平下的工作效率研究显示：减少视疲劳的视频显示终端工作环境的灯光照明应在 200lx 以上，对于视频显示终端的文字录入工作 300lx 的照明，文章编排工作 500lx 的照明可使工作更为舒适一些。一项比较荧光灯、白炽灯、高压钠灯、高压汞灯对视觉系统影响的研究，发现高压钠灯最容易引起视疲劳，对有屈光不正患者症状尤为明显。

长时间近距离工作和视频显示终端工作环境可导致调节紧张。Kolker 等认为视频显示终端文字由许多像素组成，空间频率较低，形成文字边界不清晰的感觉，对比度相应下降，造成患者调节反应的正确性出现差错，与视疲劳有着一定的相关性。同时由于计算机的频闪、人机等功效问题导致工作人员泪液分泌量下降，眨眼频率减低也是导致视疲劳的重要因素。笔记本电脑由于显示器和键盘无法分离，且缺乏倾斜和扭转的调节机制，较台式电脑更易使工作者发生视疲劳和骨骼肌功能紊乱。

（3）体质因素　社会、家庭和工作等的压力过大在体质衰弱的患者极易引起视疲劳，社会和同事的承认支持、人际关系、个人性格特征、精神压力等也是影响视疲劳的相关因素。在排除眼部症状外，仅合并有自主神经不稳定和其他精神症状，难以用药物或矫正眼镜消除症状，这是一种神经官能症，又称为神经性视疲劳，属心身医学范畴。

2. 临床表现

（1）眼部　初期表现为未睡醒样、眯目视物、皱眉、喜用手擦眼、有勉强努力的姿态，继而视力减退，视工作物不清，看字模糊，阅读错行。这些症状当闭目休息或临窗远眺，或停止手头工作数分钟后即刻消退。但再用目力，症状又能重复出现。反复发生会逐渐加重，视物成双，字迹混乱并跳动，眼干涩难恶，畏光，流泪，发痒，灼热，眼胀并压迫感。甚者眼球或眼眶深部刺痛、结膜充血，使工作效率极度下降。

（2）全身　首先是反射性头痛，甚或放射到颈部、臂部。疼痛性质可能是皮肤敏感、深部钝痛、搏动性跳痛或不可名状的隐痛。疼痛时间一般多发生在过度用眼之中或之后，可能是暂时的，也可能是持续的、时发时止的，但一般能够忍受。发展下去，全身出现睡眠不佳、多梦、乏力、手足震颤、多汗、心悸、记忆力差、食欲减退、眩晕、恶心、面色苍白、颈肌紧张等，女性月经紊乱等严重症状，影响工作的进行。

3. 视疲劳的防治

视疲劳的形成原因多样，首先应对各种器质性病变进行治疗，同时了解患者工作环境和工作性质，对视疲劳预防提出合理建议和防治方法。

（1）屈光不正的患者 应首先矫正患者屈光不正以减少患者调节性疲劳以及恢复患者调节和辐辏的平衡关系。

（2）双眼视功能不良患者 应首选视觉训练，尤其对于辐辏不足患者，视觉训练应为最佳方案。Adler 对集合近点（NPC）大于 10cm 的辐辏不足患者进行视觉训练，95.7% 的患者训练后 NPC <8.5cm，80.4% 患者 NPC 甚至小于 6.5cm。视觉训练无效者可以选择棱镜干预或手术矫正。调节灵敏度下降者，通常采用 ±2.00D 或 ±1.50D 反转拍进行训练。Sterner 等研究显示调节训练能有效缓解视疲劳，提高调节灵敏度和增加调节幅度。训练无效患者可采用双焦或多焦眼镜代偿不足的调节用于近距离作业。

（3）对视频显示终端工作所致视疲劳的防治 主要是对工作站的调整，建立有效的人机功效。Izquierdo 等认为视频显示终端导致视觉综合征最重要因素是注视显示器的视角，因此提出当以 14°视角下视时，视疲劳症状会得到更好改善。舒适的视频显示终端工作站应该采用明亮背景深色字体，采用下视姿势，观察距离应在 50 ~ 70cm。有学者认为抗反射滤光片可有效增加眨眼频率、提高工作效率、减少视疲劳发生。

（4）药物治疗 有学者认为视疲劳患者眼球经常处于紧张状态，眼外肌和睫状肌代谢增加，造成代谢废物和氧自由基积累增加，进一步导致视疲劳加重。由于花青素具有强大的抗氧化作用，推测花青素可以有效消除和缓解眼部疲劳综合征，Lee 等相应的研究中 73.3% 的患者视疲劳症状得到改善。表面活性剂 OptiZen（0.5% Polysorbate 80）和拟交感神经药物 Visine Original（tetrahydrozoline HCl，0.05% 四氢萘咪唑啉）同样对视疲劳有缓解作用。Kinoshita 认为由副交感神经兴奋性增高引起的视觉疲劳，可通过滴用低剂量环戊通来缓减症状。

（5）其他治疗方法 有色滤光片的应用可以减轻 Meares - Irlen 综合征患者视疲劳症状，提高患者阅读速度。中医药整体辨证治疗观在治疗视疲劳方面也有独特的疗效，尤其是针灸、穴位按摩有较好的临床效果。同时要对顽固性视疲劳患者进行心理咨询和思想疏导工作，减轻视疲劳。由于产生视疲劳的原因复杂多样，是眼或全身器质性因素与精神心理因素以及环境卫生相互交织形成的结果，因此采取综合治疗的方式是治疗视疲劳的最佳方案。

三、视力保护

对中老年而言，视力下降的原因主要是由于各屈光单位的老化。从某种意义来讲，对于这一部分人群，主要是从延缓衰老方面做相应的工作，以保护视力，而青少年视力下降的原因则主要是基于近视（幼儿和小学一、二年级远视和弱视也是主要原因），而近视的原因又是多方面的，因此保护视力必须从多方面着手。

（一）加强体育锻炼、注意适当的营养，以增进身体健康

（1）增加户外运动，多接触大自然，常晒日光、呼吸新鲜空气，经常眺望远处放松眼肌，防止近视，向大自然多接触青山绿野，有益于眼睛的健康。

（2）精神要愉快。

（3）生活要有规律，早睡早起，保持充分的睡眠，睡眠不足时身体容易疲劳，易造成假性近视。

人的大脑与眼睛有着十分密切的关系。大脑的过度劳累会给眼睛带来极大的负担，开夜车式的通宵达旦地工作、学习或娱乐，都会使大脑得不到正常的休息。大脑休息不好，由大脑支配的视神经和整个眼球当然也得不到正常的休息，过度地使用眼睛，既可以影响人的视力，也可能诱发各种急性眼病。如果因需要或特殊情况下眼睛在较长时间下不能得到正常休息，也要每隔1h左右转移一下视线，让眼睛的屈光系统放松一下。

（二）防止用眼过量

长时间工作、学习时，中间应适当的休息。

（1）看电视距离勿太近，看电视时应保持与电视画面对角线6~8倍距离，每30min必须休息片刻。

（2）阅读时间勿太长。无论做功课或看电视，时间不可太长，以每30min休息片刻为佳。

（3）定期检查视力，凡视力不正常者应到合格眼镜公司或眼科医师处做进一步的检查。

（三）照明良好，读书写字姿势要正确

（1）光线须充足　光线要充足舒适，光线太弱、字体看不清就会越看越近。一般来说，光线要来自左上方，决不可来自于前方或右方，因为这样的光线不仅刺眼，而且因右手产生的阴影妨碍阅读和书写。适当调整光源的位置及其高低，以产生最佳的照明效果。

（2）避免反光　书桌边应有灯光装置，其目的在减少反光以降低对眼睛的伤害。

（3）坐姿要端正　不可弯腰驼背，靠近或趴着做功课易造成睫状肌紧张过度，进而造成近视。

（4）看书距离应适中　书与眼睛之间的距离应以30cm为准，且桌椅的高度也应与身高相配合，不可勉强将就。

（四）适当选择富含维生素A的食物

从营养角度来看，鱼肝油具有保护视力的功效，鱼肝油的主要成分是维生素A和维生素D，其中保护视力作用的成分是维生素A，如果过量服用鱼肝油，可引起维生素A中毒症状。维生素A的最好来源是各种动物的肝脏、鱼卵、全乳、奶油和禽蛋等。胡萝卜素在体内可转化成维生素A，它在菠菜、豌豆、胡萝卜、辣椒、杏和柿子等食物中含量较为丰富，因此，多吃这些蔬菜或水果对视力具有保护作用。

第二节　缓解视疲劳的保健食品的开发

缓解视疲劳的营养原则应建立在眼部疾病防治和眼球营养组成的基础上。具有缓解视疲劳功能的物质主要有以下几种。

（一）维生素A

维生素A与正常视觉有密切关系，眼的杆状细胞和锥状细胞中都存在着对光敏感的色素，而这些色素的形成和表现出的生理功能均有赖于适量维生素 A 的存在。维生素 A 的功能是通过不同的分子形式实现的。对于视觉起作用的是视黄醛；对生殖过程起作用的为视黄醇，在机体的视网膜中的视杆和视锥细胞是感光细胞，人类视杆细胞数量较多。在视杆细胞中含有视紫红质，它是一种视色素，在黑暗中呈紫红色，对暗光很敏感，视紫红质是 11 – 顺视黄醛和带有赖氨酸残基的视蛋白相结合的复合体，当视网膜受到光线刺激时，视紫红质将发生一系列变化，经过各种中间构型终被漂白，此时放出的是反视黄醛，此反应物刺激形成神经冲动，通过视神经纤维传到大脑，形成视觉，这就是“光适应”。由于在光亮处对光敏感的视紫红质被大量消耗，因此，一旦由明亮处转到暗处，人就不能看清周围的物体（如人走入已熄灯的电影院）。但是，在暗处停留一会儿后，如果视网膜有足够的视黄醛积存，则存在于细胞中的视黄醛异构酶将反视黄醛重新异构化为 11 – 顺视黄醛，并与视蛋白形成视紫红质，从而恢复对光的敏感性。在一定的光照度下的暗处有可能看见物体，这一过程称“暗适应”。上述过程可归纳为图 8 – 4。

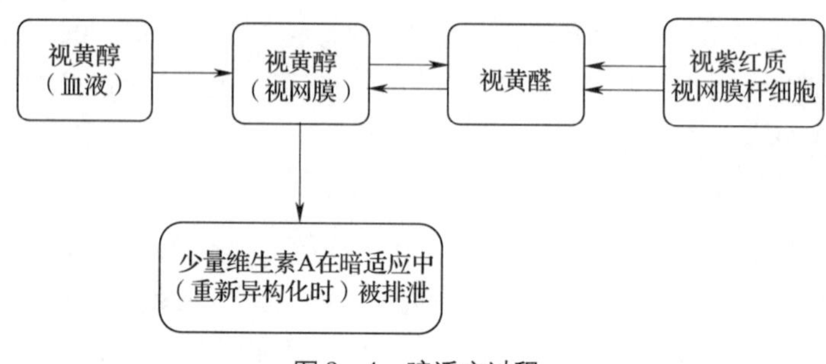

图 8 – 4　暗适应过程

当缺乏维生素 A 时，顺型视黄醛得不到足够的补充，杆状细胞合成视紫红质便减少，对弱光的敏感度降低。从强光中进入暗处，起初看不清物体，但如较长时间停留在暗处，视紫红质的分解减少，合成增多，杆状细胞内的视紫红质含量逐渐增加，对弱光刺激的敏感性加强，便又能看清物体，这一过程称为暗适应。如果维生素 A 不足，则视紫红质的再生慢且不完全，暗适应时间延长，严重时造成夜盲症，中医称为“雀目”。维生素 A 的营养缺乏，在人类有一个渐进的发展过程，因此对眼睛的危害也表现为由轻到重的不同症状。维生素 A 缺乏的最早症状是暗适应能力下降，即在暗光下无法看清物体，称为夜盲；维生素 A 的进一步缺乏将使角膜、结膜上皮组织、泪腺等发生退行性变，导致角膜干燥，甚至发炎、软化、溃疡、角质化等一系列变化，在球结膜出现泡状银灰色斑点，称为 Bitots 氏斑。在维生素 A 缺乏最严重时，可导致角膜软化、溃疡、自动穿通、球内容物流出，最终导致不可逆转的失明。

维生素 A 最好的食物来源是各种动物肝脏、鱼肝油、鱼卵、禽蛋等；胡萝卜、菠菜、苋菜、苜蓿、红心甜薯、南瓜、青辣椒等蔬菜中所含的维生素 A 原能在体内转化为维生素 A。

（二）维生素 C

英国波士顿学院与白内障碍实验室的研究表明，维生素 C 可减弱光线与氧气对眼睛晶状体的损害，从而延缓白内障的发生。该室主任艾伦·泰勒认为，白内障是由于光线与氧气长期对晶状体产生作用所致。他用紫外线辐射人工培养的晶状组织进行试验，发现维生素 C 使用得越多，形成白内障所需时间越长。多食含有大量维生素 C 的食物可增加眼中维生素 C 含量，以预防和延缓白内障发生。状体皮质中的维生素 C，可防止巯基蛋白的氧化。光化学作用产生的 O_2^- ·（超氧化物阴离子自由基）对晶体囊膜离子泵有损害作用，房水中高浓度的维生素 C 可保护无

血管的晶体上皮抗 O_2^- ·的损害，故维生素C在维持晶体透明方面具有重要作用。

富含维生素C的食物主要有以下几种：

（1）番茄 番茄中的维生素C的含量较高，多吃番茄是很好的补充维生素C的方法；

（2）南瓜 南瓜中含有人体所需的多种氨基酸，维生素C含量也很高，十分有益健康；

（3）苹果 苹果中的维生素C是心血管的保护神、心脏病患者的健康元素；

（4）猕猴桃 猕猴桃号称是维生素C含量之王；

（5）辣椒 在蔬菜中，辣椒中的维生素C的含量居第一位，故辣椒是补充维生素C的佳品。

（三）钙

钙与眼球构成有关，缺钙会导致近视眼。青少年正处在生长高峰期，体内钙的需要量相对增加，若不注意钙的补充，不仅会影响骨骼发育，而且会使正在发育的眼球壁——巩膜的弹性降低，晶状体内压上升，致使眼球的前后径拉长而导致近视。

我国成人钙的供给量为800mg/d，青少年每日供给量应有1000～1500mg。含钙多的食物有很多，要选择含钙多并且容易吸收的食物，如牛乳、螃蟹、蛤、小虾米、鱼、海带、紫菜、芝麻酱、西瓜籽、骨头汤、豆制品等都含有丰富的钙，其中牛乳中的钙容易吸收。在吃含钙食物的同时，还要吃适量的维生素D和蛋白质，以促进钙的吸收，必要时补充骨粉、蛋壳粉。要少吃妨碍钙吸收的食物，少吃植酸、草酸、竹笋等可与钙形成钙盐沉淀而不能被人体吸收的食物。

（四）铬

铬是与生命相关的微量元素，正常人体内含铬总量仅5mg，一般情况下是不会缺乏的。缺铬是现代文明生活中“食不厌精”的结果。铬元素大量分布在糙米、玉米、瘦肉、蔬菜、水果和红糖中。精粉、绵白糖、果酱、油煎马铃薯等几乎不含铬。红糖精制成白糖后会丢失红糖中92%的铬，食用精粉会丢失全麦面里91%的铬。长期食用精米、精面、油腻食物和偏食，很少吃新鲜蔬菜，是造成青少年体内缺铬的主要原因。一份城乡学生近视原因分析指出，城市86.4%属膳食精细、偏食因素为主；农村87.5%属教室光线、用眼卫生因素为主，这充分说明缺铬与近视的关系。机体铬元素缺乏，使胰岛素调节血糖的功能发生障碍，血浆渗透压升高，促使眼睛晶状体和房水渗透压上升，屈光度增加，产生近视。还应指出的是青少年多喜吃甜食，过量的糖在代谢过程中，要消耗大量的B族维生素，产生的酸性物质又与体内的钙、铬等碱性元素发生中和反应，致使铬、钙元素流失。

人体每日对铬的生理需要量为0.05～0.2mg。铬多存在于糙米、麦麸之中，动物的肝脏、葡萄汁、果仁中含量也较为丰富。

（五）锌

锌参与肝脏及视网膜内维生素A还原酶的组成，且与视黄醇脱氢酶的活性有关。锌在体内能促进视黄醇结合蛋白质的合成，参与维生素A代谢，促进维生素A自肝脏动员出来以维持血浆维生素A的正常浓度。锌通过这些作用起到维持生素A的代谢功能和暗适应功能。锌在眼内参与维生素A的代谢与运输，当维生素A缺乏时，锌与维生素A联合治疗效果比单一维生素A为好。锌缺乏可导致视力障碍，锌在体内主要分布在骨骼和血液中。眼角膜表皮、虹膜、视网膜及晶状体内也含有锌。锌含量丰富的食物有牡蛎（蚝）、鲱鱼、田螺、蟹、虾、动物肝脏、瘦肉、鱼、禽、蛋，以牡蛎含锌量为最高（是瘦肉的4~5倍）。青菜、大豆、茄子、坚果含锌也较丰富，但吸收较差，因植物性食品含纤维素和植酸较多。

（六）珍珠

珍珠含95%以上的碳酸钙及少量氧化镁、氧化铝等无机盐，并含有多种微量元素和多种氨基酸，如亮氨酸、甲硫氨酸、丙氨酸、甘氨酸、谷氨酸、天冬氨酸等。具有保护晶体内水溶性蛋白、超氧化物歧化酶（SOD）和还原型谷胱甘肽（GSH）的能力，能抑制脂质过氧化和清除活性氧自由基，这些都与珍珠层粉水解液预防白内障的作用密切相关。珍珠性味甘咸寒，用珍珠粉配龙脑、琥珀等配成的“真珠散”滴眼睛可抑制白内障的形成。

（七）海带

海带除含碘外还含有1/3的甘露醇，晒干的海带表面有一层厚厚的“白霜”，它就是海带中的甘露醇，甘露醇有利尿作用，可减轻眼内压力，应用高渗脱水剂甘露醇，可迅速提高血液渗透压，使玻璃体内的水分向血管内渗透，眼内容积减少而迅速降低眼压，用来治疗急性闭角型青光眼、慢性青光眼、恶性青光眼、继发性青光眼、视网膜振荡、中心性浆液性脉络膜视网膜病变、角膜内水皮肿、前房积水等。其他海藻类食品如裙带菜也含有甘露醇。

（八）花色苷

花色苷是广泛存在于水果、蔬菜中的一种天然色素，其中对保护视力功能最好的是欧洲越橘（whortleberry）和越橘（cowberry）浆果中的花色苷类。由于花色苷与其他天然黄酮类化合物一样，具有特征性很强的$C_6C_3C_6$碳骨架和相同的生化合成来源，因此，人们也将花色苷视为黄酮类化合物。但花色苷因强烈吸收可见光而区别于其他天然黄酮类化合物。花色苷的配基为花色素，后者与各种糖结合形成不同的苷类。花色苷结构示意图见图8-5。

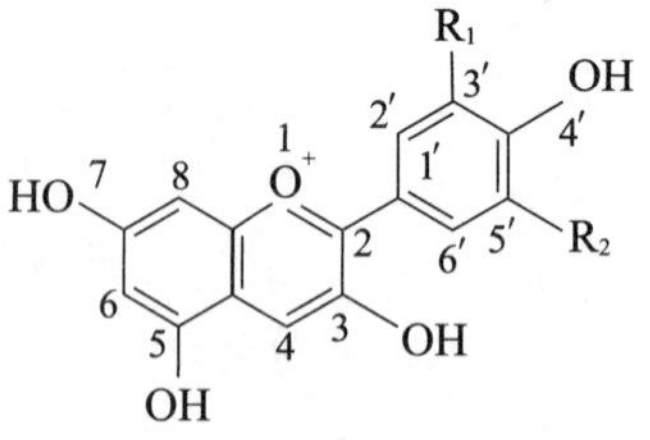

图8-5　花色苷结构示意图

1．性状

一般为红色至深红色膏状或粉末，有特殊香味。溶于水和酸性乙醇，不溶于无水乙醇、氯仿和丙酮。其水溶液透明无沉淀，一般可溶于水和醇溶液，色调随羟基（—OH）、甲氧基（$—OCH_3$）、糖结合的位置及花色苷种类的数目不同而有所差别。其色调会随pH变化，pH从强酸性至中性乃至碱性，花色苷的色调会从红色变化至紫色乃至蓝色。在强酸性溶液中，花色苷主要以单一的黄羊盐阳离子（flavylium cation）的形式存在，呈稳定的红色。在弱酸性至中性溶液中，以脱水碱基阴离子（anbydro - base）的形式存在，其最大吸收波长移向长波侧，呈红紫色。特别地，在碱性溶液中以脱水碱离子（anbydro - base anion）存在，呈蓝色。脱水碱基不太稳定，容易水化成无色的假碱基（pseudobase）。花色苷的特征性质即其色调以及稳定性受pH变化的影响较大。因此，为了使花色苷稳定，必须想方设法防止它水化。

2．生理功能

保护毛细血管，促进视红细胞再生，增强对黑暗的适应能力。据法国空军临床试验，能改善夜间视觉，减轻视觉疲劳，提高低亮度的适应能力。欧洲约自1965年起即将其用作眼睛保健用品。给兔子静脉注射后，在黑暗下适应的初期，可促进视紫质的再合成，在适应末期，视网膜中视紫质含量也比对照者高很多。研究者也曾给眼睛疲劳患者每天经口摄入250mg，能明显改善眼睛疲劳的自觉症状。

3. 制法

以杜鹃花科植物欧洲越橘（*Vaccinium myrtillus*）或普通越橘（*V. vitisidaes*）的成熟浆果为原料，也可以榨汁后的果渣为原料，用3%稀盐酸水溶液，以1∶5（*m/V*）比例在50℃条件下浸提15min，如此浸提3次，可得96%色素；如同样用1%的盐酸乙醇液，条件相同，则提取2次即可，也有用0℃以下乙醇提取的。

（九）叶黄素

1. 主要成分

以叶黄素为主的各种类胡萝卜素，如新黄质（meoxanthin）、紫黄质（violaxanthin）。可含有被萃取植物中原来含有的油脂和蜡及萃取后为标准化而加入的食用植物油。

2. 性状

叶黄素为橙黄色粉末、浆状或深黄棕色液体，有弱的似干草气味。不溶于水，溶于乙醇、丙酮、油脂、己烷等。试样的氯仿液在波长445nm处有最大吸收峰。耐热性好，耐光性差，150℃以上高温时不稳定。

3. 生理功能

（1）叶黄素是眼睛中黄斑的主要成分，故可预防视网膜黄斑的老化，对视网膜黄复病（一种老年性角膜混浊）（AMD）有预防作用，以缓解老年性视力衰退等。

（2）预防肌肉退化症（ARMD）所导致的盲眼病。由于衰老而发生的肌肉退化症可使65岁以上的老年人引发不能恢复的盲眼病。据美国眼健康保护组织估计，现在美国大约有1300万人存在肌肉退化症状，有120万人因此导致视觉损伤。预计到2050年，美国65岁以上的人数将达到现今的两倍。因此，这将成为重要的公共卫生问题。

叶黄素在预防肌肉退化症方面效果良好，由于叶黄素在人体内不能产生，因此必须从食物中摄取或额外补充，尤其是老年人必须经常选用叶黄素含量丰富的食物。为此美国于1996年建议60~65岁的人每天需补充叶黄素6mg。

（3）眼睛中的叶黄素对紫外线有过滤作用，有保护由日光、电脑等发射的紫外线所导致的对眼睛和视力的伤害作用。

4. 制法

叶黄素广泛存在于自然界的蔬菜中，如甘蓝等，以及水果如桃子、杧果、木瓜等中。叶黄素有8种异构体，难以人工合成，所以至今只有从植物中提取。一般由牧草、苜蓿或睡莲科植物莲的叶子经皂化除去叶绿素后，用溶剂萃取后而得。所用溶剂按联合国粮农组织/世界卫生组织（FAO/WHO）（1997）规定限用甲醇、乙醇、异丙醇、己烷、丙酮、甲乙酮和二氯甲烷。德国Nutraceuticals公司从金盏花（又称万寿菊，*Tagetes erecta*）花瓣（比菠菜中含量高20倍）中用己烷提取而得，其主要成分为叶黄素酯，能在人体内被代谢生成叶黄素。美国Kemin公司除从金盏花中提取外，还用猕猴桃为原料提取并制成“超视力饮料”，也可以从微藻中提取而得。

第三节 缓解视疲劳的保健食品的检验方法

一、试验项目（人体试食试验）

（一）安全性指标

一般体格检查血、尿、便常规，查血生化指标，胸透、心电图、B 超检查，不良反应观察。

（二）功效性指标

详细询问病史，眼部自觉症状：眼胀、眼痛、畏光、视物模糊、眼干涩等。按症状轻重（重症 3 分、中度 2 分、轻症 1 分）在试食前后统计积分值，并就其主要症状改善情况（每一症状改善 1 分为有效，改善 2 分为显效），计算症状改善率。眼科常规检查：外眼、眼底。明视持久度测定：明视时间对注视时间的百分比称为明视持久度，测定时间为 3min，测定 2 次取平均值。远视力检查：使用国际视力表进行检查。

二、试验原则

（1）按自愿原则选择年龄为 18 ~ 65 岁，长期用眼、视力易疲劳的受试者。

（2）患有感染性、外伤性眼部疾病者；患有角膜、晶体、玻璃体、眼底病变等内外眼疾患者；患有心血管、脑血管、肝、肾、造血系统等疾病者；短期内服用与受试功能有关的物品，影响对结果的判定者；长期服用有关治疗视力的药物、保健食品或使用其他治疗方法未能终止者；不符合纳入标准，未按规定食用受试物者或资料不全等影响功效或安全性判定者，进行眼部手术不足 3 个月者，妊娠或哺乳期妇女及过敏体质患者，均不纳入试者标准。

三、结果判定

试食试验后试验组自身比较及与对照组组间比较，症状总积分、明视持久度和总有效率明显改善，差异有显著性，且平均明视持久度提高 ≥0.1 可判定该受试样品具有缓解视疲劳功能，结果判定为有效。未达到上述标准者结果判定为无效。

思考题

1. 简述眼的解剖学结构。
2. 造成视力减退的原因有哪些？
3. 具有缓解视疲劳的物质有哪些？

CHAPTER 9

第九章

缓解体力疲劳的保健食品

[学习指导]

熟悉和掌握疲劳的概念和疲劳的危害；掌握几种常见的抗疲劳物质。了解疲劳的产生机制；了解缓解体力疲劳功能检验方法的试验项目、试验原则和结果判定。

第一节　营养与疲劳

一、疲劳的概念

1884 年，德国人 Mosso 对人体的疲劳现象进行了研究，从此之后许多学者从多种视角采用不同手段广泛研究疲劳，并先后对疲劳进行了不同的定义。1904 年，Ioteyko 提出，疲劳是感觉器官（肌梭）受化学产物刺激的结果；1915 年，Mosso 提出，疲劳是细胞内化学变化产生的衍生物所导致的一种中毒现象；1980 年，Karlsson 认为，疲劳是肌肉不能产生所要求的或预想的收缩力；1982 年，Edwards 根据肌肉疲劳时能量消耗、肌力下降和兴奋性改变三维空间关系，提出了肌肉疲劳的突变理论，认为疲劳是由于运动过程中三维空间关系改变所致。1982 年，在第五届国际运动生物化学会议上对疲劳的定义取得了统一认识，大会认为疲劳作为一种生理现象，是指“机体生理过程不能持续其功能在一特定水平或各器官不能维持预定的运动强度”而出现的一种状态。

二、疲劳产生的机制

从 20 世纪初，就开始了对运动性疲劳的系统研究。迄今关于疲劳产生机制的理论，最具代表性的有以下几种。

1. “衰竭学说”

这一理论认为疲劳的产生是由于在某一高强度运动中，起主要供能作用的能源物质大量消耗或耗竭所致。

在人体供能系统中，三磷酸腺苷（ATP）和磷酸肌酸（CP）是直接供给组织器官能量的。体内储存的高速率供能物质为磷酸肌酸。肌肉收缩时最先发生的反应是三磷酸腺苷（ATP）的分解，这时释放出高能磷酸键（P～）。一般认为这是肌肉收缩的直接能源。由于肌球蛋白和肌动蛋白的反应（结合、解离），横纹肌每活动一次，需分解一个分子的ATP。ATP分解为ADP，而ADP又得到磷酸肌酸（CP）分解所生成的磷酸，立即转变为ATP。

在短时间高强度运动时，机体主要以三磷酸腺苷（ATP）和磷酸肌酸（CP）供能。例如百米跑运动，由于运动强度极大，运动中消耗的能量主要由体内储存的磷酸肌酸（CP）分解供能，当跑至60～80m处，无论是一般运动员还是世界优秀运动员都会出现跑速降低的现象，即出现了运动性疲劳。究其原因是体内储存的磷酸肌酸（CP）被大量消耗，人体运动中需要的能量不得不依靠糖酵解供给，由于糖酵解供能的速度约为磷酸肌酸（CP）的1/2，所以出现了跑速降低的现象。

而在进行长时间耐力运动时，人体主要以糖、脂肪的有氧氧化供能为主，不断地消耗氧，生成二氧化碳。肝糖原进入血液后，再通过血液循环运输到各个组织器官。机体受到用糖、供氧、用氧能力的限制，导致运动时供能滞后，于是疲劳产生了。产生疲劳的同时常伴有血糖浓度降低，但补充糖后，工作能力有一定程度的提高。Cannon等发现，当运动到精疲力竭时注射肾上腺素后又能够继续跑动。其原因在于肾上腺素可使肝糖原进一步分解，从而使血糖水平提高。

根据近几年国际生化研讨会对运动性疲劳的研究，能源物质的消耗这一理论最有说服力和更为人接受。

2. “堵塞学说”

认为疲劳的产生是由于某些代谢产物如乳酸、氢离子、氧自由基等物质在肌肉组织中的堆积。其依据是，疲劳的肌肉中乳酸等代谢产物增多，而且乳酸堆积会引起肌肉功能下降。

乳酸等代谢产物堆积可引起肌肉组织和血液pH（酸碱度）的下降，阻碍神经肌肉接点处兴奋的传递；抑制磷酸果糖激酶活性，从而抑制糖酵解，使ATP合成速率减慢。另外酸性环境降低肌钙蛋白和Ca^{2+}的结合力，增加对Ca^{2+}的需求，降低ATP酶活性，增加横管中蛋白质结合Ca^{2+}，增加细胞外液K^+浓度，降低肌肉组织的最大张力和持续能力，使肌肉收缩减弱即肌力下降，神经组织的兴奋性也降低，于是产生疲劳。

3. 内环境稳定性失调学说

认为疲劳是由于pH下降，水盐代谢紊乱和血浆渗透压改变等因素引起的。当人体失水达体重的5%时，肌肉工作能力下降20%～30%。失水量过多时，易发生中暑。美国哈佛大学疲劳研究所曾报道，在高温下作业的工人因泌汗过多，致使严重疲劳时给予饮水仍不能缓解，但饮用含0.04%～0.14%的氯化钠水溶液就能使疲劳有所缓解。

4. 保护性抑制学说

按照巴甫洛夫学派的观点，运动性疲劳是由于大脑皮质产生了保护性抑制。运动时大量冲动传至大脑皮质相应的神经细胞，使其长时间兴奋导致消耗增多，为避免进一步消耗，便产生了抑制过程。这对大脑皮质有保护性作用。

5. 突变理论

1982年，Edwards根据肌肉疲劳时能量消耗、肌力下降和兴奋性丧失三维空间关系，提出了肌肉疲劳的突变理论，并认为这是运动性疲劳的生物化学基础，认为疲劳是运动能力的衰退，形如一条链的断裂现象。在控制链中，一个或几个环节的中断都会相应地引起某种疲劳。这条神经—肌肉疲劳控制链见图9－1。

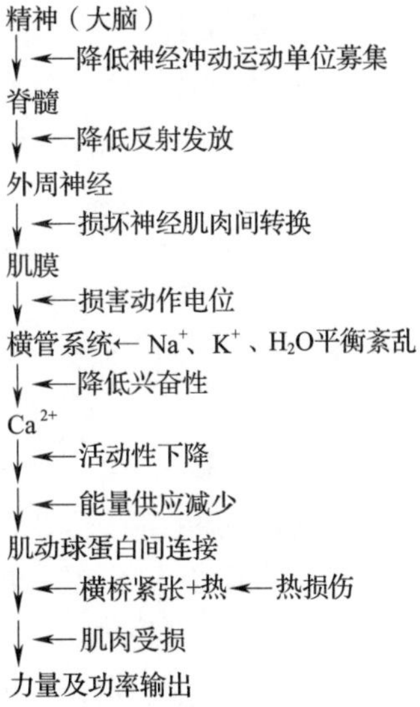

精神（大脑）
↓←降低神经冲动运动单位募集
脊髓
↓←降低反射发放
外周神经
↓←损坏神经肌肉间转换
肌膜
↓←损害动作电位
横管系统← Na^+、K^+、H_2O平衡紊乱
↓←降低兴奋性
Ca^{2+}
↓←活动性下降
↓←能量供应减少
肌动球蛋白间连接
↓←横桥紧张+热←热损伤
↓←肌肉受损
力量及功率输出

图9－1　神经－肌肉疲劳控制链

突变理论的特点在于：单纯的能量消耗，肌肉的兴奋性并不下降，在ATP耗尽时，才引起肌肉僵直，这在运动性疲劳中不可能发展到这个地步；在能量和兴奋性丧失过程中，存在一个急剧下降的突变峰，兴奋性突然崩溃，并伴随力量或输出功率突然衰退。突变理论把疲劳看成是多因素的综合表现。

6. 自由基损伤学说

自由基是指外层电子轨道含有未配对电子的基团。在细胞内，线粒体、内质网、细胞核、质膜和胞液中都可能产生自由基。由于自由基化学性质活泼，可以与机体内糖类、蛋白质、核酸及脂类等发生反应。因此，能造成细胞功能和结构的损伤和破坏。

研究发现，剧烈运动后自由基产生过多，可造成肌纤维膜、内质网完整性丧失，妨碍正常的细胞代谢与功能；还造成胞浆中Ca^{2+}的堆积，影响肌纤维的兴奋－收缩偶联，使肌肉的工作能力下降；自由基还能导致线粒体呼吸链产生ATP的过程受到损害，使细胞的能量生成发生障碍，影响肌纤维的收缩功能；另外，还有一些重要的酶可能由于自由基的作用而失活，从而产生一系列病理变化，导致肌肉收缩能力下降而产生疲劳。因此，自由基与运动性疲劳有着密切的关系，是导致运动性疲劳的重要原因。

随着运动生理学的发展，对于运动性疲劳产生机制的认识，已经从单纯的能量消耗或代谢产物堆积，向着多因素、多层次、多环节综合作用的认识发展。单一因素导致疲劳的理论，已经逐渐被综合性疲劳的理论所替代。

三、疲劳的危害和主要表现

疲劳出现时人体活动能力下降，表现为疲倦、肌肉酸痛或全身无力。疲劳的症状可分一般症状和局部症状。当进行全身性剧烈肌肉运动时，除肌肉的疲劳以外，也出现呼吸肌的疲劳、心率增加、自觉心悸和呼吸困难等症状。由于各种活动均是在中枢神经控制下进行的，因此，当活动能力因疲劳而降低时，中枢神经系统就要加强活动而补偿，又逐渐陷入中枢神经系统的疲劳。

疲劳可以导致运动员的运动能力降低，战士的战斗力减退以及一般人群的工作效率降低、反应迟钝和差错事故增多等后果。但疲劳是防止机体过度功能衰竭所产生的一种保护性反应，产生疲劳时即提醒应降低工作强度或终止运动，以免机体损伤。疲劳发生后如果得不到及时消除，将会逐渐积累，出现过度训练综合征或慢性疲劳综合征等，使机体发生内分泌紊乱，免疫力下降，甚至出现器质性病变，直至威胁人类生命。

过度疲劳可加速衰老与死亡。当人体长期处于疲劳状态下，可产生未老先衰和疲劳综合征。疲劳综合征在日本又称为“过劳死”。为克服和宣传过度疲劳的危害，日本成立了“过劳死预防协会”，提出过度疲劳不仅能导致未老先衰，并可导致猝然死亡。该协会还列出了下列“过劳死”的十大预警信号。

（1）“将军肚”提早出现　30～50岁的人，就已大腹便便，这意味着高血脂、脂肪肝、高血压、冠心病正向你招手。

（2）脱发、斑秃、早秃　每次洗头都有一大堆头发掉落，这是工作压力大、精神紧张所致。

（3）频频去洗手间　如果年龄在30～40岁，小便次数超过正常人，说明消化系统和泌尿系统开始衰退。

（4）性能力下降　中年人过早地出现腰酸腿疼，性欲减退或男子阳痿、女子过早闭经，都是人体功能整体衰退的第一信号。

（5）记忆力减退　开始忘记熟人的名字。

（6）心算能力越来越差。

（7）做事经常后悔，易怒、烦躁、悲观，难以控制自己的情绪。

（8）注意力不集中，集中精力的能力越来越差。

（9）熟睡时间越来越短，醒来也不解乏。

（10）经常头疼、耳鸣、目眩，却查不出症状。

凡具有上述两项或两项以上者，则为“黄灯”警告期。具有上述三项至五项者，则为一次“红灯”预报期，说明已经具有“过劳死”的征兆。具有六项以上者，为二次“红灯”危险期，可被定为“疲劳综合征”，即“过劳死”的预备军。

据统计，日本因过度疲劳而突然猝死的人数每年超过1万人，其中因心力衰竭等问题的致死率约占80%以上。

在正常情况下，80岁年龄段人群与40岁人群相比，神经传导速率（感知能力）下降85%，心脏输出功率下降70%，肺活量和肾血流量下降50%，呼吸效能下降40%，最大氧气摄入量下降30%。即人体的各种活动能量从40岁左右开始逐步下降，这是一种自然衰退现象。

第二节　缓解体力疲劳的保健食品的开发

随着现代生活节奏的加快，社会竞争的加剧，疲劳成为困扰很多人的健康问题。因此，延缓疲劳的发生和促进疲劳的恢复一直是航天医学、军事医学和运动医学等学科的研究热点。也正因如此，具有缓解疲劳（抗疲劳）作用的保健食品应运而生。

人类自19世纪就先后尝试过利用古柯叶、咖啡豆、茶叶、酒、烟草、麻黄草、仙人掌等植物来消除疲劳。近年来，科学工作者又发现了一些抗疲劳的物质，如皂苷类物质、辅酶、生物碱、肌苷、磷酸腺苷、肌醇、单糖、低聚糖、乙酰胆碱、谷酰胺、某些有机酸及氨基酸、丙酮酸、乳铁蛋白肽、植物多糖等。这些物质会对人体产生不同的生理作用，有的直接提供能量，有的激发代谢产生能量，有的作用于中枢神经和肌肉，有的则通过抗氧化或内生活性物质发挥抗疲劳、增强脑力或体力的作用。

抗疲劳物质及其产品大致可以分为以下几类。

（1）补充能量 通过补充运动中所消耗的营养素来达到维持机体正常生理功能，解除疲劳的目的。

（2）补充人体必需的维生素和微量元素。

（3）通过提高机体器官的功能，特别是循环系统的功能，加速体内代谢物质的清除、排出，来达到抗疲劳目的。很多中草药制剂都属于这一类。但须注意，许多抗疲劳物质及其产品不适合儿童食用。

一、人 参

（一）概述

人参为五加科（Araliaceae）植物人参（*Panax ginseng* C. A. Mey.）的干燥根。原产中国东北部，现邻国朝鲜、韩国和日本也有栽培。按照生长方式命名有野山参、移山参、园参三种；栽培者为“园参”，野生者为“山参”。按照产地命名如吉林人参、韩国高丽人参等；按加工工艺分为白参和红参，其中白参又分为生晒参（将鲜人参洗净，略晒后用硫磺熏蒸烘干）、白干参（将洗净的鲜人参刮去外皮晒干）、白糖参（将人参浸糖后加工而成）；红参是将鲜人参蒸熟后晒干或烘干而成。红参在蒸制过程中，会生成特有的生理活性物质。

（二）活性成分

人参的化学成分很复杂，人参皂苷（ginsenoside）、挥发油及其他成分均为人参活性成分。经现代医学和药理研究证明，人参皂苷为人参的主要活性成分，它具有人参的主要生理活性。

人参总皂苷的含量因药用部位、加工方法、栽培年限和产地而异。人参主根和侧根中的皂苷有多种，目前，人们已经从人参（白参、红参）及其地上部分共分离得到了近40种人参皂苷，一般将总皂苷称为人参皂苷Rx，按硅胶薄层色谱*Rf*值的大小顺序，由小到大命名为Ro、Ra、Rb_1、Rb_2、Rb_3、Rc、Rd、Re、Rf、Rg_1、Rg_2、Rg_3、Rh_1、Rh_2、Rh_3等。

根据苷元的结构可分为A、B、C三种类型：A型和B型人参皂苷结构母核为四环三萜达马烷型（dammarane），是达马烯二醇的衍生物，二者C_{20}的构型均为S型。A型人参皂苷的苷元为20（*S*）－原人参二醇，有人参皂苷Ra_1、Ra_2、Rb_1、Rb_2、Rb_3、Rc、Rd，此外，尚有乙酰人参皂苷（acetyl－ginsenosides）Rb_1、Rb_2、Rc，丙二酰基人参皂苷（malonyl－ginsenosides）Rb_1、Rb_2、Rc、Rd。B型人参皂苷的苷元为20（*S*）－原人参三醇，有人参皂苷Re、Rf、Rg_1、Rg_2、Rh_1。C型人参皂苷结构母核为五环三萜齐墩果烷型（oleanane），其苷元是齐墩果酸（oleanolic acid），有人参皂苷Ro。

A型和B型人参皂苷性质都不稳定，弱酸条件下即可水解，皂苷元C_{20}的*S*构型容易转为*R*构型；受热时侧链发生环合作用，分别生成人参二醇与人参三醇，而不能得到真正的原皂苷元：20（*S*）－原人参二醇与20（*S*）－原人参三醇。

通常人参所含有的总皂苷中，原人参二醇类皂苷占45%～60%，原人参三醇类皂苷占12%～20%，齐墩果酸类皂苷7%～10%。其中各种皂苷的含量也因部位而有差异：白参须、红参须含皂苷Rb_1、Rb_2和Re约4%，白参、红参仅含0.4%～0.5%，但白参和红参中所含皂苷Rg_1较白参须、红参须多。

人参经蒸制得红参，不仅使淀粉转为红糊精，使人参颜色变红，而且有部分皂苷也发生了构型的变化，产生了白参所没有的成分。自吉林红参中得到人参皂苷 Rb_1、Rb_2、Rc、Rd、Re、Rg_1，20（R）－人参皂苷 Rh_1、Rg_2，20（S）－人参皂苷 Rg_3，20（R）－原人参三醇和人参皂苷 Rh_2，后5种成分只存在于红参中，为红参的特征性成分。有报道，白参所含皂苷以 Rb 族和 Rg 族的含量最高，而 Ro 和 Rc 的含量少或微量。白参须所含皂苷以 Rb 族的含量最高，其次为 Rg 族，而 Ro 含量最低，用酸水解后得大量的人参二醇和少量的人参三醇，未能检出齐墩果酸。

人参除含多种皂苷外，尚含β－榄香烯（elemene）等挥发性成分。辽宁产人参根部含挥发油约0.12%，油中鉴定含有α－愈创烯（α－guaiene），β－广藿香烯（β－patchoulene），反式丁香烯（trans－caryophyllene），蛇麻烯（humulene），β－、γ－榄香烯（β－，γ－elemene），艾里莫酚烯（eremophilene），β－金合欢烯（β－farnesene），β－古芸烯（β－gurjunene）及2，6－二叔丁基－4－甲基苯酚（2，6－ditert－butyl－4－methylphenol）、1－十七烷醇（1－heptadecanol）。

此外，自人参中尚提取出人参炔醇（panaxynol）、葡萄糖、果糖等单糖，蔗糖、麦芽糖等双糖，葡萄糖－果糖－果糖、葡萄糖－葡萄糖－葡萄糖、葡萄糖－葡萄糖－果糖等三聚糖，低分子肽、多胺（腐胺、精胺）类化合物、苏氨酸、β－氨基丁酸、β－氨基异丁酸等多种氨基酸及延胡索酸、琥珀酸、马来酸、苹果酸、柠檬酸、酒石酸、软脂酸、硬脂酸、亚油酸、胆碱、B族维生素、维生素C、果胶、β－谷固醇及其葡萄糖苷及锰、砷等。

人参的地上部分含黄酮类化合物人参黄酮苷（panasenoside）、三叶苷（trifolin）、山柰醇、人参皂苷、β－谷固醇及糖类等。

（三）生理功能

1. 对中枢神经有一定兴奋作用和抗疲劳作用

人参皂苷 Rg_1 具有兴奋中枢神经、抑制中枢性疲劳、提高运动耐力、防止性功能减退、促进 DNA 与 RNA 合成、抗血小板凝集等作用。

人参皂苷 Rb_1 可以促进神经纤维的形成并维持其功能，防止性功能减退，抑制中枢神经系统，镇静，安眠，解热，促进血清蛋白合成，促进胆固醇的合成与分解，抑制中性脂肪分解，抗溶血。人参皂苷 Rb_2、Rc、Re 也具有抑制中枢神经，促进 DNA、RNA 合成等功效。

2. 抗肿瘤活性

人参皂苷的抗肿瘤活性受母核和糖基影响，其抗肿瘤活性强弱依次为：齐墩果酸型、原人参二醇型、原人参三醇型和苷元、单糖苷、二糖苷、三糖苷、四糖苷。人参皂苷 Rh_2 是一种原人参二醇型皂苷，是红参的主要抗癌成分。药理和临床试验证实，Rh_2 使肿瘤细胞停止在一定的增殖期，并逆转为正常细胞；Rg_3 具有选择性地抑制肿瘤细胞的浸润和转移作用，提高免疫、保肝、保护脑神经细胞及抗血栓等药理作用。另外，还有极强的抗疲劳功效。但人参皂苷单体 Rh_2 和 Rg_3 只存在红参中，Rh_2、Rg_3 的含量极微，分别是0.001%、0.003%。

从现有资料发现，人参皂苷 Rh_2 的作用机制较为广泛，能作用于多个环节，阻滞肿瘤的发生和发展。人参皂苷可直接作用于癌细胞，通过诱导细胞凋亡来抑制肿瘤生长或诱导细胞分化使其逆转；可逆转肿瘤的耐药性，提高化疗药物的抗肿瘤活性；也可通过影响代谢和调节免疫功能，增强机体对疾病的抵抗能力，从而抑制肿瘤的生长；还可影响细胞连接通信或抑制酶的活性及拮抗致癌剂的作用等。

3. 对机体功能和代谢具有双向调节作用

预防和治疗机体功能低下，向有利于机体功能恢复和加强的方面进行，尤其适用于各器官功能趋于全面衰退的中老年人。即主要是改善内部（衰老等）和外部（应激、外界药物刺激等）因素引起的机体功能低下，而对于正常机体影响很小。如人参对于不正常血糖水平具有调节作用，而对正常血糖无明显影响。

4. 提高免疫作用

增强免疫系统，促进生长发育，增强动物对外部或内部因素引起功能低下的抵抗力和适应性，即抗应激作用。人参对提高免疫作用的功能，研究发现以下各种机制。

（1）提高巨噬细胞的吞噬功能。

（2）促进机体特异抗体的形成。

（3）提高 T 淋巴细胞、B 淋巴细胞的分裂。

（4）显著增强肿瘤浸润淋巴细胞 TILs 细胞的体外杀伤活性。

（5）刺激白细胞介素 -2 的分泌。

（6）增强天然杀伤细胞（NK）的活性。

（7）提高环磷酸腺苷（cAMP）的水平。

5. 调整血液黏度和血脂的作用

研究发现，人参皂苷 Rb 能使心肌梗死大鼠 24h 后的全血低切、中切、高切黏度及血浆黏度明显降低，减轻微循环血流淤滞，增加组织血流量，这对于降低急性心肌缺血所致的高黏血症，改善缺血区供血，保护缺血心肌具有重要意义。人参片也能降低大鼠血清总胆固醇（TC）、三酰甘油（TG）的含量，具有明显的降血脂功能，从而具有改善脂肪肝、保护心脏的作用。

二、西　洋　参

（一）概述

西洋参系五加科（Araliaceae）植物人参属（*Panax* L.）。西洋参（*Panax quinquefolius* L.）的根状茎，即地上茎和根间的粗短部分，俗称“芦头”，茎上的鳞片薄而早萎，与人参、三七等同属人参属植物。西洋参又名花旗参，原产于北美，主产于加拿大（多伦多、温哥华）、美国，1784 年开始进入中国，1975 年在我国北方多省大面积试种，获得成功。

（二）活性成分

西洋参含有人参皂苷、人参多糖、挥发油、维生素、蛋白质、氨基酸、黄酮类以及微量元素等许多成分。其中，人参皂苷被认为是西洋参的主要有效成分，也是主要的生理活性物质。

就西洋参植物各部位的人参皂苷的含量和种类而言，含量以 4 年参为例，不同部位各种成分及含量有所不同，根中总皂苷含量 5% ~10%，茎含量为 2% ~3%，叶含量为 10% ~16%，花蕾含量为 12% ~15%，果肉含量为 10% ~12%；各种单体皂苷含量也有差异。

到目前为止，在西洋参的各部位中，共发现了约 30 种人参皂苷单体，包括：Rb_1、Rb_2、Rb_3、Rc、Rd、Re、Rg_1、Rg_2、Rg_3、Rh_1、Rh_2、20（*R*）-Rg_3、20（*R*）-Rh_2、M-Rb_1、Ro、P-F_{11}等。在已经找到的各种人参皂苷单体中，根中含有 23 种、茎叶中含有 22 种、果中含有 11 种、芦头中含有 4 种。

西洋参中挥发油有近 40 种，占总成分的 0.1% ~0.2%；西洋参总糖含量为 50% ~65%，其中多糖含量为 5% ~10%；西洋参还含有蛋白质、多肽和 18 种以上氨基酸，蛋白质含量为 11% ~12%，氨基酸含量为 5% ~8%；西洋参中还含有多种微量元素等。

（三）生理功能

（1）抗疲劳作用　对中老年人脏器功能衰弱、免疫功能低下、适应环境耐力减退，有一定保障作用。可增强机体对各种有害刺激的特异防御能力。药理研究证明，西洋参具有类似把人体阴阳调和的能力，被称为调理素或适应原（adaptogen），很少植物具有这种功能。例如，把过高或过低血压调到正常水平；把肌肉内过高或过低的糖原 ATP 和磷酸肌酸调到正常，这对处于应激状态的运动员、紧张的脑力劳动者，进食西洋参大有裨益；同样，对于身体虚弱者也很适宜。

对于西洋参高含量皂苷单体的研究进一步表明，Re 具有改善心血管疾病、前列腺增生的功能，促进 DNA、RNA、血清蛋白质合成；Rb_1 和 Rg_1 具有抗衰老、益智的效能。西洋参里，特别是叶、花、果中富含这些单体。例如，在西洋参的干果浸膏中，Re、Rb_1、Rg_1 的含量分别高达约 3%、5%、1%。

（2）对大脑有镇静作用，对神经中枢有中度兴奋作用　在中医的药性上，西洋参是“凉性”，而东北人参是“热性”，这是由于人参皂苷 Rb 与 Rg 含量的不一样造成的。西洋参含有较多的人参皂苷 Rb，具有镇静神经系统的功效，而东北人参含有较多的人参皂苷 Rg，具有兴奋神经系统的功效。

（3）西洋参还有免疫调节、调节血脂、抗衰老、耐缺氧等生理功能。

三、三　七

（一）概述

三七，又名田七、田七人参、金不换，来源于五加科人参属植物［*Panax notoginseng*（Burk.）F. H. Chen］的干燥主根。产地为云南、广西、贵州、四川等省（自治区），但以云南文山州和广西靖西、那坡县所产的三七质量较好，为道地药材。三七外观呈类圆锥形，上等品长 3～6cm，直径 2～4cm，质坚，灰褐色。按大小分为 20、30、40、60、80、120、160、200 头、无数头等规格（头：三七分级的专用术语，指每 500g 质量三七所含有的三七个数）。粉末制品多用须根等制成，质差。

（二）活性成分

三七的主要有效活性成分为皂苷类（saponins）。研究表明，三七含有 24 种皂苷，占总量的 9.75%～14.90%，主要为人参皂苷 Rb_1、Rd、Re、Rg_1、Rg_2、Rh_1；三七皂苷（notoginsenoside）R_1、R_2、R_3、R_4、R_6、R_7。其中人参皂苷 Rb_1、Rg_1 是三七总皂苷中含量最高的两个成分，而三七皂苷 R_1 则是三七的特征化合物，但含量较低。

三七的不同部位，所含的三七皂苷成分各不相同，地下部分以人参三醇型皂苷为主，地上部分仅含人参二醇型皂苷。三七主根是三七的主要药用部位，含总皂苷为 7% 左右。单体皂苷以人参皂苷 Rg_1（含量为 3%～4%）、Rb_1（含量为 2%～3%）、Rd（含量为 0.5%）和三七皂苷 R_1（含量为 0.5%）为主，4 种单体皂苷占总皂苷的 80% 左右。三七主根总皂苷含量受产地（文山三七皂苷含量比广西三七高）、采收期（春三七比冬三七好）、加工方法（高温加工会造成皂苷损失）、生长年限（三年七比二年七皂苷含量高）影响。

三七还含有 77 种挥发油，其中性部分含有 80 种化学成分，含量较高的有 α－及 β－愈创烯（α－guaiene，β－guaiene 各含 15.92%）。

三七还含有17种氨基酸以及三七多糖、三七黄酮等多种生理活性物质。此外，尚含有止血活性成分三七素（dencichine）、槲皮素、β-谷固醇、人参炔三醇（panaxytriol）及多种微量元素，并有生物碱反应。

人参属的几种名贵中药均含有止血成分三七素，但以三七含量最高（0.90%），人参次之（0.50%），西洋参最低（0.31%），因此，三七的止血活性最好。

（三）生理功能

三七总皂苷（total saponins of *Panax notognseng*，PNS）是五加科人参属植物三七的主要有效活性成分，含有多种单体皂苷。从20世纪40年代开始，国内外学者对三七总皂苷进行了一系列研究，揭示了其具有扩张血管、降低心肌耗氧量、抑制血小板凝集、延长凝血时间、降血脂、清除自由基、抗炎、抗氧化等药理作用。近年来有关三七总皂苷药理作用的试验研究较多，已证实其在中枢神经系统、心脑血管系统、血液系统和免疫系统等方面有较强的生理活性，特别是三七在心脑血管系统方面的独特作用，为三七在医疗与功能食品方面的应用提供了重要的科学依据。

与同属植物人参相比，三七总皂苷在化学成分上与人参总皂苷相似，因此与人参具有相似的抗疲劳、强身作用。它能够增强小鼠耐缺氧、抗疲劳、耐寒冷的能力，还有扩张血管、降低血压、抗脂质过氧化、抗动脉粥样硬化及抗休克作用。对多种试验性动物炎症模型均有显著的抗炎作用。能显著提高巨噬细胞的吞噬能力，提高血液白细胞总数及淋巴细胞百分比。也有明显的镇静和抗惊厥作用。三七总皂苷在抗肿瘤、调节机体代谢及免疫、治疗糖尿病等方面也具有良好的前景。

近年来的研究还表明，三七中的非皂苷成分，如挥发油、黄酮类成分、糖类成分、氨基酸成分、微量元素等也具有很好的生物活性。

三七中的挥发油具有强烈的三七香气。医药上挥发油一般具有微弱消毒及杀菌作用，局部有刺激作用，可松弛肌肉或有兴奋作用，内服可促进胃肠蠕动和泻下。三七和人参中的部分挥发油更有特殊活性，对大脑延髓有抑制作用，镇静安神，其中的β-榄香烯具有抗癌作用。

黄酮类化合物（flavonoids）是三七有效活性成分之一，具有改善血液微循环的作用。三七黄酮可以分离出槲皮素，大量药理研究表明槲皮素具有祛痰、镇咳、平喘、降压、强心、增加冠脉流量、降血脂、增强肾上腺素、增加毛细血管抵抗力和降低毛细血管渗透性的作用。

研究表明，从三七中分离的三七多糖A和三七茎叶多糖，可以增强有机体免疫能力，促进巨噬细胞和抗体分泌细胞活性，对自然杀伤细胞和抗原结合细胞无明显影响。

四、刺　五　加

（一）概述

刺五加系五加科植物刺五加［*Acanthopanax senticocus*（Rupr et Maxim.）Harms］的干燥根或根茎（又称五加参），是我国北方地区特产常用药材之一，与人参同科，因此有一些近似于人参的性质。根茎呈结节状不规则圆柱形，多扭曲不直，直径1.4~4.2cm，长7.5~12cm。表面灰棕至黄棕色，皮较薄，易剥离。质硬，断面黄白色，纤维性。略有特殊香气，味略辛，稍苦涩。

（二）活性成分

其主要活性成分为刺五加苷类及黄酮类成分。含刺五加苷A（胡萝卜苷，β-谷固醇葡萄糖苷，eleutheroside A)、刺五加苷 B（紫丁香苷，紫丁香酚的β－葡萄糖苷，syringin)、刺五加苷 B_1（7－羟基－6，8－二甲氧基香豆素精的α－D－葡萄糖苷，异嗪皮啶葡萄糖苷，isofraxidin glycoside)、刺五加苷 C（乙基－α－D－半乳糖苷)、刺五加苷 D、刺五加苷 E（紫丁香树脂酚β－D－葡萄糖苷的两种不同构型)，刺五加苷 F、刺五加苷 G、刺五加苷 I、刺五加苷 L、刺五加苷 K、刺五加苷 M，其中刺五加苷 I、刺五加苷 L、刺五加苷 K、刺五加苷 M 系三萜皂苷，苷元为齐墩果酸。刺五加苷 A、刺五加苷 C、刺五加苷 D、刺五加苷 E 也存在于茎皮及果肉中，刺五加根的总苷含量 0.6% ～0.9%（干重），茎含苷量 0.6% ～1.5%，刺五加苷 A、刺五加苷 B、刺五加苷 C、刺五加苷 D、刺五加苷 E、刺五加苷 F、刺五加苷 G 在总苷中的含量比例为 8∶3∶10∶12∶4∶2∶1。

刺五加也含有碱溶性多糖（2.6% ～6.0%）、水溶性多糖（2.5% ～5.7%），1－3－α－D－葡萄吡喃糖及 1→2 与 1→4 连接的吡喃型蚁醛糖等多糖。此外还含有芦丁和异黄酮（isoflavonoid)、氨基酸、脂肪酸、维生素 C、维生素 E 及多量的胡萝卜素；另含有芝麻脂素、固醇、不饱和脂肪酸及多种微量矿物质等。

（三）生理功能

1．抗疲劳作用

刺五加总苷及根提取物均有抗疲劳作用，刺五加总苷的抗疲劳作用比根提取物强 40～120 倍，甚至比人参提取物及人参总苷都强。小鼠腹腔注射刺五加醇浸膏水溶液 20g/kg，游泳时间延长 1/4。小鼠爬绳衰竭时间也优于人参皂苷。对五名举重运动员、4 名体操运动员共 30 余次观察，刺五加提取物能提高受试者静态体力或动态体力的耐久力。手球运动员赛前口服浸膏 4mL，可使活动能力增强，共济协调改善，运动速率提高 16%，运动停止后心跳频率比对照组减低 20%。

刺五加总苷可以调节机体应激反应水平，具有对抗睡眠剥夺所致的疲劳作用。中老年人睡眠障碍是睡眠中枢兴奋和抑制失调产生的睡眠－觉醒紊乱，导致大脑控制睡眠区域神经元受影响的结果。刺五加能调节中枢神经系统兴奋和抑制过程，能改善大脑供血状况，促进脑细胞代谢和修复。用刺五加注射液静脉滴注治疗失眠，中老年睡眠障碍显效率和总有效率均显著高于对照组。

同时，对人体恒定负荷运动中脂肪利用的影响研究提示：刺五加总苷可能通过增加运动中脂肪的功能，节省肌糖原，从而发挥抗疲劳作用。

市场上所售的刺五加提取物的主要活性成分是刺五加苷 B 和刺五加苷 E。其功效为抗疲劳，并能明显的提高耐缺氧能力。增强机体免疫能力，促进抗体形成，促进肝的再生能力。促进性腺以及双向调节血压等作用。消除或减轻衰弱、疲劳、食欲不振等症状，并有改善脑力活动及提高视力、听力的功效。刺五加苷 B 为紫丁香素（syringin)，是刺五加的主要成分，有促性腺、抗辐射、抗疲劳等作用，具有与人参皂苷相似的生理活性。

2．适应原样的作用

刺五加总苷能改变机体应激反应警戒期的病理过程，防止在此过程中的肾上腺增生、胆固醇含量降低，胸腺缩小及胃出血情况。抗警戒期作用以刺五加苷 E 为最强，刺五加苷 B_1 较弱，而刺五加苷 C 无作用。

3．增强免疫力

刺五加多糖及苷类成分均能提高细胞产生诱生干扰素的能力。刺五加对正常小鼠及荷瘤小鼠均明显增加脾脏重量，可减少由环磷酰胺所引起的脾脏萎缩，能增强网状内质系统的吞噬能力和腹腔巨噬细胞的吞噬能力，提高玫瑰花结的百分率。小鼠腹腔注射能提高玫瑰花结的百分率1.2~1.8倍。腹腔注射25mg/0.2mL（100%注射液）能使白细胞数明显升高，并抑制环磷酰胺所致的白细胞减少。

多糖成分能明显增强杀伤性T细胞（CTL）杀伤靶细胞的活性，促进伴刀豆球蛋白A（ConA）刺激的小鼠脾细胞分泌白细胞介素-2。多糖具有多种生物活性，是理想的免疫增强剂，它能促进T细胞、B细胞、NK细胞等细胞的功能，还能促进白介素、干扰素、肿瘤坏死因子等细胞因子的产生。刺五加多糖也具有降血糖作用。对小鼠腹腔注射刺五加多糖F 100mg/kg，7h后血糖下降率为56%，以刺五加多糖E注射3、10、30mg/kg，血糖下降率为61%、50%和44%。

4. 对心脏及血液的作用

刺五加含皂苷、黄酮等成分，有扩张血管、降低血液黏度、增加冠脉血流量，可调节中枢神经系统双向平衡，缓解冠脉痉挛，改善缺血心肌代谢，增加组织对缺血缺氧的耐受性；腹腔注射水溶液0.2mL，于低压氧舱内进行减压缺氧试验，按10m/s上升速率，至5km、7km停2min，最后至12km观察1h，存活率为61.1%，对照组仅26.6%。

五、红　景　天

（一）概述

红景天是新开发的抗疲劳、抗缺氧和抗衰老的重要药用植物来源。红景天提取物是以红景天（*Rhodiola rosea* L.）等干燥的根茎为原料提取的产品，商品提取物通常标示为含红景天苷4%。

红景天属植物在全世界有近100种，主要分布于喜马拉雅山区、亚洲西北部和北美洲。我国有80多种，多分布于西南、西北、华北和东北地区，土产区有吉林、河北、青海、新疆、四川、云南、贵州、西藏等省区。据统计，西藏产32种，其种数和蕴藏量均占世界首位，云南产28种，四川产26种，新疆产13种。现已知本属植物含红景天苷的有14种。除少数种生于海拔2000m左右的高山草地、林下灌丛外，大部分生于海拔3500~5600m的高山草甸带中的沟谷边、河滩草丛、冰川边缘、沼泽化草甸边缘，对恶劣多变的自然环境有特殊的适应能力。

目前作药用或保健品应用的种类有：蔷薇红景天（*Rhodiola rosea* L.），库页红景天（*R. sachalinensis* A. Bor.），大花红景天（*R. crenulata* Hook. f. et Thomx.）H. Ohba，狭叶红景天[*R. kirilowii*（Regel）Maxim.]，深红红景天（*R. coccinea* Royle）A. Bor.。其中，以产自新疆的蔷薇红景天和吉林的库页红景天质量较好。

（二）活性成分

其主要活性成分为红景天苷及其苷元。不同种的红景天中红景天苷的含量相差较大。近20余种红景天属植物中约14种含红景天苷，红景天苷（salidroside）及其苷元酪醇（tryosol）是研究最多的有效成分。大花红景天主要成分为：红景天苷及其苷元酪醇、6-*O*-没食子酰基红景天苷、1，2，3，4，6-五氧-没食子酰基-*β*-*D*-吡喃葡萄糖、草质素-7-*O*-*α*-*L*-鼠李糖苷（rhodionin）、草质素-7-*O*-（3-*O*-*β*-*D*-吡喃葡萄糖基）-*α*-*L*-鼠李糖苷（rhodiosin）；另外还含有黄酮苷、没食子酸、山柰酚、槲皮素、酪萨维（rosavin）、酪生（rosarin）、酪萨利（rosin）等。

红景天属植物含有含挥发油、果胶、谷固醇、鞣质、苯三酚、间苯三酚、蒽醌、草酸、氢醌、对苯二酚、阿魏酸、儿茶素、儿茶酸、香豆素、黄酮类和苷类化合物。红景天根挥发油含

28种成分，主要是sosaol，其次是β-石竹烯（β-caryophellene），α-榄香烯（α-elemene），α-石竹烯（α-caryophellene），榄香素（elemicin）等。红景天根中含有黄酮苷（草质素苷、红景天素、野漆树苷），地上部分含有黄酮苷（棉皮素-7-O-吡喃鼠李糖苷、草质素-7-O-3-β-D-鼠李糖苷、棉籽糖-7-O-α-L-鼠李糖-8-O-β-D-吡喃葡萄糖苷等）和黄酮类化合物。此外还含有鞣质、黄酮类化合物、酚类化合物、微量元素等生理活性物质，叶与茎中含有少量生物碱。

（三）生理作用

1. 抗疲劳作用

口服狭叶红景天使小鼠爬杆时间、游泳时间和负荷游泳时间延长，能缩短疲劳之后恢复所需时间，提高酶、RNA和蛋白质水平，使疲劳后肌肉尽快恢复。

2. 对中枢神经介质的影响

红景天能使小鼠在游泳条件下5-羟色胺含量正常化，使已偏离正常水平的中枢神经介质含量得到纠正或达到正常水平。小鼠注射红景天苷（30~300mg/kg）能降低5-羟色胺的水平。

3. 抗缺氧作用

口服红景天、狭叶红景天、深红红景天的提取物均可使试验动物对各种缺氧模式表现出明显对抗作用。其作用强于人参和刺五加。

4. 抗衰老作用

大花红景天醇提取物能提高大白鼠红细胞、肝脏SOD的活性，并有增加心肌SOD活性的趋势。红野亚麻蝇饮用红景天提取液，可明显延长寿命，延寿率优于人参。红景天素有促进2BS细胞增殖和降低死亡率的作用，能抑制大鼠细胞过氧化脂质和增强血清超氧化物歧化酶的活性。

5. 抗肿瘤

红景天素对S180细胞确有一定的抑制作用，在无毒副剂量范围内，这种作用随浓度增大而增强。连续口服红景天提取物可降低变红菌素对小鼠小肠壁的致癌损伤程度，并提高机体抗癌能力。

6. 适应原样作用和双向调节作用

经微波辐射的小鼠脑内单胺递质、脾脏及胸腺内环磷酸腺苷、淋巴细胞转化率、血清溶血素等出现抑制性变化，红景天可使之恢复正常。注射红景天苷后，能增强家兔的甲状腺功能及肾上腺功能，并能兴奋小鼠卵内分泌功能。提高注意力和记忆力。提高血浆中β-吲哚酚的水平，阻止压力激素的变化等。

第三节　缓解体力疲劳的保健食品的检验方法

我国卫生部于1996年颁发了《保健食品功能学评价程序和检验方法》，“抗疲劳”功能被批准作为允许申报的22项保健功能之一。2003年5月卫生部出台了新的《保健食品检验与评价技术规范》在新的规范中，把“抗疲劳”功能改为“缓解体力疲劳”功能，但是目前市场上的很多保健食品还是标明“抗疲劳”功能的保健食品。抗疲劳保健食品的开发，也在趋向于向缓解体力疲劳以外的功能拓展。截止到2015年，我国共批准“抗疲劳”、“缓解体力疲劳”保健食品2000种左右。很多产品同时申报了提高免疫力、耐缺氧等保健功能。

“抗疲劳”和“缓解体力疲劳”是有很大不同的。“抗疲劳”保健食品并不能抵抗所有类型的疲劳，“缓解体力疲劳”是对这一类保健食品最准确的阐述。前者非常容易混淆人们的认识，让人以为产品对所有类型的疲劳都有效。很多保健品企业也利用这一点，在宣传中擅自扩大了保健食品的适用范围，宣称产品对脑力疲劳、病理疲劳等有效。

“抗疲劳”产品虽然批准称作“缓解体力疲劳”，但在实际应用中，以下人群使用得比较多。

（1）中老年人由于身体虚弱引起的疲劳　这些抗疲劳保健食品多含有能提高人体免疫力的成分，常同时申报了增强免疫力的功能。

（2）性生活引起的疲劳　这些产品多是中草药制剂或中草药提取物。

（3）考试人群和脑力工作者　但“抗疲劳”概念往往被少数商家偷换用以误导消费者，扩大其产品的使用范围，宣称其产品可以适用于各种疲劳，尤其是脑力疲劳。

我国卫生部1996年公布的“功能学评价检验方法——缓解体力疲劳功能检验方法”试验项目、试验原则和结果判定的规定如下。

试验项目：负重游泳试验、爬杆试验、血乳酸、血清尿素氮试验、肝/肌糖原测定。

试验原则：运动试验与生化指标检测相结合。在进行游泳或爬杆试验前，动物应进行初筛。除以上生化指标外，还可检测血糖、乳酸脱氢酶、血红蛋白以及磷酸肌酸等指标。

结果判定：若1项以上（含1项）运动试验和2项以上（含2项）生化指标为阳性，即可以判断该受试物具有抗疲劳作用。

之后，我国卫生部于1999年又公布了如下补充规定。

血乳酸测定必须有3个时间点，分别为游泳前、游泳后立即及游泳后休息30min。血乳酸的判定标准：血乳酸的判定以升高幅度和消除幅度为判定标准，升高幅度小于对照组或消除幅度大于对照组均可判定为该项指标阳性。

抗疲劳评价标准，考虑增加：

（1）游泳试验3个剂量组阳性，1项生化指标阳性；

（2）游泳试验阳性，2项生化指标阳性。

符合上述两项之一者可判定该受试物有抗疲劳作用。

从这些评价指标可以看出，“抗疲劳”保健功能，抗的是运动后的体力疲劳。故采用“缓解体力疲劳”的描述更为精准。

目前，我国缓解体力疲劳功能评价所要求的试验项目及其试验原理简介如下。

1. 小鼠负重游泳试验

运动耐力的提高是抗疲劳能力改善后最有说服力的宏观表现，游泳时间的长短可以反映动物运动性疲劳的程度。为此，按一定剂量经口给样，连续30d。于末次给予受试物30min后，置小鼠于游泳箱中游泳，鼠尾根部负荷体重5%的铅皮，记录小鼠自游泳开始至死亡的时间，作为小鼠游泳时间（min）。若受试物组的游泳时间明显长于对照组，且差异有显著性（$P < 0.05$），则可判断该试验结果为阳性。

2. 小鼠爬杆试验

动物爬杆时间的长短可以反映动物静用力时疲劳的程度。将爬杆架（直径0.8～1cm，长约25cm的经120目砂纸打磨过的有机玻璃圆棒，上端固定于木板上，下端悬空，距底面约5cm）置于水盆中。在同末次给予受试物30min后，将小鼠头向上放在有机玻璃棒上，使肌肉处于静力紧张状态，记录小鼠由于肌肉疲劳从有机玻璃棒上跌落下来的时间，第三次落水时终止试验，累计三次的时间作为爬杆时间。若受试物组的爬杆时间明显长于对照组，且差异有显著性（$P<0.05$），则可判定试验结果为阳性。

3. 血清尿素氮的测定

当机体长时间由于运动而使正常的能量代谢平衡受到破坏，即不能通过糖或脂肪分解获得足够的能量时，机体本身的蛋白质和氨基酸的分解代谢会随之增强。肌肉中的氨基酸通过一系列分解代谢作用最终可形成游离氮，再经尿素循环生成尿素，从而使血中的尿素含量增加。此外，在激烈运动和强体力劳动时，随着核苷酸代谢分解的加强，也会脱氨基而产生氨，并最终使血中的尿素含量增加。试验证明，当人体（尤其明显的是负荷后的运动员）血中尿素含量超过8.3mmol/L时，尽管人并没有疲劳的感觉，但实际上，这时机体组织的肌肉蛋白等都已开始分解而使机体受到损伤。所以血中尿素的含量会随着劳动和运动负荷的增加而增高，机体对负荷的适应能力越差，血中尿素的增加就越明显。故可通过血中尿素氮含量的测定来判断疲劳程度和抗疲劳物质的抗疲劳能力。

为此，可用大鼠（或小鼠）按上述负重试验中方法喂养30d，之后在末次给予受试物30min后，在30℃温水中游泳90min，旋即采血（大鼠采尾血，小鼠拔眼球采血），加抗凝剂并分离出血清，样品中尿素在三氯化铁－磷酸溶液中与二乙酰一肟和硫氨脲共煮显色后，用分光光度计进行比色，读取吸光度。若受试物组测定值高于对照组，且差异有显著性（$P<0.05$），则可判定为该受试物有减少疲劳大鼠产生尿素氮的能力。

4. 肝糖原的测定

肝糖原是维持血液中葡萄糖正常水平的重要储存物，也是肌纤维收缩时能量的来源。在营养充分的动物肝脏中含量可达10%，肌肉中可达4%。如将不同抗疲劳能力的样品授予受试动物，其对肝糖原的储备能力也不相同，如试验组的肝糖原高于对照组，说明该试样能通过增强肝糖原的储备量，以维持运动时所需的血糖水平，从而为机体提供较多的能量来达到抗疲劳的目的。

为此可用大鼠（或小鼠）按上述负重试验中方法分组饲养，在末次给予受试物30min后，让大鼠（或小鼠）在30℃水箱中游泳90min，然后立即处死，取一定量肝脏按规定处理后测定其中糖原含量。若受试物组的肝糖原含量明显高于对照组，且差异有显著性（$P<0.05$），则可判定该受试物有促进糖原储备或减少糖原消耗的作用，从而证明该受试物具有抗疲劳的功能。

5. 血乳酸含量的测定

在动物运动时，需将肌肉中的糖原酵解成丙酮酸，同时获得能量。在剧烈运动时，因氧的供应不足，这种酵解是在无氧条件下进行的，使产生的丙酮酸还原成乳酸，因此肌肉在通过糖原酵解反应获得能量的同时，也产生了大量的乳酸，而由乳酸解离所生成的氢离子使肌肉中的氢离子浓度上升，pH下降，进而引发一系列生化变化，这是导致疲劳的重要原因。乳酸积累越多，疲劳程度也越严重。

另一方面，肌肉活动开始后，随着乳酸在肌肉中的积累，它的清除过程也随即开始。乳酸在机体中积累的程度取决于乳酸的产生速率和被清除的速率。但这种清除作用必须在有氧的条件下进行，即正常肌肉运动过程中由糖原分解而成的丙酮酸可完全氧化成 CO_2 和 H_2O（而不是在无氧条件下还原成乳酸），同时也使在无氧条件下积累的乳酸通过体内乳酸脱氢酶及其同工酶的作用氧化成丙酮酸后再氧化分解成 CO_2 和 H_2O。因此，乳酸的清除与有氧代谢密切有关。提高肌肉剧烈活动时有氧代谢在能量代谢中所占的比例，将使在酵解过程中所产生的乳酸不易在肌肉中积累，从而可延缓疲劳的发生。此外，有氧代谢能力的加强还会使在肌肉停止活动后的恢复期间，肌肉中过多的乳酸被迅速清除掉，从而促进疲劳的消除。因此，可通过测定动物剧烈运动前后不同时期中的乳酸含量，对其疲劳程度和恢复情况做出评价。由于肌肉中的乳酸很快渗透进入血液，并使血乳酸含量上升，直到肌乳酸和血乳酸之间的浓度达到平衡，这个过程需要 5～15min。因此通过测定血乳酸也能达到同样目的。

其基本方法是用大鼠进行负重游泳试验，按上述负重试验中方法设置分组饲养。然后在末次给样 30min 后负重 2%（体重），在 25～30℃ 水中游泳 60min 后停止，安静 15min 后采血测定血中乳酸含量。若受试物组血乳酸含量明显低于对照组，且差异有显著性（$P<0.05$），则可判定该项试验为阳性。

思考题

1. 简述疲劳的概念。
2. 疲劳的症状有哪些？
3. 具有缓解体力疲劳功能的物质有哪些？
4. 简述血乳酸含量测定的试验原理。
5. 根据苷元的不同，人参皂苷可分为哪几种类型，其结构母核分别为什么？
6. 简述缓解体力疲劳功能检验方法的试验项目、试验原则和结果判定。

CHAPTER 10

第十章 具有减肥功能的保健食品

[学习指导]

熟悉和掌握肥胖症的概念、分类和发病原因；掌握膳食纤维的来源和生理功效；了解具有减肥功能的保健食品的开发原则和注意事项；了解具有减肥功能的保健食品的检测方法。

第一节　肥胖症的概念及分类

据世界卫生组织（WHO）统计，现全球肥胖症患者已经超过3亿人，11亿人体重过重，因“吃”致病乃至死亡的人数已高于因饥饿死亡的人数。中国的肥胖症患者已超过七千万人，列在全球肥胖病发病率排行榜第10位。有关专家预测未来10年内，我国的肥胖人群可能超过2亿。

随着人们的生活水平普遍提高和医疗状况的明显改善，人的平均寿命已近80岁。但随之而来的是超重和肥胖，它像“传染病”一样迅速蔓延起来，即将成为21世纪人类的杀手。肥胖症是多种复杂情况的综合体，肥胖与心血管疾病、Ⅱ型糖尿病、高血压、血脂异常、高尿酸血症、某些肿瘤以及睡眠呼吸紊乱等多种疾病密切相关，许多研究显示肥胖的程度与病死率也密切相关。肥胖症是遗传、心理、社会经济及文化背景诸因素相互作用的结果。其发病原因与遗传、中枢神经异常、营养、内分泌功能紊乱等因素密切相关。

一、肥胖症的概念

肥胖症又名肥胖病，英文名称为“obesity”。肥胖症是一种社会性慢性疾病，是一种以身体脂肪含量过多为重要特征，多病因、能并发多种疾病的慢性病。

肥胖症是指由于生理生化功能的改变而引起体内脂肪沉积过多，造成体重增加，导致机体发生一系列病理生理变化的病症。肥胖症管理中心的营养评定用于判定肥胖的程度和类型。肥胖症的基本特点为体内脂肪细胞体积和数量增加，导致总体重超标和总体脂占体重百分比的异常增高，并在某些局部（如腰部等）过多沉积脂肪。如果脂肪主要蓄积于腹壁和腹腔内，被称为中心性或向心性肥胖，是多种慢性疾病的重要危险因素之一。一般在成年女性，若身体中脂肪组织超过 30% 即定为肥胖，在成年男性，则脂肪组织超过 20% ~25% 为肥胖。女性的指标定的比男性高的原因是，一般正常女性脂肪组织比正常男性高。

二、肥胖症的分类

根据肥胖症的形成原因，可以将其分为单纯性肥胖、继发性肥胖和药物性肥胖三种类型。

1. 单纯性肥胖

单纯性肥胖是各种肥胖最常见的一种，约占肥胖人群的 95%，单纯性肥胖又分为体质性肥胖和过食性肥胖两种。体质性肥胖也称为双亲肥胖，是由于遗传和机体脂肪细胞数目增多而造成的，还与 25 岁以前的营养过度有关系。过食性肥胖也称为获得性肥胖，是由于人成年后有意识或无意识地过度饮食，使摄入的热量大大超过身体生长和活动的需要，多余的热量转化为脂肪，脂肪大量堆积而导致肥胖。

2. 继发性肥胖

继发性肥胖是由内分泌混乱或代谢障碍引起的一类疾病，占肥胖人群的 2% ~5%，虽然同样具有体内脂肪沉积过多的特征，但仍然以原发性疾病的临床症状为主要表现。

3. 药物性肥胖

这类肥胖患者约占肥胖病人群 2% 左右。有些药物在有效治疗某些疾病的同时，还有导致身体肥胖的副作用。

此外，还有人将肥胖分为腹部肥胖与臀部肥胖。腹部肥胖俗称将军肚，一般称之为苹果型；臀部肥胖，一般称之为梨型。前者多发生于男性，后者多发生于女性。根据最近的研究认为，腹部肥胖者要比臀部肥胖者更容易发生冠心病、中风与糖尿病。所以，在肥胖者中，腰围与臀围的比例非常重要。一般认为，腰围的尺寸必须小于臀围的 15%，否则是一危险信号。

第二节　具有减肥功能的保健食品的开发

近年来，肥胖症的发病率明显增加，尤其在一些经济发达国家肥胖者剧增。即使在发展中国家，随着饮食条件的逐渐改善，肥胖患者也在不断增多。由于肥胖症能引起代谢和内分泌紊乱，并常伴有糖尿病、动脉粥样硬化、高脂血、高血压等疾患，因而肥胖症已成为当今一个较为普遍的社会医学问题。迄今为止，较为常见的预防和治疗肥胖症的方法有药物疗法、饮食疗法、运动疗法和行为疗法四种。具有减肥功效的药物主要为食欲抑制剂，加速代谢的激素及某些药物，影响消化吸收的药物等。食欲抑制剂大多是通过儿茶酚胺和 5 - 羟色胺递质的作用降低食欲从而使体重下降，这类药物主要有苯丙胺及其衍生物氟苯丙胺等。加速代谢的激素及药物主要通过增加生热使代谢率上升，从而达到减肥目的，它们主要有甲状腺激素、生长激素等。

影响消化吸收的药物主要是通过延长胃的排空时间，增加饱腹感，减少能量与营养物的吸收，而使体重下降。虽然这些药物都具有减肥作用，但大多有一定的副作用，有些是国家明确禁止添加的，而且药物治疗的同时，一般还需配合低热量饮食以增加减肥效果。事实上，不仅是药物疗法，即使是运动疗法和行为疗法也需结合低热量食品。可见，饮食疗法是最根本、最安全的减肥方法。因此，筛选具有减肥作用的纯天然的食品是减肥功能的保健食品的开发的重要内容。

一、具有减肥功能的保健食品的配制原则

1. 限制总热量

根据肥胖的程度可分为轻度（超过标准体重 10% ~20%）、中度（超过标准体重 20% ~30%）、重度（超过标准体重 30% 以上）3 种类型，分别作不同的热量限制。若以正常生理需要热量每日为 10080kJ 为例，轻型肥胖者热量限制到 80% （8064kJ），中型 60% （6048kJ），重型 40% ~60% （4032 ~6048kJ）。重型者限制热量过多，容易感到疲劳、乏力、精神不振等，应根据情况决定。

2. 限制脂肪

肥胖者皮下脂肪过多，易引起脂肪肝、肝硬化、高脂血症、冠心病等，因此每日脂肪摄入量应控制在 30 ~50g，应以植物油为主，严格限制动物油。

3. 限制碳水化合物

碳水化合物在体内可转化为脂肪，所以要限制碳水化合物的摄入量，尤其是少用或忌用含单糖、双糖较多的食物。一般认为，碳水化合物所供给热量为总热能的 45% ~60%，主食每日控制在 150 ~250g。但是碳水化合物有将脂肪氧化为二氧化碳和水的作用，如果摄入量过低，脂肪氧化不彻底而生成酮体，不利于健康，所以碳水化合物摄入量的减少要适度。

4. 供给优质的蛋白质

蛋白质具有特殊动力作用，其需要量应略高于正常人，因此肥胖人每日蛋白质需要量 80 ~100g。应选择生理价值高的食物，如牛乳、鸡蛋、鱼、鸡、瘦牛肉等。

5. 供给丰富多样的无机盐、维生素

无机盐和维生素供给应丰富多样，满足身体的生理需要，必要时，补充维生素和钙剂，以防缺乏。食盐具有亲水性，可增加水分在体内的储留，不利于肥胖症的控制，每日食盐量以 3 ~6g为宜。

6. 供给充足的膳食纤维

膳食纤维可延缓胃排空时间，增加饱腹感，从而减少食物和热量摄入量，有利于减轻体重和控制肥胖，并能促进肠道蠕动，防止便秘。谷物中麦麸、米糠含膳食纤维较丰富，螺旋藻、食用菌中也很丰富。

7. 限制含嘌呤的食物

嘌呤能增进食欲，加重肝、肾、心的中间代谢负担，膳食中应加以限制。动物内脏、豆类、鸡汤、肉汤等高嘌呤食物应该避免摄入。

二、具有减肥功能的保健食品的研发注意事项

世界卫生组织（WHO）认为健康减肥应符合下列标准：不腹泻、不厌食、不乏力、不反

弹、皮肤不松弛；每周减重不能超过0.5～1kg。

广义地讲，减肥产品是指能够通过一定时期的服用或使用，达到减少或保持体重作用的产品，其中良好的减肥产品必须具备三个条件：有效降低体重、降低机体脂肪含量、对机体健康无明显损害。因此减肥功能食品的研制应从以下三个方面进行。

1. 以调理饮食为主，开发减肥专用食品

根据减肥食品低热量、低脂肪、高蛋白质、高膳食纤维的要求，利用燕麦、荞麦、大豆、乳清、麦胚粉、魔芋、山药、甘薯、螺旋藻等具有减肥作用的原料生产肥胖患者的日常饮食，通过饮食达到减肥效果。燕麦具有可溶性膳食纤维，魔芋含有葡甘聚糖，大豆含有优质蛋白质、大豆皂苷和低聚糖，麦胚粉含有膳食纤维和维生素E，可满足肥胖者的营养要求和减肥。而甘薯、山药等含有丰富的黏液蛋白，可减少皮下脂肪的积累。螺旋藻在德国作为减肥食品广为普及，可添加到减肥食品中。在这类食品中，可补充木糖醇或低聚糖等，强化减肥效果。

2. 用药食两用中草药开发减肥食品

食品和药食两用植物中可作为减肥食品的原料有很多，这些药食两用品有的具有清热利湿作用，如茶、苦丁茶、荷叶、山楂等；有的可以降低血脂；有的具有补充营养、促进脂肪分解等作用。从现代营养角度看，这些原料含有丰富的膳食纤维、黏液蛋白、植物多糖、黄酮类、皂苷类以及苦味素等，对人体代谢具有调节功能，能抑制糖类、脂肪的吸收，加速脂肪的代谢，达到减肥效果。

这些原料一般经过加工，提高功效成分的含量或提取其中主要成分，然后制成胶囊或口服液，每天定时食用。这种减肥食品与第一类食品配合应用，效果会更好。目前市面上这类减肥食品不少，基本上都是选用上述原料配制的，这是我国特有的食品，应进一步加大开发力度。

3. 含有特殊功效成分的减肥食品

随着科学的发展、逐渐发现一些对肥胖症有明显效果的化学物质，其中有的可用于功能性食品开发中。

减肥食品不得加入药物，不少药物具有明显的减肥效果，在中医减肥验方中，一般都含有中药。作为减肥食品，不能够生搬中药处方，因为许多中药都有毒副作用，对人体造成不利影响，应该尽量选用食品和药食两用原料，去除不准使用于食品的原料，重新组方。

一些西药，如芬氟拉明类、二乙胺苯酮、氯苯咪吲哚、三碘甲状腺原氨酸、苯乙双胍等对减肥有效果，但对人体有明显副作用，不得用于减肥食品。

三、具有减肥功能的物质

（一）膳食纤维

膳食纤维一词在1970年以前的营养学中尚不曾出现，根据GB/Z 21922—2008《食品营养成分基本术语》的定义，膳食纤维是指植物中天然存在的、提取的或合成的碳水化合物的聚合物，其聚合度（DP）≥3、不能被人体小肠消化吸收、对人体有健康意义的物质，包括纤维素、半纤维素、果胶、菊粉及其他一些膳食纤维单体成分等。膳食纤维主要是不能被人体利用的多糖，即不能被人类的胃肠道中消化酶所消化的，且不被人体吸收利用的多糖。这类多糖主要来自植物细胞壁的复合碳水化合物，也可称之为非淀粉多糖，即非α-葡聚糖的多糖。膳食纤维是健康饮食不可缺少的，纤维在保持消化系统健康上扮演着重要的角色，同时摄取足够的纤维也可以预防心血管疾病、癌症、糖尿病以及其他疾病。纤维可以清洁消化壁和增强消化功能，纤维同时可稀释和加速食物中的致癌物质和有毒物质的移除，保护脆弱的消化道和预防结肠癌。纤维可减缓消化速率和最快速排泄胆固醇，所以可让血液中的血糖和胆固醇控制在最理想的水平。

1. 主要特性

（1）吸水作用　膳食纤维有很强的吸水能力或与水结合的能力。此作用可使肠道中粪便的体积增大，加快其转运速率，减少其中有害物质接触肠壁的时间。

（2）黏滞作用　一些膳食纤维具有很强的黏滞性，能形成黏液型溶液，包括果胶、树胶、海藻多糖等。

（3）结合有机化合物作用　膳食纤维具有结合胆酸和胆固醇的作用。

（4）阳离子交换作用　其作用与糖醛酸的羧基有关，可在胃肠内结合无机盐，如钾、钠、铁等阳离子形成膳食纤维复合物，影响其吸收。

（5）细菌发酵作用　膳食纤维在肠道易被细菌酵解，其中可溶性纤维可完全被细菌酵解，而不溶性膳食纤维则不易被酵解。而酵解后产生的短链脂肪酸如乙酸、丙酸和丁酸均可作为肠道细胞和细菌的能量来源，促进肠道蠕动，减少胀气，改善便秘。

2. 主要功效

（1）预防肥胖症。

（2）调节血糖水平，降低血脂。

（3）抑制有毒发酵产物、润肠通便、预防结肠癌。

（4）调节肠道菌群，有利于某些营养素的合成。

（5）延缓和减少重金属等有害物质的吸收，减少和预防有害化学物质对人体的毒害作用。

3. 适宜的摄入量

美国 FDA 推荐量，成人：20～35g/d。我国营养学会推荐量，7～10 岁儿童：10～15g/d；青少年：15～20g/d；普通成人：20～25g/d；肥胖成人：25～30g/d。

4. 主要来源

膳食纤维在蔬菜、水果、粗粮、杂粮、豆类及菌藻类食物中含量丰富。经常用在减肥功能性食品中的膳食纤维包括：大豆纤维、苹果纤维、玉米纤维、魔芋精粉（葡甘露聚糖）。膳食纤维含量较丰富的食物见表 10－1。

表 10－1　膳食纤维含量较丰富的食物

食物	膳食纤维含量/%	食物	膳食纤维含量/%	食物	膳食纤维含量/%
海带	98	干枣	31	小米	16
木耳	70	银耳	26	鲜枣	16
口蘑	69	大豆	21	草莓	14
金针菇（干）	67	玉米面	18	豌豆	13
绿豆	42	蒜苗	18	苹果	12

（二）功能性低聚糖

功能性低聚糖，或称寡糖，是由 2～10 个单糖通过糖苷键连接形成直链或支链的低度聚合糖，分功能性低聚糖和普通低聚糖两大类。功能性低聚糖现在研究认为包括水苏糖、棉子糖、异麦芽酮糖、乳酮糖、低聚果糖、低聚木糖、低聚半乳糖、低聚异麦芽糖、低聚异麦芽酮糖、低聚龙胆糖、大豆低聚糖、低聚壳聚糖等。人体肠道内没有水解它们（除异麦芽酮糖外）的酶系统，因而它们不被消化吸收而直接进入大肠内优先为双歧杆菌所利用，是双歧杆菌的增殖因子。

功能性低聚糖均带有不同程度的甜味（除低聚龙胆糖外），一般甜度相当于蔗糖的30%~60%，可以作为食品的调味料。由于其特殊的生理功能，20世纪90年代开始，功能性低聚糖在我国也广泛应用于保健品行业。功能性低聚糖是对人、动物、植物等具有特殊生理作用的低聚糖。具有低热量、降低胆固醇、抗龋齿、防治糖尿病、改善肠道菌落结构等生理作用。与一般（普通）的低聚糖相比，功能性低聚糖独特的生理功能如下。

1. 低能量或零能量

由于人体不具备分解、消化功能性低聚糖的酶系统，因此功能性低聚糖很难被人体消化吸收或根本不能吸收，也就不给人提供能量，并且某些低聚糖如低聚果糖、异麦芽低聚糖等有一定甜度，可作为食品基料在食品中应用，以满足那些喜爱甜食但又不能食用甜食的人（如糖尿病人、肥胖病患者等）的需要。

2. 水溶性膳食纤维

由于低聚糖不能被人体消化吸收，属于低分子的水溶性膳食纤维，它的有些功能与膳食纤维相似但不具备膳食纤维的物理作用，如黏稠性、持水性和填充饱腹作用等。一般它有以下优点：每人每天仅需3g就可满足需要且不会引起腹泻，微甜、口感好、水溶性良好、性质稳定、易添加到食品中制成膳食纤维食品。

3. 生成营养物质

功能性低聚糖可以促进双歧杆菌增殖，而双歧杆菌可在肠道内合成维生素B_1、维生素B_2、维生素B_6、维生素B_{12}、烟酸、叶酸等营养物质。此外，由于双歧杆菌能抑制某些维生素的分解菌，从而使维生素的供应得到保障，如它可以抑制分解维生素B_1的解硫胺素的芽孢杆菌。

4. 降低血清胆固醇

改善脂质代谢，降低血压。临床试验证实，摄入功能性低聚糖后可降低血清胆固醇水平，改善脂质代谢。研究表明，一个人的心脏舒张压高低与其粪便中双歧杆菌数占总数的比率成明显负相关性，因此功能性低聚糖具有降低血压的生理功效。

5. 促进双歧杆菌增殖

功能性低聚糖是肠道内有益菌的增殖因子，其中最明显的增殖对象是双歧杆菌。人体试验证明，某些功能性低聚糖，如异麦芽低聚糖，摄入人体后到大肠被双歧杆菌及某些乳酸菌利用，而肠道有害的产气荚膜杆菌和梭菌等腐败菌却不能利用，这是因为双歧杆菌细胞表面具有寡糖的受体，而许多寡糖是有效的双歧因子。双歧杆菌是人类肠道菌群中唯一的一种既不产生内毒素又不产生外毒素，无致病性的具有许多生理功能的有益微生物。对人体有许多保健作用，如改善维生素代谢，防止肠功能紊乱，抑制肠道中有害菌和致病菌的生长，起到抗衰老、防癌及保护肝脏的作用等。

6. 低龋齿性

龋齿是我国儿童常见的一种口腔疾病之一，其发生与口腔微生物突变链球菌有关。研究发现，异麦芽低聚糖、低聚异麦芽酮糖等不能被突变链球菌利用，不会形成齿垢的不溶性葡聚糖。

当它们与砂糖合用时，能强烈抑制非水溶性葡聚糖的合成和在牙齿上的附着，即不提供口腔微生物沉积、产酸、腐蚀的场所，从而阻止齿垢的形成，不会引起龋齿，可广泛应用于婴幼儿食品。

7. 防止便秘

由于双歧杆菌发酵低聚糖产生大量的短链脂肪酸能刺激肠道蠕动，增加粪便的湿润度，并通过菌体的大量生长以保持一定的渗透压，从而防止便秘的发生。此外低聚糖属于水溶性膳食纤维，可促进小肠蠕动，也能预防和减轻便秘。

8. 增强机体免疫能力，抵抗肿瘤

动物试验表明，双歧杆菌在肠道内大量繁殖具有提高机体免疫功能和抗癌的作用。究其原因在于，双歧杆菌细胞壁成分和胞外分泌物可增强免疫细胞的活性，促使肠道免疫蛋白 A（IgA）浆细胞的产生，从而杀灭侵入体内的细菌和病毒，消除体内“病变”细胞，防止疾病的发生及恶化。

9. 其他

除上述功能外，试验发现某些功能性低聚糖还有预防和治疗乳糖消化不良、改善肠道对矿物元素吸收的作用。

（三）脂肪代谢调节肽

1. 性状

多为粉状，易溶于水，吸湿性高，水溶液可作加热、灭菌处理，121℃，30min，而性能不变。

2. 生理功能

调节血清甘油三酯作用。经多种动物试验及人体试验，当有脂肪同时进食时，有抑制血清甘油三酯上升的作用。

（1）抑制脂肪的吸收　当同时食用油脂时，可抑制脂肪的吸收和血清甘油三酯上升。其作用机制与阻碍体内脂肪分解酶的作用有关，因此对其他营养成分和脂溶性维生素的吸收没有影响。

（2）阻碍脂质合成　当同时摄入高糖食物后，由于脂肪合成受阻，抑制了脂肪组织和体重的增加。

（3）促进脂肪代谢　当与高脂肪食物同时摄入时，能抑制血液、脂肪组织和肝组织中脂肪含量的增加，同时也抑制了体重的增加，有效防止了肥胖。

（四）魔芋精粉和葡甘露聚糖

1. 主要成分

主要由甘露糖和葡萄糖以$\beta-1$，4 键结合，相应的物质的量之比为（1.6:1）~（4:1）的高分子质量非离子型多糖类线型结构，每 50 个单糖链上，有一个以$\beta-1$，4 键结合的支链结构，沿葡甘露聚糖主链上平均每隔 9~19 个糖单位有一个糖基上 CH_2OH 乙酰化，它有助于提高葡甘露聚糖的溶解度。平均相对分子质量为 20 万~200 万。魔芋精粉的酶解精制品称为葡甘露聚糖。

2. 性状

白色或奶油至淡棕黄色粉末。可分散于 pH 为 4.0~7.0 的热水或冷水中并形成高黏度溶液。加热和机械搅拌可提高溶解度。如在溶液中加中等量的碱，可形成即使强烈加热也不熔融的热稳定凝胶。基本无臭、无味。其水溶液有很强的拖尾、拉丝现象，稠度很高。对纤维物质有一定分解能力。溶于水，不溶于乙醇和油脂。有很强的亲水性，可吸收本身重量数十倍的水分，经膨润后的溶液有很高的黏度。

3. 作用原理

作为一种可溶性的膳食纤维，可在食物四周形成一种保护层，防止消化酶与食物发生作用。在胃中可吸水膨胀 80～100 倍，抑制食欲，产生饱腹感，食量下降。延缓、阻止胆固醇、单糖等营养物质的吸收。有润肠、通便的功能，增加排便量、肠道清洗。

4. 生理功能

主要具有减肥作用。能明显降低体重、脂肪细胞大小。有学者用魔芋精粉饲养大鼠试验，每组 9 只，按体重小剂量组 1.9mg/g，大剂量组为 19mg/g，同时给予高脂肪、高营养饲料，共饲养 45d 后，进行比较。与对照相比，大、小剂量组的体重均明显降低，但大、小剂量组之间差异不大。在高倍显微镜下，每个视野中所见脂肪细胞数明显多于对照组，而细胞体积则明显小于对照组，这说明魔芋精粉能使脂肪细胞中的脂肪含量减少，使细胞挤在一起，因此，同样视野中的细胞数得以增多。这说明魔芋精粉确能减少脂肪堆积的作用，但达到一定量后，加大剂量的效果变化不大。据报道，通过对糖尿病患者进行试验，一组共 43 人，每天给予葡甘露聚糖 3.9g，另一组每天给予 7.8g，试验 8 周后观察他们的肥胖程度与体重变化之间的关系。结果得出，肥胖程度与体重减少之间有直接的相关性，肥胖程度越高，食用葡甘露聚糖后的体重减少越多。体重减少是由于摄入葡甘露聚糖后脂肪的吸收受到抑制。

（五）乌龙茶提取物

1. 主要成分

乌龙茶提取的功效成分，主要为各种茶黄素、儿茶素以及它们的各种衍生物。此外，还含有氨基酸、维生素 C、维生素 E、茶皂素、黄酮、黄酮醇等许多复杂物质。

2. 性状

淡褐色至深褐色粉末，有特别香味和涩味。易溶于水和含水乙醇，不溶于氯仿和石油醚，pH 4.6～7.0。也有用糊精稀释成 50% 的成品。以抑制形成不溶性龋齿菌斑的葡聚糖转苷基酶的活性为标准，乌龙茶提取物的耐热性、pH 稳定性和对光的稳定性均良好，pH 2.5～8、100℃加热 1h，该酶活力保持 100%，在 pH 2.5～8、37℃保存 1 个月，该酶活力保持 100%，在 pH 2.5～8、1200lx 照射 1 个月，该酶活性保持不变。

3. 生理功能

具有减肥作用。乌龙茶中可水解单宁类在儿茶酚氧化酶催化下形成邻醌类发酵聚合物和缩聚物，对甘油三酯和胆固醇有一定结合能力，结合后随粪便排出，而当肠内甘油三酯不足时，就会动用体内脂肪和血脂经一系列变化而与之结合，从而达到减脂的目的。

（六）*L*－肉碱

L－肉碱有 *l* 型、*d* 型和 *dl* 型，只有 *L*－肉碱才具有生理价值。*D*－肉碱和 *dl*－肉碱完全无活性，且能抑制 *L*－肉碱的利用，不得含有或使用，美国 FDA 于 1993 年禁用。由于 *L*－肉碱具有多种营养和生理功能，已被视作为人体的必需营养素。

1. 性状

白色晶体或透明细粉，略带有特殊腥味。易溶于水、乙醇和碱，几乎不溶于丙酮和乙酸盐。熔点 210～212℃，有很强吸湿性。作为商品有盐酸盐、酒石酸盐和柠檬酸镁盐等。天然品存在于肉类、肝脏、人乳等。正常成人体内约有 *L*－肉碱 20g，主要存在于骨骼肌、肝脏和心肌等。蔬菜、水果几乎不含肉碱，因此素食者更应该补充。

2. 生理功能

具有减肥作用。为动物体内有关能量代谢的重要物质，在细胞线粒体内使脂肪进行氧化并转变为能量，以达到减少体内中的脂肪积累，并使之转变成能量。

（七）日常减肥食物

现代医学研究与实践证实，许多日常食物对肥胖者有较理想的减肥健美效果，且无副作用，可坚持长期选食。

1. 黄瓜

黄瓜是一种很好的保健和辅助疗效食品，作为“减肥美容的佳品”，长久以来一直受到人们的青睐。现代药理学研究认为，鲜黄瓜中含有一种称作丙醇二酸的物质，它有抑制糖类转化为脂肪的作用，鲜黄瓜中含有较多的纤维素，既能加速肠道腐败物质的排泄，又能降低血液中胆固醇，因此，肥胖病、高胆固醇和动脉硬化病患者，常吃黄瓜大有益处。

2. 冬瓜

冬瓜有利尿消肿之功效，能把水分排出而减轻体重。唐代的《食疗本草》有“（冬瓜）热者食之佳，冷者食之瘦人。煮食练五脏，为其下气故也。欲得体瘦轻健者，则可长食之；若要肥，则勿食也”。现代医学研究认为，冬瓜与其他瓜不同的是，含脂肪甚微，含钠量极低，有利尿排湿的功效。特别是冬瓜中含有丙醇二酸，对防止人体发胖、增进形体健美有重要作用。

3. 魔芋

魔芋主要成分为甘露聚糖、魔芋精粉、蛋白质、果胶及淀粉，是一种高纤维、低脂肪、低热量的天然食品。魔芋中含60%左右的甘露聚糖，吸水性很强，吸水膨胀，可填充胃肠，消除饥饿感，并可延缓营养素的消化吸收，降低对单糖的吸收，从而使脂肪酸在体内的合成下降，魔芋精粉和葡甘露聚糖能明显降低体重和脂肪细胞大小，又因其所含热量极低，所以可控制体重的增长，达到减肥的目的。

4. 甘薯

甘薯又称白薯、红薯、番薯。含有丰富的细腻纤维，既能刺激肠道蠕动，使排泄畅通，又能阻止糖类变为脂肪。其蛋白质、脂肪、碳水化合物的含量低于粮谷，但其营养成分含量适当，营养价值优于谷类，它含有丰富的胡萝卜素、B族维生素以及维生素C。红薯中含有大量的黏液蛋白质，具有防止动脉粥样硬化、降低血压、减肥、抗衰老作用。红薯中还含有丰富的胶原维生素，有阻碍体内剩余的碳水化合物转变为脂肪的特殊作用。这种胶原膳食纤维素在肠道中不被吸收，吸水后使大便软化，便于排泄，预防肠癌。胶原纤维与胆汁结合后，能降低血清胆固醇，逐步促进体内脂肪的消除。

5. 赤小豆

赤小豆，别名赤豆、红饭豆、饭豆、蛋白豆、赤山豆，是豆科、豇豆属一年生草本。赤小豆主要用于中药材，常与红豆混用，具备利水消肿、解毒排脓等功效。其性平，味甘，能利湿消肿（水肿，脚气，黄疸，泻痢，便血，痈肿）、清热退黄、解毒排脓；具有良好的润肠通便、降血压、降血脂、调节血糖、预防结石、健美减肥的作用；还有利尿作用，对心脏病和肾病、水肿患者均有益；富含叶酸，产妇、乳母吃红小豆有催乳的功效；对流行性腮腺炎、肝硬化腹水有改善作用。《食疗本草》言其“坚筋骨，抽人肉，久食瘦人”，即说明久服可使人变瘦，使筋骨强健。

6. 西瓜

西瓜性寒味甘，有清热消暑、生津止渴、利尿之效，是水果中理想的减肥食物。

7. 山楂

山楂性平味酸甘，有消食和中的作用，可促进消化，是消食开胃的常用食品。山楂消内积，消油腻，败人津液，耗人腹内脂膏。

8. 茶叶

茶叶性甘苦，微寒，功效清热、利水、化痰、消食，温中和胃。《食疗本草》说："茶叶久食令人瘦，去人脂"。近代科学研究证明，茶叶成分中有一种单宁酸，可使食物中的脂肪酸沉淀，与水分分离排泄出去，减轻胃肠负担。所以当吃了油腻脂肪类食物后，再喝上一杯浓茶，就会觉得胃部很舒服，并且通过消除脂肪，起到减肥健身之功效。

9. 荞麦

荞麦中蛋白质的生物效价比大米、小麦要高，脂肪含量2% ~3%，以油酸和亚油酸居多，各种维生素和微量元素也比较丰富，它还含有较多的芦丁、黄酮类物质，具有维持毛细血管弹性，降低毛细血管的渗透功能。常食荞麦面条、糕饼等面食有明显降脂、降糖、减肥之功效。

第三节　具有减肥功能的保健食品的检验方法

近年来，随着人民生活质量的提高，对减肥类保健品的需求也越来越大，然而一些不法厂商盲目追求疗效，在减肥类保健食品中非法掺入化学药物，违反了《中华人民共和国食品安全法》的规定，并且添加药物的种类和数量往往很随意，严重危害了消费者的健康。因此，对于减肥功能的保健食品应进行减肥作用、主要功能物质及非法添加化学药物的种类及剂量的检验。

一、减肥作用的检验

减肥功能的保健食品其减肥作用的检验方法包括试验项目、试验原则及结果判定。

1. 减肥原则

减除体现人多余的脂肪，不单纯以减轻体重为标准。每日营养素的摄入量应基本保证机体正常生命活动的需要。对机体健康无明显损害。

试验项目包括动物试验：测定体重和体内脂肪重量（睾丸及肾周围脂肪垫）；人体试食试验：测定体重、体重指数、腰围、腹围、臀围、体内脂肪含量。

2. 试验原则

在进行减肥试验时，除以上指标必测外，还应进行机体营养状况检测、运动耐力测试以及与健康有关的其他指标的观察。人体试食试验为必做项目，动物试验与人体试食试验相结合，综合进行评价。

3. 结果判定

在动物试验中，体重及体内脂肪垫2个指标均阳性，并且对机体健康无明显损害，即可初步判定该受试物具有减肥作用。在人体试食试验中，体内脂肪量显著减少，且对机体健康无明显损害，可判定该受试物具有减肥作用。

二、主要功能物质的检验

（一）膳食纤维含量的检验——酶重量法

1. 试验原理

样品分别用α-淀粉酶、蛋白酶、葡萄糖苷酶进行酶解消化以去除蛋白质和可消化的淀粉。总膳食纤维（TDF）先酶解，然后用乙醇沉淀，再将沉淀物过滤，将总膳食纤维残渣用乙醇和丙酮冲洗，干燥称重。不溶性膳食纤维（IDF）和可溶性膳食纤维（SDF）酶解后将不溶性膳食纤维过滤，过滤后的残渣用热水冲洗，经干燥后称重。可溶性膳食纤维是将上述滤出液用4倍量的95%乙醇沉淀，然后再过滤，干燥，称重。总膳食纤维、不溶性膳食纤维和可溶性膳食纤维量通过蛋白质、灰分含量进行校正。

2. 适用范围

本方法适用于各类植物性食物和保健食品。

3. 仪器

（1）400mL或600mL高脚型烧杯。

（2）过滤用坩埚　玻料滤板。做如下处理：在灰化炉525℃灰化过夜。炉温降至130℃以下取出坩埚；用真空装置移出硅藻土和灰质；室温下用2%清洗溶液浸泡1h；用水和去离子水冲洗坩埚；然后用15mL丙酮冲洗，风干；在干燥的坩埚中加0.5g硅藻土，在130℃烘干恒重；在干燥器中冷却1h，记录坩埚加硅藻土质量，精确至0.1mg。

（3）真空装置　真空泵或抽气机作为控制装置；1L的厚壁抽滤瓶；与抽滤瓶相配套的橡皮圈。

（4）振荡水浴箱　自动控温使温度能保持在（98±2）℃；恒温控制在60℃。

（5）马福炉　温度控制在（525±5）℃。

（6）干燥箱　温度控制在105和（130±3）℃。

（7）干燥器　用二氧化硅或同等的干燥剂。干燥剂两周一次在130℃烘干过夜。

（8）pH计　注意温控，用pH 4.0、7.0和10.0缓冲液标准化。

（9）移液管及套头　容量100μL和5mL。

（10）分配器或量筒　（15±0.5）mL，供分配78%的乙醇，95%的乙醇以及丙酮；（40±0.5）mL，供分配缓冲液。

（11）磁力搅拌器和搅拌棒。

（12）天平　分析级，精确至±0.1mg。

4. 试剂

全过程使用去离子水，试剂不加说明均为分析纯试剂。

（1）乙醇溶液　浓度85%：加895mL 95%乙醇在1L量筒中，用水稀释至刻度；浓度78%：加821mL 95%乙醇在1L量筒中，用水稀释至刻度。

（2）丙酮。

（3）供分析用酶　在0～5℃条件下储存。

（4）硅藻土　酸洗。

（5）洗涤液　两者挑一。①铬酸：120g重铬酸钠$Na_2Cr_2O_7 \cdot 2H_2O$，1000mL蒸馏水和1600mL浓硫酸。②实验室用液体清洁剂，预备急需清洗的（Micro，International Products

Corp.，Trenton，NJ08016，或等效的)，用水配制2%溶液。

(6) MES－TRIS缓冲液　0.05mol/L，温度在24℃时pH为8.2。

MES：2－(*N*－吗啉代)磺酸基乙烷(No. M－8250，Sigma Chemical Co.)。

Tris：三羟(羟甲基)氨基甲烷(No. T－1503，Sigma Chemical Co.)。

在1.7L的蒸馏水中溶解19.52g MES和12.2g Tris，用6mol/L NaOH调pH到8.2，用水定容至2L。(注意：24℃时的pH为8.2，但是，如果缓冲液温度在20℃，pH为8.3，如果温度在28℃，pH为8.1。为了使温度在20～28℃，需根据温度调整pH。)

(7) 盐酸溶液　0.561mol/L，加93.5mL 6mol/L盐酸到700mL水中，用水定容至1L。

5. 操作方法

(1) 样品制备

固体样品：如果样品粒度>0.5mm，研磨后过0.3～0.5mm(40～60目)筛。

高脂肪样品：如果脂肪含量>10%，用石油醚去脂。每克样品用25mL，每次提取完静置一会儿再小心将烧杯倾斜，慢慢将石油醚倒出，共洗三次。

高碳水化合物样品：如果样品干重含糖>50%，用85%乙醇去除糖分，每克样品每次10mL，共洗三次轻轻倒出，然后在40℃烘箱中不时翻搅干燥过夜，并研磨过0.5mm筛。

(2) 样品消化　准确称取双份(1.000±0.005)g样品(M1和M2)，置于高脚烧杯中。

在每个烧杯中加入40mL MES－Tris缓冲液，在磁力搅拌器上搅拌直到样品完全分散(防止团块形成，使受试物与酶能充分接触)。

用热稳定的淀粉酶进行酶解处理：加100μL热稳定的淀粉酶溶液，低速搅拌。用铝箔片将烧杯盖住，在95～100℃水浴中反应30min(起始的水浴温度应达到95℃)。

冷却：所有烧杯从水浴中移出，凉至60℃。打开铝箔盖，用刮勺将烧杯边缘的网状物以及烧杯底部的胶状物刮离，以使样品能够完全酶解。用10mL蒸馏水冲洗烧杯壁和刮勺。

用蛋白酶进行酶解处理：在每个烧杯中各加入100μL蛋白酶溶液。用铝箔盖住，在60℃持续摇动反应30min(开始时的水浴温度应达60℃)，使之充分反应。

pH测定：30min后，打开铝箔盖，搅拌中加入5mL 0.561mol/L HCl至烧杯中。60℃时用1mol/L NaOH溶液或1mol/L HCl溶液调最终pH为4.0～4.7。(注意：当溶液为60℃时检测和调整pH，因为在较低温度时pH会偏高。)

用淀粉葡糖苷酶溶液酶解处理：搅拌同时加100μL淀粉葡糖苷酶溶液。用铝箔盖住，在60℃持续振摇反应30min，温度应恒定在60℃。

(3) 测定

① 总的膳食纤维测定：

用乙醇沉淀膳食纤维：在每份样品中，加入预热至60℃的95%乙醇225mL，乙醇与样品的体积比为4∶1。室温下沉淀1h。

过滤装置：用15mL 78%的乙醇将硅藻土湿润和重新分布在已称重的坩埚中。用适度的抽力把坩埚中的硅藻土吸到玻璃板上。

酶解过滤，用78%乙醇和刮勺转移所有内容物微粒到坩埚中。(注意：如果一些样品形成胶质，用刮勺破坏表面，以加速过滤。)

抽真空，分别用15mL的78%乙醇，95%乙醇和丙酮冲洗残渣各2次，将坩埚内的残渣抽干后在105℃烘干过夜。将坩埚置于干燥器中冷却至室温。坩埚重量，包括膳食纤维残渣和硅藻土，精确称至0.1mg。减去坩埚和硅藻土的干重，计算残渣重。

蛋白质和灰分的测定：取成对的样品中的一份测定蛋白质，参照GB 5009.5—2010《食品中蛋白质的测定》方法测定（用N×6.25作为蛋白质的转换系数）。

分析灰分时用平行样的第二份在525℃灼烧5h，在干燥器中冷却，精确称至0.1mg，减去坩埚和硅藻土的质量，即为灰分质量。

② 不溶性膳食纤维测定：称适量样品按操作5（2）进行酶解，过滤前用3mL水湿润和重新分布硅藻土在预先处理好的坩埚上，保持抽气使坩埚中的硅藻土抽成均匀的一层。

过滤并冲洗烧杯，用10mL 70℃水洗残渣2次，然后再过滤并用水洗，转移到600mL高脚烧杯，保留用以测定可溶性膳食纤维。

用抽滤装置，分别用15mL 78%乙醇、95%乙醇和丙酮各冲洗残渣2次。

（注意：应及时用78%乙醇、95%乙醇和丙酮冲洗残渣否则可造成不溶性膳食纤维数值的增大。）

③ 可溶性膳食纤维测定：将不溶性膳食纤维过滤后的滤液收集到600mL高脚烧杯中，对比烧杯和滤过液，估计容积。

加约滤出液4倍量已预热至60℃的95%乙醇。或者将滤液和洗过残渣的蒸馏水的混合液调至80g，再加入预热至60℃的95%乙醇320mL。

室温下沉淀1h，测定总膳食纤维。

6. 计算

总膳食纤维、不溶性膳食纤维和可溶性膳食纤维均用同一公式计算。

$$膳食纤维含量（DF，g/100g）=\frac{(R_1+R_2/2)-P-A}{(M_1+M_2)/2}\times 100 \qquad (10-1)$$

式中　R_1和R_2——100g双份样品残留物质量，mg

P和A——100g分别为蛋白质和灰分质量，mg

M_1和M_2——100g样品质量，mg

（二）L-肉碱的测定——高效液相色谱法

1. 试验原理

样品经加乙醇超声提取后，然后加入肉碱衍生剂，将衍生物注入高效液相色谱反相柱上进行分离，用紫外检测器在波长210nm处定量测定。

2. 仪器与试剂

（1）仪器　LC-10B高效液相色谱仪；Vertex色谱柱；C_{18}柱，（250mm×4.6mm，5μm）；实验室常用仪器设备：超声波水浴；分析天平；0.45μm水性滤膜。

（2）试剂　异丙醇（色谱纯）、甲醇（色谱纯）、乙腈（色谱纯）、磷酸氢二钠、磷酸二氢钾、三乙醇胺、柠檬酸、氧化银、肉碱衍生剂。

（3）试样溶液的制备　称取5g试样于100mL烧杯中，加入30mL无水乙醇，溶解并转移至100mL容量瓶中，先后用10mL无水乙醇分3次洗涤烧杯，样液转移至100mL容量瓶中，超声提取10min后用无水乙醇定容至刻度，混匀后于4000r/min离心5min。取上清液2mL，加入肉碱衍生剂0.25mL，混合后置于60℃恒温水温箱120min，吸取20μL进样分析。

3. 色谱条件

色谱柱：Vertex C_{18}柱（250mm×4.6mm，5μm）；

流动相：甲醇∶磷酸盐 = 5∶95（体积比）；

流速：1.0mL/min；

温度：室温；

进样量：20μL；

检测波长：210nm。

（三）低聚糖（低聚果糖和异麦芽糖）的测定——高效液相色谱法

低聚糖各组分用高效液相色谱法分离并定量测定，以乙腈、水作流动相在碳水化合物分析柱上糖的分离顺序是先单糖后双糖，先低聚后多聚，以示差折射检测器检测。低聚糖的检测有外标法和内标法，但由于功能性食品一般只需报告低聚糖的总量，故可用厂家提供的基料作对照样，在相同的分离条件下以面积比值法求出样品中低聚糖含量。

1. 仪器

高效液相色谱仪：Waters HPLC，510 泵，410 示差折射检测器，数据处理装置。

超声波振荡器；微孔过滤器（滤膜 0.45μm）。

2. 试剂

（1）乙腈（色谱纯）。

（2）水（三蒸水并经 Milli - Q 超纯处理）。

（3）低聚糖对照品　低聚糖难得纯品，故可用厂家提供的基料。

低聚果糖（fructooligosaccharide）：国产，一般含蔗果三糖（GF2）、蔗果四糖（GF3）、蔗果五糖（GF4）。

液状基料：含量 > 35%。

固状基料：含量 > 50%。

进口：从蔗果三糖（GF2）至蔗果七糖（GF6）有液状、固状，30% ~ 96% 多种规格。

异麦芽低聚糖：有液状、固状，一般含量 > 50%。

（4）对照样品溶液　根据保健食品所强化的品种，准确称取低聚果糖或异麦芽低聚糖基料分别于 100mL 的容量瓶中，加水溶解并稀释至刻度，配成低聚果糖 5 ~ 10mg/mL 或异麦芽低聚糖 5 ~ 10mg/mL 的对照样品溶液。

3. 测定步骤

（1）样品处理

胶囊、片剂、颗粒、冲剂、粉剂（不含蛋白质）的样品：用精度 0.0001g 的分析天平准确称取已均匀的样品（由于低聚糖原料含量不一，样品中的强化量也不同，所以样品的称量应控制在使低聚糖最终的进样质量浓度在 5 ~ 10mg/mL 为宜），于 100mL 容量瓶中，加水约 80mL 于超声波振荡器中振荡提取 30min，加水至刻度，摇匀，用 0.45μm 滤膜过滤后直接这样测定。

乳制品（含蛋白质）的样品：准确吸取 50mL 于小烧杯中，加 25mL 无水乙醇，加热使蛋白质沉淀，过滤，滤液经浓缩并用水定容至 25mL 刻度。

饮料或口服液样品：准确吸取一定量的样品，加水稀释，定容至一定体积使低聚糖的最终进样质量浓度为 5 ~ 10mg/mL。

果冻或布丁类样品：果冻类样品先均匀搅碎，称量，加适量水并加热至 60℃ 左右助溶，并于超声波振荡器中振荡提取，然后用水稀释至一定体积。布丁类样品可按乳制品处理。

（2）色谱分离条件

色谱柱：Waters 碳水化合物分析柱（3.9mm×300mm）；

柱温：35℃；

流动相：乙腈∶水（75∶25，V/V）；

流速：1～2mL/min；

检测器灵敏度：16X；

进样量：10～25μL。

（3）样品测定　取样品处理液和对照品溶液各10～25μL注入高效液相色谱仪进行分离。以对照品峰的保留时间定性，以其峰面积计算出样液中被测物质的含量。

低聚糖的分离顺序为：

低聚果糖：果糖+葡萄糖、蔗糖、蔗果三糖（GF2）、蔗果七糖（GF6）；

异麦芽低聚糖：葡萄糖、麦芽糖、异麦芽糖、潘糖（pentose）、异麦芽三糖、异麦芽四糖、异麦芽四糖以上。

4．结果计算

（1）低聚糖占总糖含量　因为各组分均为同系物，所以可用面积归一法计算低聚糖各组分总面积值及各组分占固形物（总糖）的百分含量。

$$\text{低聚果糖占总糖含量}/\% = \frac{S_3+S_4+S_5+S_6+S_7}{S_1+S_2+S_3+S_4+S_5+S_6+S_7} \times 100 \qquad (10-2)$$

式中　S_1——果糖+葡萄糖的峰面积

S_2——蔗糖的峰面积

$S_3+\cdots+S_7$——蔗果三糖（GF2），…，蔗果七糖（GF6）的峰面积

$$\text{异麦芽低聚糖占总糖含量}/\% = \frac{S_3+S_4+S_5+S_6+S_7}{S_1+S_2+S_3+S_4+S_5+S_6+S_7} \times 100 \qquad (10-3)$$

式中　S_1——葡萄糖的峰面积

S_2——麦芽糖的峰面积

$S_3+\cdots+S_7$——异麦芽糖、潘糖、异麦芽三糖、异麦芽四糖、异麦芽四糖以上的峰面积

注：以上数值均可在积分仪中直接读出。

（2）低聚糖在样品中的含量

$$\text{低聚糖含量}/\% = \frac{S \times m_1 \times V \times C}{S_1 \times m \times V_1} \times 100 \qquad (10-4)$$

式中　S——样品中各低聚糖组分的峰面积总和

S_1——对照样品溶液中各低聚糖组分的峰面积总和

m_1——对照样品质量，g

m——样品质量，g［此项由结果计算4（1）求出。如对照样品为液体基料还应乘以固形物的含量］

V——样品定容体积，mL

V_1——对照样品定容体积，mL

C——对照样品中各低聚糖组分占固形物（总糖）实测的含量

5．注释

（1）低聚糖（oligosaccharide）或称寡糖，是由3～10个单糖通过糖苷键连接形成直链或支

链的低度聚合糖，现已广泛应用在饮料、乳类、果冻、谷类制品、婴幼儿食品等保健食品中。

（2）低聚果糖或异麦芽低聚糖是由酶将蔗糖（或淀粉）水解为果糖与葡萄糖或麦芽糖与葡萄糖，以国产低聚果糖为例，其结构式 G—F—Fn，($n=1\sim3$)，G—F 为蔗糖（由 G 代表葡萄糖，F 代表果糖构成），GF2 即一分子葡萄糖和两分子果糖称蔗果三糖，GF4 称蔗果五糖。

（3）低聚糖难得纯品，因酶反应产物中除各种蔗果糖外，还残留下不少葡萄糖、果糖和蔗糖（或麦芽糖）；另经有关文献检索，低聚糖也未见有准确的定量方法，其原因是低聚糖的分离其响应因子依赖于分子内部链的长短，故准确定量较难，本方法是根据自己的实践，采用强化在保健食品中的基料作对照样，而建立的新方法。

（4）两种低聚糖（低聚果糖、异麦芽低聚糖）共存于同一食品中，低聚糖各组分用以上的分离条件难以分开，表现为许多组分重叠，干扰了正常定量，但将两组色谱图叠加进行比较，异麦芽三糖为一独立峰，因而可以用其对异麦芽低聚糖进行定量分析。

把两组对照样色谱图中低聚糖各组分的峰面积相加，得出总的峰面积，再求出其中低聚果糖所占的百分比，求出一个校正因子（注意：一定要换算成相同的浓度单位）。从样品色谱图中把低聚糖各组分总的峰面积乘以其百分比就可求出低聚果糖的含量（但要注意样品中含其他糖如蔗糖的干扰）。

（5）食品的化学构成比较复杂，某些功能性食品在生产工艺过程中会带来杂质和赋形剂及其他一些组分（如淀粉、麦片、豆粉）的变性而干扰本法的测定，故在样品处理中应尽量去除。

（6）本法也适用于其他低聚糖的测定。

（四）儿茶素含量的测定——香荚兰素比色法

儿茶素和香荚兰素在强酸性条件下生成橘红到紫红色的产物，红色的深浅和儿茶素的量呈一定的比例关系。该反应不受花青苷和黄酮苷的干扰，在某种程度上可以说，香荚兰素是儿茶素的特异显色剂，而且显色灵敏度高，最低检出量可达 0.5μg。

1. 仪器

（1）10μL 或 50μL 的微量注射器。

（2）10～15mL 具塞刻度试管。

（3）分光光度计。

2. 试剂

（1）95% 乙醇（AR）。

（2）盐酸（GR）。

（3）1g/100mL 香荚兰素盐酸溶液　1g 香荚兰素溶于 100mL 浓盐酸（GR）中，配制好的溶液呈淡黄色，如发现变红、变蓝绿色者均属变质，不宜采用。该试剂配好后置于冰箱中可用 1d，不耐储存，宜随配随用。

3. 测定步骤

称取 1.00～5.00g 磨碎的干样（一般绿茶用 1.00g，红茶用 2.00g）加 95% 乙醇 20mL，在水浴上提取 30min，提取过程中要保持乙醇的微沸，提取完毕进行过滤。滤液冷后加 95% 乙醇定容至 25mL 为供试液。

吸取 10μL 或 20μL 供试液，加入装有 1mL 95% 乙醇的刻度试管中，摇匀，再加入 1% 香荚兰素盐酸溶液 5mL，加塞后摇匀显出红色，放置 40min 后，立即进行比色测定消光度（E），另以 1mL 95% 乙醇加香荚兰素盐酸溶液作为空白对照。比色测定时，选用 500nm 波长，0.5cm 比色杯（如用 1cm 比色杯进行测定，必须将测得的消光度除以 2，折算成相当于 0.5cm 比色杯的测定值，才能进行计算含量）。

4. 结果计算

当测定消光值等于 1.00 时，被测液的儿茶素含量为 145.68μg，因此测得的任一消光度只要乘以 145.68，即得被测液中儿茶素的微克数。按下式计算儿茶素总含量。

$$儿茶素总量/（mg/g）=\frac{E\times 145.68}{1000}\times\frac{V_{总}}{Vm} \quad (10-5)$$

式中 E——样品光密度

$V_{总}$——样品总溶液量，mL

V——吸取的样液量，mL

m——样品质量，g

（五）茶多酚含量的测定——高锰酸钾法

茶叶茶多酚易溶于热水中，在用靛红作指示剂的情况下，样液中能被高锰酸钾氧化的物质基本上都属于茶多酚类物质。根据消耗 1mL 0.318g/100mL 的高锰酸钾相当于 5.82mg 茶多酚的换算常数，计算出茶多酚的含量。

1. 仪器

分析天平、电热水浴锅、真空泵、电动搅拌机、250mL 抽滤瓶（附 65mm 细孔漏斗）、500mL 有柄白瓷皿、100mL 容量瓶、5mL 胖肚吸管等。

2. 试剂

0.1g/100mL 靛红溶液：称取靛红（GR）1g 加入少量水搅匀后，再慢慢加入相对密度 1.84 的浓硫酸 50mL，冷后用蒸馏水衡释至 1000mL。如果靛红不纯，滴定终点将会不敏锐，可用下法磺化处理：称取靛红 1g，加浓硫酸 50mL，在 80℃ 烘箱或水浴中磺化 4~6h，用蒸馏水定容至 1000mL，过滤后储存于棕色试剂瓶中。

0.630g/100mL 草酸溶液：准确称取草酸（$H_2C_2O_4\cdot 2H_2O$）6.3034g，用蒸馏水溶解后定容至 1000mL。

0.127g/100mL 高锰酸钾溶液的配制及标定：称取分析纯的 $KMnO_4$ 1.27g，用蒸馏水溶解后定容至 1000mL，按下面方法标定。准确吸取 0.630g/100mL 草酸 10mL 放在 250mL 三角瓶中（重复 2 份），加入蒸馏水 50mL，再加入浓硫酸（相对密度 1.84）10mL，摇匀，在 70~80℃ 水浴中保温 5min，取出后用已配好的高锰酸钾溶液进行滴定。开始慢滴，待红色消失后再滴第 2 滴，以后可逐渐加快，边滴边摇动，待溶液出现淡红色保持 1min 不变即为终点（需 25mL 左右）。按下式计算高锰酸钾的当量数（ω）。

$$\omega/\%=\frac{10\times 0.63}{KMnO_4\ 用量（mL）}\times 100 \quad (10-6)$$

3. 测定步骤

（1）供试液的制备　准确称取茶叶磨碎样品 1g，放在 200mL 三角烧瓶中，加入沸蒸馏水 8mL，在沸水浴中浸提 30min，然后过滤、洗涤，滤液倒入 100mL 容量瓶中，冷至室温，最后用蒸馏水定容至 100mL 刻度，摇匀，即为供试液。

（2）测定　取 200mL 蒸馏水放在有柄瓷皿中，加入 0.1g/100mL 靛红溶液 5mL，再加入供试液 5mL。开动搅拌器，用已标定的 $KMnO_4$溶液进行边搅拌边滴定，滴定速率不宜太快，一般以 1s/滴为宜，接近滴定终点时再应慢滴。滴定溶液由深蓝色转变为亮黄色为止，记下消耗高锰酸钾的毫升数为 V_1值。为避免视觉误差，应重复两次滴定取其平均值，然后用蒸馏水代替试液，做靛红空白滴定，所耗用高锰酸钾的毫升数为 V_2。

4. 结果计算

$$\text{茶多酚含量/\%} = \frac{(V_1 - V_2) \times \omega \times 0.00582 \times 100}{0.318 \times m \times V/T} \qquad (10-7)$$

式中　V_1——样品液消耗 $KMnO_4$量，mL

V_2——空白液消耗 $KMnO_4$量，mL

ω——$KMnO_4$浓度,%

m——样品质量，g

V——吸取样品液量，mL

T——提取样品液量，mL

5. 注释

（1）配制好的高锰酸钾溶液必须避光保存，使用前需重新标定。一般情况下，一星期标定一次。

（2）滴定终点的掌握上以出现亮黄色为止，溶液颜色的变化是由蓝变绿，由绿逐渐变黄。在观察时，以绿色的感觉消失开始出现亮黄为终点。红茶的终点颜色稍深（土黄色），绿茶的终点颜色稍浅（浅黄色）。

（3）制备好的供试液不宜久放，否则引起茶多酚自动氧化，测定数值将会偏低。

思考题

1. 什么是肥胖症？
2. 肥胖症的危害有哪些？
3. 简述具有减肥功能的保健食品的配制原则。
4. 简述具有减肥功能的保健食品的研发注意事项。
5. 膳食纤维有何主要功效？
6. 简述脂肪代谢调节肽的生理功能。
7. 简述左旋肉碱的生理功能。

CHAPTER

第十一章 对化学性肝损伤有辅助保护功能的保健食品

11

[学习指导]

熟悉和掌握肝损伤的概念和分类；掌握肝脏的生理功能。了解肝脏的解毒功能和解毒方式；了解对化学性肝损伤有辅助保护功能的保健食品的检验方法；简单了解几种对肝脏有保护作用的功能资源。

肝脏是人体最大的消化腺，也是最大的腺体，是体内新陈代谢的中心站。肝脏具有分解糖原、储存糖原、解毒、分泌胆汁及吞噬、防御等功能，对人类通过环境及受污染的食物或通过职业环境接触到的外源化合物的代谢有着重要作用。此外，人类在患病情况下消耗了大量合成药物，所有这些化合物可能会对肝脏产生损伤。肝损伤是各种有害因子和物质，如病毒、药物、乙醇、缺氧、免疫等，以肝实质细胞或肝非实质细胞（肝巨噬细胞、星状细胞、血管内皮细胞）为靶细胞，产生一系列介质，造成肝细胞坏死、炎症、纤维化的病理改变，肝损伤最终会导致各种肝脏疾病。

第一节　营养与化学性肝损伤

一、肝脏的功能

肝脏是一个由肝细胞组成的充满血液的柔软组织，由排列成索的肝细胞构成，肝小叶是它的基本单位。肝脏是人体内的最大的实质性腺体，同时也是人体内新陈代谢的中心站，被喻为“人体最大的化工厂”，是药物代谢和生物转化的重要场所。

（一）肝脏的生理功能

肝脏具有十分重要和复杂的生理功能，主要表现在以下几个方面。

（1）制造胆汁 胆汁由肝细胞分泌。胆汁中的胆盐对脂肪的消化吸收有重要作用。

（2）糖代谢 肝脏能使葡萄糖、某些氨基酸、脂肪中的甘油等变成糖原而储存。当身体需用糖时又可将其分解为葡萄糖。

（3）蛋白质代谢 肝脏是机体唯一能合成清蛋白的器官。每日合成量约200mg/kg体重，必要时可增加，肝实质细胞受损，可影响清蛋白的合成。肝脏也是合成纤维蛋白原、凝血酶原及凝血因子的场所。因此，肝实质细胞受损可出现凝血障碍。肝脏同时也是氨基酸分解的重要器官，如尿素的形成，是肝脏的重要解毒作用。

（4）脂肪代谢 肝脏参与摄入脂肪和体内储存脂肪的动员和氧化以及甘油三酯、磷酯、胆固醇、脂蛋白的合成作用。

（5）水与激素的平衡 肝脏有维持体内水分和激素平衡的作用。

（6）生物转化作用 肝脏能通过氧化、还原、水解、结合等反应，使各种物质的生物活性发生很大的改变，使多数有毒物质的毒性减弱，也可使有的物质毒性消失。

（二）肝脏的解毒功能与解毒方式

肝脏对人体外来的和代谢产生的许多有害因素实施其强大的防御解毒功能，一般情况下，肝脏对外来化学毒物有很强的生物转化、解毒功能。其中主要有以下四种方式。

（1）氧化解毒 如酒精是许多人饮酒中的主要有害化学物，体内经乙醇氢酶，顺次氧化成醛和酸，其他醇类、醛类也按该模式转化成酸。酸与其他物质结合成盐类，毒性消失，排出体外。

（2）还原解毒 例如工业毒物硝基苯，苯环上的硝基可还原为氨基，氨基的毒性远比硝基的毒性小；催眠用的三氯乙醛，在肝内还原为三氯乙醇而失去催眠作用，临床上用的氯霉素和曾大量应用过的有机氯农药也都是在肝中脱氧还原实现解毒。

（3）水解解毒 许多有害化学物质在归纳中经水解酶的作用，发生加水分解，改变结构，失去或破坏有毒基团而消失或减轻了毒性。例如体内H_2O_2、自由基、过氧化脂质溶解后均可失去有害作用。

（4）结合毒性 是肝脏中毒物解毒的最主要方式，往往是结合一些极性基团，形成水溶性较大的物质，减轻或消失了毒性而排出体外，例如有机物与羧基、与硫酸根、与磺酸基、与葡萄糖醛酸、与甘氨酸、与谷胱甘肽等相结合，都是肝脏解毒性生物转化的重要形式。

二、肝 损 伤

肝脏在防御有害因素对机体损害的同时，本身也难免受到伤害。肝损伤是肝脏常见的病理过程，就是肝脏受到外界因素的入侵，从而引起肝脏受损。肝脏损伤分为免疫性肝损伤和化学性肝损伤。

（一）免疫性肝损伤

免疫性肝损伤通常由生物性因素如病毒感染（如临床上HBV、HCV等病毒的感染）等引起的，其重要特征是肝组织内大量的炎症细胞浸润，产生免疫炎症应答，导致免疫为基础的肝损伤。免疫性肝损伤是肝纤维化、肝硬化乃至肝脏肿瘤等终末病变发生发展的重要因素之一。

肝炎病毒从病原学角度可分甲型、乙型、丙型、戊型、丁型肝炎。甲型肝炎经口传播，一般引起急性肝炎，很少转为慢性。而乙型、丙型肝炎病毒潜伏期长，通过血液和体液传播，在急性感染后部分病人会长期携带或转为慢性肝炎。

（二）化学性肝损伤

化学性肝损伤是由化学性肝毒性物质所造成的肝损伤。化学物质可通过胃肠道门静脉或体循环进入肝脏进行转化，因此肝脏最容易受到化学物中的毒性物质损害，一方面保证进入人体内的所有的毒素分解正常、排毒正常，当血液中各种化学污染毒素经过肝脏时不能被分解排出，各种污染随着血液输送到全身各个细胞，各个细胞长期食用这些污染毒素就会造成细胞变异，这就是我们说的突变，也就是癌症；另一方面肝脏负责人体的能量代谢，当能量不能被肝脏代谢成细胞所需要的营养物质，这些能量就只能停留在血液中，导致高蛋白、高血糖、高血脂。因为污染导致肝损伤，又因为肝损伤而导致的各种慢性病和癌症的发生。

导致化学性肝损伤的化合物很多，主要分为以下三类。

1. 化学药物

药物性肝损伤可发生在各种人群中，由于药物及代谢产物的毒性作用或机体对药物产生过敏反应，对肝脏造成损害，引起肝组织发炎，即为药物性肝损伤。引起药物性肝损伤的药物主要有解热镇痛抗炎药、镇静催眠药、抗结核药、抗寄生虫药及某些抗菌药和激素类药物。

（1）药物代谢产物形成氧自由基使脂质过氧化，引起肝损伤。

（2）部分药物经代谢产生亲电子产物，通过共价结合，损伤肝细胞膜和肝线粒体、微粒体膜，引起细胞损伤。

（3）药物代谢产生超氧化离子，促使脂质过氧化，导致肝细胞损伤。

2. 酒精

相关统计资料显示，临床上酒精性肝病的发病率在不断增加。酒精性肝损伤是指长期大量饮酒或含有乙醇的饮料造成的肝脏疾患，包括轻症酒精性肝病、酒精性脂肪肝、酒精性肝炎、酒精性肝纤维化、酒精性肝硬化。

乙醇对肝脏的损害机制如下。

（1）乙醇进入机体后，约90%在肝脏内氧化，一条途径是在细胞质内经乙醇脱氢酶（ADH）氧化为乙醛，乙醛在线粒体内经乙醛脱氢酶（ALDH）作用氧化为乙酸。乙醇氧化的乙醇脱氢酶途径会消耗大量的辅酶Ⅰ（NAD），使 $NAD^+/NADH$ 比值变小，使三羧酸循环受到抑制，影响细胞能量供给。

（2）乙醇损害线粒体的功能，使线粒体脂质过氧化物增加，谷胱甘肽水平下降，线粒体形态异常。

（3）乙醇氧化过程中的中间产物乙醛是高活性物质，当乙醛脱氢酶活性降低时，未被氧化的乙醛释放入血，通过黄嘌呤氧化酶变为超氧化物，导致脂质过氧化，破坏细胞膜，促进肝损伤。

3. 其他

霉菌毒素、化学污染的食物等也能导致肝损伤。根据化学性肝毒性物质毒性的强弱，可将其分为三类：① 剧毒类：包括磷、三硝基甲苯、四氯化碳、氯萘、丙烯醛等；② 高毒类：绅、汞、锑、苯胺、氯仿、砷化氢、二甲基甲酰胺等；③ 低毒类：二硝基酚、乙醛、有机磷、丙烯腈、铅等。

三、化学性肝损伤的作用机制

肝损伤的机制很复杂，可以分为化学性和免疫性两类，两类可以相互作用。化学机制主要通过细胞色素 P450 及结合反应产生的中间代谢产物引起损伤，如改变质膜的完整性、线粒体功能失调、细胞内离子浓度变化、降解酶的活性和自由基的作用；免疫机制主要通过细胞因子、一氧化碳、补体及变态反应等引起损伤。引起肝细胞损伤的化学性因素主要有以下几种。

（一）氧自由基的大量生成

自由基是人体进行生命活动时所产生的一种活性分子。正常生理情况下，自由基在机体内能够持续不断的产生，并具有调节细胞间的信号传递、细胞生长、抑制病毒和细菌等生物学作用。然而，当人体处于病理状态，或在吸烟、过度饮酒和不健康饮食等因素影响下，或在放射线照射、环境污染等因素作用下，均会引起自由基过量产生。当自由基产生过多超过了机体的抗氧化防御能力，或机体的抗氧化防御系统削弱时，自由基不能被及时清除，就会攻击细胞组织，造成蛋白质、核酸等生物大分子变性，导致细胞和组织器官发生氧化损伤，诱发各种疾病，并加速机体衰老。

近代科学研究已证明，自由基和人类多种疾病如心血管疾病、癌症等均有着密切关系，自由基介导的脂质过氧化作用在肝损伤启动和各种环节发挥着关键作用。肝脏因其独特的血管和代谢功能，是药物和外来物质代谢的主要器官。在肝脏正常代谢过程中就存在有自由基反应，当机体摄入大量外源性药物或毒物，或肝脏处于病理状态如病毒感染、局部微循环障碍及炎症反应等均会产生大量自由基，若自由基产生超过了机体抗氧化系统的清除能力或抗氧化系统活性不足时，肝组织内自由基会急剧增多。越来越多的证据已经表明，自由基及其来源对肝损伤的发生发展起着关键作用。临床和实验条件下，几乎所有的肝脏损伤都可检测到活性氧（reactive oxygen species，ROS）增强和/或内源性抗氧化剂的水平下降。

氧自由基（OFR）引起肝损伤的机制如下。

（1）由于肝细胞膜存在多不饱和脂肪酸，氧自由基直接攻击肝细胞膜，引发脂质过氧化反应，生成过氧化脂质（lipid peroxide，LPO），过氧化脂质可直接损伤肝细胞，还可进一步攻击细胞器生物膜，引发二次脂质过氧化反应，导致细胞器功能失调（如线粒体呼吸功能受损），加重肝细胞损伤；氧自由基抑制细胞膜 Na^+/K^+ ATP 酶活性，导致细胞能量代谢障碍。

（2）氧自由基可破坏细胞膜的完整性和稳定性，增加细胞膜通透性，导致钙离子、亚铁离子等离子内流增加，肝细胞亚铁离子增加会加速非酶促反应，生成自由基，加重肝损伤导致损伤肝细胞坏死。

（3）氧自由基还可抑制多种酶的活性或改变其活性，干扰细胞内正常的酶促反应，细胞正常功能被破坏，如导致体内抗氧化酶活性下降，抗氧化防御能力降低，自由基不能及时清除，引发氧化应激。

（4）氧自由基可与 DNA 分子反应，破坏分子构型和完整性造成 DNA 分子损伤，氧自由基主要通过破坏其氢键或改变其特殊密码、改变 DNA 多聚酶结合位点使 DNA 多聚酶发生错误旋转折叠、改变合成 DNA 模板结构等途径损伤 DNA 分子。

所以，体内自由基的过度激活是肝细胞损伤的重要机制之一。

（二）抗氧化物质不足或耗竭

正常情况下，自由基在机体内不断地产生和消除，不会对机体造成损伤，因为机体内存在两类抗氧化损伤的防护系统，一类是酶抗氧化系统，包括过氧化氢酶、超氧化物歧化酶（super oxide dismutase，SOD）、谷胱甘肽过氧化物酶等；另一类是非酶抗氧化系统，包括存在于细胞脂质部分的维生素 A（β－胡萝卜素）、维生素 E（α－生育酚）、存在于细胞内外的抗坏血酸

(维生素 C)、还原型谷胱甘肽、褪黑素、α - 硫辛酸、微量元素铜、锌、硒等。它们可清除自由基、抑制自由基反应，保护细胞和组织不受自由基的损伤。当细胞、组织或机体产生过多氧化物，在机体抗氧化防御系统与自由基产生失衡时导致氧化应激（oxifative stress），引起含巯基蛋白破坏、细胞内钙稳态紊乱、DNA 损伤及诱发细胞凋亡。氧化应激几乎在所有的试验和临床肝脏疾病对肝损伤的启动和进展起着关键作用。

（三）磷脂的崩解

磷脂是甘油三酯中的一个或两个脂肪酸被含磷酸的其他基团所取代的一类脂类物质，是细胞膜的构成成分，具有亲水性和亲脂性双重属性，对细胞的物质转运、吸收和代谢有重要作用。细胞膜磷脂被自由基攻击而崩解，磷脂酶 A_2、磷脂酶 C 等酶被激活催化细胞膜上的磷脂释放花生四烯酸，通过环氧化酶、脂氧化酶等的作用，分别生成前列腺素、血栓素（TXA_2）、白三烯类（LTS）及血小板活化因子（PAF）等介质，形成恶性循环，加重肝损伤。

（四）钙稳态失调

在正常生理状态下，肝细胞外液 Ca^{2+} 浓度为 1.3mmol/L，细胞内液为 0.2mmol/L，维持这种肝细胞内外约 1×10^5 倍浓度梯度，即钙稳态对细胞的生存极为重要，钙稳态主要依赖细胞质膜 Ca^{2+} - ATP 酶及胞内内质网与线粒体钙库摄取和释放钙来实现。一旦钙稳态失调，Ca^{2+} 能激活膜相关联的磷脂酶，使膜磷脂变性，引起膜损伤，或激活 Ca^{2+} - ATP 酶导致能量储备耗竭，引起细胞损伤。

四、肝病与营养素的关系

蛋白质、碳水化合物和 B 族维生素、维生素 C 有保护肝脏的功能，所以，对于肝损伤病人，一般提倡“三高一低”的营养观，即高蛋白质、高碳水化合物、高维生素及低脂肪。但对不同病情的病人还有有所区别。

1. 脂肪

脂肪与肝脏的关系十分密切，脂肪代谢在肝脏中进行。卵磷脂是合成脂蛋白的重要原料。如肝内脂肪过多或磷脂过少时，脂肪便不易从肝内运出，以致在肝内堆积，称为脂肪肝。肝炎病人限制脂肪主要在急性期，肝病恢复期脂肪不宜过少。中等量脂肪对于肝病治疗较为有利。

2. 碳水化合物

碳水化合物占全天食物的 65% ~70%，其中主要由粮食、蔬菜、水果和糖类供给。肝脏在糖代谢中起着重要作用。对肝病患者，强调用高碳水化合物饮食，原因是高碳水化合物能保持肝细胞内糖原含量，使其用于肝组织的构成和增生，以保护肝脏。但过量的葡萄糖或果糖对病情没有好处。

3. 维生素

肝脏是储存多种维生素的器官，在患肝病时，常引起各种维生素缺乏症。因为很多维生素直接参与肝脏的代谢，缺乏维生素会影响肝脏的生理功能。在严重肝损伤时，常常引起 B 族维生素缺乏。维生素 B_6 有促进脂肪代谢的作用，缺乏维生素 B_6 时，可引起脂肪肝。肝脏有病时，影响维生素 K 的吸收。大量维生素 C 可促进肝糖原的合成，缺乏维生素 C 时易引起脂肪肝。维生素 A 与肝病关系也非常密切，肝脏有疾病时，会影响维生素 A 吸收。因此，肝病患者应服用大量维生素 A、维生素 B_2、维生素 B_6、维生素 C、维生素 K。

4. 其他

经常服用具有提高免疫力功能的保健食品，如角鲨烯、卵磷脂、西洋参、蜂王浆等。

五、化学性肝损伤的饮食辅助治疗

1. 控制饮酒量

尽量饮用低度酒或不含酒精的饮料。

2. 调整饮食结构

提倡高蛋白质、高维生素、低糖、低脂肪饮食。

3. 增加维生素的供给

增加维生素尤其是B族维生素的供给。B族维生素（包括维生素B_1、维生素B_2、维生素B_6、维生素B_{12}、烟酸、泛酸、叶酸等）和肝脏关系密切，缺少B族维生素，会导致细胞功能降低，引起代谢障碍。

4. 增加微量元素的供给

微量元素可维持身体组织器官与脏器的代谢，有助于身体健康。

5. 多摄入富含微生态活菌的营养补充剂

微生态活菌可以通过调节肠菌群，抑制革兰阴性细菌繁殖，降低肠源性内毒素水平，有助于肝脏排毒。

第二节　对化学性肝损伤有辅助保护功能的保健食品的开发

在环境污染的情况下追求养生长寿，要特别注重肝脏的保护。预防化学性肝损伤是关系到寿命的大问题。要长寿，先抗突变，因为生命远远大于健康；要健康先保肝，肝脏强则人体强。化学性肝损伤是每一个生活在污染环境下的人不得不面对的问题，所以日常饮食中应多摄取具有保肝、护肝功效的食品。

一、对化学性肝损伤有辅助保护功能的保健食品

目前，经国家食品药品监督管理总局批准的、我国自主研制开发的对化学性肝损伤有保护作用的保健食品共有322种，根据主要功效成分和保健作用，大致分为以下四类。

（一）由中草药或其提取物研制而成

第一类保肝护肝的保健食品是由中草药或其提取物研制而成，如灵芝、枸杞、茶、黄芪、当归、山楂、银杏等。从中医的角度看，这类植物具有活血化瘀、清肝解毒、强肝益肝的作用，从有效成分来看，这些保健食品中含有多糖、黄酮类、苷类及萜类化合物，如大豆皂苷、银杏黄酮类、香菇多糖、黄芪多糖等，具有提高免疫能力、抗脂质过氧化、抗肿瘤、抗衰老等生物功能。

1. 山楂

山楂又名山里果、山里红，蔷薇科山楂属，落叶乔木，高可达6m。核果类水果，核质硬，

果肉薄，味微酸涩。果可生吃或作果脯、果糕，干制后可入药，是中国特有的药果兼用树种，早在20世纪60年代中期国外已有报道。五子山楂醇制浸膏（0.5mg/kg）能降低血中的胆固醇含量并使脂质在器官内的沉积减少。山楂提取物（tincture of *Crataegus*，TCR）具有降低胆固醇的作用，另外山楂提取物还可减少胆固醇在肝内的沉积。

2. 枸杞

枸杞为茄科植物枸杞的成熟果实。夏、秋果实成熟时采摘，除去果柄，置阴凉处晾至果皮起皱纹后，再暴晒至外皮干硬、果肉柔软即得。遇阴雨可用微火烘干。具有多种保健功效，是卫生部批准的药食两用食物。适量食用有益健康。

枸杞子含有丰富的胡萝卜素、多种维生素和钙、铁等健康眼睛的必需营养物质，枸杞子中保肝护肝的主要有效成分是甜菜碱。研究表明，CCl_4引起小鼠急性肝损伤24h后，经口15mg/kg体重或经腹腔内3mg/kg体重给予甜菜碱，可观察到血清谷丙转氨酶下降，溴脱氧鸟苷掺入肝细胞核DNA量增加。甜菜碱对CCl_4所致小鼠肝细胞内脂肪沉积有轻微抑制作用，并促进肝细胞新生；用天冬氨酸甜菜碱也有抗CCl_4所致肝损伤作用。

3. 五味子

五味子为木兰科植物五味子或华中五味子的干燥成熟果实。前者习称“北五味子”，后者习称“南五味子”。秋季果实成熟时采摘，晒干或蒸后晒干，除去果梗及杂质。唐等《新修本草》载“五味皮肉甘酸，核中辛苦，都有咸味”，故有五味子之名。五味子分为南、北两种。其味酸，性温，入肺、心、肾经。对肝脏有保护作用。五仁醇可使慢性肝损伤动物肝中胶原含量明显减少，对核酸也无明显影响，说明能使肝细胞损伤减轻、功能改善；在形态方面，使肝细胞的慢性损伤病理变化减缓，同时肝中羟脯氨酸含量降低，说明肝中胶原含量减少、纤维化减轻。证明五仁醇对慢性肝损伤具有保护作用，此外，五味子还具有抗过敏、延缓衰老等作用。

（二）目前公认的具有抗氧化、促进细胞增殖、提高免疫力的营养物质

如牛磺酸、硒、维生素E、维生素C等。维生素E和硒都是自由基清除剂，大量维生素C能减轻细胞脂肪性病变，促进肝细胞再生及肝糖原的合成，增强肝脏的解毒功能。因此，对肝炎或肝性昏迷者，大剂量维生素C确有治疗作用。

1. 维生素E和硒

维生素E和硒都是自由基清除剂，维生素E有节省或部分代替硒的部分功能，硒也能治疗维生素E的某些缺乏症，二者之间有协同作用。早在20世纪50年代人们就发现，硒能有效地防止雏鸡因缺乏维生素E而引起的渗出性素质（由于毛细管通透性显著增大而产生的严重水肿病）和大白鼠因缺乏维生素E而引起的肝坏死。

维生素E和硒护肝的主要机制：

（1）维生素E结合于生物膜上，能保护膜免受自由基攻击而出现过氧化损伤；

（2）硒则通过GSH－Px等破坏过氧化物，防止自由基的形成及不饱和脂肪酸的侵袭，即GSH－Px能分解已形成的过氧化物，有效地阻止了可能引发脂质过氧化的羟自由基和单线态氧的生成；

（3）维生素E能中断脂质过氧化的连锁反应，减少氢过氧化物的合成，两者出现相互节省效应，其中一种成分的生理需求可用另一种来加以部分补偿。

2. 维生素C

维生素C也参与胆固醇代谢，维生素C缺乏时，胆固醇转化成胆汁酸的比例下降加速了组

织中胆固醇的积累，引起肝脏和血浆胆固醇水平升高。补充维生素 C 后，胆固醇积累速度减慢，维生素 C 促进肠道吸收更多的铁和钙，它将三价铁转化成更易吸收的二价铁，同时帮助铁从载体向铁蛋白的转移及其在肝脏、胃和骨髓中储存；肝脏功能严重障碍时，肝中的维生素 C 含量会降低，有造成出血倾向；大剂量维生素 C 能减轻肝细胞脂肪性病变，促进肝细胞再生及肝糖原的合成，增强肝脏的解毒功能。因此，对肝炎或肝性昏迷者，大剂量维生素 C 确有治疗作用。

3. 灵芝

灵芝外形呈伞状，菌盖为肾形、半圆形或近圆形，为多孔菌科真菌灵芝的子实体。含有氨基酸、多肽、蛋白质、真菌溶菌酶以及糖类（还原糖和多糖）、麦角固醇、三萜类、香豆精甙、挥发油、硬脂酸、苯甲酸、生物碱、维生素 B_2 及维生素 C 等；孢子还含甘露醇、海藻糖。

具有保肝解毒之功效。灵芝对多种理化及生物因素引起的肝损伤有保护作用。无论在肝脏损害发生前还是发生后，服用灵芝都可保护肝脏，减轻肝损伤。灵芝能促进肝脏对药物、毒物的代谢，对于中毒性肝炎有确切的疗效。尤其是慢性肝炎，灵芝可明显消除头晕、乏力、恶心、肝区不适等症状，并可有效地改善肝功能，使各项指标趋于正常。所以，灵芝可用于治疗慢性中毒、各类慢性肝炎、肝硬化、肝功能障碍。研究发现，灵芝多糖可以诱导小鼠 IL－2 的分泌，激活了非特异性巨噬细胞的活性。灵芝中三萜类化合物也具有抗肿瘤活性，可抑制肝肿瘤细胞的生长。

（三）由一些特殊动物如牡蛎、毛虫甘苦参、甲鱼、蚂蚁等研制而成

1. 蚂蚁

蚂蚁是一种有社会性生活习性的昆虫，属于膜翅目。蚂蚁生命力顽强，蚂蚁是与恐龙同时代的生物，恐龙早已灭绝，而蚂蚁却生存了下来；蚂蚁的生活环境十分潮湿和肮脏，可是它们却很少生病。蚂蚁制品对免疫缺陷类疾病治疗有极佳的效果，可以用于治疗乙肝等免疫缺陷疾病，同时对病理性免疫也有抑制作用，可使高于正常血清免疫球蛋白及补体降低，使血清中的自身抗体及免疫复合物明显降低，对已进行皮片移植的小鼠，反应攻击靶细胞的活性有所下降，杀伤 T 细胞和 B 细胞均受到抑制，体液免疫排斥反应也有所减缓。而一般认为，乙肝病人特别是慢性肝炎和乙肝病毒携带者，由于机体免疫功能低下，不能有效清除乙肝病毒，由于蚂蚁具有双向调节作用，故可在免疫识别调控、监视和自我稳定方面纠正个体免疫低能、失调和紊乱，并且有助于清除体内免疫复合物和乙肝病毒。蚂蚁的护肝作用还在于它具有一定的降低谷丙转氨酶的作用。蚂蚁水提取液可提高 IL－1 和 IL－2 的活性，慢性乙型肝病毒携带者 IL－2 水平明显低于正常人。为此以蚂蚁治疗病毒性乙型肝炎和乙肝病毒携带者，提高 IL－2 的活性很有针对性。

2. 鳖

鳖，俗称甲鱼、水鱼、团鱼和王八等，卵生爬行动物，水陆两栖生活。鳖肉味鲜美、营养丰富，有清热养阴，平肝熄风，软坚散结的效果。鳖不仅是餐桌上的美味佳肴，而且是一种用途很广的滋补药品，具有滋阴补阳，补肝造血，补肾健胃，消虚劳之热的功能，对体质虚弱、肝炎、肺结核等疾病有一定改善功效。日本学者认为甲鱼具有清除肝脏炎症，平抑肝脏功能异常亢进；滋养肝脏、胃，增强机体抵抗力等作用。

（四）一些特殊生物因子如胎盘因子、多肽等

谷胱甘肽（GSH）是一种含 γ－酰胺键和巯基的三肽，由谷氨酸、半胱氨酸及甘氨酸组成。

存在于几乎身体的每一个细胞。谷胱甘肽分子中含有一贯活泼的巯基（—SH），易被脱氢，两分子谷胱甘肽失氢后转变为氧化型谷胱甘肽（GSSG），因此谷胱甘肽可以清除自由基对肝脏起到强有力的保护作用，氧化型谷胱甘肽在肝脏和红细胞中的谷胱甘肽还原酶催化作用下，利用还原酶又得以还原成谷胱甘肽，使体内自由基的清除反应持续进行。谷胱甘肽能与进入体内的有毒化合物、重金属离子或致癌物质等相结合，并促其排出体外，起到中和解毒的作用。谷胱甘肽还可抑制乙醇侵害肝脏产生脂肪肝。谷胱甘肽能与进入体内的有毒化合物、重金属离子或致癌物质等相结合，并促进其排出体外，起到中和解毒的作用。谷胱甘肽还可以抑制乙醇侵害肝脏产生脂肪肝。

二、保肝护肝保健食品主要功效成分介绍

（一）粗多糖

1．性质

粗多糖是从大豆籽粒中提取出的可溶性寡糖的总称，大豆中的寡糖属于 α - 半乳糖苷类，包括棉子糖、水苏糖等。

棉子糖广泛存在于自然界中，是优良的双歧杆菌增殖因子，具有整肠及提高机体免疫力等多种功能。其是由半乳糖、葡萄糖及果糖 3 个单糖缩合而成的非还原糖。纯净的棉子糖为长针状结晶体，白色或淡黄色，带 5 分子结晶水；易溶于水，微溶于乙醇等极性溶剂，不溶于石油醚等非极性溶剂，在热、酸环境中都很稳定。为白色结晶粉末，相对密度 1.465，熔点 80℃，甜度为蔗糖的 22%~23%，无吸湿性。目前，国际上能够批量工业化生产棉子糖的仅有日本和中国，日本甜菜制糖公司从植物中提炼，纯度可以达到 98%，国内中唐瑞德公司也已通过国家 QS 认证，并规模化生产棉子糖，纯度也可达到 98%，常规产品为 90% 纯度。

水苏糖是由半乳糖、葡萄糖和果糖构成的非还原四糖。其结构式为：D - 吡喃半乳糖基 α - 1，6 - D - 吡喃半乳糖基 α - 1，6 - D - 吡喃葡基 α - 1，2 - β - D - 呋喃果糖苷，属于蔗糖的衍生产物，是棉子糖的同系物，分子式为 $C_{24}H_{42}O_{21}$，分子质量 666.59g/mol。

2．生物学功能

（1）促进双歧杆菌的增殖　人体虽然不能直接利用粗多糖，但是粗多糖可被肠内细菌利用，并且能促进双歧杆菌的增殖。双歧杆菌是一种厌氧革兰阳性细菌，是维护和保持肠道菌群平衡的一个极为重要的因素，也是判断肠内外环境是否正常的一个可靠依据。

（2）抑制病原菌　粗多糖能促进双歧杆菌的增殖，从而抑制有害细菌如产生荚膜梭状芽孢杆菌的生长。双歧杆菌能发酵粗多糖产生短链脂肪酸和一些抗生素物质，从而可抑制外源致病菌和肠内固有腐败细菌的生长繁殖。

（3）防止便秘、腹胀，促进消化，调节胃肠功能　肠道内的双歧杆菌发酵粗多糖产生大量的短链脂肪酸（主要是醋酸和乳酸），能刺激肠道蠕动，从而促进消化，防止便秘的产生。

（4）增强免疫功能　如果人较长期地食用无细菌食物，肠道就会因为缺少刺激而使其产生抗体的能力下降，从而容易诱发疾病。食用粗多糖能促进双歧杆菌的增殖，将对肠道免疫细胞产生刺激，提高其产生抗体的能力从而起到防治疾病的效果。

3．安全性

观察大叶车前子粗多糖胶囊对小鼠的急性毒性反应。灌胃给予小鼠 1d 内最大质量浓度及最大体积的药量，观察急性毒性反应一周。试验小鼠最大耐受量为 10.98g/kg，相当于成

人推荐剂量的343倍。试验小鼠毛色光洁，四肢活动、饮水均正常，鼻、眼、口无异常分泌物，未出现任何毒性反应。大叶车前子粗多糖胶囊毒性较低，安全性好，为临床治疗提供了一定的试验依据。

（二）葛根素

1. 性质

葛根素别名普乐林、葛根黄素、黄豆苷元 -8 - C - 葡萄糖苷，是葛根的主要有效成分之一和标志成分。化学名为：8 - β - D - 葡萄吡喃糖 -4，7 - 二羟基异黄酮。分子式 $C_{21}H_{20}O_9$，分子质量为416.39。黄色结晶，溶于水、甲醇、乙醇、吡啶，易溶于热水，难溶于苯、氯仿、乙醚等，与醋酸镁反应显黄色，与醋酸铅反应呈黄色沉淀，熔点187 ~ 188℃。高含量为白色针状结晶粉末，属于异黄酮类。

2. 生物学功能

葛根素是葛根中含量最高的主要有效成分，因此成为评估葛根类保健食品中的重要指标，其主要化学成分为皂苷类化合物葛根黄酮。

（1）对肝脏系统的保护作用　对肝组织免疫损害具有保护作用，C - 29 位羟基和 C - 5 含氧基团可增强保肝活性，通过胃吸收可保护肝损伤，诱导活化肝星状细胞凋亡，有效逆转化学诱导的肝纤维化，对四氯化碳诱导的急性肝损伤也具有保护作用，同时具有多方面的生理活性。

（2）对心血管系统的保护作用　葛根中的总黄酮能增加脑及冠状动脉的血流量。葛根素对动物和人体的脑循环以及外周循环有明显的促进作用。葛根总黄酮在改善高血压及冠心病患者的脑血管张力、弹性和搏动性供因等方面均有温和的促进作用。葛根素不仅改善人体的正常脑微循环，而且对微循环障碍也有明显的改善作用，主要表现为局部微血管血流和运动的幅度增加。葛根素对突发性耳聋患者的甲皱微循环也有改善作用，能加快微血管血流速度，清除血管襻瘀血，提高患者的听力。葛根素对缺氧心肌具有保护作用，葛根素能明显降低缺血心肌的耗氧量，保护心脏免受缺血再灌注所致的超微结构损伤。

此外，其制剂葛根素注射剂临床用于治疗心脑血管疾病及视网膜血管病、眼底病及突发性耳聋等。

3. 安全性

随着葛根素在临床广泛使用，有关不良反应报告也日趋增多。小鼠静脉注射葛根素，LD_{50} 为634.3mg/kg，腹腔注射 LD_{50} 为1412.2mg/kg。大鼠腹腔注射葛根素150、100、50mg/kg连续5周，无积蓄性毒性，对心、肝、肺、脾、肾、肾上腺及肠等脏器无明显毒性。犬静脉注射葛根素，每日50、30、15mg/kg连续5周，再观察70d，对大小便常规、血常规、血清谷丙转氨酶、血尿素氮、血糖均无明显影响。健康成年SD大鼠试验，剂量为50、150mg/kg，对雌性大鼠胚胎及雄性大鼠生殖细胞均无致畸作用。致突变试验表明，葛根素没有潜在的致癌和致突变危险性。少数病人在用药开始时出现暂时性腹胀、恶心等反应，继续用药可自行消失。极少数病人用药后有皮疹、发热等过敏现象，立即停药或对症治疗后，可恢复正常。

严重肝、肾损害，心衰及其他严重器质性疾病者禁用。有出血倾向者慎用。对葛根素有过敏或过敏体质者禁用。

（三）五味子素

1. 性质

由五味子果仁中提取出的一类木脂素类，其结构可以五味子丙素为代表，在不同的产物中苯环上的亚甲二氧基可由两个甲氧基代替八元环的脂架部分，也可以具有一个或多个羟基（或其酯基），主要有效成分为木脂素类如五味子甲素、五味子乙素、五味子醇甲、五味子醇乙、五味子丙素、五味子酯甲等。五味子素为棕色粉末，溶于氯仿、甲醇、丙酮、环己烷、正己烷等，不溶于水。五味子甲素（schisandrin A）的分子式为 $C_{24}H_{32}O_6$，分子质量为 416.51g/mol。五味子乙素分子式为 $C_{23}H_{28}O_6$，分子质量为 400.46g/mol。五味子醇甲的分子式为 $C_{24}H_{32}O_7$，分子质量为 432.51g/mol。

2. 生物学功能

五味子素主要用于治疗肝炎、神经衰弱等症。具有抗氧化、保肝抗肝损伤、降低转氨酶及解毒作用，还具有收敛固涩、益气生津、补肾宁心的作用。

（1）降谷丙转氨酶和保肝作用　五味子素能使四氯化碳和硫代酰胺（TAA）对小鼠、大鼠引起的高谷丙转氨酶降低，还能对肝脏毒物四氯化碳引起的微粒体脂质过氧化起到抑制作用。

（2）对代谢功能的影响　五味子素能明显促进外源性葡萄糖生成肝糖原，因对去肾上腺小鼠仍有此效果，故其作用不是通过影响体内垂体－肾上腺系统。

（3）对中枢神经系统的作用

① 中枢兴奋作用：五味子素可改善人的智力活动，提高工作效率，改进工作质量，适量时对中枢的不同部位有兴奋作用。可加强脊髓蛙的屈肌反射，使脊髓前角运动中枢兴奋，脊髓反射加强，又能兴奋大脑，使动物睡眠短暂易醒，增加大脑皮质细胞的工作能力，这并非是提高大脑皮质的调节作用所致，而是增强了大脑的兴奋和抑制过程，促使两种过程相互平衡。

② 镇静作用：五味子素可明显延长小鼠对戊巴比妥钠或环己巴比妥钠的睡眠时间。$1/50LD_{50}$的五味子素可明显减少小鼠自主活动，还能对抗戊四氮、尼古丁引起的惊厥。五味子素能抑制小鼠由电刺激或长期单居引起的激怒行为，对大鼠回避性条件反射有选择性抑制作用，大剂量使大鼠产生木僵，该木僵可被脑室注射多巴胺所对抗，说明五味子素有广泛的中枢抑制作用，并有安定药的特点。

③ 镇痛、解热作用：用醋酸扭体法证明，五味子素有镇痛作用，压尾法中五味子素可使痛阈值上升。对肠伤寒、副伤寒混合疫苗引起的小鼠发热，五味子素具有短暂的退热作用。

（4）对胃的影响　大鼠静注五味子素可抑制胃的自发运动，并减少其紧张度，也可对抗毛果云香碱所引起的胃蠕动亢进，口服对大鼠应激性溃疡有预防作用。本品可使大鼠胆汁分泌增加，对幽门结扎大鼠则可抑制胃液分泌并有降低胃液总酸度的倾向。对离体回肠本品有抗乙醚胆碱、抗组胺作用。

（5）体内过程　口服吸收很快，在肝内从脂溶性迅速转化为水溶性代谢物，主要经肾排泄。

（四）甘草酸

1. 性质

甘草酸是甘草中最主要的活性成分，为白色或淡黄色结晶型粉末，无臭，有特殊甜味，其甜度约为蔗糖的250倍。易溶于热水和热的稀乙醇，不溶于无水乙醇和乙醚。分子式为 $C_{42}H_{62}O_{16}$，分子质量为 822.93g/mol，熔点 220℃。

2. 生物学功能

甘草酸具有抗炎、抗病毒、保肝解毒及增强免疫功能等作用。甘草酸具有肾上腺皮质激素样作用，能抑制毛细血管通透性，减轻过敏性休克的症状。可以降低高血压病人的血清胆固醇。由于甘草酸有糖皮质激素样药理作用而无严重不良反应，在临床中被广泛用于治疗各种急慢性肝炎、支气管炎和艾滋病。其还具有抗癌防癌、干扰素诱生剂及细胞免疫调节剂等功能。

3．代谢

无论通过静脉注射或口服给予甘草酸，甘草酸在体内代谢成甘草次酸而发挥作用，这一转化过程依赖肠道正常菌群水解，缓慢进行。静脉注射的甘草酸首先在肝细胞内由溶酶体中 $\beta-D-$葡萄甘酸酶代谢成3－单葡萄糖醛酸甘草次酸，后者在肝脏中进一步代谢，随胆汁排入肠内，由肠内细菌代谢成甘草次酸，再吸收入血。甘草次酸在体外的活性较甘草酸强3～6倍，在体内强10～15倍。

4．安全性

毒性小，对重要脏器无明显损害。少数患者服药后可出现浮肿，个别可出现胸闷、口渴、低血钾、轻度血压升高、头痛等不良反应，也有一例用药后引起精神症状的报道。以上症状停药后均可消失。

三、对化学性肝损伤有辅助保护功能的食品的技术要求

1．原料和辅料

原料和辅料应符合相应食品标准和有关规定。

2．感官要求

色泽：内容物、包衣或囊皮具有该产品应有的色泽。

滋味、气味：具有产品应有的滋味和气味，无异味。

状态：内容物具有产品应有的状态，无正常视力可见外来异物。

3．理化要求

（1）功效成分　一般应含有与对化学性肝损伤有辅助保护相对应的功效成分，并含有功效成分的最低有效含量。必要时应控制有效成分的最高限量。

（2）营养素　除功效成分外，还应有类属食品应有的营养素。

4．卫生要求

有害金属及有害物质和微生物的限量应符合类属产品国家卫生标准的规定。

第三节　对化学性肝损伤有辅助保护功能的保健食品的检验方法

一、粗多糖的测定方法

目前，我国对于保健食品中以粗多糖作为主要功效成分的检测目前尚无统一的法定标准，文献报道的方法有苯酚－硫酸法、蒽酮比色法、直接滴定法、间接碘量法和高效液相色谱法等。蒽酮比色法对反应条件的要求较高，如温度、时间及蒽酮试剂的质量等级等。直接滴定法测定结果可能偏高，因淀粉等多糖对其有干扰作用。

苯酚－硫酸法是将样品中“水提醇沉”沉淀下来的粗多糖在硫酸的作用下，水解成单糖并迅速脱水生成糖醛衍生物，与苯酚缩合成有色化合物。以葡萄糖或葡聚糖作为标准品，通过换

算系数校正，比色测定粗多糖含量。采用沸水浴加热 2h 提取保健食品中的粗多糖，经无水乙醇沉淀高分子物质以去除水溶性单糖，再用碱性硫酸铜提纯后，以葡聚糖作标准进行苯酚硫酸显色。结果显示，当葡聚糖含量在 0.00～0.10mg 呈线性，对样品进行多次测定，批内相对标准偏差（RSD）为 1.01%～4.95%，批间相对标准偏差为 2.49%～7.31%，加标回收率为 91.80%～100.4%。同时，该方法可避免葡萄糖、果糖等单糖，蔗糖、纤维二糖、乳糖等双糖，淀粉、糊精等多糖及糖精钠对粗多糖测定的干扰。

（一）保健饮料中粗多糖含量的苯酚－硫酸测定法

1. 测定步骤

精密吸取保健饮料液体试样 15mL，加入无水乙醇 60mL，使含醇量达 80%，充分搅拌混匀 5min，以 3000r/min 离心 5min，弃去上清液，残渣用 80% 乙醇洗涤 3 次，低温烘干。残渣用水溶解并定容至 250mL，得供试品溶液。吸取供试品溶液 2.0mL，加入 50g/L 苯酚溶液 2.0mL，在旋转混匀器上混匀，小心加入浓硫酸 8.0mL，于旋转混匀器上小心混匀，置于沸水浴中煮沸 20min，冷却后用分光光度计在 485nm 波长处以试剂空白溶液为参比，1cm 比色皿测定吸光度值。根据标准曲线计算出葡萄糖含量，并计算该保健品饮料中水溶性粗多糖含量。

2. 方法特点

方法的平均回收率为 97.5%，RSD 为 1.96%。

（二）灵芝孢子粉片中多糖含量的高效液相色谱测定方法

采用 Shodex SH1011（苯乙烯二乙烯苯共聚物键合磺酸基）糖柱（8mm×300mm，6μm），流动相：硫酸－水（6∶1000 体积比），检测波长 200nm，流速 0.6mL/min，进样量 20μL，柱温 30℃。灵芝孢多糖在 0.25～8.00mg/mL 线性关系良好，平均加样回收率为 102.73%，RSD 为 1.49%。

二、五味子素的测定方法

对于保健食品及药品中五味子素，多采用环己烷、正己烷、甲醇作为提取溶剂进行提取，提取的方式主要有超声和索氏提取。测定方法主要有高效液相色谱法、薄层层析－紫外分光光度法、毛细管电泳法。文献报道以高效液相色谱法为主，采用乙腈或甲醇和水为流动相，在波长 254nm 或 224nm 处检测。毛细管电泳法具有高效、快速、微量等特点，在药物分析中得到了广泛的应用，在缓冲溶液中添加有机溶剂，可改善分离选择性。

保健食品中五味子醇甲、五味子甲素和五味子乙素含量用高效液相色谱法测定。

（一）测定步骤

精密称取样品（市售含五味子类保健食品）细粉 0.5g，精密加入 25mL 甲醇，加塞密封，称定质量，超声处理 30min，放至室温，再称定质量，用甲醇补足减失的质量，摇匀后过滤，即得到供试品溶液，供液相色谱测定，外标法定量。

色谱条件：Waters Alliance 2690 高效液相色谱仪配 DAD 紫外检测器；色谱柱为 Agilent Zorbax SB－C_{18}柱（150mm×4.6mm，5μm）；流动相：甲醇－水梯度洗脱（30min 内甲醇比例由 65% 递增到 85%）；流速：1.0mL/min；检测波长 254nm。

（二）方法特点

五味子醇甲、五味子甲素和五味子乙素分别在 0.21～1.55、0.28～2.08、0.20～1.51μg 范围内线性关系良好。以 S/N =3 为标准测得最低检测限分别为五味子醇甲 0.03μg、五味子甲素 0.08μg 和五味子乙素 0.06μg。加样回收率分别为97.48%、97.23% 和97.88%（$n=5$）；同一样品 5 次平行提取并测定的 RSD 分别为0.89%、0.93% 和1.07%。

三、甘草酸的测定方法

甘草酸作为甘草中的主要有效成分，在医药、食品、化妆品、卷烟等行业中有着极其广泛的应用。目前，文献报道的甘草酸的定量分析方法主要有比色法、电化学方法、薄层扫描法、离子抑制色谱法、高效液相色谱法和高效毛细管电泳法。用于测定甘草酸含量的电化学方法主要有小波变换二次微分示波计时电位法、极谱催化波法。有近几年来，应用高效毛细管电泳法和高效液相色谱法定量分析甘草酸含量发展迅速。薄层扫描法是薄层色谱技术与光密度计和微型电子计算机结合起来的一种新型仪器分析方法。应用薄层扫描仪可同时对各种复杂的样品进行分离和测定。

保健食品中甘草酸测定方法如下。

（一）试剂材料

甘草酸对照品溶液：精确称取甘草酸对照品 10mg，用甲醇溶解定容至 10.0mL，摇匀。对-羟基苯甲酸丁酯溶液：精密称取对-羟基苯甲酸丁酯 10mg，加甲醇定容成 1mg/mL 的溶液，作为内标储备液。

（二）测定步骤

1. 片剂或粉状胶囊试样

称取0.5~3.0g 均匀试样，准确到0.001g，置于 50mL 容量瓶中，准确加入 0.5mL 内标储备液，然后加入约 40mL 50% 甲醇，超声提取 30min 后，加入 50% 甲醇定容至刻度，摇匀，3000r/min 离心 10min，过0.45μm 滤膜，供高效液相色谱测定，内标法定量。

2. 口服液试样

准确吸取5.0~10.0mL 试样于 50mL 容量瓶中，准确加入 0.5mL 内标储备液，然后加入约 40mL50% 甲醇，超声提取 30min 后，加入 50% 甲醇定容至刻度，摇匀，3000r/min 离心 10min，过0.45μm 滤膜，用高效液相色谱测定，内标法定量。

3. 色谱条件

Waters 2695 高效液相色谱仪配紫外检测器；色谱柱为 ODS C_{18} 柱（4.6mm × 150mm，5 μm）；流动相：3% 醋酸溶液 + 乙腈（60 +40，体积比），内标物为对羟基苯甲酸丁酯，检测波长：254nm。

（三）方法特点

以甘草酸与内标峰面积比为纵坐标，以浓度为横坐标进行回归甘草酸在 20 ~300μg/mL 范围内呈良好的线性关系，方法的回收率为 87.2%~96.7%，RSD 为 3.05%。

四、总三萜的测定方法

对于保健食品及药品中总三萜，主要以乙醇、甲醇、乙酸乙酯为提取溶剂，其中选用乙醇为提取溶剂的文献较多，提取方式主要有索氏提取、超声提取、回流提取和浸提。测定方法主要有分光光度法、高效液相色谱法、高效液相色谱-质谱法，文献报道以分光光度法为主。

分光光度法测定灵芝孢子粉中总三萜含量。

（一）测定步骤

称取灵芝孢子粉胶囊约 1g，用乙酸乙酯溶解，超声振动 30min，用乙酸乙酯定容至刻度，摇匀，滤过，弃去初滤液，取续滤液 5mL 定容至 50mL 作为供试品溶液。吸取 1.00mL 供试品溶液于 100℃水浴上蒸干后，加入 5% 香草醛 - 冰醋酸溶液 0.40mL 和 1.00mL 高氯酸，65℃水浴加热 45min 后移入冰水浴中，再加入 5.00mL 冰醋酸，摇匀后置于室温。15min 后用紫外 - 可见分光光度计于 548.1 nm 波长处测定样品溶液的吸光度。

（二）方法特点

含量在 0.022 ~ 0.130mg 内呈良好的线性关系；加样回收率为 101.71% ~ 116.16%，均值为 108.94%，RSD 为 5.24%。称取同一灵芝孢子粉胶囊内容物，平行测定 6 份，RSD 为1.59%。

思考题

1. 肝脏可以通过哪些方式解毒？
2. 简述免疫性肝损伤与化学性肝损伤的区别。
3. 哪些因素可以导致化学性肝损伤？
4. 阐述化学性肝损伤的作用机制。
5. 简述肝病与营养素的关系。
6. 化学性肝损伤的病人如何通过饮食辅助治疗？
7. 对化学性肝损伤有辅助保护功能的保健食品有哪些？其主要功效成分分别是什么？
8. 对化学性肝损伤有辅助保护功能的保健食品的检验方法有哪些？

CHAPTER 12

第十二章

具有调节胃肠道、促进消化及通便功能的保健食品

[学习指导]

熟悉和掌握肠道菌群、益生菌、益生元、合生元的概念；掌握益生菌和益生元对人体分别有哪些生理作用；掌握益生菌的包埋技术；了解益生菌菌株筛选时的注意事项和益生菌制备的基本步骤。

随着社会发展和居民生活水平提高，过量高蛋白、高脂肪食品的摄入，以及社会紧张快节奏下睡眠不足、饮食不规律、思想压力大等问题，导致消化系统疾病的发病率逐年增加，已成为现代生活中最常见的疾病之一。据《2012 年中国卫生统计年鉴》统计“居民前十种慢性疾病患病率（%）”，胃肠道疾病居第二位，仅次于高血压。胃肠炎的两周发病率由 2003 年的 10.5‰上升至 2008 年的 13.6‰。并且，消化系统疾病在各系统中占死因顺位前列，根据中国卫生部公布的《全国第三次死因回顾抽样调查报告》，在 2004—2005 年中因消化系统疾病死亡的人数为因疾病死亡人数的 16.87%，且该比率从 1997 年开始有逐年递增的趋势。消化道疾病已经开始成为威胁我国国民身体健康的重要问题。人体所需的营养成分基本上都需要通过胃肠道吸收、转化再提供给人体组织器官使用。意识到胃肠道健康的重要性以及胃肠道疾病的普遍性，越来越多人把眼光投向具有胃肠道保健功能的功能性食品。

本章将会介绍具有调节胃肠道、促进消化及通便功能的保健（功能）食品的相关知识点，重点介绍益生菌和益生元。它们可以改变人体营养的生物和生理过程，从而改善或者辅助治疗一些人类病理状态。本章将重点关注这类保健食品对肠胃组织健康的作用，而不讨论对于其他器官的作用。

第一节　营养及肠道菌群对机体健康的影响

一、有益于胃肠道的微生物

1. 肠道菌群的概念及其形成

肠道内壁，是人体和外界环境接触面积最大的地区，肠管内的空腔严格来说是“体外”环境。肠道菌群，是指存在于人身体的体表及其与外界相通的腔道，如肠道（接触面积最大）、口腔、鼻腔系统、咽喉腔、眼结合膜及泌尿生殖道等部位的大量微生物。据估计，一个正常成人体内，肠道内的细菌总质量可达1～1.5kg，包含的细菌数量则可以达到10^{14}个。而一个成年人自身的细胞数量为10^{13}个，也就是说，居住在我们肠道内的细菌数量，是人体细胞总数的10倍。人体肠道菌群由500～1000种细菌构成，其中数量占90%以上的细菌是由其中30～40种细菌构成，包括拟杆菌、双歧杆菌、乳酸杆菌、芽孢杆菌、肠球菌、肠杆菌等。这些细菌根据其在肠道内不同的生理功能被分为三大类：共生菌、条件致病菌和病原菌。

共生菌占据了肠道菌群所有细菌数量的99%以上，是肠道菌群的主体，和我们人体是互利共生的关系。人体为细菌的生活提供生存场所和营养，而共生菌则为人体产生有益的物质和保护人类健康。共生菌一般都是专性厌氧菌，常见的有双歧杆菌、乳酸菌、拟杆菌等。条件致病菌在肠道菌群内数量较少，在正常条件下，由于大量共生菌的存在，它们仅在一定条件下得到繁殖。常见的条件致病菌大多是肠球菌、肠杆菌等。病原菌一般不常驻在肠道内。但若不慎摄入，能产生致病物质，造成宿主感染。例如，霍乱弧菌、痢疾杆菌和大肠杆菌能产生分泌到它们细胞外面的肠毒素引起患者腹泻；鼠疫杆菌分泌的鼠疫毒素作用于全身血管及淋巴使其出血和坏死；还有些细菌产生不分泌到菌体细胞外的毒素，如沙门菌。

在人的一生中，人体携带的微生物以及自身的生理、营养、消化、吸收、免疫及生物拮抗等都有密切的关系，双方保持着物质、能量和信息的流转。肠道微生物学研究表明，在妊娠期，胎儿在母体子宫提供的无菌环境中发育，但是出生以后，他立即接触到来自母亲生殖道内、皮肤和环境中的微生物群。因此，在小孩出生后的几个小时内，他就会获得肠道菌群。一开始不同婴儿的肠道菌群会很不同，但是在哺乳期末期，会变成一个与成人的微生物群差不多的系统。

影响微生物菌群稳定性的因素还没有完全被解析，但是，整个肠道微环境和不同种属菌种的竞争作用显然是重要的。婴儿出生后的第三天，拟杆菌属细菌、双歧杆菌和梭状芽孢杆菌就已经在半数左右的婴儿中出现。第四天到第五天，肠道杆菌数量逐渐下降。第六天到第八天则建立了以双歧杆菌占绝对优势的菌群。在另一组针对老年人肠道菌群的研究中发现，总体上看年龄越大双歧杆菌的数量越少，肠杆菌的数量越多，而长寿老人肠道菌群的双歧杆菌数量相对都是较高的。

外部营养对肠道生态的调整也有重要影响，这点对刚出生几天的婴儿尤其明显。在以母乳喂养婴儿的肠道中，双歧杆菌成为了优势菌种，而在吃乳粉婴儿的肠道中，发现更多易腐败的肠道微生物菌落（拟杆菌、梭状芽孢杆菌、变形杆菌等），数量会近似于甚至高于双歧杆菌。

这和乳粉在婴儿的肠道显示出较高的 pH 和较低的氧化还原反应电势有关。同样，外部营养可以通过改善肠道缺血程度、提高肠道免疫功能从而起到改善肠道菌群的作用。

所以，两种能够改善肠道菌群的功能食品原料——益生菌和益生元，成为食品产业和科学界关注的热点。

2. 益生菌的定义和菌株

在过去的 20 年里，关于微生物以及它们对维持人类健康发挥着积极作用这方面的知识已经大大增加。早在 19 世纪初，就已有关于乳酸菌在肠道生态系统中出现的研究。然而，真正取得突破的是 Metchnikoff 所做的研究，他指出了发酵乳制品和人类（白种人）健康长寿之间的关系。为了表示对 Metchnikoff 这些研究重大意义的肯定，他在 1908 年被授予了诺贝尔奖。现代营养学已普遍认为乳酸菌对人类健康有积极作用，摄取含有乳酸菌的制品可以带来益处，对人类机体的功能产生积极作用的菌株就被称做“益生菌”。

第一位提出这个术语的研究者是 Vergio（1945 年），而首次给益生菌下定义的却是 Fuller（1989 年），他认为益生菌是额外补充的活性微生物，能改善肠道菌群的平衡而对宿主的健康有益。他所强调的益生菌的功效和益处必须经过临床验证的。Schrezenmeir 和 De Vrese（2001 年）把益生菌定义为含有一种或多种混合微生物培养的剂型或食料，适量的用于人类或动物就会对他们的健康带来有益的影响。当前，被广泛采用的是联合国粮食及农业组织/世界卫生组织（FAO/WHO）给出的定义，“益生菌是一种当使用的量充足时能给宿主带来健康效益的活微生物”。这个定义清晰指出“活微生物”，这意味着，在服用时或在肠道中，细菌需要是活的。益生菌给人类有机体带来的有利影响包括改善新陈代谢或生理过程，也包括一些医疗效果，即降低许多疾病的发生率及发病时间。

多数种类的益生菌属于共生菌，研究最彻底的益生菌微生物是乳酸杆菌属（*Lactobacillus*）、双歧杆菌属（*Bifidobacterium*）和酵母菌属（*Saccharomyces*）的一些细菌。表 12－1 列举了研究比较充分的一些益生菌的菌株，大多数经过更严格的筛选已被一些乳制品公司引进到市场中。并且，近些年所做的一些深入研究正迅速地扩充这份益生菌微生物列表。

表 12－1　　有文献报道的益生菌菌株

种属	菌　株
乳酸杆菌属（*Lactobacillus*）	
嗜酸乳杆菌（*L. acidophilus*）	La－1/La－5（*Chr. Hansen*），NCFM（*Rhodia*），La1（*Nestle*），DDS－1
保加利亚乳杆菌（*L. bulgaricus*）	（*Nebraska Cultures*），LAFTI® L10
干酪乳杆菌（*L. casei*）	Lb12
发酵乳杆菌（*L. fermentum*）	*Immunitals*（*Danone*），*Defensis* DN114001（*Danone*），*Shirota*
瑞士乳杆菌（*L. helveticus*）	（Yakult）
约氏乳杆菌（*L. johnsonii*）	RC－14（*Urex Biotech*），KLD
鼠李糖乳杆菌（*L. rhamnosus*）	LA1（*Nestle*）

续表

种属	菌　株
副干酪乳杆菌（*L. paracasei*）	ING1
植物乳杆菌（*L. plantarum*）	GG（*Valio*），HN001
洛德乳杆菌（*L. reuteri*）	B02，L89，33（*Uni－President Enterprises Corp.*）CRL431（*Chr. Hansen*）
鼠李糖乳杆菌（*L. rhamnosus*）	（*Probi AB*），299*v*，Lp01，ATTC8014（*Valio*）
唾液乳杆菌（*L. salivarius*）	SD2112（又名 MM2） 271（*Probi AB*），GR－1（*Urex Biotech*），LB21（*Essum AB*） UCC118
双歧杆菌属（*Bifidobacterium*）	
青春双歧杆菌（*B. adolescentis*）	ATTC 15703，94－BIM
乳动物双歧杆菌［*B. animalis*（lactis）］	Bb－12（*Chr. Hansen*），*Lafti*™，B94（DSD），DR 10/HOWARU
比菲德氏菌（*B. bifidus*）	（*Danisco*），HN019
短双歧杆菌（*B. breve*）	Bb－11
精华双歧杆菌（*B. essensis*）	*Yakult*
婴儿型比菲德氏菌（*B. infantis*）	*Danone*（*Bioactivia*）
龙根菌（*B. longum*）	*Shirota*，*Lmmunitass*，744，01 UCC35624（UCC*ork*），SBT2928，B6，BB536
其他乳酸菌（Other LAB）	
广布肉毒杆菌（*Carnobacterium divergens*）	V41，AS7
粪肠球菌（*Enterococcus faecalis*）	未详细说明菌株
屎肠球菌（*Enterococcus faecium*）	SF68，M－74
嗜热链球菌（*Streptococcus thermophilus*）	CCRC 14079，CCRC 14085，F4，V3
中链球菌（*Streptococcus intermedius*）	未详细说明菌株
非乳酸菌（Non－lactic bacteria）	
枯草芽孢杆菌（*Bacillus subtilis*）	未详细说明菌株
丙酸菌（*Propionibacterium*）	SJ（*Valio*）
费氏丙酸杆菌费氏亚种（*P. freudenreichii* ssp. *shermanii*）	
酵母菌属（Yeast）	
布拉酵母菌（*Saccharomyces boulardii*）	未详细说明菌株

一般来说，用于开发的益生菌菌株要求从人体中分离得到，因为通常认为“人”的菌株才是能够紧紧黏附于人体肠道上皮并有效地统治着肠道微环境。在日本，来源于人体的益生菌菌株被用于乳制品的生产中已经超过40年，在德国也至少有20年历史。然而，一些被广为报道的动物器官中分离得到的菌株也对人体有着有利影响，如乳酸杆菌属的 *Bifidobacterium animalis*，它们很容易在肠道里存活，而且能在肠道上皮的细胞上黏附得很好。

3．益生菌对机体的有益作用

现在应用最广的当属乳酸杆菌属的一些益生菌。最著名的益生菌菌株是乳酸杆菌属的 *Lactobacillus rhamnosus* GG，是当前世界上研究最多的益生菌，也是首批被证实能够在人体肠道存活并定殖的益生菌之一。它能促进益菌生长、降低对乳品或食物的过敏、减少粪便酶的活动，此外还可保护宿主免遭抗生素引起的腹泻、预防或治疗轮状病毒引起的腹泻、治疗不明原因或急性腹泻等，甚至有报道能治疗克罗恩疾病和青少年的风湿性关节炎，而且显示出对抗造成蛀牙相关细菌的能力。

另一个著名益生菌菌株是乳酸杆菌属的 *Lactobacillus casei* Shirota，它能维持肠道微生物群落的平衡，保护宿主免遭肠病、轮状病毒造成的腹泻，减少粪便酶的活力，并被用在膀胱癌的辅助治疗中，且能在结肠癌早期支持机体免疫系统。

近些年，含有乳酸杆菌属的 *Lactobacillus casei* DN 114001 的产品已经被引入了市场。其优点在于能够在胃和十二指肠表现出高存活率，并且能促进免疫系统，防止并治疗胃肠感染，并减少儿童急性腹泻的发生率和持续时间。另一种是乳酸杆菌属的 *Lactobacillus johnsonii* La1，这种菌种能使肠道生物群落稳定，促进免疫系统，对肠胃炎的治疗有效并对幽门螺杆菌具有对抗性。而且，它也具有对肠道细胞黏附性强的特点。

在双歧杆菌属当中也有一些著名的菌株，例如，*Bifidobacterium lactis* DN 173010 在胃和十二指肠中表现出高存活率。它对缩短肠道消化过程有着积极影响，特别是对老年人。*Bifidobacterium breve* Yakult 这种双歧杆菌则可以防御食品诱变剂，维持肠道菌落的平衡并防止腹泻。

那些在文献中被广泛讨论过并已产业化的益生菌保健功能见表 12－2。

表 12－2　有临床试验结论的一些益生菌的功能

益生菌（公司）	保健功能
L. rhamnosus GG (Valio)	有效降低腹泻发生率（轮状病毒腹泻、抗生素相关性腹泻、梭状芽孢杆菌腹泻和旅游者腹泻） 降低肠胃疾病的风险，如炎症性肠病（结肠袋炎和克罗恩病） 降低遗传性过敏症的发病率 降低幽门螺杆菌的感染可能性 通过降低微生物酶的活性抑制致癌物质的增殖 肠道通透性正常化 降低呼吸感染的可能性 降低蛀牙的可能性
L. casei Shirota (Yakult)	对治疗轮状病毒腹泻有效 降低肠胃疾病的风险 降低促致癌酶的活性 引起 INF－γ 的生成

续表

益生菌（公司）	保健功能
L. casei defensis DN-114 001（Danone）	缩短感染轮状病毒的儿童的腹泻时间 在治疗和预防肠胃感染中有效 维持恒定的尿素酶活性 提高免疫系统
L. acidophilus NCFM（Rhodia）	改善乳糖新陈代谢 通过限制结肠细胞中的 DNA 的损坏、降低促致癌酶的活性和诱变剂的结合度来降低结肠癌的风险 减低血清胆固醇水平 防止泌尿生殖器的感染
L. johnsonii La1（Danone）	降低幽门螺旋杆菌感染的风险 减少炎症 提高免疫系统
L. plantarum 299v（Probi AB）	减轻炎症性肠道症状，如小肠结肠炎和结肠袋炎 减少梭状芽孢杆菌小肠结肠炎的复发 促进免疫系统
L. reuterii（Stoneyfield，Biogaia）	降低儿童轮状病毒腹泻的发生率 缩短急性肠胃炎的持续时间
B. animalis DN 173 010（Danone）	缓和有牛乳过敏症的婴儿湿疹的症状 减少患有腹泻疾病的儿童腹泻持续时间
B. bifidum	降低儿童轮状病毒感染的发生率，并促进对轮状病毒具有特效的抗体的生成促进乳糖消化
S. boulardii	减少梭状芽孢杆菌腹泻的发生率 缩短急性肠胃炎的持续时间

要想证明一个菌种对机体的有益作用必须经历长期而有深度的研究，并且这个过程通常包括多个阶段。基础性研究通常是在体外模型中进行，利用一种人造消化道模型，或利用动物和人的细胞构建模型。这些研究旨在明确菌株的基本作用机制。如抑制致病性和产毒细菌的生长，影响新陈代谢和调节免疫，和某一保健功能之间的相关性（表 12-3）。在此基础上，利用动物模型验证某个特定菌株的作用机制。常见的动物模型基本都是利用大鼠和小鼠，其他动物偶见报道。第三阶段一般指在有着严格限制的临床试验中进行，进一步阐述菌株的作用机制。临床试验结果中某一方面的有效性都能证明该菌株属于益生菌。上述几个阶段研究必须考虑消费者安全、给药方式、产品形式等多个方面。FDA/WHO 规定，最终一个被认为具有功能性和特定的健康声明，并被引入市场的产品，只要包含一种临床证实过的益生菌细胞。

表 12－3　益生菌的作用与体现的保健功能的关系

益生菌的生理作用	保健功能
减少肠道菌群的损耗	降低轮状病毒相关性腹泻的发生率
	降低抗生素相关性腹泻的发生率
	降低旅行者腹泻的发生率
	降低细菌性腹泻的发生率
	控制肠道易激综合征
	控制炎症性的肠疾病，如结肠炎和克罗恩病
	降低幽门螺杆菌感染和并发症的发生率
	防止肠道感染
影响新陈代谢	降低血清胆固醇水平
	提高乳糖耐量
	减少造成结肠癌的危险因素
	降低骨质疏松症的风险
	提高了生物药效
调节免疫	缓和食物过敏症
	缓和婴儿遗传性过敏症症状
	控制炎症性的肠疾病，如结肠炎和克罗恩病
	加强先天免疫

4. 益生菌生理作用机制

（1）促进吸收、营养机体　益生菌生长所需的能量来自于人体摄入的食物中不能被人体直接消化的物质。据估计，每天有 10～60g 碳水化合物、8～40g 未消化淀粉、8～10g 非淀粉类多聚糖、2～10g 不吸收糖以及 2～8g 寡糖不能被小肠消化吸收而进入结肠成为益生菌的养料。这些物质能被利用的主要原因在于益生菌所产生的酶，这些酶能分解人类无法消化或者难消化的能量物质。如拟杆菌具有一系列消化多糖的酶，可以分解如植物中的纤维素和半纤维素等人类无法消化的多糖，从而为人类提供能量。乳杆菌等具有半乳糖苷酶，能够明显降低乳糖的浓度，产生乳酸，从而能缓解乳糖不耐症，起到调节肠内菌群平衡、促进人体消化吸收等作用。

更重要的是消化过程中产生的一些代谢产物，如短链脂肪酸和乳酸盐。短链脂肪酸（short chain fatty acids，SCFAs）是指碳链中碳原子小于 6 个的有机脂肪酸，肠内主要是乙酸、丙酸、丁酸。人类粪便中丁酸的绝对浓度为 11～25mmol，乙酸、丙酸和丁酸的物质的量比值的均数约为 60:20:20。然而肠内最初产生的短链脂肪酸的总量很难确定，因为超过 95% 的短链脂肪酸已被人体快速吸收和代谢。短链脂肪酸的代谢可为机体提供一定的能量，这个能量供给值取决于饮食中纤维的水平，据估计，其量少于能量总摄入的 5% 。丁酸是有较多报道的有功能的短链脂肪酸，几乎可以全部被结肠细胞吸收和被当作能量来利用。另外，它对细胞生长和分化有着重要作用。丁酸的吸收还伴随着钠和水的吸收，因此他具有潜在的止泻功效。从整个肠道微环境来说，短链脂肪酸还能降低 pH，控制不嗜酸细菌。

在营养作用方面，短链脂肪酸可以使得肠道上皮细胞的生长更为活跃，产生较多的肠隐窝。肠隐窝是小肠上皮在绒毛根部下陷至固有层而形成的管状腺，开口于相邻绒毛之间，肠隐窝增加可促进小肠的吸收功能。有研究表明，相比于无菌肠道，具有正常肠道菌群的肠黏膜绒毛下侧会产生更多的肠隐窝，同时肠黏膜细胞更替更为迅速。此外，益生菌还可调控肠黏膜上皮细胞的分化。这意味着，具有正常的肠道菌群可以使得肠黏膜更快的修复其破损。

除此之外，益生菌通过发酵还能合成维生素供人体吸收，同时一些金属离子，如钙、镁、铁等，也可通过肠道菌群被宿主重新吸收。例如，双歧杆菌合成维生素 B_1、维生素 B_2、维生素 B_6、维生素 B_{12}、叶酸、烟酸、泛酸，此外，双歧杆菌还能抑制分解维生素 B_1 的解硫胺素芽孢杆菌，使维生素的供应得到保障；地衣芽孢杆菌在动物肠道内生长繁殖，能产生多种营养物质，如维生素、氨基酸、有机酸、促生长因子等，参与动物机体新陈代谢。

（2）保护消化道　益生菌对消化道的保护作用机制可总结为生物屏障、改变消化道状态、分泌抗菌物质。

① 形成生物屏障：在肠道感染的最初阶段，多种肠道致病菌，如难辨梭状芽孢杆菌、沙门菌、致病性大肠杆菌等在宿主肠道内壁表面的黏膜层上黏附，益生菌的存在可分泌一种细胞外蛋白片段，抑制致病菌与肠上皮细胞膜受体结合，并使已黏附的致病菌被置换出来，从而发挥抑菌作用。而肠道内共生菌会与黏膜上皮细胞紧密结合构成一层生物屏障，进一步抑制致病菌的定植可能性。例如双歧杆菌会分泌酸性菌体胞外多糖（exopolysaccharide，EPS），该多糖耐受胃酸和胆汁，能增强双歧杆菌对黏膜的黏附作用。

② 改变消化道状态：益生菌可以从降低环境 pH、氧浓度、氧化还原电势，以及加快肠上皮细胞增殖和代谢、增加肠道黏液分泌等多个角度对消化道进行保护。例如，双歧杆菌能发酵葡萄糖产生多种有机酸，降低了生物环境中的 pH，从而抑制了外籍菌；枯草芽孢杆菌为需氧菌，进入动物肠道内后消耗大量的游离氧，降低肠道内氧浓度和氧化还原电势，从而为乳酸杆菌、双歧杆菌等厌氧的益生菌创造更好的生长环境；益生菌可加快肠上皮细胞的增殖和代谢，增强肠道抵御外来致病菌侵袭的能力。已有试验数据证明，无菌动物肠黏膜更新速度明显慢于有菌动物，且对病原菌具有明显的易感性，但如在无菌动物肠道内移植特定的共栖菌后，其黏膜上皮的更新速度明显加快，对病原菌的抵抗力也增强，这种特性与移植不同的细菌有关；益生菌还可促进上皮细胞分泌黏液，其分泌物还可抑制黏液层内有害菌与内皮细胞的黏附。黏液层是抵御病原菌入侵的第一道屏障，主要成分为糖蛋白，分子质量为 200～2000ku。细菌能否在黏液层中定植主要取决于黏液的分泌量、肠道蠕动速度以及肠液流动速度。肠液分泌越多、肠液流动速度越快，细菌越不易在肠道内定植。

③ 分泌抗菌物质：枯草芽孢杆菌菌体在生长过程中会产生枯草菌素、多黏菌素、制霉菌素、短杆菌肽等活性物质，这些物质对致病菌或内源性感染的条件致病菌有明显的抑制作用。双歧杆菌能产生抗菌物质 Bifidin，主要由苯丙氨酸和谷氨酸组成，能抑制腐生菌，使人体内的吲哚、酚氨、尸胺、亚硝胺素显著减少。

（3）调节免疫　人体免疫系统是抵御病原菌侵犯的最重要的保卫系统，这个系统由免疫器官、免疫细胞以及免疫分子组成。免疫系统分为固有免疫（又称非特异性免疫）和适应免疫（又称特异性免疫），其中适应免疫又分为体液免疫和细胞免疫。

有试验表明，与有菌动物相比，无菌动物肠道免疫系统发育会不完善，但予以益生菌后，免疫系统恢复正常。这说明益生菌会从多个角度对机体进行免疫调节。肠道菌群中的部分益生菌可以直接作用于宿主的免疫系统，诱发肠道免疫，并刺激胸腺、脾脏等免疫器官，促进巨噬细胞活性，通过增强 B 淋巴细胞、T 淋巴细胞对抗原刺激的反应性，发挥特异性免疫活性，从而增强机体的免疫功能。在益生菌的刺激下，机体免疫系统处于一种适度的活跃状态，以此对抗入侵体内的病原菌。

例如，以非致病性大肠杆菌喂养断奶的无菌仔猪 15d 后，大肠杆菌喂养组脾脏、肠系膜淋巴细胞和派尔集合淋巴结分泌的 IgM、IgG、IgA 淋巴细胞含量明显增加。此外，在健康婴儿食品中添加益生菌后婴儿粪便中分泌型 IgA 和抗脊髓灰质炎病毒 IgA 的含量明显增加。地衣芽孢杆菌也能促进动物肠道相关淋巴组织的活跃度，同时加快免疫器官发育。

5. 益生菌与胃肠道疾病

益生菌当然也可用于临床治疗或者用作辅助临床治疗的保健品。近年来，众多研究机构和国际团队都进行了密集的临床和流行病学试验，他们的研究结果发表在著名科学期刊上。益生菌对于不同的疾病的治疗潜力见表 12－4。

表 12－4　　在预防和治疗中可能用到的益生菌

病症	益　生　菌
儿童腹泻，主要是由轮状病毒导致的腹泻	*L. rhamnosus* GG *L. reuteri* *L. acidophilus* *L. casei* subsp. *rhamnosus*（*Lacidophilus*） *L. delbrueckii* subsp. *bulgaricus*（Yalacta） *S. thermophilus* + *B. bifidum* *B. bifidum* + *B. infantis* *S. boulardii* *S. boulardii*
难辨梭状芽孢杆菌腹泻，旅行者腹泻	*L. rhamnosus* GG *L. fermentum* KLD *L. acidophilus*（未详细说明菌株） *L. acidophilus* + *L. bulgaricus* *L. bulgaricus* + *B. bifidum* + *S. thermophilus* *S. boulardii*
细菌性腹泻	*L. rhamnosus* GG *L. acidophilus* *L. plantarum* *B. bifidum*
细菌性肠胃炎	*L. rhamnosus* GG *L. reuteri* *E. faecium* SF68 *S. boulardii*
炎症性肠病，例如结肠袋炎和克罗恩疾病	*L. rhamnosus* GG VSL#3（包括四种乳酸杆菌，三种双歧杆菌菌株和一种 *S. salivarius* subsp. *thermophilus*） *L. reuterii* *L. salivarius* UCC118

续表

病症	益　生　菌
炎症性肠病，例如结肠袋炎和克罗恩疾病	*B. longum infantis* UCC35624 *S. boulardii*
肠道应激综合征	*L. plantarum* 299V
高胆固醇血症	*L. acidophilus*（未详细说明菌株） *L. plantarum*
食物过敏症	*L. rhamnosus* GG *L. paracasei* F19 *B. lactis* Bb－12
乳糖不耐症	乳酸菌发酵剂
结肠癌	*L. acidophilus* *L. casei*Shirota *L. rhamnosus* GG *B. longum* *Propionibacterium* sp.
幽门螺杆菌感染和并发症	*L. acidophilus* La 1 *L. johnsonii* *L. gasseri* LG21 *L. reuterii* *L. salivarius* *L. casei* 双歧杆菌

二、有益于胃肠道的营养物

既然肠道菌群的平衡及益生菌的存在对身体有如此多的功效，自然而然人们会想到通过摄入含有大量活的益生菌的产品达到该目的。进而人们又想到，是否通过摄入某些能够刺激身体内有益菌群的营养物也能达到该目的呢？答案是肯定的。通过摄入一类营养物，可以选择性的刺激一种或少数种菌落中的细菌的生长与活性而对寄主产生有益的影响从而改善寄主健康。最重要的是它们只是刺激有益菌群的生长，而不是刺激有潜在致病性或腐败活性的有害细菌。这样的营养物被称为益生元（prebiotics）。

当然，广义上有益于胃肠道的营养物除调节肠道菌群的益生元外，能促进或调节胃肠消化过程的物质也可以归在这一类。它们多数是消化液中的主要成分，如盐酸和多种消化酶制剂等，可用于消化道分泌功能不足。也有一些物质能促进消化液的分泌，并增强消化酶的活性，以达到帮助消化的目的。这类物质范围广泛，有可能是黄酮、皂苷、多酚，甚至一些功能性的多肽。

1. 益生元的概念和来源

学者 Gibson 对益生元曾给出定义，是指那些“人体不消化或难消化的食物成分，这些成分可选择性地刺激少数几种结肠生理活性细菌的生长和活性，从而对宿主产生健康效应”。2004年，他对益生元的定义作了修正：“益生元是一种可被选择性发酵而专一性地改变肠道中于宿主健康和幸福有益的菌群组成和活性的配料”。根据定义，益生元需要满足以下标准。

① 它们在胃和小肠中不被消化酶消化；

② 它们可以刺激对机体有益菌群的生长，同时对肠道内微生物菌群的平衡有间接维护作用；

③ 它们的代谢物具有一定的功能效果，例如短链脂肪酸和有机酸能减少肠道内部的 pH；

④ 它们必须对人类健康无害。

定义同样指出摄入益生元的最终目的是为了改善寄主的健康，这一目的实现往往是靠肠道菌群作为一个整体发挥代谢功能。这通常是指碳水化合物发酵的提高和蛋白质降解与发酵的减少。碳水化合物的发酵一般产生无害或有益的终产物，然而蛋白质发酵则导致潜在的有害物质的生成，如硫化氢气体可以对肠产生不良作用。其他气体如氢气、二氧化碳和甲烷除可以产生胃胀气外无其他副作用。碳水化合物的代谢物短链脂肪酸和乳酸盐对肠菌落（降低 pH，使肠环境更酸性化）和肠细胞（需要短链脂肪酸作为能量物质）都有有益作用。乙醇可迅速地被其他肠细菌代谢到而对寄主（人体）无作用。支链脂肪酸、氨、胺、酚类和吲哚则刺激肠细胞，诱导有机体突变或是在高浓度情况下对免疫系统产生危害。所以益生元的概念应该包括增加有益菌或增加碳水化合物代谢两个方面。

益生元主要包括各种寡糖类物质，或称低聚糖（由 2 ~ 10 个分子单糖组成）。更概括的说法是功能性低聚糖。包括低聚异麦芽糖、低聚半乳糖、低聚果糖、低聚乳果糖、乳酮糖、大豆低聚糖、低聚木糖、帕拉金糖、耦合果糖、低聚龙胆糖等。益生元还包括某些多糖（抗性淀粉、云芝多糖、葡聚糖、胡萝卜中含氮多糖）、蛋白质及水解物（酪蛋白水解物、α - 乳清蛋白、乳铁蛋白等）、多元醇（木糖醇、甘露醇、山梨醇、乳糖醇等）和植物及中草药提取物。

但要证明一个物质是否为益生元，必须经过体外试验、动物试验和人体试验。体外试验是利用纯培养菌种或粪汁作接种物，在静置培养下对样品进行发酵试验，以观察能否被益生菌优先利用。体外试验也有一些更为优化和改良的方案，能够模拟胃肠道的各个部分，但也只是初步试验，不能反映出复杂肠道环境与菌群间的相互影响。动物试验一般是指用接种人类菌群的无菌鼠作饲养试验，然而由鼠类所得试验结果，仍不能代表人类肠道中的发酵变化，因此还必须由志愿者做有对照的人体试验，最后还需经过一段时间的安全应用试验，根据大量累积的数据再进行评估。

在欧洲只有低聚果糖、菊粉、低聚半乳糖被认为是完全符合益生元的，而其他功能性低聚糖在欧洲却因被认为人体试验资料还不够，只称其为准益生元。我国市场上最为常见并已实现工业规模化生产的低聚糖品种主要有低聚果糖、低聚半乳糖和低聚异麦芽糖。三者中低聚异麦芽糖在我国发展最早、产量最大、价格最低，双歧杆菌增殖效果不显著；低聚果糖双歧杆菌增殖效果明显，价格适中；低聚半乳糖对双歧杆菌和乳酸菌同时有增殖性，价格最高。而低聚异麦芽糖和低聚木糖仅拥有新食品原料的概念，同时从摄入量和功效角度考虑低聚果糖和低聚半乳糖都明显优于低聚异麦芽糖。目前低聚果糖和低聚半乳糖在我国目前应用最为广泛。几种主要益生元属性对比见表 12 - 5。

表 12-5　　几种益生元属性对比表

项目	低聚果糖	低聚异麦芽糖	低聚半乳糖	低聚木糖	菊粉
原料	菊芋、菊苣、蔗糖	淀粉	乳糖	桦木、玉米芯、秸秆	菊苣
批文	营养强化剂、食品配料	新食品原料	新食品原料、营养强化剂	新食品原料	
最低有效摄入量/(g/d)	3	10	2~2.5	0.7	
一般摄入量/(g/d)	5~8	>15	10	0.7~1.4	
最高有效摄入量/(g/d)	18	90	18	7.5	
甜度	30%~60%	45%~50%	20%~40%		10%
消化性	很难为人体吸收	低发酵型	难消化	难消化	
稳定性	较蔗糖稍逊	稳定但易着色	稳定，优于低聚果糖	很稳定但易着色	
有益细菌增殖	明显的增殖效果	较好，被乳糖杆菌利用较低，而且梭菌属利用其的几率较高	对双歧杆菌和乳酸菌同时有增殖性	有高选择性的增殖效果	同低聚果糖（统计学上）
有害细菌抑制	间接（有机酸）抑制沙门菌有害细菌的生长		促进有毒代谢物的排出		抑制病原菌生长

由于菊粉的原料菊苣原产于欧洲且种植广泛，因此欧洲国家应用最为广泛的为菊粉。通常商品化菊粉中果聚糖的平均聚合度（DP）为10~30，可抑制梭菌、沙门菌和肠埃希氏菌生长，同时强烈刺激了双歧杆菌的生长。几乎所有的植物中都可以发现菊粉的存在，它是除淀粉外植物的另一种能量储存的形式。除了菊苣，菊粉存在于洋蓟、洋葱、大蒜、韭葱、芦荟、番茄、麦芽、大麦和香蕉中。无论欧盟还是国际食品法典委员会，都认为菊粉和低聚果糖不是食品添加剂，而是一种食品配料，即是公认的、安全的可食用物质，可用于生产制备某种食品并在成品中出现。常见植物中菊粉含量见表12-6。

2. 益生元对机体的有益作用

如定义，益生元的生理功能主要是通过促进人体肠内有益细菌繁殖、优化菌群平衡来实现具有和益生菌一样的功能。益生元可以帮助机体在经过抗生素、感染、饮酒、压力或其他药物

表 12－6 常见植物中的菊粉含量 单位：%

植物名称	菊粉含量	植物名称	菊粉含量
小麦	1～4	菊苣	13～20
洋葱	2～6	婆罗门参	15～20
韭葱	10～15	菊芋	15～20
芦笋	10～15	大丽花块茎	15～20
大蒜	15～25	天冬	10～15

（非抗生素类）的干扰后，通过对机体肠道内某特定菌群的选择性刺激，恢复肠内菌群的平衡。这种刺激可能是直接促进益生菌的生长，也可能是促进一些细菌释放对其他细菌生长有益的物质。

不同的功能性低聚糖对肠道菌群的刺激能力是不同的，具体情况见表 12－5。用体外模式试验观察低聚果糖对肠道菌群的影响，得出低聚果糖可不同程度地促进所有肠道菌的生长，但只有双歧杆菌生长最快，而产气荚膜梭菌、大肠杆菌、粪肠球菌及拟杆菌等腐败细菌远不如用葡萄糖作碳源时好。用小鼠做试验，向饲料中加入低聚果糖，其粪便中双歧杆菌数量远比对照物高，当饲料中取消低聚果糖后粪便中双歧杆菌数量下降。人体试验也表明，各种难消化低聚糖可促进人体大肠中双歧杆菌的增殖，以低聚果糖为例，在 23 名老年病人（50～90 岁）日膳食中添加低聚果糖 15g，为期 2 周，每日收集粪便作细菌学试验。结果表明，食用低聚果糖后其大便中双歧杆菌比试验前增加了 10 倍，大便中双歧杆菌的检出率，由 87% 增加到 100%。粪便肠杆菌降低 1～2 个数量级，pH 下降 0.3 单位。

益生元经食用后直达大肠，在结肠中被有益的大肠菌群发酵作为能源而利用，并产生短链脂肪酸（SCFAs）。SCFAs 对机体的功效在益生菌生理作用机制部分已经详细描述过，这里不再赘述。

此外，由于益生元自身固有的代谢特性，其还具有膳食纤维的功能，如增加粪便持水性和容量，从而易于其排出；可吸附肠道中阴离子、胆汁酸而有效降低血脂和胆固醇；可同病原菌细胞结合，削弱病原菌对肠壁的吸附力，从而抑制其在肠壁上的定植与生长，起到预防感染作用等。膳食纤维会在下一部分详细阐述。

还有两个值得一提的功能是，功能性低聚糖很难或不被人体消化吸收，所提供的能量值很低或根本没有，故可在低能量食品中发挥作用；功能性低聚糖因为不是口腔微生物的合适作用底物，因此也不会引起牙齿龋变。

几种主要益生元的功能对比见表 12－7。值得注意的是，益生元的作用效果是因受试者的年龄、饮食、健康状况及其他因素而异。在一定范围内，改善肠道功能的效果随使用剂量增大而增加。长期食用益生元低聚糖，肠道菌适应后，会增强对益生元的分解，其最大无作用量会增加，停食后效果也会逐渐消失，与益生菌一样其调整肠道菌群的效果持久性不长，需经常不断食用。

表 12－7　益生元产品功能对比表

项目	低聚异麦芽糖	低聚果糖	低聚木糖	低聚半乳糖	菊粉
润肠通便	与膳食纤维相似	是一种膳食纤维	是	是	是
防龋齿		是	是	—	
防血糖		是		—	是
矿物质元素吸收		Ca、Mg、P	Ca	Ca、Mg	Ca、Mg

3．膳食纤维对机体的有益作用

膳食纤维（dietary fiber，DF）是一种特殊的营养素，其本质是碳水化合物中不能被人体消化酶所分解的多糖类物质。按在水中溶解与否可分为两个基本类型：水溶性纤维与非水溶性纤维。纤维素、半纤维素和木质素是3种常见的非水溶性纤维，存在于植物细胞壁中；而果胶和树胶等属于水溶性纤维，则存在于自然界的非纤维性物质中。膳食纤维是食物中非营养成分，但是对人体健康有益。膳食纤维和益生元在许多功能方面有异曲同工之妙，也可以复合在一起以获得更好的功能效果，尤其是一些水溶性膳食纤维，在一定的概念范围内和益生元有重叠和互补的益处。

1970年以前营养学中没有“膳食纤维”这个名词，而只有“粗纤维”。粗纤维曾被认为是对人体起不到营养作用的一种非营养成分。营养学家考虑的是粗纤维吃多了会影响人体对食物中的营养素，尤其是微量元素的吸收。然而通过近20年来的研究与调查，发现并认识到这种“非营养素”与人体健康密切相关，它在预防人体的某些疾病方面起着重要作用，同时也认识到“粗纤维”的概念已不适用，因而将粗纤维一词废弃，改为“膳食纤维”。膳食纤维概念发展历史见表12－8，更为详细的分类方法见表12－9。

表 12－8　膳食纤维概念的演化

提出者	提出年份	内　容
Hipsley	1953	首次提出“膳食纤维”，指纤维素、半纤维素和木质素等不被消化的植物细胞壁成分
Trowell 等	1972	人消化酶不能消化的植物细胞壁残余物
Englyst	1982	膳食纤维定义为非淀粉多糖
美国分析化学家协会（AOAC）	1995	膳食纤维是指能抗人体小肠消化吸收，在大肠内能部分或全部发酵的可食用的植物性成分、碳水化合物及其类似物的总和
美国谷物化学师协会（AACC）	2001	在人体小肠中不能消化和吸收，而在大肠中可以部分或全部发酵的可食用植物成分及类似糖类

续表

提出者	提出年份	内 容
国际食品法典委员会（CAC）	2009	膳食纤维是指具有10个或以上单体链节的碳水化合物（是否包括3~9个单体链节的碳水化合物由国家管理当局决定），不能被人体小肠内源酶水解，且属于以下范畴：天然存在于消费食物中的可食用的碳水化合物，由食物原料经物理、酶或化学法获得的碳水化合物，对健康表现出有益的生理作用的人造碳水化合物的聚合物 膳食纤维通常应具有以下特性： 降低通过时间和增加粪便量； 促进结肠发酵作用； 降低血总胆固醇和/或LDL-胆固醇水平； 降低餐后血糖和/或胰岛素水平
国际生命科学学会（ILSI）	2010	膳食纤维是指具有3个或以上单体链节的碳水化合物，不能够被人体小肠内源酶水解，且属于以下范畴：天然存在于消费食物中的可食用的碳水化合物，由食物原料经物理、酶或化学法获得的碳水化合物，对健康表现出有益的生理作用的人造碳水化合物的聚合物 膳食纤维通常应至少具有以下4个特性： 降低血总胆固醇和/或LDL-胆固醇水平； 降低餐后血糖和/或胰岛素水平； 增加粪便量和降低通过时间； 促进结肠发酵作用

表12-9 膳食纤维的分类

分类依据	分类	包括的种类
溶解性	水溶性膳食纤维	果胶、植物胶、半乳甘露聚糖、葡聚糖等
	不溶性膳食纤维	纤维素、半纤维素、壳聚糖、木质素、植物蜡等
来源	植物性来源膳食纤维	纤维素、半纤维素、木质素、甘露聚糖、果胶、阿拉伯胶等
	动物性来源膳食纤维	甲壳质、壳聚糖、胶原等
	微生物性来源膳食纤维	黄原胶等
	海藻多糖类膳食纤维	海藻酸盐、卡拉胶、琼脂等
	人工合成膳食纤维	羧甲基纤维素、甲基纤维素等
在大肠内的发酵程度	部分发酵类膳食纤维	纤维素、半纤维素、木质素、角质和植物蜡等
	完全发酵类膳食纤维	β-葡聚糖、果胶、瓜尔豆胶、阿拉伯胶、海藻胶等
植物体内的功能	结构性多糖类	纤维素、半纤维素及果胶等
	结构性非多糖类	木质素
	非结构性多糖类	树胶、胶浆等

膳食纤维对机体的有益作用是因为其独特的理化性质，而理化性质又是由其特殊的结构决定的。膳食纤维的化学结构是以糖苷键连接的聚合物，表面含有很多亲水基团，这些亲水基团使膳食纤维具有了水化性能，包括持水力、保水力和膨胀力；分子表面的活性基团可以吸附有机分子，如胆固醇、胆汁酸等；化学结构中的羧基、羟基和氨基等侧链基团，可与钙、锌、铜、铅等阳离子进行可逆交换，并优先交换铅等有害离子。由此影响整个消化道系统，在小肠中，膳食纤维可抑制胃肠道消化过程，增加饱腹感，还可吸附胆汁酸，促进胆固醇和胆汁酸排出；在结肠中，可发酵纤维作为益生元，增加益生菌如乳酸杆菌和双歧杆菌的数量，不溶性膳食纤维有效增加粪便体积，促使排便更加有规律。因此膳食纤维对人体的有益作用及机制体现如下。

（1）润肠通便　水溶性膳食纤维和益生元的润肠通便机制类似。一方面在肠道内呈溶液状态，有较好的持水力；另一方面易被肠道细菌酵解，产生短链脂肪酸，这些短链脂肪酸已经反复在本章节出现，它们能降低肠道内环境的 pH，刺激肠黏膜。水溶性膳食纤维被肠道菌群发酵后产生的终产物二氧化碳、氢气、甲烷等气体，也能刺激肠黏膜，促进肠蠕动，从而加快粪便的排出速率。

水不溶性膳食纤维则是自身具有较强的吸水力和溶胀性，且不易被消化道的酶消化或肠道内微生物酵解，可以形成较多的固体食物残渣，增加粪便的质量和体积，使粪便柔软，易于排出。粪便质量和体积的增大能机械性地刺激肠壁引起便意，使肠道蠕动加快，从而缩短食物残渣在肠内的通过时间，防止便秘的发生。

有关于膳食纤维能够润肠通便的临床研究非常多，大多数结果显示膳食纤维可显著降低患者腹泻和便秘的次数，改善患者肠道功能，安全性高，耐受性好。而且改善了便秘状况，间接地还会防治消化性溃疡病、胆囊疾病、憩室病和痔疮等。但也有个别报道，当便秘患者的膳食纤维摄入增加时，便秘反而会恶化。

（2）控制血糖血脂　膳食纤维摄入量与糖尿病发病率成负相关，摄入膳食纤维含量越高，患糖尿病几率越低。可能的机制包括：膳食纤维以长链聚合物形态包裹食糜，一方面减慢胃排空速率，延缓食糜进入十二指肠的过程，另一方面减少消化酶（如 α - 淀粉酶）与食糜接触的可能性，从而降低碳水化合物的水解速率；当膳食纤维到达小肠，也会提高小肠内容物黏度，并和葡萄糖结合，降低小肠内游离葡萄糖浓度；当人体摄入膳食纤维后，可提高肝脏中与糖分解代谢有关的酶活性，使肝细胞上胰岛素受体数目增多，进一步增加与胰岛素的结合能力等。

高血脂和高胆固醇是引起心血管疾病的重要原因。不同种类不同来源的膳食纤维降低血脂和胆固醇机制不尽相同。到目前为止，大体分为以下几个途径：① 膳食纤维具有吸附胆酸盐能力，并可促进其排出；② 膳食纤维在盲肠发酵产生短链脂肪酸，抑制胆固醇合成；③ 膳食纤维改变酶活性，影响脂代谢等。因此膳食纤维对预防冠状动脉硬化、高血脂等一系列心血管疾病有重要作用。

（3）降低肠癌风险　癌症的发生往往很难简单归因于一个因素，但膳食纤维的足量摄入能够对抗肠癌的发生已经是不争的事实。来自伦敦、利兹、荷兰的研究人员曾回顾了膳食纤维研究领域中过去的全部观察研究，分析了约 200 万人的数据。他们的研究结论发表在《英国医学杂志》（*British Medical Journal*，BMJ）上：增加纤维摄入，尤其是谷物纤维和全谷物，有助于预防结肠直肠癌症。

膳食纤维抗肠癌作用机制，除了润肠通便、产生短链脂肪酸以外，控制血脂、血糖在某种程度上也能起到调节机体对抗癌症的作用，更为细致地解释还包括减少次生胆汁酸的产生，胆汁中的胆酸和鹅胆酸可被细菌代谢为次生胆汁酸和脱氧胆酸，这两者都是致癌剂和致突变剂。膳食纤维束缚胆酸和次生胆汁酸，将其排出体外。此外，不溶性膳食纤维本身携带有其他生物活性物质，如植酸、阿魏酸等，它们对癌症的形成有抑制作用。

(4) 膳食纤维的其他功能 用以上同样的道理还可以解释膳食纤维的其他多种功能。例如针对肥胖：膳食纤维可增加饱腹感，减少食物的摄入量，从而控制体重；膳食纤维本身不能被人体所利用，从而避免了摄入过多的热量导致脂肪积累；膳食纤维还会影响可利用碳水化合物等成分在肠道内的消化吸收，不易产生饥饿感。

膳食纤维还可促进生长发育、提高人体免疫力、改善情绪、治疗阿尔茨海默症和提高记忆力等。当然，部分功效往往只是间接的，而且临床并未见到非常多的研究证据。但不可否认的是，肠道健康了，机体的整体健康水平就会大幅提高。

4. 能促进胃肠道消化的酶制剂

消化不良根据病因的不同，一般分为机械性消化不良和化学性消化不良。前者主要是由于胃肠动力障碍引起的，而化学性消化不良是指胆汁缺乏或消化酶分泌不足而引起的以腹胀为主，伴有食欲不振，腹部不适，早饱嗳气，脂肪泻等症状。研究证明，益生菌发挥缓解消化不良症状的一部分原因在于促进了胃肠道的消化酶的分泌。当然，更为直接的做法是口服充足的消化酶或促消化药物。简单介绍如下。

① 胃蛋白酶制剂：胃蛋白酶为一种消化酶，常用于摄食蛋白性食物后，缺乏胃蛋白酶的消化不良，病后恢复期的消化功能减退，以及食欲不振与慢性萎缩性胃炎等，但它必须在酸性条件下才能发挥作用，故常与盐酸合用。

② 胰酶制剂：胰酶含有多种消化酶，如胰蛋白酶、胰淀粉酶及胰脂肪酶等，主要用于食欲不振及胰脏病、糖尿病引起的消化不良。

③ 强力胰酶制剂：强力胰酶含有胰酶与胆汁浸膏成分，可使紊乱的消化功能正常化，令消化道内的脂肪、蛋白质和碳水化合物得以顺利消化，故适用于治疗急慢性肝病、胃酸缺乏、感染性疾病和手术恢复期等。

④ 酶混合制剂：胰淀双酶片为肠溶片，含有淀粉酶与胰酶成分，适用于治疗缺乏淀粉酶与胰酶引起的消化不良、食欲不振及肝、胰腺疾病引起的消化功能障碍等症；复方淀粉酶粉，含有淀粉酶与胰酶、乳酶成分，适用于治疗消化不良、小儿积食、肠内发酵、腹胀、便秘及小儿发育不良等；多酶片含有胃蛋白酶与胰蛋白酶、胰淀粉酶、胰脂肪酶等成分，适用于治疗消化不良、慢性萎缩性胃炎与病后胃功能减退及饮食过饱、异常发酵，尤其是老年人胃肠胀气等症。

5. 能促进胃肠功能的维生素

维生素的主要作用是参与机体代谢的调节，在胃肠道消化功能方面，也起到部分调节做用。

B 族维生素中几乎每个成员对人体的消化和代谢都有着非同一般的作用，尤其是维生素 B_1、烟酸、泛酸和维生素 B_{12} 对于维持肠胃功能的正常运作有着很大的影响。维生素 B_1 是人体能量代谢的重要辅酶，对于胃酸的产生、肠胃的蠕动有很大的帮助，维生素 B_1 不足时，会影响肠胃消化系统的正常运作，以致造成食欲不振、消化障碍、体重减轻、呕吐、便秘等症状，严重的时候会导致肠黏膜发炎、溃疡。烟酸的生理功能之一是维持消化系统的健康，缺乏时会有腹泻、呕吐、胃酸缺乏造成的胃肠道问题等。缺乏泛酸的时候会导致消化不良、食欲不振，甚至容易罹患十二指肠溃疡。维生素 B_{12} 是形成 B_2 辅酶和甲基辅酶的重要元素，对胃肠道具有重要的功能，摄取不足的时候会造成胃肠道功能障碍，导致食欲不振、体重下降。其他的 B 族维生素成员则具有辅助上述维生素的作用，必须一起摄取。

对于患有肠、胃溃疡的人，还需要维生素 A 和维生素 C 的帮助，维生素 A 能保护并修复黏膜组织，维生素 C 则能帮助伤口愈合。

第二节 具有调节胃肠道、促进消化及通便功能的保健食品的开发

一、调节胃肠道保健食品的开发步骤

“保健（功能）食品”一词是指能提供生存所需之外的健康效益的食品。目前食品和营养科学已经从识别并纠正营养缺陷发展到设计保健食品来促进机体达到最佳健康状态并减低疾病风险的阶段。保健食品的推广能大大降低各国医疗费用的支出，减少病人痛苦，利国利民。

第三代调节胃肠道保健食品同其他功能的保健食品一样，要求功能因子清楚、结构明确、含量确定，这就要求开发必须遵循一定的科学步骤。美国食品技术协会（IFT）组织了世界上保健（功能）食品研究专家总结出了保健食品开发的科学步骤，这一步骤对于胃肠道保健食品同样适用。

1. 确定食物成分和健康效益之间的关系

确定营养物质和胃肠道健康之间的关系必须建立在科学理论基础上。第一节已经较为详细和系统地阐述了益生菌、益生元及其他活性物质，和胃肠道乃至机体之间健康效益的潜在关系。一旦确定了两者之间的关系，还应当选择适当的试验材料进行系统而深入的机制研究。

2. 论证食物成分的功效并确定达到理想功效的必需摄入量

首先，要知道调节胃肠道类保健食品中功效成分结构并确定定量检测该成分的方法。如果是菌种，要对菌种的种属等进行详细鉴定，并对安全性进行评价。其次，评价整个保健食品配方中活性成分的稳定性和生物利用率。活性成分的稳定性和生物利用率取决于该成分的理化状态、食品配方中其他成分的影响、食品加工过程及环境因素的影响。这点对于益生菌产品尤其重要，“活”菌数是表明一个产品质量好坏的标准之一。最后，进行功效试验。功效试验必须通过适当的生物学终点和生物标记物来评价，某些情况下，研究者能直接测定生物学终点和生物学效应，然而，很多情况下必须选择合适的生物标记物来间接评价功效。

3. 论证必需摄入量下功效成分对人体的安全性

安全性评估必须灵活考虑消费者对功效成分反应的多个相关因素，包括遗传、年龄、性别、营养状况及生活方式。功效成分的性状及人群对该成分的敏感性也应该被考虑。例如，为孕妇设计的功能食品应该进行生殖功能评估。益生菌的安全性问题将会在本节的最后进行阐述。

4. 开发功效成分的合适食品载体

目前国内大多数功能食品的产品形态都是药物形态，如胶囊、片剂和口服液，而国外已开始注重产品的食品属性。食品载体的选择依赖于其可接受性、稳定性、载体中活性物质的生物利用率以及目标人群的消费和生活习惯。例如在益生菌的生产中，微胶囊技术往往是高活菌数

的保证。而且微胶囊技术益生菌被成功添加到谷物类和乳类食品中。食品载体应该能提供一个稳定的环境使活性成分保持理想的生物利用率。

5. 论证功效和安全性评价的试验证据是充分科学的

为保证功效和安全性评价的试验证据是充分科学的，应该由具有一定专业技能的独立专家团来进行评价。建立一个独立的专家团来进行公认有效性（GRAE）评估将增强公众信心，同时也能节省政府开支。专家团的多学科性将提供内容广泛的数据，保证结论是科学的且与消费者习惯相关。

6. 将产品功效传递给消费者

如果消费者不知道益生菌或者益生元食品的功效，那么很少有人会购买并从中受益，而且食品工业就没有动力开发新型胃肠道保健食品。要将产品功效传递给消费者，必须建立保健食品特性和消费这些食品后的健康结果两者之间的关系。功能食品的功效必须完全地、清楚地和及时地传递给消费者。食品标签上的健康声称是对消费者进行膳食成分保健功效教育的良好载体。媒体在传递学科研究进展和培养消费者关注新功能食品成分方面起重要作用。

7. 产品上市后的监督以进一步确定功效和安全性

“上市后监督”（IMS）是指某种保健食品推向市场后收集该保健食品实际功效信息的过程。IMS 计划目标包括两个重要任务：监视已经达到的摄入量和评价活性成分的实际功效。但该计划需要借助大型的数据库或者临床试验，这些试验是困难、费时和费钱的，尽管这些试验是有用的，但是进行这样的长期试验所遇到的实际困难往往使得其几乎不可能完成。

鉴于以上，具有调节胃肠道、促进消化及通便功能的保健食品的开发是严谨而科学的，每一步都详细而有意义。

二、益生菌菌株的筛选

虽然目前益生菌的多种益生性能已经被大家所认可，但是益生菌制品却没有得到充分的开发。这主要是因为益生菌的保藏不易，更重要的是益生菌的种类繁多。筛选出动物体内的不同益生菌，研究益生菌的生理生化特性，进行安全性鉴定是近年来微生物研究中重要的组成部分。

除了一些严格的筛选标准，为了筛选出有突出功效的益生菌，还必须注意到以下一些问题。

（1）为了让摄入的益生菌菌株在胃肠道内维持一个更长的时间，需要考虑到益生菌在肠道微生态系统中的竞争能力。还需要考虑到它的生存、生长以及代谢的能力，尤其是在结肠中。这个能力也关系到益生菌生成抗菌物质的能力。

（2）在保健品通过消化道的过程中，有很多因素会使得其中的菌株被破坏，例如胃酸中的低 pH，结肠中的高 pH，消化酶的存在以及与强乳化剂（胆盐）的接触。因此，筛选益生菌最基本的标准包括如何对抗低 pH、含有消化酶以及胆盐的环境。

（3）益生菌在肠道上皮细胞上的黏附性也必须要考虑，较强的黏附性可以延长菌株停留在消化道的时间，并能定植存活。

（4）应该对典型病原菌有拮抗作用，如幽门螺杆菌、沙门杆菌、单核细胞增生李斯特菌、金黄色葡萄球菌、大肠杆菌等。

关于益生菌菌株的筛选评估过程有两份比较权威的参考文件，一是联合国粮食及农业组织/世界卫生组织（FAO/WHO）在 2001 年 10 月阿根廷科尔多瓦联合专家会中形成的报告——

《对人体健康和益生菌在食物内（包括含有活性乳酸菌的乳粉）的营养属性的评估》。另一份是FAO/WHO于2002年在加拿大安大略省伦敦市的会议中起草的《草拟食品益生菌评价指南》。具体评价流程如图12－1所示。

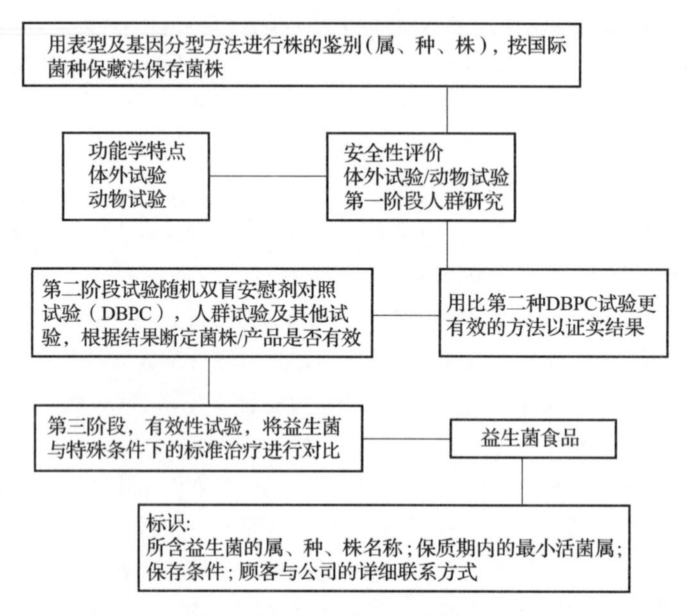

图12－1　食用益生菌评价指南

指南中尤其提出益生菌存在的可能危害包括：① 益生菌进入血液引起的人体全身性感染（菌血症和感染性心内膜炎）；② 益生菌产生有害的代谢活性产物对人体产生的不良反应；③ 食用益生菌制剂后对敏感个体的免疫刺激作用；④ 益生菌菌种在长期使用后，所携带耐药基因的转移。但临床试验表明，由益生菌引起的菌血症，产生的有害代谢活性产物和个体免疫刺激作用发生率非常低。所以目前益生菌的安全性问题主要集中在由益生菌所携带耐药基因转移引起的耐药性问题。中国的益生菌评审机构目前尚未对益生菌耐药性做出明确的规定。

根据该筛选过程，我国卫生部颁布了《可用于食品的菌种名单》（2010修订版），见表12－10，名单以外的新菌种按照《新食品原料安全性审查管理办法》执行，批准为可用于婴幼儿食品的新资源食品（现称新食品原料）的菌种见表12－11。

传统上用于食品生产加工的菌种允许继续使用。名单以外的、新菌种按照《新食品原料安全性审查管理办法》执行。

在保健食品方面，卫生部印发了《真菌类保健食品评审规定》和《益生菌类保健食品评审规定》。允许用于保健食品的益生菌名单见表12－12。

表12－10　允许用于食品的益生菌名单

序号	名称	拉丁学名
一	双歧杆菌属	*Bifidobacterium*
1	青春双歧杆菌	*Bifidobacterium adolescentis*
2	动物双歧杆菌（乳双歧杆菌）	*Bifidobacterium animalis* （*Bifidobacterium lactis*）

续表

序号	名称	拉丁学名
3	两歧双歧杆菌	*Bifidobacterium bifidum*
4	短双歧杆菌	*Bifidobacterium breve*
5	婴儿双歧杆菌	*Bifidobacterium infantis*
6	长双歧杆菌	*Bifidobacterium longum*
二	乳杆菌属	*Lactobacillus*
1	嗜酸乳杆菌	*Lactobacillus acidophilus*
2	干酪乳杆菌	*Lactobacillus casei*
3	卷曲乳杆菌	*Lactobacillus crispatus*
4	德氏乳杆菌保加利亚亚种（保加利亚乳杆菌）	*Lactobacillus delbrueckii* subsp. *bulgaricus* (*Lactobacillus bulgaricus*)
5	德氏乳杆菌乳亚种	*Lactobacillus delbrueckii* subsp. *lactis*
6	发酵乳杆菌	*Lactobacillus fermentium*
7	格氏乳杆菌	*Lactobacillus gasseri*
8	瑞士乳杆菌	*Lactobacillus helveticus*
9	约氏乳杆菌	*Lactobacillus johnsonii*
10	副干酪乳杆菌	*Lactobacillus paracasei*
11	植物乳杆菌	*Lactobacillus plantarum*
12	罗伊氏乳杆菌	*Lactobacillus reuteri*
13	鼠李糖乳杆菌	*Lactobacillus rhamnosus*
14	唾液乳杆菌	*Lactobacillus salivarius*
三	链球菌属	*Streptococcus*
	嗜热链球菌	*Streptococcus thermophilus*

注：可用于婴幼儿食品的菌种按现行规定执行，名单另行制定。

表 12-11　批准为可用于婴幼儿食品的新资源食品的菌种（2007 年 12 月 1 日前）

菌种名称	拉丁学名	菌株号
鼠李糖乳杆菌	*Lactobacillus rhamnosus*	LGG HN001
动物双歧杆菌	*Lactobacillus animalis*	Bb-12 HN019
乳双歧杆菌	*Bifidobaterium lactis*	Bi-07
嗜酸乳杆菌*	*Lactobacillus acidophilus*	NCFM
罗伊氏乳杆菌	*Lactobacillus reuteri*	DSM17938

*仅限用于1岁以上幼儿的食品。

表 12－12　我国可用于生产保健食品的益生菌

菌种名称	拉丁学名
青春双歧杆菌	*Bifidobacterium adolescents*
两歧双歧杆菌	*Bifidobacterium bifidus*
短双歧杆菌	*Bifidobacterium breve*
婴儿双歧杆菌	*Bifidobacterium infantis*
长双歧杆菌	*Bifidobacterium longum*
嗜酸乳杆菌	*Lactobacillus acidophilus*
干酪乳杆菌干酪亚种	*Lactobacillus casei* subsp. *casei*
德氏乳杆菌保加利亚亚种	*Lactobacillus delbrueckii* subsp. *bulgaricus*
罗伊氏乳杆菌	*Lactobacillus reuteri*
嗜热链球菌	*Streptococcus thermophilus*

三、益生菌类保健食品的开发

1. 益生菌制品概况

国外的益生菌制品历史悠久、形式多样。德国早在 20 世纪 40 年代将双歧杆菌制剂用于婴儿消化道疾病的防治。日本在 20 世纪 60 年代开始使用益生菌，并较早形成了产业规模。日本第一个双歧制品是由森永乳业公司于 1971 年开发，现今已成为世界上最大的双歧杆菌制品生产国，约有 70 个品种，其中 50 多种是乳制品，包括酸乳、乳饮料、干酪、乳粉、酪乳、酸性稀奶油等。美国从 20 世纪 70 年代也开始有益生菌上市，主要用于胃肠道功能的调理、预防腹泻、提高人和动物的健康水平。在法国、美国、印度、英国等国家双歧杆菌制品生产的增长都很快。我国益生菌及其制品的研究开发始于 20 世纪 80 年代，目前益生菌保健品消费额每年近百亿元，并呈逐年上升的趋势。生产益生菌保健品的企业约百家。添加了益生菌的部分知名保健食品见表 12－13。

表 12－13　添加益生菌的知名功能性食品

国家或地区	品牌	添加益生菌的种类及描述
法国	雀巢 LC－1 益生菌优酪乳	LC－1 益生菌优酪乳中添加 LC－1 益生菌，目前雀巢已利用 LC－1 益生菌制成各种食品（包括宠物食品）
德国	Pre 品牌益生菌强化水	Pre 益生菌营养强化水的含有益生菌的益生元的强化饮料，具有增殖肠道有益菌，维持消化系统健康的功能
美国	Fruits Forest 益生菌乳酸乳	Fruits Forest 益生菌乳酸乳中添加了果汁和益生菌，具有增强消化、防止便秘和腹泻作用
日本	株式会社 Yakult 益生菌乳饮料	Yakult 益生菌乳饮料中特别添加了活性乳酸菌，主要原料：水、白砂糖、脱脂乳粉、葡萄糖、食品添加剂（柠檬油、酸橙油）、活性乳酸菌

续表

国家或地区	品牌	添加益生菌的种类及描述
中国	蒙牛冠益乳酸乳	含有 4 种益生菌：BB－12 双歧杆菌、保加利亚乳杆菌、嗜热链球菌、嗜酸乳杆菌。冠益乳酸牛乳获批的《保健食品审批证书》中表明功能为：调节肠道菌群、增强免疫力
	伊利畅轻益生菌酸乳	畅轻益生菌酸牛乳是酸奶发酵菌的基础上添加复合益生菌 PRO－ABB 组合而制成的酸牛乳产品，PRO－ABBTM 益生菌组合包含嗜酸乳杆菌、乳双歧杆菌和长双歧杆菌三种益生菌
	光明健能 AB100 益生菌优酪乳	产品中特别添加了具有一定生理功能的嗜酸乳杆菌和双歧杆菌，这两种益生菌具有一定的耐酸及耐胆汁能力，能顺利克服人体内残酷的胃肠道环境而定居在肠道内。光明键能 AB100 益生菌酸乳是我国第一个获得提高免疫力功能的“健”字号酸乳

一般认为，酸乳是益生菌的最佳食物载体。其主要原因是发酵食品特别是发酵乳制品本身就有很好的健康功效，而且消费者对其接受度很高。以益生菌作为发酵菌种可将发酵功能与健康功效结合。此外，发酵乳制品本身的加工工艺就能保持最大发酵菌活菌数。在欧洲，其中一种最流行的益生菌产品是由雀巢公司生产的益生菌酸乳。它包含菌种 *L. johnsonii* La1（NCC533），声称可以强烈刺激免疫系统。另一个关于益生菌产品的著名例子是由达能公司生产的 Actimel，它包含活的菌种 *L. casei* DN 114000。

干酪也可作为益生菌的载体，因其既有发酵剂作用又兼具对人体独特的生理功能。蛋白质、脂肪水解是干酪成熟过程中最重要的变化之一，发酵剂和非发酵剂乳酸菌构成了干酪主要菌。例如，嗜热菌 *L. bulgaricus* 和 *S. thermophilus* 是硬质意大利和瑞士干酪的常用菌，嗜温菌 *L. casei* 和 *L. plantarum* 是多种干酪成熟的主要非发酵剂。

除了乳制品产品，益生菌也用于非乳制品产品，如压块干粮、面包、饼干、曲奇、巧克力、糖果、汤粉和果蔬燕麦片。在该类产品中，要求很仔细地挑选菌种以适应产品低水分活度、高氧环境和较高的室温。此外，含益生菌的果蔬汁也非常流行。如应用 *L. plantarum* 发酵的含燕麦蔷薇果饮料，其摄入能降低人粪便中短链脂肪酸的含量，同时对粪便和微生物产生影响。

2. 益生菌加工的一般要求

在正常成人消化系统中平均各处的活菌数为 $10^5 \sim 10^6$ CFU/g（colony forming unit/gram，每克形成菌落单位，通常为活菌的计数单位）。研究表明，摄入的益生菌产品活菌数最好是超过其接触环境菌数十倍才有排挤效果，才能达到争夺去除过剩营养物的目的。而且，要发挥代谢产物功能和免疫效果则最少应有周边菌数的 10%。

所以针对一般饮食习惯估算，饮食平均为 600g 左右时，餐前摄食益生菌活菌数总量就应该至少为 6×10^8 CFU，最好为 6×10^9 CFU，以达到每克含菌 1×10^6 CFU 的基本要求。如果益生菌产品实际摄食后少于 10^5 CFU /g，几乎可以断言其效果不佳。理想的益生菌产品技术指标应该为：活菌含量在常温状态储存 12 个月后还能保持每克 1×10^9 CFU 以上；能通过胃肠的不利环境，如耐酸、不易被胆汁消化等，于大肠中发挥双歧杆菌之功效；有足够寡糖或其他助生素供其繁殖。这就要求有较高的加工技术来保证产品中益生菌的活菌数量。

商业规模的即用型益生菌制剂通常是以干燥的固体粉末的形式被应用到食品中。固体粉末的细胞密度一般大于 10^{10} CFU /g。这是因为许多益生菌菌株在食物中的生长速度很缓慢，尤其是双歧杆菌，它要求特殊的媒介和厌氧的环境。为了让它们在食品中充分发挥益生菌的功能，益生菌被制备成一种高浓缩的形式——直投式乳酸菌发酵剂（directed vat set，DVS）。由于直投式乳酸菌发酵剂的活力强、类型多，生产厂家可以根据需要任意选择，省去了菌种车间，减少了工作人员、投资和空间，并简化了生产工艺。直投式乳酸菌发酵剂的产品质量均一，可以预先测定其活性，接种量可精确控制，而且容易混合均匀，因此产品的质量也得到了保证。

3. 益生菌制备基本步骤

益生菌制剂的制备技术和发酵剂的制备技术完全相同，都由以下几个基本步骤组成。

（1）培养基和培养液的配制。

（2）在生物反应器中的培养。

（3）菌体细胞和培养基的隔离。

（4）菌体的浓缩。

（5）产品的包装及储藏。

以上培养步骤在很多微生物学的书籍中都有详细的描述，本章不再详述。值得注意的是，由于反应器和机体是完全不同的环境，尤其是培养基和气体组成成分的不同，这些步骤中益生菌可能会产生应激反应。所以商业化规模培养需要抗性菌株，这些抗性菌株需要有充足的生存能力、稳定的代谢途径和基因稳定性。

4. 浓缩技术

菌体的浓缩技术一般指喷雾干燥技术和冷冻干燥技术。喷雾干燥是食品工业应用悠久、广泛，是成本极为廉价的一种固定化方法。将被干燥的菌液经雾化器作用，喷成非常细微的雾滴，并依靠干燥介质（热空气、冷空气、烟道气或惰性气体）与雾滴均匀混合，进行热交换和质交换，使得溶剂气化或使得熔融物固化。

喷雾干燥技术的关键是工艺参数，如培养基的选择、不同保护剂的添加、不同出口温度的存活率等。有人研究得出益生菌 *L. rhamnosus* GG 在出口温度为 80℃时，以脱脂乳为载体喷雾获得 60% 的存活率。除脱脂乳外，可能被应用来保护菌体的保护剂有脱脂牛乳、可溶性纤维、树胶粉、颗粒淀粉、核糖醇、海藻糖，或这些物质的混合。然而，许多学者曾强调保护剂的使用会导致细胞死亡，原因是渗透压过高导致细胞质成分压缩。

冷冻干燥技术将湿物料或溶液在较低的温度（－50～－10℃）下冻结成固态，然后在真空（1.3～13Pa）下使其中的水分不经液态直接升华成气态，最终使物料脱水的干燥技术。物料的干燥在冻结状态下完成，与其他干燥方法相比，物料的物理结构和分子结构变化极小，其组织结构和外观形态被较好地保存，并具有优异的复水性，可在短时间内恢复干燥前的状态。由于干燥过程是在很低的温度下进行，而且基本隔绝了空气，因此有效地抑制了热敏性物质发生生物、化学或物理变化，并较好地保存了原料中的活性物质。因此，冷冻干燥技术是目前最好的保藏菌种方法之一，广泛用于益生菌制剂冻干粉和益生菌保藏菌种等方面。该技术下细胞浓度可达到 10^{11} CFU/g。

但细胞在冻干过程中要经受冷冻和干燥两种激烈因素的作用，导致细胞膜物理条件或敏感蛋白结构的变化，细胞活力还是会下降。所以，加工过程中往往加入适当冻干保护剂，如甘油、聚乙二醇、氨基酸、糖类保护剂，不仅提高乳酸菌在冻干过程中的细胞存活率，还能提高保藏期间的细胞稳定性。与气流干燥、喷雾干燥等其他干燥技术相比，真空冷冻干燥设备投资大，能源消耗及益生菌生产成本较高，因此该技术多运用于益生菌的保藏菌种和制作冻干粉。

5. 包埋技术

在所有的加工技术中最值得一提的是包埋技术，即给益生菌包裹“保护衣”以抵御外界环境的侵害。益生菌的包埋技术包括以下两种：巨包埋技术、微胶囊包埋技术。巨包埋技术一般是利用硬胶囊包裹，将益生菌填装于空心硬质胶囊中或密封于弹性软质胶囊中而制成的固体制剂，空心硬质胶囊壳材料（即囊材）主要是明胶、甘油、水以及其他的药用材料。能保护益生菌通过胃部，但是不易溶解，而且应用范围窄，只能用在胶囊型商品上，同时不耐久存。

微胶囊包埋技术作为保护益生菌免受外界环境侵害的最有效方法，已成为国内外的研究热点。所谓微胶囊技术就是利用天然的或者合成的高分子包囊材料，将固体的、液体的、甚至是气体的微小囊核物质包覆形成直径在 1 ~ 5000μm（通常是在 5 ~ 400μm）的一种具有半透性或密封囊膜的微型胶囊技术。

包埋技术的优势在于形成微胶囊时，芯材被壁材包覆而与外界环境隔离，它的性质能较好地保留下来，在适当的条件下，壁材被破坏时又能将囊芯释放出来。这给使用带来许多方便。

（1）将益生菌通过微胶囊化转变成一种稳定的细粉颗粒，改变微生态制剂产品的形态，这种微胶囊产品具有良好的流动性和分散性，很容易与其他饲料混合均匀，便于运输、储存和添加使用。

（2）微生态制剂产品的耐酸性和热稳定性较差，但将其制成微胶囊产品后，由于微胶囊的保护，能够有效地防止菌体失活，提高微生态制剂产品的稳定性，采用肠溶性壁材后，还能防止胃液的破坏，而使尽可能多的菌体到达肠道，真正起到保健和治疗的作用。

（3）可将配伍禁忌的各种成分在同一产品中隔开。

（4）使不溶于水的物质能均匀地分散在水溶性介质中。

因此，微胶囊化有望提高益生菌在生产、储存和消费过程中的稳定性，生产出耐储存、耐高温、耐高压且耐酸性的微生态制剂。

用于包裹和制作微胶囊所需的材料称为壁材，是决定微胶囊性能的关键因素之一。对壁材的要求主要有：无毒、免疫原性低、生物相容性好、可降解且产物无毒无不良反应。目前报道研究中使用较多的壁材主要有天然材料、半合成材料和高分子材料三大类。按其性质主要分为：碳水化合物类，如淀粉、海藻酸盐、壳聚糖、β - 环糊精、纤维素、邻苯二甲酸醋酸纤维素（CAP）；亲水胶体类，如阿拉伯胶、κ - 卡拉胶、凝胶糖和黄原胶；蛋白质类，如乳清蛋白、明胶。针对工业生产肠溶益生菌菌粉来说，除考虑醋酸丙酸纤维素（CAP）等纤维素类，还可以考虑丙烯酸树脂类，因为微胶囊的粒径将影响菌粉的口感品质，益生菌的大小一般为 1 ~ 4μm，只有当包埋它的微胶囊粒径小于 10μm 时，对菌粉的口感才不会有影响。这两类是常用的肠溶薄膜包衣材料，但由于制备工艺或是取代基的含量不同，所以产生了不同的型号、不同的种类，并且导致了它们之间理化性质的差异，像在不同介质中的溶解度、化学稳定性、成膜性等均会有一定的不同。在实际生产中，可根据需求和其他包衣材料混合使用。

包埋微胶囊化的方法有很多种，根据其原理主要可分为物理法、物理化学法和化学法三种。化学法包括：界面聚合法、原位聚合法、分子包接法、辐射化学法和锐孔法（聚合物的快速沉淀法）；物理化学法包括：单凝聚法、复凝聚法、油相分离法、囊芯交换法、粉末床法、熔化分散与冷凝法及复相乳液法；物理法包括：喷雾干燥法、喷雾冷却法、空气悬浮法、挤压法、锅包衣法、静电结合法、真空蒸发沉淀法和旋转分离法。对于不同的产品形态，微胶囊化方法是根据产品形态选择的。例如，发酵乳制品中益生菌的微胶囊制备过程要温和、快速，不损伤细胞，尽可能在流动状态和生理条件下制备；微胶囊化所用的试剂和膜材必须是食品级的，对细胞和人体无毒害作用；微胶囊要有足够的机械强度以抵抗培养过程中的搅拌，不破裂；要有高的生产能力，并能生成均匀、最佳尺寸的微胶囊化细胞颗粒。所以目前用得最多的是挤压法和乳化法。

包埋提升了益生菌在货架期的存活率，并提高摄入后通过消化道的存活率。同时也扩大了益生菌的应用范围，如：牛乳巧克力、牛乳什锦早餐、零食、巧克力中的葡萄干－双歧杆菌涂层。

6. 其他技术

增香：作为一款保健食品，产品的感官特性是生产者和消费者关注的重点。高品质的益生菌保健品应该将功效和感官的吸引性相结合。通常，发酵的乳制品饮料和添加的益生菌会使产品味道变淡，香气也会减弱。因此，增味和增香的添加剂经常用于这类产品。

运输及储存：大部分益生菌要求低温下运输和储存，只有干燥的制剂可以承受室温。

菌株配伍使用：乳酸杆菌和双歧杆菌配合使用能够增加其效果。严格厌氧的菌株与非严格厌氧菌株进行共培养，可以提高厌氧菌的产量和存活率，利于各菌株发挥效用。

提高成品中乳酸菌的数量：添加微量元素（Fe、Cu、Zn、Se、Mo 等），菌体生长需要的氨基酸（Arg、Tyr、Pro、Phe 等）和 B 族维生素等物质于培养基中，可促进菌株生长及延长其在成品中的存活时间。

利用合适的载体，使益生菌菌株成功到达预期位置发生作用：已验证酸乳就是乳酸杆菌和双歧杆菌的有效载体，使其进入肠道的过程中存活率提高。

维生素与酶制剂、有机肽、多肽、中草药等物质的复合使用：有学者研究，阿胶、五味子、刺五加、枸杞等中草药对双歧杆菌具一定的促生长作用。从药用及药食兼用的植物中筛选双歧因子、开发双歧因子资源，开发具有中国特色的微生态保健食品，具有一定的价值。

四、益生元类保健食品的开发

1. 益生元制品概况

前面已经讲过，益生元的种类很多，有低聚糖、多糖、植物中草药提取物、蛋白质水解物及多元醇等。大量生产形成商品化的益生元主要是一些有双歧因子功能的低聚糖。益生元在各类食品中已被广泛应用，如酸乳、乳饮料、果汁饮料、焙烤食品、谷物早餐、婴儿食品等。消费者对其认知度虽不如益生菌高，但随着益生元促进肠道健康的功能已获得越来越多的科学数据支持，益生元的市场正在呈现良好的增长趋势。

国际上功能性低聚糖，以日本开发得较早，品种也最多，大部分用酶法合成，天然提取物居少数。低聚果糖 1983 年进入市场、低聚异麦芽糖 1985 年进入市场、低聚半乳糖 1988 年进入市场。近年又有海藻糖、黑曲霉低聚糖相继上市。目前，日本市场上功能性低聚糖主要有低聚异麦芽糖、低聚半乳糖、低聚果糖、低聚木糖、低聚乳果糖、乳酮糖、大豆低聚糖、棉子糖、黑曲霉低聚糖等十多个品种，年产 3 万～4 万吨，年销售额 130 亿日元。在所有的保健食品中，功能性低聚糖制取的调整肠道功能的产品共 61 种，占全部品种数量的第一位。

欧洲国家如比利时、法国、荷兰，也有多年开发低聚糖的历史，主要品种有低聚果糖和低聚半乳糖。低聚果糖生产原料和日本不同，用植物原料菊苣提取菊粉（是一种较高聚合度的果聚糖，平均聚合度为 7～60，主要为可溶性膳食纤维），然后酶法降解为低聚果糖。用蔗糖酶法合成的产量很少。欧洲开发低聚糖，主要利用其不消化性，作为脂肪代替品以及膳食纤维用于低热量食品。

我国低聚糖的研究，始于20世纪80年代。但形成工业规模和商品化，则到“九五”期间。淀粉酶法生产低聚异麦芽糖，1995年由无锡糖果厂完成了工业性试制。1996年，由中科院微生物所和山东保龄宝合作，在山东禹城建成年产2000t的专业低聚异麦芽糖工厂。蔗糖酶法生产低聚果糖生产企业，1997年由无锡江南大学和云南天元合作，于昆明第一家投产。至今各种低聚糖年生产能力为5万t，实际年产2万~3万t。主要品种有低聚异麦芽糖、低聚果糖、低聚木糖、低聚甘露糖、大豆低聚糖、壳聚糖、水苏糖等。大部分用酶法合成，天然提取物居少数，但实际年产以万吨计的企业，生产的是低聚异麦芽糖，年产以千吨计的为低聚果糖，其他品种的年产量很有限。目前，功能性低聚糖已在国内各种饮料、食品中作为配料广泛使用。在保健食品中，我国卫生部批准的改善肠道润肠通便功能的保健食品中，使用的低聚糖有低聚果糖、低聚异麦芽糖、低聚甘露糖、大豆低聚糖等；免疫调节的保健食品有壳聚糖。

益生元通常性质稳定，甜度也比蔗糖低，并且在食物中很稳定，难以察觉到它的存在。所以比起益生菌，它们的使用范围更为广泛，可以用于像曲奇、面包、汤、快食食品、膨化食品、巧克力产品和压缩食品中。例如，法国公司 Vivis 从甜菜根中提取的 Actilight®，用于曲奇和汤类产品；日本明治公司生产含有少许可溶解食物纤维的牛乳；德国 Bauer 公司生产发酵的产品 Probiotic Plus Ologofructose，里面包含两种益生菌和 Raftilose®（低聚果糖）益生元。

其他添加益生元的部分知名保健食品见表12-14。

表12-14　添加益生元的知名功能性食品

国家或地区	品牌	添加益生元的种类及描述
法国	达能公司含有低聚果糖的 Activia 品牌酸乳	添加低聚果糖益生元，酸乳主要成分为低聚果糖、双歧杆菌、蔗糖、果葡糖浆、香精、增稠剂等
比利时	Orafti 公司的 FYOS 品牌饮料	一种低聚果糖饮料，其配料为低聚果糖、脱脂乳糖、蔗糖、香精
欧洲其他地区	含有益生菌和菊粉的 Multivitale 品牌混合饮料	含有三种高质量的益生菌、膳食纤维成分菊粉，具有增强消化健康和提高免疫力的作用
韩国	好丽友（Orion）蛋黄派	添加低聚异麦芽糖，蛋黄派主要成分为鸡蛋、小麦粉、白砂糖、植物起酥油、麦芽糖浆、山梨糖醇液、乳化剂、全脂乳化粉、异麦芽低聚糖等
日本	Eco Life 品牌乳酸菌饮料	添加低聚异麦芽糖，促进双歧杆菌的增殖，使肠内环境保持良好，是肠胃不适时的理想饮料
中国	黑糖美人醋饮	因黑糖中的钙、铁含量十分丰富，使用黑糖做甜味剂，再加上低聚异麦芽糖的添加，是一款利于女性吸收钙铁的优质饮料
	蒙牛新养道低乳糖牛乳	添加低聚异麦芽糖、低聚果糖益生元，益生元改善肠道生态平衡，及时空腹饮用也不会产生不适，适合各种人群
	娃哈哈益生元 AD 钙奶饮料	以复合双歧因子（异麦芽低聚糖、低聚果糖）、乳粉、白砂糖、微生物 A、维生素 D、钙、牛磺酸为主要原料制成的保健食品，具有促进生长发育、改善胃肠道功能（调节肠道菌群）的保健功能

2. 功能性低聚糖

低聚糖的制造方法大致分为以下5种。

① 从天然原料中提取，如从甜菜汁或甜菜废糖蜜中提取棉子糖，从植物泽蓝中提取水苏糖，从去除大豆蛋白的大豆乳清中提取大豆低聚糖，从胡萝卜中可提取出含氮多糖及低聚糖等双歧因子。

② 用微生物酶水解生产，如牛乳或蛋清经木瓜蛋白酶或胃蛋白处理可得肽类双歧因子。

③ 用微生物酶的转移反应制造，工业生产的低聚糖是利用生物酶法水解或转移反应制造的，如异麦芽糖、低聚果糖、低聚木糖、乳果糖、低聚乳糖和低聚壳聚糖等。

④ 用酸水解或碱转化法生产，如乳酮糖是工业上唯一用碱转化生产的低聚糖；用酸水解多糖制造的低聚糖，因酸水解无专一性，产品中糖类复杂，不易得到特定的低聚糖。

⑤ 化学合成法制造，如用加压氢化法从糖类制造有双歧因子功能的糖醇，如木糖醇和乳糖醇等。

主要的几种低聚糖生产技术介绍如下。

（1）低聚果糖　低聚果糖是目前学者对人体保健功能研究最为深入详尽的一种寡糖，是完全符合标准的典型益生元。工业上有两种制造方法，第一种是用菊粉含量高的菊苣为原料，用热水抽提其菊粉，经微生物菊粉酶的部分水解作用生成果糖聚合度为2~10的链状低聚糖，此外也含一定量的蔗果低聚糖。比利时ORAFTI公司生产的RAFTILOSE®和CONSUCRA公司生产的FIBRULINE®都是用此法生产的低聚果糖，其聚合度为2~7。第二种是用50%~60%浓度的蔗糖作原料，经微生物果糖基转移酶（主要是β-呋喃果糖苷酶）的作用下转化而成。一般产物为蔗果低聚糖。很多公司的产品都属于该类，如日本明治公司的低聚果糖Meioligo®，日法合资Beghin-Meiji公司的Actilight®，以及我国的大部分产品“量子高科低聚果糖”“天原甘露”等。商品低聚果糖中除低聚果糖外，还含有蔗糖、葡萄糖和果糖等反应副产物。将含有蔗糖、葡萄糖、果糖的混合物利用酵母发酵或膜分离等方法将单糖或双糖去除后可制得高纯度低聚果糖。

（2）异麦芽低聚糖　异麦芽低聚糖是指异麦芽糖、异麦芽三糖、四糖和潘糖等含1，6糖苷键的分枝低聚麦芽糖的混合物。它天然存在于各种发酵制品和食品中，如清酒、酱油和蜂蜜等中，商品异麦芽糖有IMO-50与IMO-90两种。前者含分枝低聚糖50%~55%，甜度为蔗糖的50%，后者是由前者经色谱分离或酵母发酵除去葡萄糖和麦芽糖后制成，甜度为蔗糖的40%。异麦芽糖是以淀粉为原料，一定条件下经细菌α-淀粉酶液化，再用麦芽β-淀粉酶或霉菌α-淀粉酶糖化生成麦芽糖后，然后在黑曲霉或真菌的α-葡萄糖苷酶作用下，经转苷反应而生成异麦芽糖、异麦芽三糖、异麦芽四糖、异麦芽五糖等含1，6键的分枝低聚糖和潘糖。再经脱色、过滤、离心和浓缩，制成固形物含量在75%以上的低聚异麦芽糖成品糖浆。有时可根据需要，将浓缩到一定浓度的糖浆，经喷雾干燥，制成与糖浆组分相同的低聚异麦芽糖粉。

（3）低聚半乳糖　工业上低聚半乳糖的生产以乳糖为原料，利用微生物乳糖酶（半乳糖苷酶）的糖基转移作用来合成。半乳糖苷酶在低浓度底物存在时起水解作用，而在底物乳糖浓度增高时，可起糖苷转移作用而生成低聚半乳糖。工业上有两种生产工艺，即游离酶的分批反应法和固定化酶的连续反应法。由不同菌株所产酶，其转移反应产物的组成也不同，环状芽孢杆菌、罗氏隐球菌及双歧杆菌的酶通常生成β-1，4键的产物，而米曲霉和嗜热链球菌的酶则生成β-1，6键的产物，故因酶的来源不同，用其制成的低聚乳糖类型和产量会有很大差异，还有由于乳糖基转移反应的生成物也是半乳糖苷酶催化水解的底物，故产品混合物的组成会因反应时间长短而不同。日本 Yakult 公司是在乳糖分子的半乳糖残基上以β（1，4）键接上1～4个半乳糖而成的三糖或四糖，但产物中也还含β-1，2键、β-1，3键的二糖。芬兰公司 Friesland Coberco 的产品是含β-1，4和β-1，6键的二糖和三糖，其中也含少量β-1，3和β-1，2键的糖。

（4）低聚木糖 低聚木糖是2～7个木糖分子以β（1，4）键构成的低聚糖，天然存在于竹根、水果、蔬菜、牛乳和蜂蜜中。它是由玉米芯、甘蔗渣、棉籽壳及硬木等富含木聚糖的植物原料用高压汽爆、热膨化以及辐射或碱液处理后，将木聚糖从植物组织中暴露或抽提出来，再用木聚糖酶将其降解而生成含各种低聚木糖的混合物，然后经提炼浓缩或干燥而成。主要功效成分是木二糖、木三糖、木四糖等低聚合度木聚糖。制造低聚木糖应选用木糖苷酶活性低的或加以去除的内切型木聚糖酶。

3. 膳食纤维

目前世界上研究比较多的膳食纤维主要有：谷物纤维、果蔬纤维、微生物多糖、合成纤维等30余种，从目前的利用研究程度看，谷物纤维研究得比较多，发达国家中谷物膳食纤维占到了膳食纤维总消费量的35%～60%，而果蔬纤维仅占7%～15%，在我国则尚未见这方面的统计。

膳食纤维的提取技术与原料的成分及性质密切相关，膳食纤维的提取技术比较总结于表12-15。膳食纤维提取方法朝着工艺简单、提取纯度高、提取率高、投资少、污染少和耗能少等方向发展。

表12-15 膳食纤维的提取技术比较

提取技术	优点	缺点
化学提取法	简便，快捷	色泽较差，不易漂白，在高酸碱、高温条件下，对容器腐蚀严重，环境也造成污染
酶提取法	条件温和，节约能源，适合于淀粉和蛋白质含量高的原料	酶制剂成本较高，对提取条件要求严格
化学-酶结合提取法	简便易行，投资少，得率较高	对环境造成一定的污染
膜分离法	易于操作、节能、造价低、高效，尤其适用于热敏性物质或挥发性物质	不能制备不溶性膳食纤维
发酵法	活性较高，操作简单，成本低廉，易于实现工业化生产，应用于果皮原料	对发酵条件要求较高，如微生物菌种选择、发酵时间等

在食品加工中适量添加不同种类的膳食纤维，即可制成具有不同特色的风味食品和功能食品，改善食品的黏度和质构，延长食品的货架期。总的来说膳食纤维在饼干、蛋糕、面包等焙烤食品中的应用最高，饮料其次，而肉制品、馒头、挂面中的应用也有，但是相对比较低。分析原因，其一，大多数膳食纤维成品都有一定的颜色，应用到食品中后会给食品的感官品质造成不同程度的影响，将其应用到焙烤食品中，受温度的影响膳食纤维中的糖类可以发生美拉德反应，改善食品的感官品质；其二，膳食纤维本身具有很强的持水性，应用到焙烤食品中可以帮助保持水分，保持成品的松软性；其三，将膳食纤维应用到适当的饮料中，不仅可以增加饮

料的营养价值，而且应用范围较广泛。而应用到馒头、挂面中不但不能发挥膳食纤维应有的作用，而且应用不当反而会降低食品品质。膳食纤维在肉制品中多是应用到灌肠制品和肉脯中，这主要是为了增加水的可塑性，充分发挥膳食纤维对肉组织、韧度的改善作用，同时只要添加适当也不会影响食品的品质，但是由于国人对肉制品的消费喜爱相对于国外来说较低，而且是作为佐餐品消费，所以其研究比例低于焙烤食品和饮料。

4. 合生元

合生元（synbiotics）即益生菌和益生元同时并用的制品，同时服用可以获得多层面的效果。合生元中添加的益生元必须能促进制剂中益生菌的增殖，还可促进此菌以及肠道中的生理性细菌（如双歧杆菌等）在肠道内的定植和增殖。这种具有种的特异性作用的制剂才可以称为合生元制剂。最近的一项研究显示，同时含有若干种纤维的制剂，对于微生物生态系统和免疫应答的效果以及强化屏障功能的效果会更强。

虽然有些关于合生元的研究中使用了不同的益生菌加益生元成分，但迄今只有两种合生元进行了广泛的临床前期试验，其中益生菌和益生元的选择是基于扎实可靠的科学证据。一种称为 Probi AB，由植物乳杆菌 299（1×10^9）和 10g 发酵燕麦粥组成。另一种则含有 4 种乳酸菌和 4 种纤维，称为 Synbiotic 2000。在 Synbiotic 2000 中，益生菌由植物乳杆菌、类干酪乳杆菌类干酪亚种、棉子糖乳球菌、戊糖片球菌构成；而益生元由已知的具有强生物活性的 4 种纤维构成，即β-葡聚糖、菊粉、果胶和抗性淀粉。虽然普通的合生元产品临床资料并不全，但“多样性防御”这一概念能被消费者广泛接受。日常的所谓合生元产品包括添加水果的发酵乳制品饮料，如果肉酸乳。

第三节　具有调节胃肠道、促进消化及通便功能的保健食品的检测方法

一、益生菌的相关标准及检测方法

1. 益生菌的相关标准

GB 19302—2010《发酵乳》

GB 7101—2015《饮料》

RHB 103—2004《酸牛乳感官质量评鉴细则》

2. 益生菌的检测方法

GB 4789.34—2012《食品微生物学检验　双歧杆菌的鉴定》

GB 4789.35—2010《食品微生物学检验　乳酸菌检验》

二、功能性低聚糖的相关标准及检测方法

GB/T 20881—2007《低聚异麦芽糖》

GB/T 23528—2009《低聚果糖》

QB/T 2984—2008《低聚木糖》
QB/T 4260—2011《水苏糖》
GB/T 22491—2008《大豆低聚糖》

三、膳食纤维的相关标准及检测方法

GB/T 5009.88—2014《食品中膳食纤维的测定》

四、其他功能因子的相关标准及检测方法

GB 8275—2009《食品添加剂 α—淀粉酶制剂》
QB 2583—2003《纤维素酶制剂》
GB 13509—2005《食品添加剂 木糖醇》
QB/T 4481—2013《β－葡聚糖酶制剂》
GB 14750—2010《食品添加剂 维生素 A》
GB/T 5009.210—2008《食品中泛酸的测定》
GB/T 5009.217—2008《保健食品中维生素 B_{12} 的测定》
GB 14754—2010《食品添加剂 维生素 C（抗坏血酸）》
GB/T 23529—2009《海藻糖》
QB/T 4612—2013《乳果糖》
GB 29941—2013《食品添加剂脱乙酰甲壳素壳聚糖》
GB/T 5009.84—2003《食品中硫胺素（维生素 B_1）的测定》
GB 5413.12—2010《婴幼儿食品和乳品中维生素 B_2 的测定》

思考题

1. 什么是益生菌？
2. 什么是益生元？
3. 阐述益生菌的生理功能。
4. 阐述益生元的生理功能。
5. 简述益生菌的包埋技术。

CHAPTER 13

第十三章 具有其他功效的保健食品

[学习指导]

熟悉和掌握骨密度的概念及骨质疏松产生的原因；了解血压和几种辅助降血压的功能性食品资源；了解褪黑素如何改善睡眠；了解几种改善营养性贫血的功能性食品资源；简单理解保健食品促进泌乳的原理。

第一节 辅助降血压的保健食品

一、概　述

血压（blood pressure，BP）是血液在血管内流动时，对血管壁产生的侧压力。它是推动血液在血管内流动的动力。包括动脉血压、毛细血管压和静脉血压。人们常说的血压是指动脉血压。心室收缩，血液从心室流入动脉，此时血液对动脉的压力最高，称为收缩压（systolic blood pressure，SBP）。心室舒张，动脉血管弹性回缩，血液仍慢慢继续向前流动，但血压下降，此时的压力称为舒张压（diastolic blood pressure，DBP）。正常的血压是血液循环流动的前提，血压在多种因素调节下保持正常，从而提供各组织器官以足够的血量，借以维持正常的新陈代谢。血压异常（低血压、高血压）会造成严重后果。高血压是目前最常见的血压异常情况。

高血压（hypertension）是以体循环动脉压增高为主要表现的临床综合征，可伴有心脏、血管、脑和肾脏等器官功能性或器质性改变的全身性疾病，是最常见的心血管疾病。可分为原发性高血压和继发性高血压两大类。在绝大多数患者中，高血压的病因不明，称为原发性高血压（primary hypertension），比例占高血压患者的90% ~95% 以上；血压升高是由于某些疾病的一种临床表现，本身有明确而独立的病因，称为继发性高血压（secondary hypertension），占总高血压患者的5% ~10% 。

高血压发病的原因很多，现代医学认为主要原因来自遗传和环境两个方面。一般认为高血压是在一定的遗传背景下由于多种后天环境因素作用使正常血压调节机制失代偿所致。人体血压高低主要决定于心排血量及体循环的周围血管阻力，一切影响这两方面的因素均可导致血压异常。人体本身具有调节异常血压的机制，一般分为神经性调节（快）和体液性调节（慢）。血压的快速调节主要通过压力感受器及交感神经活动来实现，而慢性调节则主要通过肾素-血管紧张素-醛固酮系统及肾脏对体液容量的调节活动来完成。如果这两类血压调节机制失去平衡则会导致高血压的产生。

高血压早期无明显病理学改变，仅表现为心排血量增加和全身小动脉张力的增加。高血压持续及进展即引起全身小动脉病变，小动脉中层平滑肌细胞增殖和纤维化，管壁增厚和管腔狭窄，使外周阻力持续增高，导致重要靶器官心、脑、肾组织缺血，长期高血压及伴随的危险因素可促进动脉粥样硬化的形成，该病变主要累积在中、大动脉。最终引起脑、心、肾、视网膜等重要器官结构与功能的损害，导致这些器官功能衰竭，迄今仍是心、脑血管疾病死亡的重要原因之一。

二、具有辅助降血压功能的物质

目前，市场上共有60多种“辅助降血压”功能的保健食品。从剂型上来看，以中草药为原料的胶囊、茶饮、提取物冲剂最为常见。国家卫生部和国家食品药品监督管理局批准具有辅助降血压功能的部分物质：绿茶，杜仲、杜仲叶，罗布麻叶，葛根，决明子，丹参，天麻，泽泻，芦丁（提取物），三七，绞股蓝，菊花，大蒜油，海藻酸钾，牛磺酸，山楂，银杏叶，红花，藏红花，大枣，甘草，海带，蒲公英，夏枯草，玉米胚芽油，硒及富硒食品，维生素E，藜蒿，槐米，昆布，桑白皮，微晶纤维素，蜜环菌菌丝体。

其他具有辅助降血压功能的物质：γ-氨基丁酸（GABA）、茶氨酸、低聚糖类、虎杖、降血压肽、钩藤、荷叶、野菊花、淫羊藿、可可多酚、灵芝、大豆低聚肽、海藻酸低聚糖、酿造醋、牡蛎肉、贝母、无花果、芹菜等。

1. 绿茶（茶叶）

茶是良好的保健饮品，现代科学研究发现，茶叶中含有多种有益人体健康的成分，诸如茶多酚（儿茶素）、茶多糖、茶氨酸、γ-氨基丁酸、皂苷、天然维生素、咖啡因、膳食纤维和微量元素等化学成分。具有调节人体生理功能、增强体质的效果，也有降血压、降血脂、降血糖、抗衰老、抗辐射和抗癌等功效。茶叶具有降血压的功能早有报道，研究表明这主要是茶叶中茶氨酸类化合物、γ-氨基丁酸类物质、皂苷、儿茶素类化合物有抑制血压升高的作用。另外，保健茶中添加的辅料中草药，大多也有很好的降血压功效，如杜仲、葛根、天麻、罗布麻、银杏叶等，其中含有大量黄酮类、皂苷类化合物，也有降血压功能。

2. 杜仲和杜仲叶

经广泛研究证明，杜仲提取物中取有降血压功能的活性成分为木脂素类化合物、芦丁和槲皮素等。木脂素类化合物是目前杜仲化学成分中研究最多、结构最清晰、成分最明确的一类化合物，从杜仲中分离出的木脂素类化合物已有27种，其中多数为苷类化合物。其中的松脂醇二葡萄糖苷是最主要的降压成分。大量动物试验表明，杜仲的皮、叶提取物有降血压、降血脂、降血糖、抗肿瘤、抗衰老作用、利尿、增强免疫力等功效作用。北京中医学院李家实等，对杜仲皮和叶分别作了降压试验，结果表明，杜仲叶和皮中的生物碱、桃叶珊瑚苷、绿原酸、糖类均有同程度的降压作用。此外，水溶性硅、钙含量高，都可能参与对心血管功能的调节。

3. 罗布麻叶

罗布麻是生长在盐碱、沙荒地区的一种多年生宿根草本植物。茎皮纤维可为纺织、造纸等工业的原料；花芳香，是良好的蜜源植物；其根提取物有强心作用，罗布麻叶有降高血压、辅助治疗气管炎的功效。罗布麻叶中总黄酮类化合物是其主要成分和保健功能成分，含量在0.2% ~1.14%，主要包括槲皮素、金丝桃苷、异槲皮苷、三叶豆苷、紫云英苷等。经研究证实，罗布麻提取物有降压作用、降血脂、增强免疫、抗氧化、抗衰老、清热利尿、平肝安神等功效。其中的槲皮素（quercetin，中国药典主要指标之一）、异槲皮苷（isoquercitrin）、金丝桃苷（hyperin）、芦丁（rutin）是罗布麻降血压、降脂、抗氧化的主要活性物质。其他还有绿原酸（chlorogenic acid）、香树精（amyrin）、异嗪皮啶（isofraxidin）等。

4. 决明子

决明略呈菱方形或短圆柱形，两端平行倾斜，长3~7mm，宽2~4mm，表面绿棕色或暗棕色，平滑有光泽；小决明呈短圆柱形，较小，长3~5mm，宽2~3mm，表面棱线两侧各有一宽广的浅黄棕色带。大、小决明子的种子中均含有蒽醌类化合物、吡咯酮类化合物、脂肪酸类、氨基酸和无机元素。其主要功效成分为蒽醌类化合物成分，含量占1.1% ~1.2%。游离蒽醌含量约为0.03%，结合蒽醌含量约为1.23%。蒽醌苷元中主要含有大黄酚（0.28%），生决明中含量较炒决明子高。目前，已知的决明子蒽醌类化合物主要有28种，分别为大黄素（emodin）、大黄酚（chrysophanol）、大黄酸（rhein）、大黄素甲醚（physion）、芦荟大黄素（ale - emodin）、去氧大黄酚（chrysarobin）、大黄酚 -9 - 蒽酮（chrysophanic acid -9 - anthrone）等。

5. 泽泻

泽泻中含有的化学成分以萜类化合物为主，主要为三萜类化合物、倍半萜类化合物，除了萜类成分外，还有挥发油、生物碱、黄酮、磷脂、蛋白质及淀粉等化学成分。由于其中所含的三萜类化合物为降血脂、降血压的主要活性物质，故一般均采用三萜类化合物作为泽泻的指标性成分。

思考题

1. 什么是高血压？
2. 简述高血压的诊断标准。
3. 高血压有什么危害？
4. 影响高血压的发病因素是什么？
5. 具有辅助降血压功能的物质有哪些？

第二节　改善睡眠的保健食品

一、概　　述

由于现代社会生活节奏的加快，生存压力的加大和竞争的日益激烈，人类的睡眠正受到严重威胁。中国约有3亿成年人患有失眠和睡眠过多等睡眠障碍，主要分布在中国经济相对发达地区。在世界范围内，大约1/3的成年人都曾遭受过失眠症的折磨，其中的1/3已经属于重度失眠。据调查显示，成年人出现睡眠障碍的比例高达35%。60岁以上的老年人57%会出现睡眠障碍，一些城市中2~6岁儿童中发生睡眠障碍的占27%~50%。此外，孕妇在妊娠末期睡眠障碍的发生率可达75%，而一些帕金森病、糖尿病以及精神病患者也会出现不同程度的睡眠障碍。睡眠障碍者中有55.5%的患者存在不同程度的社会功能障碍。目前，消除睡眠障碍最常用的方法是服用安眠药，如苯二氮䓬类睡眠镇静药，它们具有较好的催眠效果，在临床上发挥了巨大的作用，但这些药物生物半衰期长，其药物浓度易残留到第二天，影响第二天的精力。长期服用这些药物会产生耐药性和成瘾性，且有一定的副作用。因此，开发安全有效的改善睡眠的功能性食品具有重要意义。

（一）睡眠的作用

1. 消除疲劳，恢复体力

睡眠可以让人体获得充分休息，消除疲劳，恢复体力。在睡眠过程中人体伴有一系列植物性功能的变化，如：心脏跳动减缓、血压降低、瞳孔缩小、发汗功能增强、肌肉处于完全放松状态、基础代谢率下降10%~20%，从而使体力得以恢复。

2. 保护大脑，恢复精力

睡眠不足者，表现为烦躁、激动或精神萎靡，注意力涣散，记忆力减退等；长期缺少睡眠则会导致幻觉。而睡眠充足者，精力充沛，思维敏捷，办事效率高。这是由于大脑在睡眠状态下耗氧量大大减少，有利于脑细胞能量储存。因此，睡眠有利于保护大脑，提高脑力。

3. 增强免疫力，康复机体

人体在正常情况下，能对侵入的各种抗原物质产生抗体，并通过免疫反应而将其清除，保护人体健康。睡眠能增强机体产生抗体的能力，从而增强机体的抵抗力。睡眠还可以使各组织器官自我康复加快。现代医学中常把睡眠作为一种治疗手段，用来帮助患者度过最痛苦的时期，以利于疾病的康复。

4. 促进生长发育

睡眠与儿童生长发育密切相关，婴幼儿在出生后相当长的时间内，大脑继续发育，这个过程离不开睡眠；且儿童的生长在睡眠状态下最快，因为睡眠期血浆生长激素可以连续数小时维持在较高水平。所以应保证儿童充足的睡眠，以促进其生长发育。

5. 延缓衰老，促进长寿

近年来，许多调查研究资料均表明，健康长寿的老人均有一个良好而正常的睡眠。人的生命好似一个燃烧的火焰，而有规律燃烧则生命持久；若忽高忽低的燃烧则使时间缩短，使人早夭。睡眠时间恰似火焰燃烧最小的程度，因此能延缓衰老，保证生命的长久。

6. 保护人的心理健康

睡眠对于保护人的心理健康与维护人的正常心理活动是很重要的。短时间的睡眠不佳，就会出现注意力涣散，而长时间者则可造成不合理的思考等异常情况。

7. 有利于皮肤美容

在睡眠过程中皮肤毛细血管循环增多，其分泌和清除过程加强，加快了皮肤的再生，所以睡眠有益于皮肤美容。

（二）睡眠的节律

地球的自转形成了昼夜24h的节律，即光明与黑暗交替的昼夜节律。这种节律通常是自我维持和不被衰减的，是生物体固有的和内在的本质，我们可以形象地称之为“生物钟”。当生物钟自由进行时，昼夜节律是相当准确的，在很大范围内，昼夜节律几乎不受温度影响，对化学物质也不敏感，但它们对光却很敏感。睡眠也呈节律性的变化，它与大自然的昼夜变化相一致，白天觉醒工作，夜晚休息睡眠，周而复始地形成了“觉醒—睡眠”的周期性节律变化。对人体而言，维持“觉醒—睡眠”周期的正常是非常重要的。一旦这些周期遭到破坏，就造成严重的睡眠障碍。对于睡眠期延迟症候群的睡眠障碍者，其昼夜性节律较迟缓，患者无法在正常的时间入睡。另一种睡眠障碍就是睡眠期提前症候群，患者在晚上8点就开始有睡意，却在凌晨1、2点觉醒过来，很多老年人都有这种困扰。还有一种称为非24h睡眠/觉醒周期的睡眠障碍，患者最明显的症状便是清醒及睡眠的时间过长，他们的循环周期甚至可达50h。利用时间疗法即用光线来改善昼夜性节律，可帮助上述患者恢复正常的睡眠模式。

（三）睡眠的产生

一般认为睡眠是中枢神经系统内产生的一种主动过程，与中枢神经系统内某些特定结构有关，也与某些递质的作用有关。中枢递质的研究表明，调节睡眠与觉醒的神经结构活动，都是与中枢递质的动态变化密切相关的。其中5-羟色胺与诱导并维持睡眠有关，而去甲肾上腺素则与觉醒的维持有关。睡眠使身体得到休息，在睡眠时，机体基本上阻断了与周围环境的联系，身体许多系统的活动在睡眠时都会慢慢下降，但此时机体内清除受损细胞、制造新细胞、修复自身的活动并不减弱。研究发现，睡眠时，人体血液中免疫细胞显著增加，尤其是淋巴细胞。

失眠是最常见、最普通的一种睡眠紊乱。失眠者要么入睡困难、易醒或早醒，要么睡眠质量低下，睡眠时间明显减少，或几项兼而有之。短期失眠可使人显得憔悴，经常失眠使人加快衰老，严重的失眠常伴有精神低落、感情脆弱、性格孤僻等一系列病态反应。天长日久，会使大脑兴奋与抑制的正常节律被打乱，出现神经系统的功能疾病——神经衰弱，直接影响失眠者的身心健康。睡眠十分重要，但也不是睡眠时间越多越长越好。睡眠过多，可使身体活动减少，未被利用的多余脂肪积存在体内，因而诱发动脉粥样硬化等危险病症。

二、具有改善睡眠功能的物质

1984年美国哈佛大学的J. R. Pappenheimer在人尿中发现睡眠诱导物质胞壁质肽，这种物质由哺乳动物的脑部产生，它一方面有发热性，同时具有增强免疫能力的作用，因而提出睡眠是一种免疫过程的学说，即随着免疫能力的增加过程，使身体发热并开始深眠，白细胞壁则分解出胞壁质肽以供利用。自1980年起先后提出与睡眠有关的物质有前列腺D_2、与发热-免疫有关的干扰素；促肾上腺皮质激素（ACTH）、胰岛素、精氨酸血管扩张素、催乳激素（prolactin）、生长激素抑制素（somato-statin）、α-MSH（促黑素细胞激素）等肽类激素；腺苷（adenosine）、胸腺核苷（thymidine）等核苷酸类；以及最近提出的存在于脑松果体中的褪黑素。

（一）褪黑素

褪黑素主要是哺乳动物（包括人）的脑部松果体产生的一种胺类激素。其化学名为N-乙酰基-5-甲氧基色胺，又称松果体素、褪黑激素、褪黑色素。松果体附着于第三脑室后壁，大小似黄豆，其中褪黑素的含量极微，仅1×10^{-12}g水平。1960年首次分离得到。作为商品，也有称作“脑白金”的，但并没有像其广告所称是人或人脑的“天目”“主宰”“总司令”等性质。褪黑素在体内的生物合成受光周期的制约，在体内的含量呈昼夜性节律改变，夜间的分泌量比白天多5～10倍，一般在凌晨2—3点达到高峰。夜间褪黑素水平的高低直接影响到睡眠的质量。

此外，初生婴儿极微，至三月龄时开始增多，3～5岁时夜间分泌量最高，青春期略有下降，之后随年龄增长而逐渐下降，特别是35岁以后，体内自身分泌的褪黑素明显下降，平均每10年降低10%～15%，至老年时昼夜节律渐趋平缓甚至消失。褪黑素可因光线刺激而分泌减少。夜间过度的长时间照明，会使褪黑素的分泌减少，对女性来说，可致女性激素分泌紊乱，月经初潮提前，绝经期推迟，由于血液中雌激素水平升高，日久可诱发女性乳腺癌、子宫颈癌、子宫内膜癌以及卵巢癌。

褪黑素水平降低、睡眠减少是人类脑衰老的重要标志之一。因此，从体外补充褪黑素，可使体内的褪黑素水平维持在年轻状态，调整和恢复昼夜节律，不仅能加深睡眠，提高睡眠质量，更重要的是改善整个身体的功能状态，提高生活质量，延缓衰老的进程，降低糖皮质激素。

褪黑素的确对改善睡眠、免疫调节方面有很好的作用，但是并非人人适用，服用不当适得其反。以下人群就要慎重服用褪黑素：未成年人、妊娠期妇女、心脑疾病患者、肝肾功能不全者、酒精过敏者。

（二）维生素

睡眠是受中枢神经系统控制的，一旦有神经营养不良或营养失调，或者体内代谢发生障碍，不能供给脑神经充足的营养，尤其是人到老年脑内松果体退化、褪黑素分泌失活，均是造成失眠的原因。而增加相关的维生素，会对睡眠有促进作用，对神经衰弱也会有一定的改善和治疗作用。应用维生素 B_1、维生素 B_6、烟酸（维生素 B_3）和维生素 E 可协助机体新陈代谢的调节，改善睡眠。

1. 维生素 B_1

维生素 B_1，参与体内糖代谢，提供脑神经充足的营养。因此，维生素 B_1是维持神经系统，特别是中枢神经系统不可缺少的营养成分。如果在睡眠不足时服用维生素 B_1，可消除脑神经的疲劳和全身疲乏。

2. 维生素 B_6

维生素 B_6在体内参与氨基酸代谢，可使氨基酸转变为γ－氨基丁酸（GABA）。γ－氨基丁酸是脑内中枢神经的抑制性递质，可促进睡眠。如果维生素 B_6不足，就可能造成失眠现象。

（三）富含锌、铜的食物

锌、铜都是人体必需的微量元素，在体内都主要是以酶的形式发挥其生理作用，与神经系统关系密切，有研究发现，神经衰弱者血清中的锌、铜两种微量元素量明显低于正常人。缺锌会影响脑细胞的能量代谢及氧化还原过程，缺铜会使神经系统的内抑过程失调，使内分泌系统处于兴奋状态，而导致失眠，久而久之可发生神经衰弱。由此可见，失眠患者除了经常锻炼身体之外，在饮食上有意识地多吃一些富含锌和铜的食物对改善睡眠有良好的效果。含锌丰富的食物有牡蛎、鱼类、瘦肉、动物肝肾、乳及乳制品。乌贼、鱿鱼、虾、蟹、黄鳝、羊肉、蘑菇以及豌豆、蚕豆、玉米等含铜量较高。其他如桂圆肉、莲子、远志、柏子仁、猪心、黄花菜等，都有一定的镇静催眠作用，常用来治疗失眠症。

改善睡眠的保健食品的功能原理大体分两类：一种是补充营养成分，以补充褪黑素和维生素等营养物质为常见，调节因褪黑素减少或营养不良引起的失眠，此类一般是褪黑素加维生素B_6组成的保健食品最为常见；另一种是以镇静安神、调节中枢神经系统兴奋过程和抑制过程的平衡的中药组方，此类大多为中药酸枣仁、五味子、刺五加、首乌藤、灵芝等组成的复方保健食品。

思考题

1. 简述睡眠的功能。
2. 什么是睡眠节律？
3. 失眠的诊断标准是什么？
4. 具有改善睡眠的物质有哪些？

第三节　对辐射危害有辅助保护功能的保健食品

一、概　　述

辐射分为电磁辐射和核辐射。核辐射危害，如钴 –60、铯 –137、铱 –192 源等产生的γ射线；Kr –85 源等产生的β射线；241Am – Be 源、24Na – Be 源、124Sb – Be 源及能量超过 10M 的电子加速器产生的中子射线；非密封源所产生的β、α射线；各种工业、医疗用 X 射线设备产生的 X 射线等。随着核能和核技术在工、农业生产、医疗卫生、科学研究和国防中的大量应用，受照射的人员越来越多，辐射的危害已不容忽视。长期受辐射照射，会使人体产生不适，严重的可造成人体器官和系统的损伤，导致各种疾病的发生，如白血病、再生障碍性贫血、各种肿瘤、眼底病变、生殖系统疾病、早衰等。

电磁辐射已被公认为是排在大气污染、水质污染、噪声污染之后的第四大公害。联合国人类环境大会将电磁辐射列入必须控制的主要污染物之一。电磁辐射既包括电器设备，如电视塔、手机、电磁波发射塔等运行时产生的高强度电磁波，也包括计算机、变电站、电视机、微波炉等家用电器使用时产生的电磁辐射。这些电磁辐射充斥空间，无色、无味、无形，可以穿透包括人体在内的多种物质。人体如果长期暴露在超过安全的辐射剂量下，细胞就会被大面积杀伤或杀死。据国外资料显示，电磁辐射已成为当今危害人类健康的致病源之一。

二、辐射的危害

（一）核辐射对人体的危害

核物质产生的射线作用于人体（核辐射），会使机体大分子发生畸变，甚至激发体内水分子产生自由基，继而损伤生物分子，导致放射病。为此，抗辐射食品概括地讲应包括：高蛋白、多维生素、适度脂肪、营养全面、数量充足、能量供给要充足。足够的能量供给有利于提高人体对核辐射的耐受力，降低敏感性，减轻损伤，保护机体。此外，糖类供给应有侧重。由于人体消化道受损，导致其对各种糖的吸收效果不尽相同，故防治消化道损伤的效果也不同，其中以果糖最佳，葡萄糖次之，而后是蔗糖、糊精等。脂类含量不宜高。基于人体受辐射后食欲不振、口味不佳，脂肪的总供给量要适当减少，但需增加植物油所占的比重，其中油酸可促进造血系统再生功能，防治辐射损伤效果最好。蛋白质要有质量。要求摄入的蛋白质品质优秀，数量充足，以减轻放射损伤，促进机体恢复健康。无机盐供应宜加量。在膳食中适量增加无机盐（主要是食盐），可促使人饮水量增加，加速放射性核素随尿液、粪便排出，从而减轻内照射损伤。维生素数量要确保。增加维生素供给对防治辐射损伤及伤后恢复均有效，如维生素 K 可减少出血，维生素 PP 减轻呕吐、恶心，维生素 C 使血细胞再生加速等，为此宜多摄入一些海带、卷心菜、胡萝卜、蜂蜜、枸杞等。

（二）电磁辐射对人体的危害

1. 对中枢神经系统的影响

研究人员指出，人脑对电磁场非常敏感。人脑实质上是一个低频振荡器，极易受到频率为数十赫兹的电力频段电磁场的干扰。外加电磁场可以破坏生物电的自然平衡，使生物电传递的信息受到干扰，可以出现头晕、头疼、多梦、失眠、易激动、易疲劳、记忆力减退等主要症状，还可以出现舌颤、脸颤、脑电图频率和振幅偏低等客观症状。

2. 对心血管系统的影响

人们已经观察到电磁辐射会引起血压不稳和心律不齐，高强度微波连续照射可使人心律加快、血压升高、呼吸加快、喘息、出汗等，严重时可以使人出现抽搐和呼吸障碍，直至死亡。

3. 对血液系统的影响

在电磁辐射的作用下，常会出现多核白细胞、嗜中性粒细胞、网状白细胞增多而淋巴细胞减少的现象。人们还发现某些动物在低频电磁场的作用下有产生白血病的可能。血液生化指标方面则出现胆固醇偏高和胆碱酯酶活力增强的趋势。

4. 对内分泌系统的影响

在电磁场的作用下人体可发生甲状腺功能的抑制，皮肤肾上腺功能障碍。其改变程度取决于电场强度和照射时间。

5. 生殖系统和遗传效应

动物试验证明：白鼠在 5kV/M 的电场的作用下，雌雄两性的生殖能力都会下降。人类在大功率的微波作用下，可导致不育或女孩的出生率明显增加。父母一方曾长期受到微波辐射的，其子女中畸形的发病率明显增加。

6. 诱发癌症

长期处于高电磁辐射的环境中，会使血液、淋巴液和细胞原生质发生改变；影响人体的循环系统、免疫、激素分泌、生殖和代谢功能，严重的还会加速人体的癌细胞增殖诱发癌症，以及糖尿病、遗传性疾病等病症，对儿童还可能诱发白血病的产生。典型的事件是 1976 年，前苏联为了监听美国驻莫斯科大使馆的通信联络情况，向美国大使馆内发射微波，由于工作人员长期处于微波的环境之中，结果 313 人中 64 人淋巴细胞平均数高 44%，15 位妇女得了腮腺癌。

7. 对视觉系统的影响

电磁辐射对视觉系统的影响表现为使眼球晶体混浊，严重时造成白内障，是不可逆的器质性损害，影响视力。

另外，装有心脏起搏器的病人处于高电磁辐射的环境中，会影响心脏起搏器的正常使用，甚至危及生命。可见，电磁波对人类的健康危害极大，我们必须要采取一定的防护措施，尤其是在高强度电磁波环境中工作的人更要防治电磁波的危害。

三、对辐射危害具有辅助保护功能的物质

（一）番茄红素类

番茄红素在很多红色水果中都有，以番茄中的含量最高。番茄红素是迄今为止所发现的抗氧化能力最强的类胡萝卜素。它的抗氧化能力是维生素 E 的 100 倍，具有极强的清除自由基的能力，有抗辐射、预防心脑血管疾病、提高免疫力、延缓衰老等功效。

（二）维生素类

这里说的维生素包括维生素 A、β－胡萝卜素、维生素 C 和维生素 E。维生素 A 和β－胡萝卜素能很好地保护眼睛。天然胡萝卜素是一种强有力的抗氧化剂，能有效保护人体细胞免受损害，从而避免细胞发生癌变。维生素 C 和维生素 E 都属于抗氧化维生素，具有抗氧化活性，可以减轻电脑辐射导致的过氧化反应，就像给皮肤穿上了一层“防辐射衣”，从而减轻损害。

（三）胶原物质

胶原物质都有一种黏附作用，它可以把体内的辐射性物质黏附出来排出体外，而且其中动物皮肤所蕴含的弹性物质还具有修复受损肌肤的功能。这一类的物质包括海带、紫菜、海参等。

海带是放射性物质的克星，可减轻同位素、射线对机体免疫功能的损害，并抑制免疫细胞的凋亡，具有抗辐射作用。此外，海带还是人体内的“清洁剂”，它是一种碱性食物，有利于保持身体处于弱碱性环境。

常见保健品如螺旋藻、花粉、银杏叶制品等都有很好的抗辐射保健作用。螺旋藻多糖富含鼠李糖，具有明显的抗辐射、增强机体免疫力作用。花粉能促进人体免疫器官发育，具有抗辐射效果。银杏叶提取物中的多元酚类对防止和减少辐射有奇效，对于在辐射环境中工作的人，坚持服用银杏叶茶，能升高白细胞数量，保护造血功能。

思考题

1. 什么是电磁辐射？
2. 辐射会对人体产生哪些危害？
3. 对辐射具有辅助保护功能的物质有哪些？

第四节　改善生长发育的保健食品

一、概　　述

体力与智力的高低是制约一个人成功与否的关键因素，一个民族的整体体力与智力水平是影响该民族兴亡盛衰的核心因素。现代社会物质文明的高度发达，为儿童的健康成长创造了很

多有利条件，但同时也导致儿童出现营养失衡现象。据统计，在我国儿童中，患单纯性肥胖的约占 10%，如不及时采取有效的对策，城市的肥胖儿童不久即可达到儿童总数的 30% 左右，而在农村及边远地区，儿童营养不足、营养素缺乏的现象依然十分严重。这不仅影响儿童的身心健康，有的甚至造成无法挽回的后果。因此，研究开发能促进儿童生长发育、提高智力的儿童功能食品，具有重大的经济效益和现实意义。

二、生长发育的概念

生长是极其复杂的生命现象，其奥妙至今尚未被完全揭示。从物理的角度看，生长是动物体尺寸的增长和体重的增加；从生理的角度看，则是机体细胞的增殖和增大，组织器官的发育和功能的日趋完善；从生物化学的角度看，生长又是机体化学成分，即蛋白质、脂肪、矿物质和水分等的积累；从热力学角度看，生长是能量输入与能量输出的差值。发育指生命现象的发展，是一个有机体从其生命开始到成熟的变化，是生物有机体的自我构建和自我组织的过程。

三、生长发育的物质基础

（一）能量

人和其他动物一样，每天都要从食物中摄取一定的能量以供生长、代谢、维持体温以及从事各种体力、脑力活动。碳水化合物、脂肪、蛋白质是三大产能营养素。婴幼儿、儿童、青少年生长发育所需的能量主要用于形成新的组织及新组织的新陈代谢，特别是脑组织的发育与完善。能量的供给不足不仅会影响到儿童器官的发育，而且还会影响其他营养素效能的发挥，从而影响儿童正常的生长发育。

（二）蛋白质

蛋白质是人体组织和器官的重要组成部分，参与机体的一切代谢活动，具有构成和修补人体组织、调节体液和维持酸碱平衡、合成生理活性物质、增强免疫力、提供能量等生理作用。儿童正处于生长发育的关键时期，充足蛋白质的摄入对保障儿童的健康成长具有至关重要的作用。如果蛋白质的供给不足或蛋白质中必需氨基酸的含量较低，则会造成儿童生长缓慢、发育不良、肌肉萎缩、免疫力下降等症状。

（三）脂肪

脂肪是储存和供给能量的主要营养素。每克脂肪所提供的热能为同等质量碳水化合物或蛋白质的 2 倍。机体细胞膜、神经组织、激素的构成均离不开它。脂肪还起保暖隔热；支持保护内脏、关节、各种组织；促进脂溶性维生素吸收的作用。

（四）碳水化合物

碳水化合物是为生命活动提供能源的主要营养素，它广泛存在于米、面、薯类、豆类、各种杂粮中，是人类最重要、最经济的食物。这类食物每日提供的热量应占总热量的 60% ~ 65%。任何碳水化合物到体内经生化反应最终均分解为糖，因此又称之为糖类。除供能外，它还促进其他营养素的代谢，与蛋白质、脂肪结合成糖蛋白、糖脂，组成抗体、酶、激素、细胞膜、神经组织、核糖核酸等具有重要功能的物质。

纤维素是不被消化的碳水化合物，但其作用不可忽视。纤维素分水溶性和非水溶性两类。非水溶性纤维素不被人体消化吸收，只停留在肠道内，可刺激消化液的产生和促进肠道蠕动，吸收水分利于排便，对肠道菌群的建立也起有利的作用；水溶性纤维素可以进入血液循环，降低血浆胆固醇水平，改善血糖生成反应，影响营养素的吸收速度和部位。水果、蔬菜、谷类、豆类均含较多纤维素，可供家长选择。

（五）维生素

维生素对维持人体生长发育和生理功能起重要作用，可促进酶的活力或为辅酶之一。维生素可分两类，一类为脂溶性维生素包括维生素 A、维生素 D、维生素 E、维生素 K，它们可在体内储存，不需每日提供，但过量会引起中毒；另一类为水溶性维生素包括 B 族维生素、维生素 C 等，这一类占大多数，它们不在体内储存，需每日从食物提供，由于代谢快而不易中毒。维生素 A、维生素 D、维生素 B、维生素 C、维生素 E、维生素 K、叶酸……各司其职，缺一不可，并能帮助人体对物质的吸收起到一定的作用。

（六）矿物质

矿物质是人体主要组成物质，碳、氢、氧、氮约占人体重总量的 96%，钙、磷、钾、钠、氯、镁、硫占 3.95%，其他则为微量元素共 41 种，常被人们提到的有铁、锌、铜、硒、碘等。每种元素均有其重要的、独特的、不可替代的作用，各元素间又有密切相关的联系，在儿童营养学研究中这部分占很大比例。矿物质虽不供能，但有重要的生理功能：① 构成骨骼的主要成分；② 维持神经、肌肉正常生理功能；③ 组成酶的成分；④ 维持渗透压，保持酸碱平衡。矿物质缺乏与疾病相关，比如缺钙与佝偻病；缺铁与贫血；缺锌与生长发育落后；缺碘与生长迟缓、智力落后等，均应引起足够的重视。

1. 钙

钙是构成骨骼和牙齿的主要成分，并对骨骼和牙齿起支持和保护作用。儿童期是骨骼和牙齿生长发育的关键时期，对钙的需求量大，同时对钙的吸收率也比较大，可达到 40% 左右。食物中的钙源以乳及乳制品最好，不但含量丰富而且吸收率高。此外，水产品、豆制品和许多蔬菜中的钙含量也很丰富，但谷类及畜肉中含钙量相对较低。

2. 铁

铁主要以血红蛋白、肌红蛋白的组成成分参与氧气和二氧化碳的运输，同时又是细胞色素系统和过氧化氢酶系统的组成成分，在呼吸和生物氧化过程中起重要作用。成年人体内铁的含量为 3 ~ 5g，儿童生长发育旺盛，对铁的需求量较成人高，4 ~ 7 岁儿童铁的需求量为 12mg。

3. 锌

锌存在于体内的一切组织和器官中，肝、肾、胰、脑等组织中锌的含量较高。锌是体内许多酶的组成成分和激活剂。锌对机体的生长发育、组织再生、促进食欲、促进维生素 A 的正常代谢、性器官和性功能的正常发育有重要作用。锌不同程度的存在于各种动植物食品中，一般情况下能满足人体对锌的基本需求，但在身体迅速成长的时期，由于膳食结构的不合理，也容易造成锌的缺乏，出现生长停滞、性特征发育推迟、味觉减退和食欲不振等症状。

4. 碘

碘是甲状腺素的成分，具有促进和调节代谢及生长发育的作用。碘供应不足会造成机体代谢率下降，会影响生长发育并易患缺碘性甲状腺肿大。

5. 硒

硒存在于机体的多种功能蛋白、酶、肌肉细胞中。硒的主要生理功能是通过谷胱甘肽过氧化物酶发挥抗氧化的作用，防止氢过氧化物在细胞内堆积及保护细胞膜，能有效提高机体的免疫水平。

（七）水

水是维持生命必需的物质，机体的物质代谢、生理活动均离不开水的参与。正常成人水分占体重大约为70%，婴儿体重的80%左右是水，老年人身体55%是水分。水来源于各种食物和饮水。

（八）膳食纤维

膳食纤维的定义有两种，一是从生理学角度将膳食纤维定义为哺乳动物消化系统内未被消化的植物细胞的残存物，包括纤维素、半纤维素、果胶、抗性淀粉和木质素等；另外一种是从化学角度将膳食纤维定义为植物的非淀粉多糖和木质素。膳食纤维可分为可溶性膳食纤维和非可溶性膳食纤维。前者包括部分半纤维素、果胶和树胶等，后者包括纤维素、木质素等。

四、具有改善生长发育功能的物质

（一）牛初乳

牛初乳是指母牛产犊后7d内所分泌的乳汁。牛初乳所含物质丰富、全面、合理，含有多量各种生长因子，富含免疫球蛋白。

生理功能：促进生长发育，牛初乳中含有大量生长因子，包括：高浓度胰岛素样生长因子Ⅰ和Ⅱ；转化生长因子；表皮生长因子；成纤维细胞生长因子；泌乳素，促性腺激素释放激素；胰岛素；核苷酸类物质。

制法：收集生犊7d内的牛初乳，迅速冷却到7℃以下后放在储乳桶中，经冷藏专用车运到加工车间，检验合格后进行瞬间灭菌，经冷冻干燥而成，或瞬间灭菌后浓缩、喷雾干燥而成。

（二）肌醇（环己六醇）

生理功能：促进生长发育。肌醇是人、动物和微生物生长所必需的物质，能促进细胞生长，尤其为肝脏和骨髓细胞的生长所必需。人对肌醇的需要量为1～2g/d。此外，肌醇还具有调节血脂、减肥、保护肝脏的作用。

制法：由玉米浸泡液的浓缩液经沉淀得粗植酸盐再水解而得；或用离子交换净化法提纯而得，得率约9%。由植酸钙镁水解后经石灰乳中和而得。由糖甜菜的糖液或糖蜜经分离精制而得。

（三）藻蓝蛋白

生理功能：藻类蛋白是一种氨基酸配比较好的蛋白质，有促进生长发育、延缓衰老等作用。能抑制肝脏肿瘤细胞，提高淋巴细胞活性，促进免疫系统以抵抗各种疾病。

制法：用蓝藻类螺旋属的宽胞节旋藻孢子在pH 8.5～11条件下以碳酸盐或二氧化碳为碳源的培养基中，在30～35℃条件下通气培养而得藻体，经干燥后用水抽提其中的色素和可溶性蛋白质，抽提液经真空浓缩后，喷雾干燥而成。

（四）富锌食品

锌是促进人体生长发育的重要物质之一，对儿童的生长发育非常重要。富锌食品主要有肉类、蛋类、牡蛎、肝脏、蟹、花生、核桃、杏仁、土豆等。

思考题

1. 生长发育所需的物质基础是什么?
2. 影响生长发育的因素有哪些?
3. 常见的营养缺乏病有哪些?
4. 具有改善生长发育的物质有哪些?

第五节　增加骨密度的保健食品

一、概　　述

骨质疏松与骨质减少即使在发达国家也是常见的代谢性骨病。它是一种全身性的骨骼疾病，其特点是骨质减少，骨组织的细微结构被破坏，使骨的脆性增加，骨折的危险性升高。它可以使除头颅外的任何部位的骨骼发生骨折。据不完全统计，我国60岁以上的老年人骨质疏松症发病率约为59.89%，增加骨密度、有效治疗骨质疏松症已经成为人们广泛关注的重要课题。

二、骨质疏松与健康

（一）骨密度的概念

骨组织的强度有75%～85%与骨密度（BMD）有关。骨密度指骨单位面积的骨质密度，是指骨组织结合的紧密程度，通常指骨矿物含量（BMC），是目前衡量骨质疏松的一个客观量化的指标，也是反映骨量的一个指标，其单位为g/cm^2，骨密度越高，骨质强度越好。它与骨骼结构、骨量、骨矿物含量等因素相关。

随着年龄的老化，周身各骨骼的骨密度均呈逐渐下降趋势，股骨颈的骨密度在20～90岁之间，女性要下降58%，男性要下降39%；股骨粗隆间区（intertrochanteric region）则分别下降53%及35%。骨密度下降到一定程度，易于发生骨折。

（二）产生骨质疏松的原因

骨质疏松是一种以骨量减少为主要特征，骨组织的显微结构改变，并伴随骨质脆性增加和骨折危险度升高的全身性骨骼疾病。也就是说骨质疏松时，骨量减少是骨矿物质（钙、磷等）和骨基质（骨胶原、蛋白质、无机盐等）比例的降低，通过调线及骨形态计量学检查发现骨量丢失的变化，表现为骨密度降低，在轻微的外力作用下就可能发生骨折的一种疾病。产生骨质疏松的原因是多方面的，骨质疏松与骨质减少有着多种致病因素，其中包括遗传、生活方式、营养状况、疾病及药物等。

1. 营养不均衡

（1）钙缺乏　钙是骨骼的重要组成部分。骨质疏松的发生主要与机体钙缺乏有关。如果饮食中钙摄入量不足，或是肠道对钙的吸收减少，就会引起机体负钙平衡。为了维持正常的血钙水平，机体会通过增加甲状旁腺激素分泌等促进骨质溶解，使骨骼中的钙“迁徙”到血液中，从而导致骨质减少，即骨量丢失。这种钙入不敷出的状态长期延续，骨质就会变得疏松多孔而易于骨折。

（2）膳食钙磷比例不平衡　膳食钙磷比例不平衡会影响钙的吸收。膳食中钙磷的适宜比例为儿童 2∶1 或 1∶1，成人 1∶1 或 1∶2。任何一种元素过多都会干扰另外一种元素的吸收，并增加其排泄。我国营养调查显示，居民每日膳食中钙含量为 405.6mg，磷为 1047.6mg，钙磷比例为 1∶2.6，磷的比例偏高，这也可能是我国骨质疏松症发生率较高的原因之一。

（3）维生素 D 缺乏　维生素 D 可以促进小肠对钙的吸收，调节血液中钙的含量。日光中的紫外线可促进皮肤内的维生素 D 合成。如果人体对维生素 D 膳食摄入不足或缺乏日照等，就会造成体内维生素 D 水平过低，影响钙的吸收。

（4）脂肪摄入过多　膳食中的脂肪，特别是饱和脂肪酸摄入过多时，会与钙结合形成不溶性皂钙，并由粪便排出从而使结合的钙丢失。另外，膳食中的植酸、草酸等都能和钙结合形成不溶性盐而影响钙的吸收。

（5）长期蛋白质摄入不足　长期蛋白质营养缺乏，可导致骨基质蛋白合成不足，新骨生成减少，若同时存在钙缺乏，那么发生骨质疏松的风险性就会增加。

（6）微量元素摄入不足　临床研究表明，骨质疏松症患者体内锰的含量仅为正常人的 1/4。镁锌等摄入不足也会对骨产生不良的影响。

2. 内分泌失调

卵巢功能减退、雌激素分泌下降是妇女绝经后骨质疏松症高发的主要原因。雌激素的减少，会加速骨量的流失，使骨密度下降。此外，肾上腺皮质功能亢进时，糖皮质激素能抑制成骨细胞活动，影响骨基质的形成，增加骨质吸收，使骨骼变得脆化。雄激素缺乏、甲状旁腺激素分泌增加、降钙素分泌不足、甲状腺功能亢进和减退、垂体功能紊乱等也可以导致骨质疏松症。

3. 年龄和性别

骨质疏松多见于 65 岁以上的老人和绝经后的妇女。一般情况，人体 90% 的骨量累积在 20 岁前完成，10% 在 20 ~ 30 岁完成，并在 30 岁左右达到骨峰值。在骨骼达到骨密度峰值以前，骨代谢非常旺盛，摄入的钙会很快被吸收进入骨骼中沉淀，骨骼生成迅速，骨钙含量高，骨骼最为强壮。骨密度峰值越高，老年后发生骨质疏松症的机会就越少，发病年龄越迟。骨密度峰值期过后，破骨细胞相对活跃，开始出现生理性的骨量减少，骨质总量将以每年 0.2% ~ 0.5% 的速度递减。女性绝经、男性 60 岁以后减少更加明显。

4. 运动不足

骨骼发育程度、骨量大小与运动密切相关。运动是刺激成骨细胞活动的重要因素。运动不足，特别是户外运动减少，一方面将抑制成骨细胞的活性，影响骨骼的重建；另一方面接受紫外线的机会减少，会使维生素 D 合成降低，影响肠道对钙的吸收，使骨质变得疏松。一般青少年骨质减少或疏松多是由缺乏运动引起的。

5. 其他原因

除以上主要原因外，还有：① 衰老：人体老化的自然现象之一。② 疾病：罹患肾病、肝病、糖尿病、高血压、甲状腺功能亢进、风湿性关节炎、僵直性脊椎炎或某些癌症。③ 药物：长期服用类固醇、抗癌药、利尿剂、抗凝血剂、胃药或止痛药者。④ 遗传：骨质疏松有一定的遗传性。⑤ 酗酒、吸烟。

（三）骨质疏松的分类

骨质疏松按照骨转换可以分为高转换型骨质疏松或低转换型骨质疏松，按病因分型可以分为原发性或继发性骨质疏松，原发性骨质疏松又分为Ⅰ型和Ⅱ型，Ⅰ型为女性绝经后早期骨丢失，丢失的骨骼主要为小梁骨及少量的皮质骨，Ⅰ型引起的骨折，多为柯莱斯（Colles）骨折及压缩性椎骨骨折；Ⅱ型为老年性骨质疏松，由于老年肾功能减退，1－α（OH）D_3的合成功能下降，引起继发性甲状旁腺功能亢进症，使皮质骨丢失，Ⅱ型骨质疏松多见股骨颈骨折。另一种见于年轻人的骨质疏松，称特发性骨质疏松，原因不明，很少见。

三、具有增加骨密度功能的物质

（一）钙

钙是身体中矿物化组织——骨骼和牙齿的必需矿物质，是维系骨密度的基础营养，也是影响骨密度的一个重要膳食因素。当钙摄入或钙吸收不足时就会诱发甲状旁腺功能亢进，继而导致来自骨骼的骨动员，释放更多的钙以维持血清的钙稳定。骨丢失因此而发生。因此，钙在预防和治疗骨质疏松症中的地位是非常重要且无法替代的。

（二）维生素D

人体维生素D的水平与骨密度、肌肉密度相关，维生素D是钙吸收的主要调节因素，可以帮助人体吸收钙，能相当长时间地维持骨密度的峰值。缺乏或不足时，人体对钙的吸收不足10%，还会导致继发性甲状旁腺功能增高，增加骨转换，促进骨丢失，导致骨质疏松和骨折。

（三）大豆异黄酮

大豆异黄酮可与破骨细胞上的雌激素受体结合，降低其活性，还能阻止破骨细胞酸的分泌，使骨质流失减少；此外，大豆异黄酮能增强机体对钙的利用，增加骨密度。

（四）磷及磷酸盐

磷是人体必需的元素，磷与钙结合成骨矿物质，钙与磷的比值为2∶1。磷吸收不良引起的磷缺乏可导致骨量减少，最后发展为骨质疏松症。并且磷对钙吸收有干扰作用，在高磷摄入时，由于在食糜中与钙形成复合物并降低其吸收，从而干扰钙的营养。

（五）氟及氟化物

氟能与骨盐结晶表面的离子进行交换，形成氟磷灰石而成为骨盐的组成部分。骨盐中的氟多时，骨质坚硬，而且适量的氟有利于钙和磷的利用及在骨骼中的沉积，可加速骨骼生长，促进生长并维护骨骼的健康。氟化物直接作用于成骨细胞，促进新骨形成，提高脊椎骨的骨矿密度。

（六）蛋白质

保持营养的平衡必须摄取优质的蛋白，过多地摄取蛋白质将增加钙向尿中的排泄，所以应控制高蛋白饮食。另外，由于蛋白质是构成骨基质的重要原料，长期缺乏蛋白质，也会造成骨基质合成不足，新骨生成落后。

（七）其他物质

经证实，锰、铜、稼、锌和镁等微量矿物质协同钙，可进一步阻止骨质矿密度的损失，提高骨质疏松症防治的疗效。

另外，有研究发现，葛根素作为最早分离得到的异黄酮类植物提取物可以减少大鼠的骨吸收，促进骨形成，增加骨密度。而丹参水提物可有效预防糖皮质激素引起的大鼠骨代谢不良反应，其作用机制主要通过抑制骨吸收，促进成骨细胞功能，促进骨基质合成。

思考题

1. 什么是骨密度？
2. 骨质疏松产生的原因有哪些？
3. 具有增加骨密度功能的物质有哪些？

第六节 改善营养性贫血的保健食品

一、概 述

贫血是指全身循环血液中红细胞的总容量、血红蛋白和红细胞压缩容积减少至同地区、同年龄、同性别的标准值以下而导致的一种症状。而营养性贫血是指由于某些营养素摄入不足而引起的贫血，它包括缺乏造血物质铁引起的小细胞低色素性贫血和缺乏维生素 B_{12} 或叶酸引起的大细胞正色素性贫血。缺铁性贫血是营养性贫血最常见的一种。非营养性贫血则包括：骨髓干细胞生成障碍；由于白血病细胞、癌细胞等转移至骨髓而使骨髓造血空间缩小；由于消化性溃疡、消化道出血、痔、子宫肌瘤以及出血素质引起的急性或慢性贫血；寄生虫病、药物以及自身免疫性溶血等引起的贫血等。

二、贫血的分类及原因

（一）贫血的分类

1. 根据红细胞的形态特点分类

（1）大细胞性贫血：如巨幼红细胞性贫血。

（2）正常细胞性贫血：如再生障碍性贫血、溶血性贫血。

（3）小细胞低色素性贫血：如缺铁性贫血、地中海贫血。

（4）单纯小细胞性贫血：如慢性感染性贫血。

2. 根据贫血的病因和发病机制分类

（1）红细胞生成减少 红细胞生成障碍的再生障碍性贫血；慢性肾病所致的肾性贫血；造血物质缺乏导致的贫血，如缺铁引起的缺铁性贫血，维生素 B_{12}、叶酸缺乏引起的巨幼细胞性贫血。

（2）红细胞破坏过多 由于红细胞破坏过多，致使红细胞寿命缩短引起的贫血，称为溶血性贫血。常见的有地中海性贫血、自身免疫性溶血性贫血。

（3）出血 出血导致血液的直接损失，产生贫血。如溃疡或肿瘤引起的消化道出血等。

（二）贫血发生的原因

目前临床上比较多见的贫血有缺铁性贫血、巨幼红细胞性贫血、再生障碍性贫血、溶血性贫血。

1. 缺铁性贫血

缺铁性贫血是由于体内储铁不足和食物缺铁，影响血红蛋白合成的一种小细胞低色素性贫血。缺铁性贫血的发生率甚高。世界卫生组织调查显示全世界有 10% ~30% 的人群不同程度的缺铁。男性发生率约 10%，女性大于 20%。亚洲发生率高于欧洲。缺铁性贫血在婴儿、幼儿、青春期女青年、孕妇及乳母中发生率较高。婴幼儿尤其是人工喂养者，由于牛乳中铁的含量低，导致铁的摄入不足；生长发育期儿童代谢旺盛，对铁的需要量增加；妇女月经出血过多，易造成铁的丢失；孕妇和乳母摄入的铁不但要满足机体代谢的需要，还要满足胎儿及婴儿生长发育的需求，这些都极有可能造成缺铁性贫血的发生。归纳起来，造成缺铁的原因有：铁的摄入不足，铁的丢失过多，铁的需要量增多，铁的吸收障碍，铁的利用率不高。

2. 巨幼红细胞性贫血

巨幼红细胞性贫血是由于体内维生素 B_{12} 和叶酸缺乏引起的大细胞性贫血。这种贫血的特点是红细胞核发育不良，成为特殊的巨幼红细胞。本病多见于 20 ~40 岁孕妇和婴儿，临床主要表现为贫血及消化道功能紊乱。引起维生素 B_{12} 和叶酸缺乏的原因是：① 摄入不足和需要量增加；② 吸收不足；③ 长期服用影响叶酸吸收与利用的药物；④ 肠道细菌和寄生虫夺取维生素 B_{12}。

3. 再生障碍性贫血

再生障碍性贫血是由于生物、化学、物理等因素引起的造血组织功能减退、免疫介导异常、骨髓造血功能衰竭的症状。其临床表现为进行性贫血、出血、感染等症状，根据其临床发病的情况、病情、病程、严重程度、血常规等分为急性再生障碍性贫血和慢性再生障碍性贫血两种。急性再生障碍性贫血多见于儿童，起病急，有明确的诱因。起病时贫血不明显，但随着病程的延长出现进行性贫血。起病原因多为感染、发热，表现为口腔血泡、齿龈出血、眼底出血等，约半数患者可出现颅内出血，愈后不佳。慢性再生障碍性贫血成人发生率较高，起病缓慢，多以贫血发病，贫血呈慢性过程。合并感染者较少，以皮肤出血点多见，愈后较好。本病的发生通常与以下因素有关：骨髓基质或微环境缺陷，免疫功能受到抑制；生长因子缺乏，骨髓造血干细胞缺陷或异常等。

4. 溶血性贫血

溶血性贫血是指红细胞寿命缩短、破坏加速、骨髓造血功能代偿增生不足以补偿细胞的损耗引起的贫血。血循环中正常细胞的寿命约 120d，衰老的红细胞被不断地破坏与清除，新生的红细胞不断由骨髓生成与释放，维持动态平衡。溶血性贫血时，红细胞的生存空间有不同程度的缩短，最短的只有几天。当各种原因引起的红细胞寿命缩短、破坏过多、溶血增多时，如果原来的骨髓造血功能正常，骨髓的代偿性造血功能可比平时增加 6 ~8 倍，可以不出现贫血，这种情况称为“代偿性溶血病”。如果代偿性造血功能速率比不上溶血的速率，则会出现贫血的症状。溶血性贫血分为先天性（遗传性）和后天获得性两大类。临床上多按发病机制分类：① 红细胞内部异常所致的溶血性贫血，如遗传性红细胞膜结构和功能异常、遗传性红细胞内酶缺乏等。② 红细胞外部异常所致的溶血性贫血，如大面积烧伤、中毒、感染等。

三、饮食与贫血

在物质极大丰富的今天，为什么还存在这样严重的营养问题呢？专家认为，这主要是由于我国膳食是以植物性膳食为主，人体铁摄入量85%以上来自植物性食物，而植物性食物中的铁在人体的实际吸收率很低，通常低于5%。同时植物性食物中还有铁吸收的抑制因子，如植酸、多酚等物质，可以强烈抑制铁的生物吸收和利用。这可能是我国贫血高发的主要原因。另外，我国居民营养知识的贫乏，不能正确选择富铁和促进铁吸收利用的食物，也是导致铁营养缺乏的重要原因。

（一）牛乳引起的婴幼儿贫血

以牛乳喂养的婴幼儿如果忽视添加辅食，常会引起缺铁性贫血和巨幼细胞性贫血，即“牛乳性贫血”。其原因是牛乳中的铁含量距婴儿每天的需要量相差甚大。同时，牛乳中铁的吸收率只有10%，因为铁的吸收和利用有赖于维生素C的参与，而牛乳中维生素C的含量却极少。因此，实在是由于母乳缺乏需要牛乳喂养时，要及时添加辅食，多吃五谷杂粮、新鲜蔬菜、肉、蛋等副食品。

（二）饮茶引起的贫血

科学研究证明，茶中含有大量的鞣酸，鞣酸在胃内与未消化的食物蛋白质结合形成鞣酸盐，进入小肠被消化后，鞣酸又被释放出来与铁形成不易被吸收的鞣酸铁盐，妨碍了铁在肠道内的吸收，形成缺铁性贫血。因此，嗜茶成瘾的人应适当减少饮茶量，防止发生缺铁性贫血。

（三）摄食黄豆过多引起的贫血

摄食黄豆及其制品过多，会引起缺铁性贫血。这是因为黄豆的蛋白质能抑制人体对铁元素的吸收。有关研究结果表明，过量的黄豆蛋白可使正常铁吸收量的90%被抑制。所以，专家们指出，摄食黄豆及其制品应适量，不宜过多。

除饮食外，运动也极易造成贫血。这主要见于长期从事体育运动的人，其原因一是由于剧烈运动使体内代谢产物——乳酸大量生成，引起pH下降，从而加速了红细胞的破坏和血红蛋白的分解；二是运动中大量出汗，使造血原料铁成分大量丢失；三是运动的机械作用，使机体某些部分受到压迫，产生血尿。如发生了运动性贫血，要及时减少运动量或暂停运动，并给予铁剂治疗。

四、膳食营养素

（一）铁与营养性贫血

铁是研究最多和了解最深的人体必需微量元素之一，但同时铁缺乏又是全球，特别是发展中国家最主要的营养问题之一。体内铁分为功能性铁和储存性铁两种，大多数功能性铁以血红素-蛋白质的形式存在，即带有铁卟啉辅基的蛋白质。血红素最基本结构是中间带有一个铁原子的原卟啉，最重要的是血红蛋白。储存性铁有铁蛋白和血铁黄素。

1. 铁的转运机制

血红蛋白分解的铁或由肠吸收的铁转运到组织都依靠血浆的运输蛋白质——运铁蛋白来完成。当体内红细胞死亡后，被体内网状内皮系统中的吞噬细胞吞噬，然后将铁转移给血浆的运铁蛋白，运铁蛋白将其转运到骨髓用于新的红细胞生成或其他组织。因此，红细胞中血红蛋白中铁可反复用于新的红细胞或其他组织生成。运铁蛋白受体对运铁蛋白的亲和力在不同组织似乎是恒定的。但不同组织细胞表面的受体数目是不同的，有的组织如红细胞系统的前体、胎盘和肝脏含大量运铁蛋白的受体，其摄取铁的能力较高。体内各种细胞通过调节其表面的运铁蛋白受体的数目来满足自身铁的需要。这个系统调节着体内铁的吸收与排泄，这也意味着当体内处于缺铁性贫血的代谢时，将牺牲相对不重要的组织以保证更重要组织铁的需要。

2. 铁的吸收及影响因素

按吸收的机制一般把膳食中的铁分为两类：血红素铁和非血红素铁。铁的吸收主要是在小肠，而在肠黏膜上吸收血红素铁和非血红素铁的受体是两种不同的受体。

（1）血红素铁的吸收　血红素铁经特异受体进入小肠黏膜细胞后，卟啉环被血红素加氧酶破坏，铁被释放出来，此后与吸收的非血红素铁成为同一形式的铁，共用黏膜浆膜侧同一转运系统离开黏膜细胞进入血浆。血红素铁主要来自肉、禽和鱼的血红蛋白和肌红蛋白。在发达国家，每日膳食中肉及肉制品中血红素铁有1～2mg，占总膳食铁的10%～15%。在发展中国家，膳食中血红素铁很少。与非血红素铁相比，血红素铁受膳食因素的影响。当铁缺乏时，血红素铁吸收率可达40%，不缺乏时为10%，当有肉存在时为25%。钙是膳食中可降低血红素铁吸收的因素。

（2）非血红素铁的吸收　非血红素铁基本上由铁盐组成，主要存在于植物和乳制品，占膳食铁的绝大部分，特别是发展中国家膳食中非血红素铁占膳食总铁的90%以上。并且，只有二价铁才能通过黏膜细胞被吸收。

非血红素铁受膳食影响极大。用放射性^{55}Fe或^{59}Fe示踪技术及稳定性同位素^{58}Fe或^{57}Fe示踪技术研究都发现，无机盐形成的铁可以很快加入非血红素铁池内。可用此技术研究膳食影响非血红素铁的因素。膳食中抑制非血红素铁吸收的物质有植酸、多酚、钙等。

① 植酸：植酸是谷物、种子、坚果、蔬菜、水果中以磷酸盐和矿物质储存形式的六磷酸盐。在发酵和消化过程中降解为肌醇三磷酸盐。肌醇三磷酸盐的抑制作用和肌醇结合的磷酸盐基团总数有关，其他磷酸盐对非铁血红素铁无抑制作用。抗坏血酸可部分拮抗这种作用。

② 膳食纤维：实际上膳食纤维几乎不影响铁的吸收。但富含膳食纤维的食物往往植酸含量很高，影响铁吸收的主要因素是植酸。

③ 酚类化合物：所有植物中都含有酚类化合物，已知就有近千种，实际上只有很少一部分对血红素的吸收有抑制作用。茶、咖啡、可可及菠菜等此酚类含量较高，可明显抑制非铁血红素的吸收。

④ 钙：钙盐形式或乳制品中的钙可明显影响铁的吸收，对血红素铁和非铁血红素铁的抑制作用强度无差别。一杯牛乳（165mg Ca）可使铁吸收降低50%，机制尚不清楚。试验表明，作用点在黏膜细胞内血红素铁和非血红素铁共同的转运过程。最近剂量反应关系分析表明，一餐中先摄入的40mg钙对铁吸收无影响。摄入300～600mg钙时，其抑制作用可高达60%。同时，铁和钙存在竞争性结合。

⑤ 大豆蛋白：膳食中加入大豆蛋白可降低铁的吸收，机制尚不清楚，这种抑制作用不能用植酸解释。考虑到大豆蛋白中铁量较高，总的作用可能还是正向的。

3. 铁缺乏

铁缺乏或铁耗竭是一个从轻到重的渐进过程，一般可分为三个阶段。第一阶段仅有铁储存减少，表现为血清铁蛋白测定结果降低。此阶段还不会引起有害的生理学后果。第二阶段的特征是因缺乏足够的铁而影响血红蛋白和其他必需铁化合物生成的生化改变，但还无贫血发生，此阶段以运铁蛋白饱和度下降或红细胞原卟啉、血清运铁蛋白受体或血细胞分布宽度增加为特征，因血红蛋白浓度还没有降低到贫血以下，所以常称为无贫血的血缺乏期。第三阶段是明显的缺铁性贫血期，其严重性取决于血红蛋白水平的下降程度。

4. 铁缺乏造成贫血的原因

众所周知，血液之所以是红色的，是因为血液中的红细胞含有血红蛋白的缘故。血红蛋白中含有铁，铁对于血红蛋白与氧的结合起着重要的作用。当铁缺乏时，机体不能正常制造血红蛋白，红细胞也会变小，血液的携氧能力降低，人就会感到疲乏，出现头晕目眩、心跳加快、结膜苍白，甚至昏厥、休克等严重后果。

5. 各类人群铁的适宜摄入量

各类人群铁的适宜摄入量建议值见表 13 - 1。

表 13 - 1　中国居民膳食铁参考摄入量　单位：mg/d

年龄/岁	适宜摄入量（AI）	可耐受最高摄入量（UL）	铁需要量
0 ~	0.3	10	—
0.5 ~	10	30	0.8
1 ~	12	30	1.0
4 ~	12	30	1.0
7 ~	12	30	1.0
11 ~			
男	16	50	1.1 ~ 1.3
女	18	50	1.4 ~ 1.5
14 ~			
男	20	50	1.6
女	25	50	2.0
18 ~			
男	15	50	1.21
女	20	50	1.69
50 ~	15	50	1.21
孕妇（中期）	25	60	4
孕妇（后期）	35	60	7
乳母	25	50	2.0

6. 铁的主要食物来源

丰富来源：动物血、肝脏、大豆、黑木耳。

良好来源：瘦肉、红糖、蛋黄、猪肾、羊肾、干果。

一般来源：鱼、谷物、菠菜、扁豆、豌豆。

微量来源：乳制品、蔬菜、水果。

（二）维生素 B_{12} 与贫血

1. 维生素 B_{12} 的生理作用及其与贫血的关系

维生素 B_{12} 参与细胞的核酸代谢，为造血过程所必需。当缺乏时，含维生素 B_{12} 的酶使 5－甲基四氢叶酸脱甲基转变成四氢叶酸的反应不能进行，进而引起合成胸腺嘧啶所需的 5,10－亚甲基四氢叶酸形成不足，以致红细胞中 DNA 合成障碍，诱发巨幼红细胞性贫血。

2. 维生素 B_{12} 缺乏的主要原因

单纯的饮食一般不会造成维生素 B_{12} 的缺乏，主要是各种因素造成的维生素 B_{12} 吸收障碍。

（1）缺乏内因子　机体中存在内因子的抗体——阻断抗体和结合抗体。前者阻止维生素 B_{12} 与内因子结合，后者能和内因子——维生素 B_{12} 的复合体或单独与内因子结合，以阻止维生素 B_{12} 的吸收。

（2）小肠疾病　小肠吸收不良、口炎性腹泻等会引起叶酸和铁的吸收减少。

（3）药物　某些药物如新霉素、苯妥英钠等会影响小肠内维生素 B_{12} 的吸收。

（4）胃泌素瘤和慢性胰腺炎可引起维生素 B_{12} 的吸收障碍。

（三）叶酸与贫血

1. 叶酸的生理作用及与贫血的关系

叶酸缺乏时首先影响细胞增殖速度较快的组织。红细胞为体内更新速度较快的细胞，平均寿命为 120d。叶酸缺乏经历 4 个阶段：第一期为早期负平衡，表现为血清叶酸低于 3ng/mL，但体内红细胞叶酸储存仍大于 200ng/mL；第二期，红细胞叶酸低于 160ng/mL；第三期，DNA 合成缺陷，体外脱氧尿嘧啶抑制试验阳性，粒细胞过多分裂；第四期，临床叶酸缺乏。骨髓中幼红细胞分裂增殖速度减慢，停留在巨幼红细胞阶段而成熟受阻，细胞体积增大，不成熟的红细胞增多，同时引起血红蛋白合成的减少，表现为巨幼红细胞贫血。

由于叶酸与核酸的合成有关，当叶酸缺乏时，DNA 合成受到抑制，骨髓巨红细胞中 DNA 合成减少，细胞分裂速度降低，细胞体积较大，细胞核内染色质疏松，称为巨红细胞，这种细胞大部分在骨髓内成熟前就被破坏，造成贫血，称为巨红细胞贫血。

2. 叶酸缺乏的原因

（1）摄入不足，需要量增加　多发生于婴儿、儿童、妇女妊娠期。营养不良主要由于新鲜蔬菜及动物蛋白质摄入不足所致。需要量增加多见于慢性溶血、骨髓增殖症、恶性肿瘤等。酗酒会使叶酸摄入减少。

（2）肠道吸收不良　如小肠吸收不良综合征、热带口炎性腹泻、短肠综合征等造成的叶酸吸收减少。

（3）利用障碍　叶酸对抗物，如乙胺嘧啶、甲氧苄啶等是二氢叶酸还原酶的抑制剂，易导致叶酸的利用障碍。

（四）铜与贫血

铜是人体必需的微量元素，1878 年 Fredrig 从鳕鱼的蛋白质中分离出铜，并将这种含铜蛋白质称为铜蓝蛋白。1900 年发现在喂全乳饲料的动物中出现贫血而不能用补充铁的方法来预防。1928 年 Hart 报告了大鼠贫血只有在补铁同时补充铜才能得到纠正，故认为铜是哺乳动物的必需元素。18 世纪，铜已被证明为血液的正常成分。

铜参与铁的代谢和红细胞的生成。亚铁氧化酶Ⅰ（铜蓝蛋白）和亚铁氧化酶Ⅱ可氧化铁离子，对生成运铁蛋白起主要作用，并可将铁从小肠腔和储存点运送到红细胞的生成点，促进血红蛋白的形成。故缺铜时可产生寿命短的异常红细胞。

（五）钴与贫血

体内钴主要通过形成维生素 B_{12}，发挥生物学作用及生理功能，无机钴也有直接生化刺激作用。钴主要储存在肝肾内，可刺激造血功能。促进胃肠道内铁的吸收，并加速储存铁的利用，使之较易被骨髓所用。维生素 B_{12}参加 RNA 与造血有关物质代谢，缺乏后可引起巨幼红细胞性贫血。钴对各种类型的贫血都有一定的治疗作用，如肿瘤引起的贫血、婴儿和儿童一般性贫血、地中海贫血和镰刀状红细胞性贫血等。

（六）维生素 A 与贫血

流行病的调查资料显示维生素 A 缺乏与缺铁性贫血往往同时存在，并有报道，血清维生素 A 水平与营养状况的生化指标有密切的关系。缺乏维生素 A 的人群补充维生素 A，即使在铁的摄入量不变的情况下，铁的营养状况也有所改善。

（七）维生素 C 与贫血

维生素 C 在细胞内被作为铁与铁蛋白相互作用的一种电子供体。维生素 C 保持铁于二价状态而增加铁的吸收。维生素 C 促进非色素铁的吸收，曾为外源性标记的研究结果反复确认。铁缺乏个体摄入维生素 C 可加强同一餐中非色素铁的吸收。植酸和铁结合的酚类化合物是影响膳食铁吸收的两个强抑制因素，其抑制铁吸收的作用可为维生素 C 所抗衡，不影响色素铁的吸收，为使非色素铁的吸收增加，需要在一餐食物中增加约 50mg 维生素 C，如增加维生素 C 50～100mg，非色素铁的吸收可增加 2～3 倍。有些研究表明维生素 C 对铁吸收具有明显的对数剂量关系，无论是天然或合成的维生素 C 同样有效，而且不会因为长期大量摄入维生素 C，使铁的吸收减少。但另有人对长期使用维生素 C 促进铁吸收的有效性提出质疑，例如由于月经失血过多所致的缺铁性贫血，在补充大量维生素 C 后未显效，可能仅靠维生素 C 增加铁的吸收量不足以达到治疗效果。研究者提出维生素 C 对铁吸收的决定性作用，不亚于其抗坏血病的重要意义。

另外，膳食中存在胱氨酸、赖氨酸、葡萄糖及柠檬酸等有机酸能与铁螯合成可溶性络合物，对植物性来源的铁的吸收有利。

五、具有改善营养性贫血功能的物质

（一）乳酸亚铁

1. 性状

绿白色结晶性粉末或结晶，稍有异臭，略有甜的金属味。乳酸亚铁受潮或其水溶液氧化后变为含正铁盐的黄褐色。光照可促进氧化。铁离子反应后易着色。溶于水，形成带绿色的透明液体，呈酸性，几乎不溶于乙醇。铁含量以 19. 39% 计。

2. 生理功能

改善缺铁性贫血。

3. 制法

（1）由乳酸钙或乳酸钠溶液与硫酸亚铁或氯化亚铁反应而得。

（2）乳酸溶液中添加蔗糖及精制铁粉，直接反应后结晶而得。

为防止氧化，反应后应浓缩、结晶、干燥、密闭保存。

4. 安全性

（1）LD_{50} 4.875g/kg（小鼠，经口），或3.73g/kg（大鼠，经口）。

（2）ADI 0.8mg/kg。

（二）血红素铁（卟啉铁）

血液经分离除去血清，得血球部分（血红蛋白）再经蛋白酶酶解以除去血球蛋白后所得含卟啉铁的铁蛋白。血红蛋白是一种蛋白质相对分子质量约为65000的含铁蛋白，每一分子铁蛋白结合有4个分子的血红素，含铁量约为0.25%。经酶解并除去血球蛋白后的血红素铁，含铁量可达1.0% ~ 2.5%。血红素铁是由卟啉环中的铁经组氨酸连接后与其他蛋白质分子相连，故血红素铁仍含有80% ~90%的蛋白质，等电点4.6~6.5，含血红素9.0% ~27.0%，分子式$C_{34}H_{30}FeN_4O_4$，相对分子质量为614.48。

1. 性状

暗紫色有光泽的细微针状结晶或黑褐色颗粒、粉末。略有特殊气味。极不稳定，易氧化。不溶于水。用作铁强化剂，其吸收率比一般铁剂高3倍。

2. 生理功能

对缺铁性患者有良好的补充、吸收作用，其优点主要如下。

（1）血红素铁不会受草酸、植酸、单宁酸、碳酸、磷酸等影响，而其他铁都受到吸收的阻碍。

（2）非血红素铁只有与肠黏膜细胞结合后才能被吸收，其吸收率一般为5% ~8%。而血红素铁则可直接被肠黏膜细胞所吸收，吸收率高，一般为15% ~25%。

（3）非血红素铁有恶心、胸闷、腹泻等副作用，而血红素铁无此现象。

（4）毒性低。

3. 安全性

LD_{50}（小鼠，经口）>20g/kg。

（三）硫酸亚铁

1. 性状

灰白色至米色粉末，有涩味，较难氧化，比结晶硫酸亚铁容易保存。水溶液呈酸性并混浊，逐渐生成黄褐色沉淀缓慢溶于冷水，加热则迅速溶解，不溶于乙醇。含铁量按20%计。

2. 生理功能

改善营养性贫血，作为铁源供给。在各种含铁的营养增补剂中，一般均以硫酸亚铁作为生物利用率的标准，即以硫酸亚铁的相对生物效价为100，作为各种铁盐的比较标准。

3. 制法

将稀硫酸加入铁屑中，结晶时水溶液>64.4℃时，所得为一水盐。或将结晶硫酸铁于40℃下干燥成粉末而得。加热至45~50℃时溶于结晶水而液化，边搅拌边缓慢蒸发结晶水。干燥失重的限度为35% ~36%，生成小粒状态细粉，制成粉末。

4. 安全性

LD_{50} 279~558mg/kg（大鼠，经口）或1180~1520mg/kg（小鼠，经口）。

（四）葡萄糖亚铁

1. 性状

黄灰色或浅绿黄色细粉或颗粒，稍有焦糖似气味。水溶液加葡萄糖可使其稳定。易溶于水，几乎不溶于乙醇。含铁元素以12.0%计。

2. 生理功能

改善缺铁性贫血。

3. 制法

（1）由还原铁中和葡萄糖而成。

（2）由葡萄糖酸钡或钙的热溶液与硫酸亚铁反应而得。

（3）由刚制备的碳酸亚铁与葡萄糖酸在水溶液中加热而得。

4. 安全性

（1）LD_{50} 2237mg/kg（小鼠，经口）或3700~6900mg/kg（大鼠，经口）。

（2）ADI 0~0.8mg/kg。

思考题

1、简述贫血的分类和原因。

2、简述贫血患者机体各系统的临床症状。

3、具有改善营养性贫血的物质有哪些？

第七节 改善皮肤状况的保健食品

一、概 述

近年来，功能性食品的数量在飞速增长，其中能够美容皮肤的食品越来越受到人们的关注。从2003年5月1日开始实施的保健食品审批制度，和原来相比适当作了调整，国家重新对美容保健食品的功能作了规定，原来的“美容”变为“祛痤疮”“祛黄褐斑”“改善皮肤水分”“改善皮肤油分”。就改善皮肤状况而言，以前更多的关注是放在了化妆品上，现在对美丽的追求趋向于“由外而内”，人们开始注重内部的调节，“食疗”被越来越多的人所追求。

二、皮肤的基础知识

（一）皮肤的结构

皮肤是人体最大的器官之一，约占体重的16%。皮肤分为表皮、真皮、皮下组织。其中表皮分为角质层、颗粒层、有棘层和基底层；真皮分为胶原纤维、弹性纤维、毛细血管；皮下组织分为脂肪层和松散的结缔组织。表皮是皮肤最为重要的部分，皮肤的屏障保护作用主要由表皮实现。它可保护体内组织免受外物和细菌的侵害，防止体内水分、电解质等物的丢失。皮脂是皮肤表面脂类的主要来源，它与水形成乳化液，可制止水分过快蒸发，使皮肤和毛发保持柔润。皮肤若能保持油脂与水分平衡，就能维持健康与漂亮。水分是在皮肤细胞的里面，而油脂却在细胞的外面，油脂能保护细胞内的水分不被蒸发。皮肤组织结构如图 13－1 所示。影响皮肤的因素很多，有内在原因和环境因素，比如年龄的增长、紫外线、激素和营养状况等。

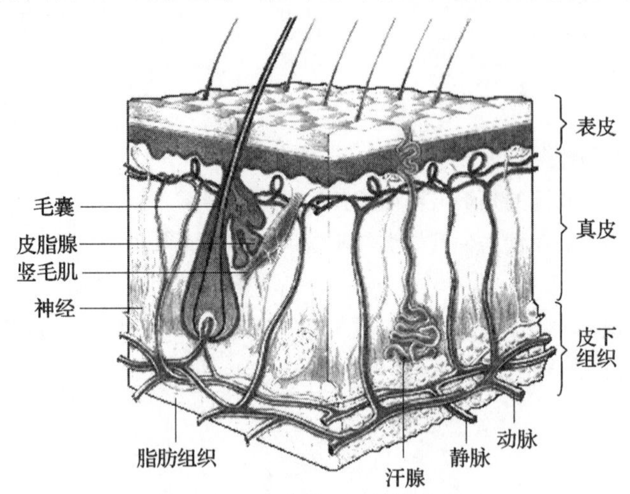

图 13－1 皮肤的组织结构示意图

（二）皮肤的类型

皮肤的结构虽然都是一样的，但每个人皮肤的性能却各有差异。皮肤的类型大致分为五种，包括中性皮肤、干性皮肤、油性皮肤、混合性皮肤和脱水性皮肤。皮肤的类型不是绝对的，年龄、气候、环境等因素都可以影响皮肤的状况。皮肤会随年龄的增长而发生变化。幼年时，皮肤多为中性，随着青春期的到来，不同人的皮肤便呈现出不同的类型。一般情况下，夏天皮肤趋向油性，冬天皮肤则趋向干性，这是因为温度的高低会影响油脂的分泌。

1. 中性皮肤

中性皮肤是最理想的皮肤，皮肤的油脂、水分含量和酸碱度处于均衡状态，既不油腻也不干燥。皮肤红润有光泽，细腻、柔软且富于弹性，毛孔细小不明显，无任何瑕疵。

2. 干性皮肤

干性皮肤分缺水型和缺油型两种。皮肤干燥、无光泽、缺乏弹性、毛孔不明显，易长皱纹，但不易长粉刺。皮肤较白的女性中，约有 85% 为干性皮肤。

3. 油性皮肤

油性皮肤分为普通油性皮肤、超油性皮肤两种，是由于皮脂腺分泌过多皮脂而致。这种皮肤毛孔粗糙，偏碱性，弹性好，不易衰老，但易于长粉刺，易吸收紫外线而变黑。

4. 混合型皮肤

混合型皮肤是指一部分皮肤呈一种特征，而另一部分皮肤又呈另外一种特征。通常是 T 字部位：前额、鼻部和下巴的皮肤呈油性，眼眶周围、两颊和颈部呈中性或干性。

5. 脱水性皮肤

干性脱水皮肤：水分散失严重，对物理、化学和气候变化等影响因素敏感。

油性缺水皮肤：皮肤毛孔粗糙。

（三）皮肤的色泽与 pH

机体正常的肤色，是由氧化血红蛋白、还原血红蛋白、胡萝卜素和黑色素等四种色素引起的，通常取决于表皮黑色素的含量和分布、真皮血液循环情况以及角质层厚度等。黑色素由表皮基底层细胞产生，来源于酪氨酸。在黑色素细胞内，黑素体上的酪氨酸经酪氨酸酶催化合成，再与蛋白质结合形成黑色素颗粒，并贮存于皮肤中。人体皮肤约有400万个黑色素细胞，其中生发层平均每10个细胞中就有一个黑色素细胞。肤色还与日照程度、气候和地理位置有关。阳光中紫外线能够促进黑色素生成。另外，黑色素代谢异常，如后天色素代谢失调而使黑色素细胞受到破坏，就会出现白癜风。

皮肤外表面覆盖着一层酸性膜，由皮脂腺分泌的皮脂、汗液等物质混合而成。因此，健康的皮肤偏酸性，人的皮肤酸碱度正常值为pH 5.0～5.6。这层酸性皮脂膜对人体有保护作用，它能防止各种细菌或真菌侵入机体，起到自动净化作用。为了保护好"酸外套"，最好不用碱性过强的洗涤用品洗涤，也不宜使用碱性化妆品。如油性皮肤pH 5.7～6.5，该pH有利于微生物生长，因此易长粉刺、暗疮等。

（四）皮肤的生物作用

1. 保护和感觉作用

皮肤对致病性微生物的侵袭发挥防御作用；对光、电、热来说是不良导体，能够阻止或延缓水分、物理性或化学性物质的进入和刺激；皮肤能缓冲外来压力，保护深层组织和器官。另外，黑色素也是防御紫外线的天然屏障。皮肤含有丰富的神经纤维网和各种神经末梢，感受各种外界刺激，产生痛、痒、麻、冷、热等感觉。

2. 调节体温作用

皮肤在保持体温恒定方面，发挥重要作用。皮肤通过毛细血管的扩张或收缩，增加或减少热量的散失来调节体温，以适应外界环境气温的变化。

3. 吸收作用

正常皮肤通过毛囊口，选择性吸收一些物质进入血液循环，包括脂类、醇类等。固体物质或溶水性物质，通常很难通过皮肤吸收。

4. 代谢作用

皮肤参与全身代谢过程，维持机体内外生理的动态平衡。整个机体中有10%～20%的水分是储存于皮肤中。对全身的水代谢都有重要的调节作用。皮肤还储存着大量的脂肪、蛋白质、碳水化合物等，供机体代谢所用。皮肤含有脱氢胆固醇，经阳光中紫外线照射后，可转变为维生素D。

5. 免疫作用

皮肤是测定免疫状况和接受免疫的重要器官之一，皮肤的免疫作用是机体抗外界抗原物质的天然屏障。当皮肤生理功能衰退或处于病理的情况下，会引起感染发炎、红肿和各种皮肤病。

6. 分泌与排泄作用

皮脂腺的分泌，不仅能润湿皮肤和毛发，保护角质层，防止水和化学物质的渗入，还起到抑菌、排除体内某些代谢产物的作用。汗腺的排泄可以调节体温，维持皮肤表面酸碱度，协助肾脏排泄代谢废物。

（五）影响皮肤美容的因素

1. 精神因素

保持健康的精神状态，可以加速皮肤血液循环，增加皮肤新陈代谢速率，使皮肤具有正常的润泽和弹性。精神长期抑郁，将造成机体内分泌紊乱，直接导致皮肤色素沉着，免疫力下降。

2. 机体因素

只有在保证机体功能健康正常的情况下，才能保持皮肤健美。胃功能减退，糖代谢失调，造成皮肤毛细血管扩张，皮肤局部发红。肝脏具有解毒、调节激素平衡的功能，肝功能发生障碍时，皮肤易干裂，出现痤疮或肝斑等症状。另外，机体其他组织器官疾病，如肾炎、内分泌紊乱或卵巢、子宫异常，也会导致一些皮肤疾病。

3. 年龄因素

随着年龄的增长，机体功能逐渐退化，皮肤也随之老化。皮肤正常功能衰退，原有纤维排列变得凌乱，皮肤失去弹性及丰满，皮肤松弛下垂，变得粗糙、干燥。而且，皮肤代谢发生异常，内分泌失调，脂褐素堆积以及黑色素增加而出现老年斑，皮肤持水力下降，起皱纹。

4. 生活习惯

具有正常的生活规律和良好的膳食习惯，是保证皮肤健康的重要因素。起居要有规律，如果睡眠时间长期不足，将造成皮肤细胞再生能力下降，皮肤粗糙，眼圈发黑。

5. 环境因素

温度、湿度、阳光、尘埃以及气候变化等，都将影响皮肤健康。阳光可以促进皮肤新陈代谢，皮肤在阳光下合成维生素 D，但紫外线过强容易形成黄褐斑等皮肤瑕疵。空气中的尘埃进入毛孔，容易诱发痤疮。

三、改善皮肤状况——祛黄褐斑

皮肤的颜色是由皮肤表皮层色素颗粒的数量及大小决定的。皮肤的色素主要有黑色素和血色素等。血色素能使皮肤显得红润健康。黑色素的数量与遗传有关，当受到过度刺激就会引起黑色素细胞加速分裂、数量剧增，而此时若细胞的新陈代谢速率较慢，或人体自身的调节功能紊乱，黑色素就会沉淀到真皮层形成色斑。

（一）黄褐斑的定义

黄褐斑是一种发生于面部的色素增生性皮肤病，因其常见于妊娠 3～5 个月，故又称妊娠斑。又因其状似蝴蝶，颜色类似肝脏的褐色，所以又称蝴蝶斑和肝斑。黄褐斑好发于面部，特别是双颊部、额部、鼻部和口周等部位，一般对称出现，有的单侧发生，表现为大小不等、形状不规则的片状淡褐色或黄褐色斑，边缘清楚或不清楚，互相融合连成片状，表面光滑，无鳞屑。临床上分为三种类型：面部中央型、面颊型、下颌型。

（二）黄褐斑的起因

黄褐斑是由于黑色素过多沉着于皮肤中而形成，但病因尚未完全明了。现代医学认为，黄褐斑的发生多因内分泌失调引起，常见于月经不调、妊娠、口服避孕药及某些消耗性疾病患者。同时，黄褐斑与皮肤抗氧化能力较弱密切相关，皮肤自由基含量过多，抗氧化能力较弱，易造成皮肤细胞的损伤，而导致皮肤的衰老和色斑的形成。此外，营养不良或不合理者，如缺乏维生素 A、维生素 C、维生素 E、烟酸及某些微量元素等，或者紫外线过多照射都会引起黄褐斑。某些化妆品的刺激、阳光曝晒等也是黄褐斑的常见诱因。精神神经因素也是引起黄褐斑的一个原因，如生活无规律、缺乏睡眠等。

（三）祛黄褐斑的作用机制

黑色素是在酪氨酸酶的作用下由无色的酪氨酸生成多巴，多巴又在酪氨酸酶的作用下变成多巴醌，再经一系列氧化过程最后形成黑色素。正常情况下，黑色素形成后一部分被分解，排出体外，另一部分会随着表皮的脱落而脱落。若酪氨酸酶活力增强，黑色素增多，激增的黑色素又因代谢迟缓而无法排出体外，就会淤积在脸上形成斑点。抑制酪氨酸酶的活力，以干扰和减少黑色素的产生，是预防黄褐斑生成的有效措施。此外，调节内分泌平衡、促进新陈代谢、清除自由基、活血化瘀和清肠排毒，也能在一定程度上达到以内养外、祛斑美白的效果。

（四）食品中祛斑的功能因子

1. 水分和膳食纤维

对于祛斑而言，水分和膳食纤维的作用有点类似。足够的水分有助于血液循环，将营养物质输向皮肤，同时运走代谢废物，减少黑色素的沉着，防止面部色斑生成。而膳食纤维能促进肠道蠕动、增强机体新陈代谢能力、加快代谢废物和毒素排出体内的速度，从而防止色斑的生成。

2. 脂肪

不饱和脂肪酸，如亚麻酸，能增进血液循环、减少脂肪在血管内壁的滞留，消散粥样硬化斑，防止血管内膜损伤；能调节皮脂腺的代谢，改善皮肤代谢失调现象，增进皮肤健康，缓解由内分泌失调引起的色斑。

3. 维生素

（1）维生素 E　维生素 E 能调理内分泌，清除自由基、抑制体内脂质的过氧化反应，防止细胞组织老化，减少过氧化反应所导致的生物大分子交联和脂褐质堆积现象，延缓机体衰老，减少或阻止色斑的形成和出现。

（2）维生素 C　它参与体内的氧化还原反应过程，具有很好的抗氧化、清除自由基和提高免疫力作用。它能抑制中间体多巴醌转化成黑色素，并将深色氧化型黑色素还原为浅色的还原型黑色素。

（3）B 族维生素　维生素 B_1能促进肠道蠕动，增强机体新陈代谢功能。维生素 B_2具有强化皮肤代谢、改善毛细血管微循环的作用。它们能使色素减退、色斑减少。缺乏维生素 B_5易引起癞皮病，最终还会因色素沉着而使皮肤出现斑块。

4. 矿物质

硒是强抗氧化剂，能将过氧化物还原或分解，达到清除自由基、保护细胞膜结构和功能、修复分子损伤，从而延缓衰老，防止色斑生成。含硒酶——谷胱甘肽过氧化酶具有消除脂质过氧化物的作用。此外，硒还具有促进体内新陈代谢、增强机体免疫力等功能。

四、改善皮肤状况——祛痤疮

痤疮是毛囊与皮脂腺出现慢性炎症的一种皮肤病，俗称“粉刺”“青春痘”。痤疮主要发生在面部、肩周、胸和背部等部位，表现为黑头粉刺，炎性丘疹，继发脓疱或结节、囊肿等。痤疮发病率高，我国男性发病率约为 45.6%，女性约为 38.5%。

（一）痤疮的起因

痤疮是一种多因素性疾病，其发病机制尚未完全清楚。皮脂分泌、毛囊过度角质化、微生物繁殖是痤疮发病的主要因素。此外，遗传因素、饮食、情绪紧张或某些化学因子也可能引起痤疮的产生和恶化。

1. 皮脂分泌过盛

痤疮好发于青春期，此时皮脂分泌旺盛，皮脂不易排泄而逐渐聚积在毛囊口。脱落的上皮细胞与皮脂混合后堵塞毛囊口，形成粉刺后被细菌感染，从而发生丘疹、结节等。通常男性痤疮较女性顽固。

2. 毛囊角质细胞的异常角化

异常角化是毛囊皮脂阻塞的重要原因。角化细胞不正常的附着且不脱落，会造成下方分泌代谢物无法排除，而角化异常其实又受到细菌和油脂大量分泌的间接影响，两种相互关联而促使痤疮生成。

3. 微生物繁殖

毛囊内细菌的增生，特别是痤疮丙酸杆菌的增生，能将原本较无刺激的皮脂分解成高刺激性的游离脂肪酸，引起毛囊发炎。到一定程度会引发丘疹、脓疱、结节和囊肿。

4. 遗传因素

无论是皮脂腺的大小、密度或活性，还是毛囊结构和内分泌等方面的差异，其实都受到基因遗传的影响，也说明了痤疮很大程度上与遗传有关。

5. 膳食及用药因素

摄入过量油腻食物、甜品及辛辣油炸食品，会刺激皮脂腺分泌活跃而引发痤疮。酒类会引起面部泛红，皮脂过多，从而加重痤疮。有些药物含有刺激性的毒素，长期使用会促使痤疮的情况恶化。长期使用含有激素的化妆品，会使皮肤变薄、毛囊萎缩，毛细血管扩张，皮肤抵抗力下降。护肤品堵塞毛孔等。

6. 环境因素

生活或工作环境污染严重，环境过热或潮湿会加重痤疮病情。过多的日晒不仅使油脂分泌增多，而且日晒量过大会造成角质增厚，即使油脂分泌较少，痤疮也会“闷出来”。

7. 身体健康因素

(1) 胃肠功能障碍或便秘因素　食物在肠道内腐败，毒素被吸收后对身体造成毒害，皮肤新陈代谢缓慢，角质增加引起发炎症状。

(2) 肤质　油性肤质是最容易出现痤疮的一种肤质。

(3) 疲劳　身体过于疲劳会扰乱新陈代谢，从而引发痤疮。

(4) 生理期　几乎70%以上的女生在生理期都会长痤疮。生理期激素分泌发生变化，皮脂分泌更加旺盛，肌肤呈现多油状态，因此，痤疮容易出现。

(5) 精神紧张　精神因素不是引发痤疮的主要因素，但却是一个非常重要的因素。长期精神抑郁会影响内分泌，造成油脂分泌失调，产生痤疮。

微量元素或维生素缺乏、贫血、肝功能虚弱等，也可能是引起或加重痤疮症状的原因。

(二) 痤疮的种类

痤疮的分类方法较多，从痤疮外部皮损症状进行划分，可分为粉刺、丘疹、脓包、囊肿、结节等。根据临床表现又可分为寻常痤疮、聚合性痤疮、恶病质性痤疮、婴儿痤疮、热带痤疮、坏死性痤疮、月经前痤疮、剥落性痤疮、暴发性痤疮等。根据外观、严重性及病理的原因的不同，大致分为三大类型，原发型粉刺、发炎性痤疮以及继发性粉刺。

(三) 食物中祛痤疮功能因子

1. 水分

皮肤的正常代谢需要水分。它可以稀释血液，有助于血液循环，加速毒素排出体外，有助于表皮废物的排出。

2. 必需脂肪酸

必需脂肪酸和皮肤角质层的正常代谢息息相关。

3. 维生素

（1）维生素 A 及其衍生物　它们具有脂溶性，可以直接穿过真皮发挥作用，刺激纤维母细胞，促进纤维的合成。缺乏时，皮肤会出现上皮角化，即毛囊角化症，容易引发痤疮。

（2）维生素 C　它是胶原蛋白形成过程中的必需成分，它能加速皮肤的自我修复。缺乏时，胶原生物合成失败，皮肤上的创伤口将难以愈合。

（3）B 族维生素　维生素 B_2能强化皮肤新陈代谢，改善毛细血管微循环，使眼、口唇变得光润、亮丽。缺乏时，出现口角炎和脂溢性皮炎。维生素 B_6具有抑制皮脂腺活动，减少皮脂分泌，治疗脂溢性皮炎和粉刺等功能，缺乏时，皮肤会出现湿疹和脂溢性皮炎等。

（4）维生素 E　具有促进毛细血管微循环、调节激素正常分泌。

4. 矿物质

锌在人体新陈代谢和伤口愈合中发挥极其重要的作用。锌缺乏时，皮肤创口难以愈合，还会出现脂溢性皮炎、痤疮和脱毛症。

5. 具有祛痤疮功效的典型配料

如表 13－2 所示为具有祛痤疮功效的典型配料。

表 13－2　具有祛痤疮功效的典型配料

典型配料	生理功效
维生素 A	防止毛囊过度角化
维生素 C	促进皮肤伤口愈合
维生素 E	调节激素分泌、促进皮肤损伤的修复
B 族维生素	调理肌肤油脂分泌、促进皮肤损伤的修复
超氧化物歧化酶	美容、解毒
金盏花提取物	杀菌、促进伤口愈合、预防痤疮
洋甘菊提取物	抗过敏、消炎、促进皮肤损伤的修复
甘草提取物	消炎、预防痤疮
γ－亚麻酸	调节血脂、美容、护肝、增强免疫、降血压

五、改善皮肤水油平衡功能

充足的水分使皮肤显得娇嫩细滑。人体内的水分会随年纪增大而递减。成年人有足够的皮脂分泌，但水分相对较少，因此成人的肌肤保养以补充水分为主。由此可见，水和油均为完美皮肤所必需，保持皮肤水油平衡是保证肌肤健康亮丽的必行之路。

（一）皮肤的水分及其影响因素

水是人体维持生命、健康、促进活力的源泉。一般正常皮肤含水量为 10%～20%，如果水分含量减到10%以下，皮肤就会丧失光泽和弹性，变得干燥、粗糙。短期而言，皮肤弹性、通透度和丰满度下降，皮肤变得干燥和暗淡，细纹逐渐出现。长期来讲，皮肤的屏障功能和自我修复能力降低，容易产生皱纹，变得脆弱、衰老。干燥的天气、风沙、空调环境，都会带走皮肤的水分。皮肤角质层中含有某种水溶性成分，使皮肤具有一定的吸湿性，这些成分称为天然润湿因子。天然润湿因子包括糖类、有机酸、氨基酸、矿物元素（如钠、钾、钙、镁）等。适时给皮肤补充天然润湿因子，可以有效改善和提高皮肤水分含量，维持皮肤的柔软和弹性。皮肤角质层中还包括一些防止水分散失、控制水分转移的复合物。这些复合物由脂质、蛋白质和天然润湿因子等亲水物质组成。通过天然润湿因子、保湿性高的亲水性成分，以及能够防止这些成分散失、控制水分转移的脂质等成分的协同作用，能达到皮肤保湿的目的。

（二）皮肤的油脂及其影响因素

皮肤油脂分泌过多，不仅会使脸上泛油光，影响外观，更重要的是，把皮肤的油脂当作营养物，数量逐渐增加，而细菌新陈代谢的产物又会对皮肤造成负担，形成自由基，刺激滤泡壁，进而导致皮肤过度角质化、粉刺、皮肤发炎等。但是，油脂对于皮肤的健美又是必不可少的。油脂具有润滑作用，适量油脂能避免皮肤干燥起皱。皮肤分泌的油脂中含有脂肪酸、乳酸、溶菌酶等成分，它们所营造的酸性环境能杀死细菌，但如果不注意卫生，皮肤酸性环境遭到破坏后，皮肤上的油脂不但起不到防护层的作用，反而会成为细菌的营养物而引起皮肤疾病。此外，皮肤上的油脂还具有防止水分流失的保护作用。

造成皮肤油脂过度分泌主要有以下三种因素。

（1）激素　雄激素可促进皮脂分泌，而雌激素则抑制分泌。雄/雌激素比例不当，会造成油性皮肤、黑头和粉刺，一般发生在青春期和成年后。还有激素、抗生素类等药物因素也同样会加剧油性皮脂腺分泌。

（2）精神因素　在一定的遗传基础上，紧张、压力、忧郁、疲劳等都会诱发和加剧油性皮肤。

（3）外界因素　过热、过湿的气候及使用含油脂高的化妆品，都会使皮脂腺分泌增多。

吸烟及环境污染也会使油性皮肤恶化。随着夏季气温逐渐升高，血液循环加快，腺体分泌增多，毛囊中的皮脂细胞功能失衡，产生过量的油脂囤积于细胞内。过量囤积的油脂会使细胞变得十分脆弱，往往未达成熟阶段就提早破裂，结果释放出大量油脂浮现于肌肤表面。气温每升高1℃，油脂分泌就会增加10%。

（三）皮肤的pH及其影响因素

皮肤外表面覆盖着一层酸性膜，由皮脂腺分泌的皮脂、汗液等物质混合而成。皮肤的pH是尿素、尿酸、盐分、乳酸、脂肪酸、游离脂肪酸、中性脂肪等混合物的pH。因此，健康皮肤偏酸性，介于pH 5～5.6。这层酸性膜具有杀菌、消毒和抵抗传染病等功能。油性皮肤pH介于5.7～6.5，该pH范围有利于微生物生长，因此易长粉刺、暗疮等。一般认为头部、颈及腹股沟处皮肤偏碱性，而上肢、手背处偏酸性。皮肤的pH也会因人种、性别、年龄、季节等的不同而不同。如女性皮肤的pH比男性的略高，新生儿皮肤的pH比成人高。

皮肤对pH在4.0～6.0范围内的酸性物质有一定缓冲作用，弱酸对皮肤有一定收敛作用，强酸则会损伤皮肤。皮肤表面对外来碱性溶液缓冲中和的能力，称为皮肤的中和性能。对于健康的人来说，皮肤的中和性能较强，使用碱性化妆品后能很快恢复到正常状态的pH。对皮肤开始老化的中老年人及皮肤过敏或湿疹病人，由于皮肤的中和能力较弱，使用碱性化妆品要恢复皮肤的正常状态比较缓慢。影响皮肤 pH 的因素很多，包括内分泌、消化、阳光、环境、营养和卫生等。

（四）改善皮肤水油平衡的功能因子

在保持皮肤水油平衡的功能中，最为迫切的是保证皮肤拥有充足的水分。不仅干性皮肤需要补水，油性皮肤由于油脂分泌过量，也需要补充水分加以平衡。给皮肤补水，一方面可以增加饮水量，另一方面则需要锁住水分，避免水分过度流失。

1. 神经酰胺

神经酰胺占角质层细胞间脂质的 40% ~50%，神经酰胺在皮肤保湿中起着极为重要作用。近年来，神经酰胺在食品生产中的采用率很高，这是由于有过硬的皮肤保养保湿效果验证及经过连续 3 次的临床试验确认了它的有效性之故。人体内，除了皮肤以外，血液、脑、脊髓和神经组织中都存在神经酰胺；在小麦、大米、大豆和黍类及菠菜等食物中也含有神经酰胺。含有神经酰胺的小麦提取物、米提取物相继作为植物系美容材料被开发成功以后，已经开始被应用于各种美容食品中。

2. 透明质酸

透明质酸广泛存在于哺乳动物的结缔组织中，眼玻璃体、关节液和脐带含量较高。在皮肤的表皮和真皮中，由于透明质酸含多个羟基、羧基，能与水分子形成氢键有很强的保水作用，理论上保水值达 500mL/g。其保水性与甘油、山梨醇、吡咯烷酮羧酸、可溶性胶原等一般保湿剂不同，不易受外部环境影响，吸湿量随着相对湿度上升而未明显增加。在低湿度下，能保持皮肤的一定水分，呈水淋淋状态，而在高湿度下，不致使皮肤发黏，是一种理想的保湿剂。

3. 硫酸软骨素

硫酸软骨素原是存在于真皮和表皮之间的成分，作用是埋藏各种组成分的间隙中，提高皮肤密度，抵御紫外线的侵袭，并通过提高皮肤细胞活性，加快将皮肤色斑和沉积的色素排除于皮肤以外，因此被设计成为众多女性追求美肤增白效果，用于春、夏加强防御紫外线照射的护肤品。同时因为它具有较多负离子基因，故而保湿性优良。硫酸软骨素存在于动物的骨头中，如鸡骨、牛骨、猪骨、鲨鱼骨，从鸡胸骨中提取硫酸软骨素含量在 90% 以上。

4. 黄酮

黄酮是一种有效的自由基清除剂，具有抗氧化作用，目前市场上以黄酮为功效成分的保健食品不断增多，主要宣传美容祛斑的保健作用。为了解黄酮对人体的美容祛斑作用，穆源浦选取两种以黄酮为功效成分的保健食品对人体的祛黄褐斑和祛痤疮的作用进行了研究，作用效果十分明显。

5. 多肽

多肽是处于氨基酸与蛋白质之间的一种物质，它能深入输送养分至皮肤深层组织，营养、滋润、修复、润泽、赋活细胞，调节内环境，增强肌体免疫力，净化血液，促进血液循环。氨基酸是皮肤角质层中天然的湿润因子，可使老化和硬化皮肤恢复水合性，防止角质层水分损失，保持皮肤的水分和健康，另外，多肽类的生长因子可加速受损细胞的修复。

6. 多酚

多酚有较强的抗氧化作用，据报道，多酚的抗氧化能力是维生素 E 的两倍以上。人的衰老与体内自由基的作用有关，而体内的自由基与脂质的过氧化相联系。抑制脂质过氧化可以减少自由基的产生，从而可减缓机体细胞的衰老。

六、具有改善皮肤状况功能的食物

（一）芦荟

芦荟中含有丰富的蒽醌类物质、黏多糖、多肽、氨基酸（约20多种）、有机酸、维生素、矿物质、叶绿素、生物活性酶及蛋白质等多种具有特定功能的活性成分。在体内，芦荟具有对细胞组织的再生和保护作用，可抗溃疡、增强内脏功能、调节生命体正常化。在体外，可以增白防晒、除皱祛斑、修复肌肤并保水保湿；可以提高人体免疫力，中和细菌毒性，杀菌消炎；净化体内自由基、防癌、抗人体老化。芦荟能有效排除体内毒素，调节内分泌，使人体的内分泌系统处于稳定、有序的运转状态，从而有效地去除体内垃圾；同时还能中和黑色素，提高胶原蛋白的合成功能。芦荟中所含的苹果酸、酒石酸及维生素 B_2、维生素 B_6、维生素 B_{12}是使皮肤光泽的主要原因。另外，芦荟是天然的保湿剂和收敛剂，对人体皮肤有良好的营养滋润作用，可以使皮肤保持湿润和弹性，抑制面部皱纹的生成，使皮肤光泽丰润，永葆肌肤青春；芦荟有防止紫外线作用，从而保护皮肤不受紫外线干扰，保持皮肤柔嫩、白皙的状态。

（二）大豆

大豆中含有丰富的黄酮类物质。大豆异黄酮存在大豆种子的子叶和胚轴中，种皮含量极少，现从豆粕中提取大豆异黄酮成为研究的热点。目前发现的大豆异黄酮共有12种，分为游离型和结合型两类，其中染料木素和大豆苷元是大豆异黄酮的活性成分。大豆异黄酮是目前国际上唯一安全有效的天然植物雌激素，大豆异黄酮是新型天然生理活性物质，具有多种生理作用，对妇女保健、心脏保健、免疫功能、预防癌症、骨质健康等方面具有重要作用，此外还有抗氧化、抗自由基、抑制酪氨酸蛋白激酶的活性，同时也发现大豆异黄酮片具有改善皮肤质量的作用，可使女性皮肤光润、细腻、柔滑、富有弹性保持皮肤水分。

（三）绿茶

绿茶中所含物质相当丰富，多酚类物质茶多酚占茶叶干重的22% ~30%，主要由儿茶素、黄酮类、酚酸类、花色素等四大类物质组成。据有关研究证明，1mg茶多酚清除对人机体有害的过量自由基的效能相当于9μg超氧化物歧化酶（SOD），大大高于其他同类物质。茶多酚有阻断脂质过氧化反应、清除活性酶的作用。茶多酚还具有一定的光损伤修复作用。绿茶的茶多酚可有效吸收紫外线，抑制黑素细胞的活化，同时抑制自由基的形成。另一方面，茶多酚还是很好的自由基清除剂，可预防脂质氧化，从而减轻色素沉着。

（四）蜂花粉

蜂花粉中含有丰富的蛋白质、氨基酸、糖、酶、微量元素、核酸、抗生素、黄酮类等物质。蜂花粉中的维生素A可防止皮肤干燥角质化，避免皮肤粗糙和生疮。维生素 B_2能促进饱和脂肪酸的代谢，使皮肤不油腻，可减少青春痘的发病几率。蜂花粉是一种纯天然高级营养素，在国际上被称为“完全营养素”“全功能食品”和“微型营养库”。

（五）葡萄籽

葡萄籽提取物是从葡萄的种子中提取出来的，在酿酒葡萄的种子中含量较高，其中的主要功效成分为多酚类物质。在欧美等国家，葡萄籽提取物享有“皮肤维生素”“口服化妆品”等美誉。皮肤属于结缔组织，其中含有的胶原蛋白和弹性蛋白对皮肤的整个结构起重要作用，胶原蛋白的适度交联可以维持皮肤的结构完整性，而体内自由基氧化可使其过度交联，在皮肤上表现为皱纹和囊泡，葡萄籽提取物可使胶原蛋白适度交联，有效清除自由基，从而保持皮肤柔顺、光滑。另外，弹性蛋白可使皮肤具有弹性，弹性蛋白可被自由基和弹性蛋白酶所降解，葡萄籽提取物具有清除自由基，阻断弹性蛋白酶的产生并抑制其活性，从而改善皮肤健康状况。

（六）葡萄酒

葡萄酒中的多酚类化合物分为两类：类黄酮类和非类黄酮类。最常见的类黄酮类主要包括：黄酮醇和黄烷酮醇类、儿茶素类、花色苷类、白藜芦醇类；非类黄酮类主要包括：羟基肉桂酸类化合物、安息香酸类化合物等。科学研究发现，红葡萄酒中的多酚，能直接保护肌肤，促进肌肤的新陈代谢，防止过早产生皱纹、皮肤松弛、脂肪积累等，也能间接地抑制黑斑的形成，让肌肤变得更年轻，更富有弹性。因此，红葡萄酒无论是外用还是饮用，都有润肤滋色、抗皮肤老化的功能。

（七）螺旋藻

螺旋藻所含的大量叶绿素、β－胡萝卜素、亚麻酸和多种维生素可抑制细菌生长，促进皮肤细胞的新陈代谢，增强细胞活力，调节脂肪代谢，促进脂肪代谢障碍所致的有毒物质通过皮肤排泄，并有排除体内毒素和清除肠毒素等作用。螺旋藻还能有效地纠正机体内分泌系统紊乱。因此，螺旋藻可减轻皮肤黄褐斑、痤疮老年斑、促进头发生长，并能防止毛囊角化皮肤干燥，使皮肤保持弹性、光泽和红润。

（八）番茄红素

番茄内含有谷胱甘肽类物质，这种物质在体内含量上升时，癌症发病率则明显下降。此外，这种物质可抑制酪氨酸酶的活性，使人沉着的色素减退消失，雀斑减少，起到美容作用。

思考题

1. 皮肤的生物作用是什么？
2. 影响皮肤状况的因素有哪些？
3. 痤疮是怎样产生的？
4. 祛除黄褐斑的作用机制是什么？
5. 影响皮肤水分的因素有哪些？
6. 影响皮肤油分的因素有哪些？
7. 调节皮肤水油平衡的功能性因子有哪些？

第八节　其他功能性保健食品

一、促进排铅

（一）概述

铅是一种有毒的重金属，也是一种重要的工业原料，其使用范围很广，很多制造行业都需要铅。汽车尾气、工业“三废”、使用加铅作稳定剂的塑料和搪瓷、松花蛋、爆米花、自来水管等都是铅的来源。几乎所有食品都含有微量的铅，我国每人每天都从食物中获取微量的铅。人体主要是通过呼吸道、胃肠道和皮肤吸收铅，当铅通过呼吸道吸入时，估计成人肺中的沉积率在30% ~50% 。一般每人每日通过食物摄入铅300 ~400g，其中仅有5% ~10% 可被胃肠道吸收，进入血液中的铅形成可溶性磷酸氢铅（$PbHPO_4$）或甘油磷酸铅。随血液循环，铅迅速被组织吸收，在人体所有组织与脏器中均可能有铅存在。骨中铅含量约占人体总铅量90% 以上（儿童仅占64% ），血铅量约占体内总量2% 以下，其中绝大部分与红细胞结合，其余血铅在血浆中；头发和指甲含铅量也较高。

（二）铅对人体危害

铅对各种组织均有毒害，但以对消化、神经、循环及造血系统的影响最为明显及严重。

1. 对血液系统影响

红细胞有清除免疫复合物、病原体及肿瘤细胞，促进T淋巴细胞、B淋巴细胞免疫应答，增强巨噬细胞吞噬功能和NK细胞、LAK细胞杀伤活性等作用。血液中95%左右的铅存在于红细胞，因此铅对血液系统作用主要表现在两个方面：① 抑制血红蛋白合成；② 缩短循环中红细胞寿命，这些影响最终导致溶血。

2. 对消化系统影响

铅与口腔中少量硫化氢作用可形成硫化铅沉积物，成为一种灰蓝色颗粒线条，分布于齿龈、口唇、口盖、口颊和唾液腺出口处，这一线条称为“铅线”。铅中毒时抑制胰腺功能，可增加唾液腺和胃腺分泌；同时，因铅与肠道中硫化氢结合，使硫化氢失去其促进肠蠕动作用，促使胃肠系统无力，呈顽固性便秘。腹绞痛是慢性铅中毒一个重要方面。其原因可有以下几点：① 由于某种诱因，使储存库中铅突然大量进入血循环中；② 铅对消化道平滑肌直接作用而产生痉挛；③ 铅引起肠系膜血管痉挛、缺血；④ 铅损伤交感神经节神经细胞，实验证明，严重铅中毒可见到此种神经细胞皱缩、结构消失、崩毁；⑤ 神经冲动传导介质紊乱等。

3. 对神经系统影响

铅进入机体以后，通过抑制磷酸化而影响能量代谢，抑制三磷酸腺苷酶而影响细胞膜功能，因血红蛋白生物合成障碍而影响组织呼吸，及因血管痉挛而使局部供血不良，所有这些因素都对神经细胞产生直接影响，损害大脑皮层兴奋及抑制过程相互平衡，使抑制过程减弱，而引起神经功能紊乱，出现神经衰弱综合征，也可引起心动过速和心电图改变。铅中毒时引起造血功能障碍，组织氧化还原受影响，血管痉挛，使神经细胞发生慢性、弥散性病变及功能衰退，铅中毒早期还可引起自主神经系统功能不稳定。铅还可引起多发性神经炎、肢端痛觉和触觉减退或消失，还可出现铅中毒性麻痹，这可能与细胞膜渗透作用障碍有关。如严重铅中毒时可致铅毒性脑病，此时脑组织含铅量可达0. 2 ~0. 6mg/100g（正常值为0. 12 ~0. 15 mg/100g），能引起颅内血管痉挛，促使脑血管发生早期硬化，从而影响脑细胞正常代谢。儿童血脑屏障尚未健全，铅易透过血脑屏障进入中枢神经系统，引起脑损伤，使智商下降和身体生长障碍。有人研究认为，儿童血铅每上升100g/L，智商值下降7 ~8 分，身高降低1 ~3cm。

4. 对肾脏的影响

在急性和慢性铅中毒时，肾脏排泄机制受到影响，使肾组织出现进行性变性，伴随肾功能不全。短期大剂量铅摄入导致肾脏中近曲肾小管衬细胞变性，肾小球萎缩，肾小管间质纤维化，细胞出现不同程度坏死和核包涵体出现，以及氨基酸、葡萄糖、磷酸盐吸收减少。核包涵体是一种铅蛋白复合物，也是铅中毒一个病理形态学特征，蛋白与铅结合后，铅暂时被封闭住，使之成为非扩散型，保护细胞不被直接损害。

5. 其他影响

有不少资料报道，铅可抑制受精卵着床过程。铅可引起人类死胎和流产的观点已为大多数人所接受，大剂量铅可引起精子形成改变及睾丸 RNA 和 DNA 含量增加，接触铅的工人因染色体畸变的淋巴细胞数明显增加，而引起染色体畸变。铅慢性低水平接触可抑制抗体产生及对巨噬细胞毒性而影响免疫功能，大量铅进入人体后会出现高血压。

（三）促进排铅功能因子及物质

1. 茶多酚

茶多酚是茶叶最重要活性成分之一，主要有儿茶素类物质组成，具有抗衰老、抗辐射、抑癌等药理作用。给铅染毒小鼠灌服茶多酚后，可使其红细胞中 SOD 活性恢复至高于正常水平，说明茶多酚有较强的清除自由基、抗脂质过氧化能力。铅对红细胞中 SOD 活性的抑制可能与铅破坏 SOD 空间构象和干扰 SOD 酶蛋白与 Zn^{2+}、Cu^{2+} 结合位点有关；SOD 活性下降，会造成体内超氧阴离子自由基蓄积，加剧生物膜脂质过氧化，从而对机体造成损害。虽茶多酚能拮抗中毒引起脂质过氧化，但无直接驱铅能力。研究者认为茶的直接驱铅能力与茶中含有维生素 C、B 族维生素及微量元素 Zn、Se 有关，这有待于进一步实验研究。

2. 维生素 B_1

通过对 Wiser 大鼠实验，发现维生素 B_1 有阻止铅蓄积作用，功效为动物模型 2～3 倍；维生素 B_1 对体内蓄积铅有明显排出作用（$P<0.01$）；但维生素 B_1 对铅作用机制目前尚不清楚，有待于进一步研究。

3. 硒

硒是人体红细胞谷胱甘肽过氧化物酶和磷脂过氧化氢谷胱甘肽过氧化物酶的组成成分，其主要作用是参与酶合成，保护细胞膜结构与功能免遭过度氧化和干扰。硒有许多重要生理功能，其中最重要的是硒在人体和动物机体中以硒代半胱氨酸（SeCys）形式参与构成谷胱甘肽过氧化物酶（GSH－Px），从而清除体内过多活性氧自由基；外源硒可诱导 GSH－Px 活性增加及过氧化氢酶活性。当机体处于缺硒状态时，GSH－Px 活性降低，会引起脂质自由基和过氧化物积累，导致细胞膜破坏、组织损伤。目前富含硒的功能食品有食用菌、灵芝、平菇、香菇、金针菇、藻类、酵母、茶叶等。

4. *L*－甲硫氨酸

甲硫氨酸（Met）是一种含硫氨基酸，在细胞内可通过转硫酶途径转化为参与各种毒物解毒过程的谷胱甘肽（GSH），摄入适量含硫氨基酸可增加谷胱甘肽生物利用度，甲硫氨酸加入到蛋白质缺乏大鼠食物中可使铅毒性降低。另外，甲硫氨酸的巯基可从组织中螯合铅，有利于铅排除；*L*－甲硫氨酸能降低肝、肾、脑、脾中的铅。

5. 碘化钾

胡益群等研制一种能防治铅中毒食用保健盐，其中起驱铅作用的是碘化钾。用含 0.25% 醋酸铅饮料喂养 SD 大鼠复制铅中毒模型，同时用不同浓度碘化钾盐水［分别为 10、20、30mg/(kg·d)］分组喂养，探索预防铅中毒碘化钾日需量。结果表明，动物日需碘化钾 10mg/(kg·d)，则具有抗铅性损害作用；且通过人体试验证明，铅接触人员摄入含 1% 碘化钾食盐有驱铅及预防铅性损害作用。

6. 大蒜

大蒜含有化学物质，主要有含硫化合物、氨基酸、肽类、蛋白质、酯类、维生素等。含硫化合物主要有大蒜辣素、大蒜素、大蒜新素等硫醚化合物，此外，大蒜含有的半胱氨酸、果胶、B族维生素均有排铅作用。大蒜排铅机制：一是大蒜本身含有能直接与铅反应的物质，如果胶、半胱氨酸、葫蒜素、三硫醚等；二是某些含硫化合物如硫醚、硫肽等进入人体后，可释放出活性巯基物质，这些巯基物质再与铅反应生成配合物，配合物通过尿液或粪便排出体外，从而达到排铅目的。

7. 菊花

菊花中富含维生素C和Se、Zn、Fe、Ca等微量元素，维生素C可补充体内由于铅所造成自身损失，并与铅结合成溶解度较低的抗坏血酸铅盐，降低铅吸收；同时维生素C还直接参与解毒过程，促进铅排出。而硒元素与金属有很强亲和力，在体内可与铅结合成金属硒蛋白复合物使之排出体外，降低血铅；另外Zn、Fe、Ca等金属元素对铅吸收也有一定拮抗作用。

8. 魔芋精粉

摄入膳食纤维对无机盐和微量元素吸收利用多有不利影响，其原因主要是膳食纤维可与许多金属离子发生特异性结合和非特异性吸附作用，从而降低其消化道吸收率；但不同种类、不同来源的膳食纤维与金属离子结合能力有较大差异，故对其吸收利用的影响也各不相同。有研究表明，摄入魔芋精粉不影响Ca、Fe、Zn、Cu等必需元素的吸收利用。魔芋精粉主要成分葡甘聚糖（又称魔芋多糖）是一种难以被人体消化的半纤维素。体外实验表明，魔芋与铅有较强的特异性结合能力，动物试验证实摄入魔芋精粉可使大鼠粪铅排出增加，血铅、肝铅、脑铅、骨铅含量减低，魔芋有减少消化道铅吸收和体内铅储留作用，可作为铅接触人群的预防保健食品及铅中毒患者辅助治疗手段。

9. 葵花盘果胶

葵花盘低酯果胶是半乳糖醛酸聚合体，分子质量大，不被机体吸收。低酯果胶驱铅是利用其半乳糖醛酸链中自由羟基被甲酯化，变成易为金属离子所取代的结构，与金属离子形成不溶性盐类沉淀物。目前对葵花盘果胶进行体外实验和活体实验，体外实验证明：按 $Pb(CH_3COO)_2$：果胶为1∶4比例混合时，99.67%铅可被结合沉淀析出；1∶1时，71.27%铅可被结合。活体实验观察到葵花盘低酯果胶可使动物粪便中铅含量明显增加；尿铅含量低于铅染毒组；动物肝、肾组织中铅含量低于单纯铅染毒组。且在停止染毒后，服果胶组大鼠体重恢复很快，因此认为果胶驱铅效果使机体受到相应保护，减轻铅毒物对各脏器损伤程度。经测定葵花盘低酯果胶驱铅效率是EDTA驱铅效率的46.3%左右。

二、提高缺氧耐受力

（一）概述

缺氧耐受是一种应激反应，是机体多个系统功能的综合表现。航空航天、高原、井下等特殊岗位作业人群，常常存在低压、缺氧等应激因素的影响，短期、轻度的缺氧可很快恢复，不致产生不良后果；而长期、累积性缺氧可能渐进性损害身心功能，加重疲劳，降低工作效率，甚至诱发安全事故。因此，研究制定预防缺氧或提高机体缺氧耐受力的措施与对策具有重要的现实需求和重大的社会、经济效益。缺氧可引起机体产生各种应激性反应，如影响机体各种代谢和机体的氧化供能。亚硝酸钠可使血红蛋白变成高铁血红蛋白，失去携带氧的功能，最终会导致机体心、脑等重要器官、组织供氧不足而死亡。

（二）具有提高缺氧耐受力的物质

1. 红景天

红景天作为保健食品可用资源，可通过提高机体组织氧的利用率，增加有氧氧化酶的活性，提高机体的带氧和供氧能力；并可能通过降低耗氧量、耗氧速度，清除自由基或减少自由基对血管内皮的损伤来实现抗缺氧作用。现以红景天提取物为主要原料，辅以枸杞子提取物、西洋参提取物，开发出一种具有提高缺氧耐受力功能的保健胶囊。

2. 角鲨烯

角鲨烯又名鲨烯、鲨萜，是一种高度不饱和烃类化合物，常温下为无色油状液体，不溶于水，难溶于甲醇、乙醇和冰醋酸，易溶于乙醚、石油醚、丙酮、四氯化碳等有机溶剂，最初在黑鲨鱼肝油中分离得到，也是人类动物组织中最早发现的烃类化合物。多年来的研究发现，角鲨烯作为一种脂质不皂化物，广泛分布于生物体中，植物中存在的角鲨烯以橄榄油、棕榈油、米糠油和苋属植物种子油含量最高；动物中的角鲨烯主要存在于深海鱼类，尤其是深海鲨鱼的肝脏。各方面的研究表明，角鲨烯具有很高的生物活性，能增加高密度脂蛋白和富含携氧细胞体，人体摄入后，有助于降压、降脂、降黏，可迅速促使血管疏通，预防及治疗因血液循环不良而引起的心脏病、高血压、低血压及中风等。角鲨烯还具有类似红细胞的摄氧功能，对体内组织细胞提供充足的氧，从而改善心脑血管功能与增强身体耐力，同时还能促进体内的能量代谢，使体力快速恢复，疲劳及时消除，消除自由基，提高免疫功能，增强机体预防疾病的能力等，广泛应用于医药、美容、化妆品、保健食品等各个领域。

3. 番茄红素

番茄红素（lycopene）是一种重要的类胡萝卜素，它是有 11 个共轭及 2 个非共轭碳－碳双键组成的直链型碳氢化合物，分子式为 $C_{40}H_{56}$，相对分子质量为 536185。它主要存在于番茄及其制品、西瓜、粉红色番石榴和粉红色葡萄等果实以及红色棕榈油中，而其他蔬菜和水果中含量很低。由于番茄红素不具备 β－芷香酮环结构，不是维生素 A 源，故不表现维生素 A 的生理活性。然而最近研究表明，番茄红素具有比其他类胡萝卜素更为优越的性能，是有效的抗氧化剂，它通过捕捉单线态氧和过氧自由基发挥其抗氧化作用。番茄红素对单线态氧自由基的捕捉能力是 β－胡萝卜素的 2 倍，是 α－生育酚的 10 倍。

三、清　　咽

（一）概述

现代人生活压力大，生活节奏快，容易摄入过多的脂肪和糖，而缺少维生素和矿物质。长此以往，脾胃功能就会受损，酿生湿热，积累“内毒”，外在表现为长痘痘、长口疮、咽喉肿痛、身上出黏汗、口气重，老年人则多表现为身体困重、活动不利、腹部胀满、胃口差、失眠多梦、视物不清、便秘等。咽部不适，发音不响，其因大多为咽部黏膜、黏膜下层及淋巴组织的慢性炎症。或咽部黏膜充血肥厚，结缔组织及淋巴组织增生；或黏膜层及黏膜下层萎缩变薄，咽后壁有痂皮附着，大多有异物感。频频清嗓又导致咽部干涩，发声困难。

（二）具有清咽功能的食物

1. 白萝卜

白萝卜有消炎效果，能缓解喉头肿痛。白萝卜切片剁碎后，有益成分的释出会增多，对止咳也有效果，建议煮水喝，剩下的萝卜也吃掉不要浪费。白萝卜水加入茶水后，消炎效果更佳，这是由于茶水中的多酚化合物也具有消炎解毒作用。

2. 橄榄

新鲜橄榄味涩，性平和，有去热解毒、润肺祛燥、生津止渴等功效，对于排出肺部积热效果更佳。可以用橄榄炖猪肺汤，汤汁浓缩了橄榄的精华和猪肺的营养，预防咽喉疾病效果较好。

3. 柠檬

柠檬是世界上最有药用价值的水果之一，它富含维生素 C、糖类、钙、磷、铁、维生素 B_1、维生素 B_2，对人体十分有益。柠檬被称为“消炎果”，对人体发挥的作用犹如天然抗生素，具有抗菌消炎、增强人体免疫力等多种功效。柠檬蜂蜜水不仅是女士爱喝的减肥妙方，而且还具有缓解喉咙发炎症状的功效。

4. 生梨

梨子具有润肺、润喉的效果众所周知，梨膏糖的主要成分之一就是梨，有研究表明，梨提取物有镇咳化痰效果。如果是感冒引起的喉痛，吃梨还有补充水分的效果。在秋季梨上市之时，不妨适量吃点，预防喉痛。

5. 莲藕

立秋过后，鲜藕成为人们家宴的必备菜之一。中医认为，生藕甘、寒、无毒；熟藕甘、温、亦无毒。藕是一种清热解毒、健脾开胃的健康食材，吃鲜藕能清热解烦，解渴止呕。

6. 银耳

银耳味甘，性凉，具有排毒养颜、滋润咽喉、润肺祛燥、补脾开胃的效果。可用银耳炖煮冰糖、莲子等，从而排出体内的火气和毒素；另外，银耳的胶原蛋白和果胶含量极其丰富，可与人体中的弹性蛋白相结合，起到润肤养颜、美白肌肤、维持皮肤弹性的作用。

7. 鸡汤面条

鸡汤是古老的抗感冒秘方。研究发现，鸡汤有助于减少肺部黏液，祛痰止咳；面条可减少食物吞咽困难，缓解喉咙痛。鸡汤面条还有助于消炎抗病毒。

8. 百合

百合除含淀粉、蛋白质、脂肪、钙、磷、铁、维生素 B_1、维生素 B_2、维生素 C、胡萝卜素等营养素外，还含有一些特殊的生物碱营养成分，这些成分作用于人体，不仅具有良好的滋补效用，对于虚弱、慢性支气管炎、结核病、神经官能症等患者有很大的帮助。

9. 荸荠

荸荠又称马蹄，有“地下雪梨”的美誉。荸荠性味甘寒，有清肺利咽、化湿祛痰等功效，对预防秋燥咳嗽、咽喉不适、口干欲饮等症有一定效果。除了生食外，也可煮、炒、烧、煨。但荸荠不易消化，脾胃虚寒、消化功能较差者及儿童、老人不宜多吃。生吃前一定要去皮或洗净，因为荸荠生长于水田，皮上会聚集有毒的生物排泄物和化学物质，还可能有寄生虫。

10. 枸杞子

枸杞有养阴补血、滋补肝肾、益精明目的功效。枸杞性平味甘，在补益的中药里属温和的。一般来说，免疫力低下的人一年四季皆可吃。

11. 蜂蜜

蜂蜜是一种营养丰富的天然滋养食品，也是最常用的滋补品之一。据分析，蜂蜜含有与人体血清浓度相近的多种无机盐和维生素、铁、钙、铜、锰、钾、磷等多种有机酸和有益人体健康的微量元素，以及果糖、葡萄糖、淀粉酶、氧化酶、还原酶等，具有滋养、润燥、解毒、美白养颜、润肠通便之功效。

12. 大葱

日本民间有“感冒了就用大葱贴喉”的说法，现代科学也证明大葱所含的挥发油成分有抑制炎症的效果。具体做法是取一根大葱烤熟后，纵向切开切断，将葱段纵剖面直接贴在喉头，用毛巾卷好，静待片刻。直接吃的话，建议烤熟后吃葱白部位，或切片放入汤里，止痛效果好。

四、促进泌乳

（一）概述

母乳是婴儿的最佳天然食品。母乳中含有婴儿所需要的各种营养成分和具有免疫功能的多种抗体，而且具有经济、方便、新鲜、清洁、温度适宜、能迅速被婴儿吸收等优点，被冠以“白色血液”的美称。以母乳喂养的婴儿，不仅比人工喂养的抵抗力强、生长发育快，而且智力发育也更好。因此，用母乳喂养，对下一代的健康成长是很有裨益的。但是，有一些产妇在产后没有乳汁，或者乳汁分泌不足，对婴儿的生理和心理发育极为不利。因此，了解乳汁是如何分泌的并且在产前和产后采取积极的措施，其中包括使用具有促进泌乳功能的保健食品等方法是十分必要的。

1. 泌乳

泌乳是各种激素作用于已发育的乳腺而引起的。乳腺的发育除营养条件外还需要雌性激素（动情素和孕激素）的作用，青春期以后由于这些激素分泌增多，所以可加速乳腺发育。妊娠时，血中雌激素浓度增高，加上脑垂体激素的协同作用，乳腺的发育更加显著。分娩后，腺垂体分泌的生乳素、促肾上腺皮质素、生长素等作用于已发育的乳腺，从而引起乳汁分泌。泌乳的维持需要吮乳刺激。通过神经经路，经下丘脑作用于腺垂体，促进上述激素分泌，同时使神经垂体释放催产素。催产素到达乳腺，使包围产生乳汁的乳腺细胞的肌上皮细胞收缩，以促进排乳。如果乳腺不将乳汁排出，则乳房内压升高，乳腺细胞的分泌功能将出现障碍。

2. 乳汁的营养成分及影响因素

哺乳动物的乳汁成分很复杂。各种哺乳动物的乳汁都含水、蛋白质、脂肪、糖、无机盐和维生素等。乳汁中的蛋白质主要为酪蛋白，其次是乳清蛋白和乳球蛋白。乳腺利用血液中的游离氨基酸，合成酪蛋白、β-乳球蛋白和α-乳清蛋白。有少量蛋白质，如免疫球蛋白等，也可以直接从血液中吸收。乳汁中的脂类主要是甘油三酯，它的原料或前体物是血液中呈乳糜粒状态的甘油三酯和脂蛋白的破裂。反刍动物的前胃内微生物发酵作用的产物，如乙酸和丁酸可以被乳腺合成为4～16个碳链的脂肪酸。但是反刍动物的乳腺细胞不能利用葡萄糖合成脂肪酸。唯一的糖类是乳糖，利用血液中的葡萄糖在乳腺内先合成半乳糖，然后再与葡萄糖结合成乳糖。无机盐有钠、钾、钙、镁的氯化物，磷酸盐和铁等。乳汁的生成是在乳腺腺泡和细小乳导管的分泌上皮细胞内进行的。生成过程包括新物质的合成和由血液中吸收两个过程。乳腺可从血液中吸收球蛋白、激素、维生素和无机盐等，直接转为乳汁成分。由乳腺新合成的物质有蛋白质、乳糖和乳脂。母亲乳汁的分泌受几大因素的影响，有激素、哺乳的刺激作用、精神和情绪状况以及产妇的身体条件和营养状况等。

（二）与促进泌乳相关的物质

1. 热量

产妇要合成1000mL的乳汁约需3800kJ的热量，其中乳汁含热量3040kJ，机体转换乳汁的效率约为80%，故需3800kJ。实际上授乳本身也需要热能。中国营养学会规定乳母每日营养热量供应量应在原有基础上增加3300kJ，为11300kJ。哺乳期的能量供给也不能太多，应以既使婴儿饱足，又使乳母逐渐恢复到理想体重为佳。有些产妇产后迅速发胖，其主要原因为热量供给过多。

2. 蛋白质

产妇营养状况差会造成乳汁中蛋白质含量偏低。泌乳过程可使体内氮代谢加速。产后1个月之内如摄入常量蛋白质，产妇会出现负氮平衡，故应补充蛋白质。产妇膳食中增加的3300kJ热量中最好有410kJ以上来自蛋白质。体内多余的氮储存能刺激乳腺分泌，增加乳汁量。膳食中蛋白质数量、质量不足时，母体会利用自身组织蛋白来维持乳汁成分的稳定，因此对乳汁中蛋白质质量影响不大，但乳汁分泌量大为减少。我国营养供给量（RDA）规定，产妇每日蛋白质摄入量为90g。

3. 脂肪

产妇膳食脂肪的含量和脂肪酸组成可以影响乳汁的质量。脂肪中的必需脂肪酸（不饱和脂肪酸）如二十二碳六烯酸（DHA）、γ－亚麻酸等对小儿中枢神经系统的发育、脂溶性维生素A、维生素D、维生素E等的吸收有重要的促进作用。同时必需脂肪酸还能促进泌乳及影响乳汁中必需脂肪酸的含量。脂肪无RDA标准，但其所供应的热量应低于总摄入热量的1/3，即每日应摄入脂肪80～100g。

4. 碳水化合物

我国无RDA标准。我国传统的膳食结构以植物性食物为主，因此在正常时期碳水化合物所占热量较高，为70%～80%；在产妇的膳食中占总热量的60%～70%。碳水化合物的摄入要多样化，尽量做到粗细搭配。

5. 矿物质

母乳中无机盐的钙含量比较恒定，膳食中钙供给不足时，会动用母体中的钙，以保持母乳中钙的稳定含量。乳母钙的RDA为每日1500mg，这在日常膳食中难以达到，因此要多食富钙食物，也可以另外补充。乳母铁的RDA为每日28mg，膳食中尽管能达到，但利用率较低，因此也需另行补充以防贫血。乳母锌的RDA为每日20mg，碘的RDA为每日200μg，日常膳食不易达到，要注意多食含锌、碘的食物。

6. 维生素

维生素供给量的多少，可直接影响乳汁中维生素的多少。膳食维生素A丰富时，乳汁中维生素A也含量充足。但维生素D几乎不受膳食的影响。维生素E、维生素B_1具有增加乳汁分泌的作用。水溶性维生素B_1、维生素B_2、维生素C和烟酸等，能自由通过乳腺，其在乳汁中的含量受产妇膳食的影响。乳腺还能调控其进入乳汁的量，如大量口服维生素C，使乳汁中维生素C达饱和后，再大量摄入维生素C，乳汁中的含量也不会继续增加。乳母维生素A、维生素D、维生素E、维生素B_1、维生素B_2、维生素C的RDA分别为：1200μg、10μg、12μg和2.1μg、2.1μg、100μg。其中维生素A、维生素D、维生素B_1和维生素B_2在日常膳食中不易达到，因此要注意合理膳食的调配。

7. 食用促进泌乳的中草药

我国自古就有促进泌乳的良方，据研究表明，党参、益母草、通草、猪蹄、赤豆等对促进泌乳很有效。而市售的保健食品多以历代良方为蓝本，又经过了人体试食的严格检验，对人体无副作用，也可以考虑食用。

（三）保健食品促进泌乳的功能原理

1. 补充营养

为了防止产后少乳的发生，从妊娠期就要开始注意营养。有些孕妇害怕胎儿长得太大，在分娩时增加痛苦，所以在妊娠期限制饮食，这样会造成营养不良，影响乳腺发育，以致产后少乳。因为哺乳期母亲身体内的营养储备和膳食质量直接关系到乳汁的质和量，所以必须注意妊娠期和哺乳期的营养。在孕前营养状况不佳而妊娠期和哺乳期又摄入营养素不足的情况下，泌乳量就会下降。在泌乳量下降不明显之前，如果产妇各种营养素摄入量不足，体内分解代谢就会加大。最易观察到的是体重减轻，甚至可能出现营养缺乏病症状。因此，补充营养是促进泌乳的保健食品功能之一。

2. 催乳

无乳、乳少，产妇在哺乳期，或哺乳开始即乳汁全无；或乳汁分催稀少，乳房不胀；或开始哺乳正常，因发热或情志所伤，乳汁骤减，不够或不能喂养婴儿，均称为“产后缺乳”。中医认为产妇身体气血虚弱，产时失血耗气，或脾胃虚弱，生化无源，而致气血亏虚，不能化血生乳，极少先天畸形，治疗以活血散於、疏肝理气、调经滋肾为主。因此，保健食品运用中药催乳原理为哺乳期妇女促进泌乳。

思考题

1. 铅对人体的危害有哪些？
2. 促进排铅的功能因子有哪些？
3. 什么是缺氧耐受力？
4. 能提高缺氧耐受力的物质有哪些？
5. 具有清咽作用的物质有哪些？
6. 乳汁是如何产生的？
7. 乳汁的主要营养成分有哪些？
8. 促进泌乳的原理是什么？
9. 促进母乳的物质有哪些？

APPENDIX 1

附录一

保健食品说明书标签管理规定

第一条　为加强保健食品监督管理，规范保健食品说明书和标签，保护消费者合法权益，根据《中华人民共和国食品安全法》及其实施条例，制定本规定。

第二条　在中华人民共和国境内销售的保健食品，其说明书和标签应当符合本规定要求。

第三条　本规定所称说明书是指对产品注册、生产等相关信息的介绍。

保健食品标签是指保健食品包装上的文字、图形、符号及一切说明物。

第四条　保健食品包装应当按照规定印有或者贴有标签，产品最小销售包装应当附有说明书。如果标签上内容包含了说明书全部内容，可不另附说明书。

第五条　保健食品说明书和标签的内容，应当符合国家有关法律法规及标准规范的规定。

第六条　国产保健食品生产者应对其产品说明书和标签内容的真实性负责。

进口保健食品国内进口商对其产品说明书和标签内容的真实性负责。

第七条　保健食品说明书中应当按照以下内容和顺序书写：

（一）产品名称

（二）引言

（三）原辅料

（四）功效成分或者标志性成分及含量

（五）保健功能

（六）适宜人群

（七）不适宜人群

（八）食用方法及食用量

（九）规格

（十）保质期

（十一）贮藏方法

（十二）注意事项

（十三）生产企业名称

（十四）生产许可证编号（进口保健食品除外）

（十五）生产企业地址、电话、邮政编码

第八条　保健食品标签应当标注保健食品标志、批准文号、规格、净含量、生产日期、生产批号以及说明书中有关内容。

一个销售单位含有不同品种、多个独立包装可单独销售的保健食品，每个独立包装的保健食品应当有说明书和标签。

进口保健食品标签还应当标明生产国（地区）和国内进口商的名称、地址和联系方式

第九条　最小独立销售包装最大表面面积小于 $10cm^2$ 难以标注上述全部内容，至少应标注保健食品标志、产品名称、规格、保质期、注意事项、贮存条件、生产企业、生产许可证编号、生产日期、生产批号。

非独立销售的包装最大表面面积小于 $10cm^2$ 难以标注上述全部内容，至少应标注保健食品名称、规格、生产日期、生产批号。

未在标签上标注的其他内容，应在产品说明书中注明。

第十条　保健食品说明书可以对保健食品标签中的有关内容进行必要注释。保健食品标签可以根据产品特性标注相应的内容。保健食品说明书和标签中对应的内容应当一致。

第十一条　保健食品说明书和标签中不得标注下列内容：

（一）明示或者暗示具有预防、治疗疾病作用的内容；

（二）虚假、夸大、使消费者误解或者欺骗性的文字或图形；

（三）“××监制”“××合作”“××委托”“××推荐”“××授权”等非生产经营企业信息的内容；

（四）未经注册的商标和未经批准的保健食品名称；

（五）封建迷信、色情、违背科学常识的内容；

（六）法律法规和标准规范禁止标注的内容。

第十二条　保健食品说明书和标签应当符合以下要求：

（一）应当清晰、醒目、持久、真实准确、通俗易懂、易于辨认和识读，科学合法，字体和背景、底色应采用对比色；

（二）保健食品说明书和标签的标注涉及保健食品批准证书内容的，应当与保健食品批准证书的内容相一致；

（三）除注册商标外，应当使用规范的汉字，进口保健食品应当有中文说明书和标签；

（四）计量单位应当采用国家法定的计量单位；

（五）不得以直接或以暗示性的语言、图形、符号，导致消费者将购买的保健食品或保健食品的某一性质与另一产品混淆，不得以字号大小和色差误导消费者；

（六）标签不得与包装物（容器）分离。标签中与生产日期、保质期相关项目不得以粘贴、剪切、涂改等方式进行修改或者补充。

第十三条　保健食品标签还应当符合以下要求：

（一）保健食品标签同一最大可视版面（下同）应当标注保健食品标志、保健食品名称和批准文号。

（二）保健食品标志应当标注在版面的左上方，颜色为蓝色，当版面的表面积大于 $100cm^2$ 时，保健食品标志最宽处的宽度不得小于 2cm。

（三）保健食品名称应当显著、突出，其字体、字号、颜色应当一致，大于其他内容的文字，不得擅自添加其他的商标或商品名，应当在横版标签的上1/3或者竖版标签右1/3范围内显著位置标出。

（四）应当以规范的汉字为主要文字，可以同时使用汉语拼音、少数民族文字或外文，但应当与汉字内容有直接对应关系，且书写准确，不得大于相应的汉字。

（五）注意事项和不适宜人群以及有特殊要求的贮藏方法的内容应当在标签的显著位置标示，字体不小于“适宜人群”字体。

（六）保健食品标签和说明书标注的生产企业或进口产品的经营企业名称和地址，应当是依法登记注册、能够承担产品质量责任的名称、地址。生产企业名称、地址的标注应当与保健食品生产许可证载明的企业名称、地址一致。委托生产的保健食品，应当分别标注委托企业、受委托企业的名称和地址及受委托企业的生产许可证编号，生产企业注册地和生产不在同一地址的，应分别标注。

（七）产品净含量及规格应与产品名称在包装物或容器的最大可视版面标注，且应与最大可视版面的底线相平行。一个销售单位内含有多个单件包装时，其包装在标注净含量的同时还应标注规格。规格的标注应由单件产品净含量和件数组成，或只标注件数，可不标注“规格”字样。单件保健食品的规格即指净含量。

（八）生产日期和保质期应按年、月、日或年、月的顺序标示日期，如果不按此顺序标示，应注明日期标示顺序。生产日期、生产批号和保质期的标识应当清晰、准确。

（九）联系方式除标注邮政地址、邮编外，还应标注以下至少一项内容：电话、传真、网络联系方式等。

（十）包装最大表面面积大于35cm^2时，标注内容的文字、符号、数字的高度不得小于1.8mm。

第十四条　营养素补充剂产品还应当在产品名称附近的同一版面上标注“营养素补充剂”字样，并在标签及说明书保健功能项中注明“补充某某营养素”，除此之外不得声称特定保健功能。

第十五条　在保证说明书和标签所标注内容完整的前提下，可以通过明确标注项目的形式，合并标注相应的内容。合并的内容必须符合产品真实情况，易于理解，不得隐瞒需要标注的信息。

第十六条　保健食品标签使用除产品名称外已注册商标的，应当印刷在保健食品标签的右上角，含文字的，其字体以单字面积计不得大于产品名称字体的1/2。

第十七条　经电离辐射处理过的保健食品，应当在保健食品标签注意事项中标注“辐照食品”或“本品经辐照”字样。

经电离辐射处理过的任何原辅料，应当在该原辅料名称后标明“经辐照”字样。

第十八条　供消费者免费使用的保健食品（如赠品、非卖品等）说明书和标签规定应与生产销售的产品一致。

第十九条　保健食品标志应按照国家食品药品监督管理规定的图案标注（见附件）。保健食品批准文号应当在保健食品标志下方，并于保健食品标志紧密相连，清晰易识别。

第二十条　国家对保健食品说明书和标签有特殊规定的，从其规定。

第二十一条　本规定由国家食品药品监督管理局负责解释。

第二十二条　以往发布的规定，与本规定不符的，以本规定为准。

第二十三条　本规定自 2011 年 12 月 1 日起实施。2012 年 12 月 1 日起生产或进口的，其说明书和标签应当符合本规定，已生产销售的产品，在其有效期内继续有效。

APPENDIX 2

附录二

保健食品新功能产品申报与审评规定

第一条　根据《保健食品注册管理办法（试行）》，为规范保健食品新功能产品申报与审评，制定本规定。

第二条　保健食品新功能是指国家食品药品监督管理局公布保健功能范围以外的保健功能。

第三条　保健食品新功能应当符合以下要求：

（一）以调节机体功能、改善机体健康状态或降低疾病发生风险为目的，不得涉及疾病预防、治疗功能。

（二）新保健功能的名称和评价方法应与现行保健功能有本质区别。

（三）具有科学的评价方法和判定标准，有充分的科学依据，并被普遍接受。

（四）符合国家相关法律法规的规定。

第四条　国家食品药品监督管理局鼓励以传统医学理论为指导的新功能产品的研发和申报。涉及传统医学的，应当体现传统医学特色，应用传统医学理论进行技术审评。

第五条　保健食品新功能研发应当以产品为依托，一个产品只能申报一个新功能。申请人应自行开展动物功能试验和人体试食试验，形成功能研发报告。人体试食试验应符合国家食品安全、医学伦理等相关规定，应保障受试者健康。

第六条　研究工作完成后，申请人应提供样品、功能研发报告及其与试验有关的资料，并在经过国家食品药品监督管理局确定的注册检验机构进行相关的试验和检测。国家食品药品监督管理局确定的注册检验机构应对功能学检验与评价方法及其试验结果进行验证，出具试验报告。

第七条　参与保健食品新功能产品研发工作的检验机构不得承担该产品新功能试验和验证工作。

第八条　检验机构出具试验报告后，申请人应按照保健食品注册的相关规定申报保健食品注册。

第九条　对于通过技术审评的保健食品新功能产品，国家食品药品监督管理局应及时将新功能名称及评价方法对外公开征求意见，此后其他与该保健食品的新功能相同或类同的产品，不予受理。

第十条　新功能产品未获得批准的，国家食品药品监督管理局应对外公告，取消原对其受理的限定。

第十一条 国家食品药品监督管理局对已批准的保健食品新功能产品实行监测制度，对新功能产品的质量、功能进行监测，监测期3年。

第十二条 保健食品新功能产品监测期内，申请人不得申请产品技术转让，国家食品药品监督管理局不再受理该功能其他产品注册申请。

第十三条 保健食品新功能产品监测期满，符合要求的，国家食品药品监督管理局将该保健食品新功能纳入公布的保健功能范围。

第十四条 在新功能公开征求意见后及监测期受理的保健食品新功能产品，经技术审评认为与新功能相同或类同的，不予批准。

第十五条 保健食品新功能产品技术审评要点由国家食品药品监督管理局另行制定。

第十六条 本规定由国家食品药品监督管理局负责解释。

第十七条 本规定自发布之日起实施。

APPENDIX

附录三

3

保健食品稳定性试验指导原则

保健食品注册检验机构应按照国家相关规定和标准等要求，根据样品具体情况，合理地进行稳定性试验设计和研究。

一、基本原则

（一）保健食品稳定性试验是指保健食品通过一定程序和方法的试验，考察样品的感官、化学、物理及生物学的变化情况。

（二）通过稳定性试验，考察样品在不同环境条件下（如温度、相对湿度等）的感官、化学、物理及生物学随时间增加其变化程度和规律，从而判断样品包装、贮存条件和保质期内的稳定性。

（三）根据样品特性不同，稳定性试验可采取短期试验、长期试验或加速试验。

1. 短期试验

该类样品保质期一般在6个月以内（含6个月），在常温或说明书规定的贮存条件下考察其稳定性。

2. 长期试验

该类样品一般保质期为6个月以上，在说明书规定的条件下考察样品稳定性。

3. 加速试验

该类样品一般保质期为2年，为缩短考察时间，可在加速条件下进行稳定性试验，在加速条件下考察样品的感官、化学、物理及生物学方面的变化。

二、试验要求

（一）样品分类。

1. 普通样品

对贮存条件没有特殊要求的样品，可在常温条件下贮存，如固体类样品（片剂、胶囊剂、颗粒剂、粉剂等）；液体类样品（口服液、饮料、酒剂等）。

2. 特殊样品

对贮存条件有特殊要求的样品，如益生菌类、鲜蜂王浆类等。

（二）样品批次、取样和用量。应符合现行法规，满足稳定性试验的要求。

（三）样品包装及试验放置条件。稳定性试验的样品所用包装材料、规格和封装条件应与产品质量标准、说明书中的要求一致。

1. 普通样品

加速试验应置于温度（37 ±2)℃、相对湿度 *RH*（75 ±5)%、避免光线直射的条件下贮存 3 个月。

短期试验、长期试验应在说明书规定的储存条件下贮存，贮存时间根据产品质量标准及说明书声称的保质期而定。

2. 特殊样品

在说明书规定的贮存条件下贮存。

（四）试验时间。稳定性试验中应设置多个考察时间点，其考察时间点应根据对样品的性质（感官、理化、生物学）了解及其变化的趋势设定。

1. 普通样品

长期试验一般考察时间应与样品保质期一致，如保质期定为 2 年的样品，则应对 0、3、6、9、12、18、24 个月样品进行检验。0 月数据可以使用同批次样品卫生学试验结果。

加速试验一般考察时间为 3 个月，即对放置 0、1、2、3 个月样品进行考察。0 月数据可以使用同批次样品卫生学试验结果。

2. 特殊样品

在说明书规定的贮存条件下进行考察。保质期在 3 个月之内的，应在贮存 0、终月（天）进行检测；保质期大于 3 个月的，应按每 3 个月检测一次（包括贮存 0、终月）的原则进行考察。

（五）考察指标。应按照产品质量标准规定的方法，对申请人送检样品的卫生学及其与产品质量有关的指标在保质期内的变化情况进行的检测。

（六）检测方法。应按产品质量标准规定的检验方法进行稳定性试验考察指标的检测。

三、结 果 评 价

保健食品稳定性试验结果评价是对试验结果进行系统分析和判断，检测结果应符合产品质量标准规定。

（一）贮存条件的确定。应参照稳定性试验研究结果，并结合保健食品在生产、流通过程中可能遇到的情况，同时参考同类已上市产品的贮存条件，进行综合分析，确定适宜的产品贮存条件。

（二）直接接触保健食品的包装材料、容器等的确定。一般应根据保健食品具体情况，结合稳定性研究结果，确定适宜的包装材料。

（三）保质期的确定。保健食品保质期应根据产品具体情况和稳定性考察结果综合确定。采用短期试验或长期试验考察产品质量稳定性的样品，总体考察时间应涵盖所预期的保质期，应以与 0 月数据相比无明显改变的最长时间点为参考，根据试验结果及产品具体情况，综合确定保质期；采用加速试验考察产品质量稳定性的样品，根据加速试验结果，保质期一般定为 2 年；同时进行了加速试验和长期试验的样品，其保质期一般主要参考长期试验结果确定。

APPENDIX 4

附录四

GB 16740—2014《食品安全国家标准　保健食品》

1　范围

本标准适用于各类保健食品。

2　术语和定义

2.1　保健食品

声称并具有特定保健功能或者以补充维生素、矿物质为目的的食品。即适用于特定人群食用，具有调节机体功能，不以治疗疾病为目的，并且对人体不产生任何急性、亚急性或慢性危害的食品。

3　技术要求

3.1　原料和辅料

原料和辅料应符合相应食品标准和有关规定。

3.2　感官要求

感官要求应符合表1的规定。

表1　　感官要求

项　目	要　求	检验方法
色泽	内容物、包衣或囊皮具有该产品应有的色泽	取适量试样置于50mL烧杯或白色瓷盘中，在自然光下观察色泽和状态。嗅其气味，用温开水漱口，品其滋味
滋味、气味	具有产品应有的滋味和气味，无异味	
状态	内容物具有产品应有的状态，无正常视力可见外来异物	

3.3　理化指标

理化指标应符合相应类属食品的食品安全国家标准的规定。

3.4　污染物限量

污染物限量应符合GB 2762中相应类属食品的规定，无相应类属食品的应符合表2的规定。

表 2　　　　污染物限量

项　目	指　标	检验方法
铅[a]（Pb）/（mg/kg）	2.0	GB 5009.12
总砷[b]（As）/（mg/kg）	1.0	GB/T 5009.11
总汞[c]（Hg）/（mg/kg）	0.3	GB/T 5009.17

[a] 袋泡茶剂的铅≤5.0mg/kg；液态产品的铅≤0.5mg/kg；婴幼儿固态或半固态保健食品的铅≤0.3mg/kg；婴幼儿液态保健食品的铅≤0.02mg/kg。

[b] 液态产品的总砷≤0.3mg/kg；婴幼儿保健食品的总砷≤0.3mg/kg。

[c] 液态产品（婴幼儿保健食品除外）不测总汞；婴幼儿保健食品的总汞≤0.02mg/kg。

3.5　真菌毒素限量

真菌毒素限量应符合 GB 2761 中相应类属食品的规定和（或）有关规定。

3.6　微生物限量

微生物限量应符合 GB 29921 中相应类属食品和相应类属食品的食品安全国家标准的规定，无相应类属食品规定的应符合表 3 的规定。

表 3　　　　微生物限量

项　目		采样方案[a]及限量		检验方法
		液态产品	固态或半固态产品	
菌落总数[b]/（CFU/g 或 mL）	≤	10^3	3×10^4	GB 4789.2
大肠菌群（MPN/g 或 mL）	≤	0.43	0.92	GB 4789.3 MPN 计数法
霉菌和酵母（CFU/g 或 mL）	≤	50		GB 4789.15
金黄色葡萄球菌	≤	0/25g		GB 4789.10
沙门菌	≤	0/25g		GB 4789.4

[a] 样品的采样及处理按 GB 4789.1 执行。

[b] 不适用于终产品含有活性菌种（好氧和兼性厌氧益生菌）的产品。

3.7　食品添加剂和营养强化剂

3.7.1　食品添加剂的使用应符合 GB 2760 的规定。

3.7.2　营养强化剂的使用应符合 GB 14880 和（或）有关规定。

4　其他

标签标识应符合有关规定。

参考文献

[1] 孟宪军，迟玉杰，等．功能食品 [M]．北京：中国农业大学出版社，2010.

[2] 钟耀广．功能性食品 [M]．北京：化学工业出版社，2004.

[3] 金宗濂．功能食品教程 [M]．北京：中国轻工业出版社，2005.

[4] 刘景圣，孟宪军．功能性食品 [M]．北京：中国农业出版社，2008.

[5] 刘静波，林松毅，等，功能食品学 [M]．北京：化学工业出版社，2008.

[6] 张小莺，孙建国．功能性食品学 [M]．北京：科学出版社，2012.

[7] 汪素娟，康安，等，银杏叶提取物主要活性成分药动学研究进展 [J]．中草药，2013，44 (5)：626-631.

[8] 焦扬，李彩霞，等．沙棘酒皮渣发酵提取物对金黄色葡萄球菌的抑制效果的研究 [J]．食品工业科技，2014，35 (20)：155-164.

[9] 杨静．左旋肉碱的生理功能及在功能性食品中的应用 [J]．农业工程，2012，2 (1)：54-59.

[10] 袁利鹏，刘波，等．大豆磷脂的制备、功能特性及行业应用研究进展 [J]．中国酿造，2013，32 (5)：13-15.

[11] 李志勇，凌莉，等．功能食品中的功能因子 [J]．食品科学，2005，26 (9)：622-625.

[12] 国家食品药品监督管理局食品许可司．保健食品评审专家培训资料汇编，2011.

[13] 毛跟年，许牡丹．功能食品特性与检测技术 [M]．北京：化学工业出版社，2005.

[14] 章崇杰．医学免疫学 [M]．成都：四川大学出版社，2009.

[15] 牛天贵，贺稚非．食品免疫学 [M]．北京：中国农业大学出版社，2010.

[16] 苏蓉，于德水．高脂血症的危害及防治 [J]．中国当代医药，2009，16 (1)：128-129.

[17] 刘用成．食品生物化学 [M]．北京：中国轻工业出版社，2005.

[18] 郑建仙．功能性食品（第二卷）[M]．北京：中国轻工业出版社，1999.

[19] 丁金龙，周修腾，郭姣，等．我国已注册辅助降血脂保健食品现状分析 [J]．食品科技，2011，36 (7)：67-72.

[20] 杨凡．高脂血症的危害与预防浅析 [J]．中国保健营养，2013 (6)：226.

[21] 凌关庭主编．保健食品原料手册 [M]．北京：化学工业出版社，2003.

[22] 吴谋成．功能食品研究与应用 [M]．北京：化学工业出版社，2004.

[23] Tan D T. The future is near：focus on myopia [J]. Singapore Medical Journal，2004，45 (10)：451-455.

[24] Lzquierdo JC，Garcia M，Buxo C，et a1. Factors leading to the computer vision syndrome：an issue at the contemporary workplace [J]. Bol Asoc Med P R，2004，96 (1)：103-110.

[25] Woods V. Musculoskeletal disorders and visual strain in intensive data processing workers [J]. Occup Med (Lond)，2005，55：121-127.

[26] 于守洋，崔洪斌．保健食品的进展 [M]．北京：人民卫生出版社，2001.

[27] 温辉梁. 保健食品加工技术与配方 [M]. 南昌：江西科学技术出版社，2002.

[28] 侯团章. 中草药提取物第 1 卷 [M]. 北京：中国医药科技出版社，2004.

[29] 国家药典委员会. 中华人民共和国药典. 第一部（2005 年版）[M]. 北京：化学工业出版社，2005.

[30] 赵余庆. 保健食品研制思路与方法 [M]. 北京：人民卫生出版社，2010：210 - 243.

[31] 王淑君，宋少江，彭缨. 保健食品研发与制作 [M]. 北京：人民军医出版社，2009：104 - 186.

[32] 黄元森，邹宗栢. 新编保健食品的开发配方与工艺手册 [M]. 北京：化学工业出版社，2005：37 - 43.

[33] 王浴生，邓文龙. 中药药理与应用 [M]. 北京：人民卫生出版社，2000：736 - 765.

[34] 刘洋，金富标，周鸿立. 我国保健品市场的安全问题与现状 [J]. 广西质量监督导报，2014，10：51 - 52.

[35] 张怡光，唐仕欢，贾蔷，等. 含栀子保健食品配方原料应用分析 [J]. 中国中药杂志，2014，22：4470 - 4474.

[36] 华永有. 我国已获批准的保健食品现状分析 [J]. 海峡药学，2014（11）：134 - 136.

[37] 万林春，王栋，丁银平，郑盈莹. 减肥保健食品中添加化学药物的快速检测方法研究 [J]. 中国药事，2013（12）：1285 - 1290.

[38] 宋迪，石东风. 我国保健食品行业存在的问题及对策 [J]. 中国医药指南，2013，34：611 - 612.

[39] 萨翼，余超. 中药类保健食品审批现状分析及监督管理研究建议 [J]. 中草药，2014，10：1353 - 1357.

[40] Inoue A，Kodama N，Nanba H. Effect of maitake（*Grifola frondosa*）D - fraction on the control of the Tlymph node Th - l/Th - 2 proportion [J]. Bio Logical and Pharmaceutical BuLLetin，2002，25：536 - 540.

[41] Nandan CK，Patra P，Bhanja SK，et al. Structural characterization of a water - soluble β -（1，6）- Linked *D* - glucan isolated from the hot water extract of an edible mushroom *Agaricus bitorquis* [J]. Carbohydrate Research，2008，343（18）：3120 - 3122.

[42] Amaral AE，Carbonero ER，Rita de Cassia G，et al. An unusual water - soluble - glucan from the basidiocarp of the fungus *Ganoderma resinaceum* [J]. Carbohydrate Polymers，2008，72（3）：473 - 478.

[43] Santos - Neves JC，Pereira MI，Carbonero ER，et al. A geL - formingp - gLucan isolated from the fruit bodies of the edible mushroom *Pleurotus florida* [J]. Carbohydrate Research，2008，343（9）：1456 - 1462.

[44] Chen JC，Lu KW，Lee JH et al. Gypenosides indueed apoptosis inhuman colon cancer cells through the mitoehondria - dependent pathways and aetivation of caspase - 3 [J]. Anticaneer Res. 2006，26（6B）：4313 - 4326.

[45] 郑建仙. 功能性食品（第三卷）[M]. 北京：中国轻工业出版社，1999.

[46] 陈炳卿. 营养与食品卫生学 [M]. 4 版. 北京：人民卫生出版社，1981.

[47] 孙远明，余群力. 食品营养学 [M]. 北京：中国农业大学出版社，2002.

[48] 吴翠珍，李承朴，杜慧真，等. 临床营养与食疗学 [M]. 北京：中国医药科技出版社，2001.

[49] 徐淑芸等. 临床药理学（上册）[M]. 上海：上海科学技术出版社，1988.

[50] 中国营养学会. 中国居民膳食营养素参考摄入量 [M]. 北京：中国轻工业出版社，2000.

[51] 顾维雄. 保健食品 [M]. 上海：上海人民出版社，2001.

[52] 陈仁淳. 营养保健食品 [M]. 北京：中国轻工业出版社，2001.